普通高等教育"十二五"规划教材

普 通 化 学

（第二版）

李梅君　陈娅如　编著

华东理工大学出版社
EAST CHINA UNIVERSITY OF SCIENCE AND TECHNOLOGY PRESS
·上海·

图书在版编目(CIP)数据

普通化学/李梅君,陈娅如编著. —2 版. —上海:华东理工大学出版社,2013.8(2024.9重印)
ISBN 978 - 7 - 5628 - 3609 - 4

Ⅰ.①普…　Ⅱ.①李…　②陈…　Ⅲ.①普通化学—高等学校—教材　Ⅳ.①06

中国版本图书馆 CIP 数据核字(2013)第 156283 号

普通高等教育"十二五"规划教材

普通化学(第二版)

编　　著 / 李梅君　陈娅如
责任编辑 / 徐知今
责任校对 / 刘　婧
封面设计 / 裘幼华
出版发行 / 华东理工大学出版社有限公司
　　　　　　地　　址:上海市梅陇路 130 号,200237
　　　　　　电　　话:(021)64250306(营销部)
　　　　　　　　　　　(021)64252722(编辑室)
　　　　　　传　　真:(021)64252707
　　　　　　网　　址:www. ecustpress. cn
印　　刷 / 广东虎彩云印刷有限公司
开　　本 / 787 mm×1092 mm　1/16
印　　张 / 17
字　　数 / 409 千字
版　　次 / 2013 年 8 月第 2 版
印　　次 / 2024 年 9 月第 6 次
书　　号 / ISBN 978 - 7 - 5628 - 3609 - 4
定　　价 / 36.00 元

联系我们:电 子 邮 箱 zongbianban@ecustpress. cn
　　　　　　官方微博 e. weibo. com/ecustpress
　　　　　　天猫旗舰店 http://hdlgdxcbs. tmall. com

第二版前言

《普通化学》自 2001 年出版以来,受到了广大读者的欢迎。进入 21 世纪,科学技术的发展必将促使化学在理论和技术上的快速发展。为此我们遵循与时俱进的指导思想,深感有必要对本书进行修订,使之紧跟学科的发展并能符合人才素质的培养要求。

第二版教材在保持第一版编写的指导思想、教材特色的基础上,作了以下几方面的修改:

(1) 对某些章节进行了适当的扩充和改写,如浓度的影响和反应级数、氧化还原反应、电化学腐蚀等。

(2) 各章后面新增了阅读材料。适当介绍一些与各章内容相关的知识及现代无机化学的新领域,如新型配合物、超导材料等,以望拓宽学生的知识面。

(3) 对各章的复习思考题和习题都作了不同程度的更改和补充。

第二版由李梅君、陈娅如修订编写,由李梅君统稿。

感谢华东理工大学出版社对第二版修订工作的大力支持,同时对在使用本教材过程中提出过中肯意见和建议的同志表示感谢。

限于修订者的水平,书中不足之处,敬请读者批评指正。

编者

2013 年 6 月

前　言

　　普通化学是高等工科院校的一门重要基础课,是培养21世纪全面发展的现代工程技术人员知识结构和能力的重要组成部分,也是连接化学和工程技术间的桥梁。学生掌握了必需的化学知识和理论,可以为以后的学习和工作提供必要的化学基础,并会分析和解决一些涉及化学的有关工程技术实际问题。

　　为此我们在编写本教材时考虑了如下原则:以高校工科《普通化学课程教学基本要求(修订稿)》为依据,确保教学基本要求;注意与现行中学化学教育相衔接,起点适当,避免不必要的重复;物质的宏观变化规律是其内部组成结构特征的反映,为此在内容安排上先宏观,后微观;重视理论和实际相结合,适当与化学工业相联系,以反映工科化学特色。

　　本教材内容包括化学原理和化学基础知识两大部分,共9章。

　　化学原理部分包括:

　　(1) 反映化学变化宏观规律:热化学,化学反应进行的方向,化学反应速率;

　　(2) 用宏观规律处理四大平衡体系:化学平衡,离子平衡,氧化还原平衡和配位平衡;

　　(3) 物质结构基础:原子结构,分子结构,晶体结构和配合物结构。

　　化学基础知识部分包括:

　　(1) 应用宏观规律和微观结构理论归纳与阐明元素及其化合物的性质和变化规律,主要内容有金属、非金属单质及某些无机化合物、配合物和高分子化合物;

　　(2) 结合化学知识介绍典型化工产品的生产原理、工艺条件及生产流程。

　　第10章是为拓宽化学知识面、了解化学与其他学科的联系而编写的,供师生选读。

　　本书使用《中华人民共和国法定计量单位及国家标准(GB 3102—9)》所指定的符号和单位,数据基本来自 J. A. Dean. Lange's Handbook of Chemistry. 13th Edition. 1985 和 David R. Lide. CRC Handbook of Chemistry and Physics. 77th Edition. 1996—1997.

　　参加本书编写的有李梅君、陈娅如等。全书由李梅君统稿。本书由苏小云教授审阅,审阅中提出了很多宝贵和中肯的意见,在此表示衷心的感谢。

　　根据苏小云教授的意见和建议,编者对书稿作了修改,但限于编者的水平,难免有不妥之处,敬请同行和读者批评指正。

　　本书还得到华东理工大学化学实验中心陈大勇高级工程师的大力协助,在此谨表深切的谢意。

编者

2001 年 9 月

2.4.4 化学平衡的计算 ……………………………………………… 33
2.5 化学平衡的移动 ……………………………………………………… 36
2.5.1 化学反应等温方程式 ………………………………………… 36
2.5.2 浓度对化学平衡的影响 ……………………………………… 37
2.5.3 压力对化学平衡的影响 ……………………………………… 38
2.5.4 温度对化学平衡的影响 ……………………………………… 39
2.5.5 催化剂与化学平衡 …………………………………………… 40
2.5.6 平衡移动的总规律 …………………………………………… 41
复习思考题二 …………………………………………………………… 41
习题二 …………………………………………………………………… 42
阅读材料二 ……………………………………………………………… 44

第3章 酸、碱和离子平衡 …………………………………………… 46
3.1 酸碱质子理论 ………………………………………………………… 46
3.1.1 酸和碱的概念 ………………………………………………… 46
3.1.2 酸碱反应 ……………………………………………………… 47
3.2 弱酸和弱碱的解离平衡 ……………………………………………… 48
3.2.1 一元弱酸弱碱的解离平衡 …………………………………… 48
3.2.2 多元弱酸的解离平衡 ………………………………………… 51
3.2.3 解离平衡的移动——同离子效应 …………………………… 52
3.3 缓冲溶液 ……………………………………………………………… 53
3.4 难溶电解质的沉淀-溶解平衡 ……………………………………… 57
3.4.1 溶度积 ………………………………………………………… 57
3.4.2 溶度积规则 …………………………………………………… 59
3.4.3 沉淀的生成和溶解 …………………………………………… 60
3.4.4 沉淀转化 ……………………………………………………… 62
复习思考题三 …………………………………………………………… 62
习题三 …………………………………………………………………… 63
阅读材料三 ……………………………………………………………… 65

第4章 电化学基础与金属腐蚀 ……………………………………… 69
4.1 氧化还原反应 ………………………………………………………… 69
4.1.1 氧化还原反应的基本概念 …………………………………… 69
4.1.2 氧化还原反应方程式的配平 ………………………………… 71
4.2 原电池和电极电势 …………………………………………………… 73
4.2.1 原电池 ………………………………………………………… 73
4.2.2 电极电势 ……………………………………………………… 75
4.2.3 能斯特方程和电极电势 ……………………………………… 77
4.2.4 电极电势的应用 ……………………………………………… 79

4.2.5　电动势与 $\Delta_r G_m$ 及 $K^{\ominus}$ 的关系 ……………………………… 82

4.3　电解 ……………………………………………………………………… 83
4.3.1　分解电压和超电势 ……………………………………………… 83
4.3.2　电解池中两极的电解产物 ……………………………………… 86

4.4　金属的腐蚀和防护 ……………………………………………………… 87
4.4.1　金属腐蚀的分类 ………………………………………………… 87
4.4.2　金属腐蚀的防护 ………………………………………………… 89

复习思考题四 ………………………………………………………………… 89
习题四 ………………………………………………………………………… 90
阅读材料四 …………………………………………………………………… 93

第5章　原子结构和元素周期系 …………………………………………… 101
5.1　玻尔原子模型 …………………………………………………………… 101
5.1.1　氢原子光谱 ……………………………………………………… 101
5.1.2　玻尔原子模型 …………………………………………………… 102

5.2　原子的量子力学模型 …………………………………………………… 102
5.2.1　微观粒子的波粒二象性 ………………………………………… 103
5.2.2　核外电子运动状态的近代描述 ………………………………… 103
5.2.3　原子轨道和电子云的角度分布图 ……………………………… 107

5.3　多电子原子结构与周期系 ……………………………………………… 109
5.3.1　多电子原子的能级 ……………………………………………… 109
5.3.2　核外电子分布和周期系 ………………………………………… 111

5.4　原子结构和元素性质的关系 …………………………………………… 115
复习思考题五 ………………………………………………………………… 118
习题五 ………………………………………………………………………… 118
阅读材料五 …………………………………………………………………… 119

第6章　分子结构和晶体结构 ……………………………………………… 124
6.1　离子键 …………………………………………………………………… 124
6.2　共价键 …………………………………………………………………… 124
6.2.1　价键理论 ………………………………………………………… 125
6.2.2　杂化轨道理论 …………………………………………………… 128
6.2.3　分子轨道理论简介 ……………………………………………… 132

6.3　分子间力和氢键 ………………………………………………………… 133
6.3.1　分子间力 ………………………………………………………… 133
6.3.2　氢键 ……………………………………………………………… 136

6.4　晶体结构 ………………………………………………………………… 137
6.4.1　晶体的基本类型 ………………………………………………… 138
6.4.2　混合型晶体 ……………………………………………………… 141

目　　录

第1章　化学反应中的能量关系 ……………………………………………………… 1

1.1　化学反应中的能量守恒和热化学 …………………………………………… 1

    1.1.1　一些常用术语 …………………………………………………………… 1

    1.1.2　化学反应热效应和盖斯定律 ………………………………………… 2

    1.1.3　能量守恒定律和内能 …………………………………………………… 3

    1.1.4　焓和化学反应中的焓变 ……………………………………………… 4

    1.1.5　标准摩尔生成焓和反应的标准摩尔焓变 ………………………… 5

1.2　化学反应的自发性 ……………………………………………………………… 7

    1.2.1　焓变与反应的自发性 …………………………………………………… 7

    1.2.2　混乱度和熵 ……………………………………………………………… 7

    1.2.3　反应的熵变 ……………………………………………………………… 8

    1.2.4　吉布斯函数 ……………………………………………………………… 9

复习思考题一 …………………………………………………………………………… 13

习题一 …………………………………………………………………………………… 14

阅读材料一 ……………………………………………………………………………… 15

第2章　化学反应速率和化学平衡 ………………………………………………… 18

2.1　化学反应速率 …………………………………………………………………… 18

2.2　影响化学反应速率的因素 …………………………………………………… 19

    2.2.1　浓度的影响和反应级数 ……………………………………………… 19

    2.2.2　温度的影响和阿仑尼乌斯方程式 ………………………………… 22

    2.2.3　催化剂对反应速率的影响 …………………………………………… 25

    2.2.4　影响多相反应速率的因素 …………………………………………… 25

2.3　反应速率理论 …………………………………………………………………… 26

    2.3.1　有效碰撞理论 …………………………………………………………… 26

    2.3.2　过渡状态理论 …………………………………………………………… 27

    2.3.3　活化能与反应速率的关系 …………………………………………… 28

2.4　化学反应进行的程度和化学平衡 …………………………………………… 29

    2.4.1　化学平衡的建立 ………………………………………………………… 29

    2.4.2　平衡常数 ………………………………………………………………… 30

    2.4.3　平衡常数的组合——多重平衡规则 ……………………………… 33

　　　6.4.3　离子极化 ……………………………………………… 141
　复习思考题六 ……………………………………………………… 143
　习题六 ……………………………………………………………… 144
　阅读材料六 ………………………………………………………… 145

第7章　非金属元素及其化合物 ……………………………………… 150
　7.1　非金属单质的结构和性质 …………………………………… 150
　　　7.1.1　非金属单质的结构 ……………………………………… 150
　　　7.1.2　非金属单质的性质 ……………………………………… 151
　7.2　非金属元素的化合物 ………………………………………… 152
　　　7.2.1　卤化物 ……………………………………………………… 152
　　　7.2.2　氧化物 ……………………………………………………… 154
　　　7.2.3　非金属含氧酸盐 ……………………………………… 157
　　　7.2.4　碳化物、氮化物和硼化物 …………………………… 161
　复习思考题七 ……………………………………………………… 163
　习题七 ……………………………………………………………… 163
　阅读材料七 ………………………………………………………… 164

第8章　金属元素通论及配位化合物 ……………………………… 169
　8.1　金属元素通论 ………………………………………………… 169
　　　8.1.1　重金属的提取 …………………………………………… 169
　　　8.1.2　主族金属元素 …………………………………………… 170
　　　8.1.3　过渡金属元素 …………………………………………… 172
　　　8.1.4　金属和合金材料 ………………………………………… 175
　　　8.1.5　金属的表面处理 ………………………………………… 176
　8.2　配位化合物 …………………………………………………… 180
　　　8.2.1　配合物的基本概念 ……………………………………… 181
　　　8.2.2　配合物结构的价键理论 ………………………………… 183
　　　8.2.3　配离子在溶液中的稳定性 …………………………… 187
　　　8.2.4　配合物的某些应用 ……………………………………… 191
　复习思考题八 ……………………………………………………… 192
　习题八 ……………………………………………………………… 192
　阅读材料八 ………………………………………………………… 194

第9章　化学工业简介 ……………………………………………… 200
　9.1　合成氨工业 …………………………………………………… 200
　　　9.1.1　合成氨生产的基本过程 ………………………………… 200
　　　9.1.2　设备材料 ………………………………………………… 210
　9.2　氯碱工业 ……………………………………………………… 210

9.2.1　电解食盐水溶液的基本理论 …………………………… 210

9.2.2　食盐水电解制取烧碱的工艺流程和电解槽 …………… 215

9.2.3　氯碱工业中的三废治理——盐泥的综合利用 ………… 218

9.3　高分子化工 ……………………………………………………… 220

9.3.1　高分子化合物的基本概念 ………………………………… 220

9.3.2　高分子化合物的命名和分类 ……………………………… 220

9.3.3　高分子化合物的合成 ……………………………………… 222

9.3.4　高分子化合物的特性 ……………………………………… 225

9.3.5　重要的高分子化合物的合成 ……………………………… 228

复习思考题九 …………………………………………………………… 233

习题九 …………………………………………………………………… 233

第 10 章　环境·材料·化学 …………………………………………… 235

10.1　环境与化学 …………………………………………………… 235

10.1.1　大气污染及其防治 ……………………………………… 235

10.1.2　水污染及其防治 ………………………………………… 239

10.2　材料与化学 …………………………………………………… 243

10.2.1　高性能金属材料 ………………………………………… 243

10.2.2　新型无机非金属材料 …………………………………… 245

10.2.3　复合材料 ………………………………………………… 247

复习思考题十 …………………………………………………………… 249

部分习题参考答案 ……………………………………………………… 250

附录 …………………………………………………………………… 253

附录 1　一些物质的标准摩尔生成焓、标准摩尔生成吉布斯函数和标准摩尔熵的数据 ……………………………………………… 253

附录 2　一些弱电解质的解离常数(298 K) ………………………… 255

附录 3　一些共轭酸碱的解离常数 …………………………………… 255

附录 4　一些物质的溶度积 (298 K) ………………………………… 256

附录 5　标准电极电势 (298 K) ……………………………………… 256

附录 6　标准电极电势(碱性介质) …………………………………… 257

附录 7　一些配离子的稳定常数和不稳定常数 ……………………… 258

附录 8　我国法定计量单位 …………………………………………… 259

参考文献 ………………………………………………………………… 260

第1章　化学反应中的能量关系

化学反应发生时,除了有物质的变化之外,还伴随有能量的变化。例如,碳在空气中燃烧生成二氧化碳并放出热能,电池反应可产生电能,这些化学反应,在给定条件下反应一经开始,不需要外加能量就能自己进行,叫做自发反应。而有些反应,如由食盐制备烧碱必须耗用电能,也就是说此反应必须要外界供给能量才能进行,这类反应则是非自发的。因此,我们研究化学反应不仅要考虑它的反应物和产物,同时还必须研究反应过程中所伴随的能量变化。在本章中我们将主要讨论以下两个问题:

(1) 化学反应中热量变化的规律——热化学;

(2) 化学反应进行方向的判断。

1.1　化学反应中的能量守恒和热化学

1.1.1　一些常用术语

1. 系统和环境

为了科学研究的需要,常常人为地把被研究的对象和周围物质隔离开来。这种被研究的对象叫做系统,系统以外的部分统称环境。系统可以通过一个边界(范围)与它的环境区分开来,这个边界可以是具体的,也可以是假想的。例如,研究硫酸和氢氧化钠在水溶液中的反应,那么含有这两种物质的水溶液就是系统,而溶液以外的周围物质,如盛溶液的容器、溶液上方的空气等都是环境。显然,容器的器壁及液面就是系统与环境的界面。

2. 状态和状态函数

要描述或研究一个系统,就必须先确定它的状态。所谓状态,就是指系统一切性质的总和,如系统的组成、温度、压力、体积、各组分物质的量、物态及化学性质等。当系统所有的性质一定时,系统的状态也就确定了,若任何一个性质发生了变化,则系统的状态也就发生了变化。因此,系统的性质是它所处状态的函数。用来描述或确定系统状态的这些性质称为状态函数,如体积、压力、温度、密度等。状态函数的特征是:状态一定,状态函数的值也一定;若系统的状态发生变化,则状态函数的变化量只决定于系统的始态和终态,而与变化过程的具体途径无关。例如,若将一定量的水由 298 K 升高至 323 K,可以通过几个途径来实现。可以由 298 K 直接加热到 323 K;也可以由 298 K 先加热到 333 K,再降温到 323 K;可以用明火直接加热,也可以通过水浴加热。但其状态函数 T 的变化值 ΔT 只与系统的始态和终态有关:$\Delta T = 323\ \mathrm{K} - 298\ \mathrm{K} = 25\ \mathrm{K}$,而与它的变化途径无关。

1.1.2　化学反应热效应和盖斯定律

在恒温条件下,化学反应吸收或放出的热量称为化学反应的热效应或反应热。

化学反应可在两种不同的条件下进行。一种是在密闭容器中进行的反应,其热效应称为恒容热效应,用符号 Q_V 表示。另一种是在恒压下进行的反应,其热效应称为恒压热效应,用符号 Q_p 表示。由于大多数化学反应都是在恒压下进行的,因此通常所讲的热效应或反应热,如果不加注明,都是指 Q_p。

标出反应热效应的化学方程式称为热化学方程式。反应热效应的数值与反应进行的条件有关,所以方程式中要标出反应的温度、压力和物态等(如果温度为 298 K,标准压力为 100 kPa 时,习惯上不注明)。反应热效应的数值也与反应方程式的写法(方程式中的化学计量数)有关。它表示在 298 K 和标准压力下,按指定化学计量方程式进行的每摩尔反应放出或吸收的热量[①]。例如:

(1) $C(s) + O_2(g) \longrightarrow CO_2(g)$ 　　　　$Q_p = -393.51$ kJ·mol^{-1}

(2) $H_2O(l) \longrightarrow H_2(g) + \frac{1}{2}O_2(g)$ 　　$Q_p = +285.85$ kJ·mol^{-1}

(3) $H_2O(g) \longrightarrow H_2(g) + \frac{1}{2}O_2(g)$ 　　$Q_p = +241.84$ kJ·mol^{-1}

(4) $\frac{4}{3}Al(s) + O_2(g) \longrightarrow \frac{2}{3}Al_2O_3(s)$ 　$Q_p = -1\,113.19$ kJ·mol^{-1}

上例中(3)表示在上述条件下,反应吸热 241.84 kJ·mol^{-1};(4)表示在上述条件下反应放热 1 113.19 kJ·mol^{-1}。

化学反应的热效应可通过实验直接测定,但有些反应的热效应,包括新设计反应时所需要的反应热效应难以由实验直接测得。例如,在煤气生产过程中的反应:

$$C(s) + \frac{1}{2}O_2(g) \longrightarrow CO(g)$$

这个反应的热效应是很难直接测定的,因为这个反应的产物中总含有少量的 CO_2。而煤气厂设计又需要这个反应的热效应数值。那么,如何求得这些不易测定的反应的热效应呢? 1840 年盖斯(G. H. Hess)从分析大量化学反应热效应的实验结果,总结出一个规律:一个化学反应不论是一步完成,还是分几步完成,其总的热效应是完全相同的。也就是说,化学反应的热效应只与反应的始态和终态有关,而与化学变化的途径无关。这就是盖斯定律。盖斯定律只适用于恒压和恒容过程,是热化学的一个基本定律。

利用盖斯定律可以计算得到无法由实验测定的化学反应的热效应。例如为了得到在

---

① 较确切地说,它表明在 298 K 和标准大气压力下,按化学反应计量方程式进行每摩尔的反应进度中放出或吸收的热量。

　　对反应 $aA + bB = gC + dD, a, b, g, d$ 为化学计量系数,它可用通式 $\sum_B \nu_B B = 0$ 表示。式中 B 代表反应物或产物,ν_B 为相应计量系数,对反应物取负值,对产物取正值。若任一物质 B 的物质的量初态时为 n_{B_0},某一状态时为 n_B,则反应进度 $\xi = \dfrac{n_B - n_{B_0}}{\nu_b} = \dfrac{\Delta n_B}{\nu_B}$ 或 $d\xi = \dfrac{dn_B}{\nu_B}$。反应进度是度量化学反应进行的程度。当 $\Delta n_B = \nu_B$ 时,则 $\xi = 1$ mol,它表示物质按指定化学计量方程式进行了一次完全反应。

100 kPa,298 K 条件下,碳和氧化合生成一氧化碳的反应热效应,可以设碳完全燃烧生成二氧化碳的反应按两种途径进行,如图 1－1 所示。

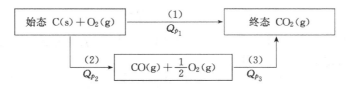

图 1－1　碳转变为二氧化碳的两种不同途径

途径 I：碳一步完全燃烧生成二氧化碳,即反应(1)。途径 II：假设碳不完全燃烧先生成一氧化碳,即反应(2),然后一氧化碳再燃烧生成二氧化碳,即反应(3)。至于反应是否按照所设计的途径进行,对热效应的计算没有影响。

由于始态和终态未变,根据盖斯定律可得：

$$Q_{p_1} = Q_{p_2} + Q_{p_3}$$

Q_{p_1} 与 Q_{p_3} 可由实验直接测得分别为 $-393.51\ kJ \cdot mol^{-1}$ 和 $-282.97\ kJ \cdot mol^{-1}$。所以

$$Q_{p_2} = Q_{p_1} - Q_{p_3} = (-393.51\ kJ \cdot mol^{-1}) - (-282.97\ kJ \cdot mol^{-1}) = -110.54\ kJ \cdot mol^{-1}$$

上述计算表明,碳不完全燃烧生成一氧化碳时所放出的热量大大低于碳完全燃烧生成二氧化碳时所放出的热量。从而可以理解使燃料完全燃烧的经济意义。

另外,盖斯定律可以使热化学方程式像代数方程式那样进行相加或相减。上述一氧化碳的反应热效应也可利用热化学方程式的计算而得到。

$$C(s) + O_2(g) \longrightarrow CO_2(g) \qquad\qquad Q_{p_1} = -393.51\ kJ \cdot mol^{-1}$$
$$-)\ CO(g) + \frac{1}{2}O_2(g) \longrightarrow CO_2(g) \qquad Q_{p_3} = -282.97\ kJ \cdot mol^{-1}$$
$$\overline{C(s) + \frac{1}{2}O_2(g) \longrightarrow CO(g) \qquad\qquad Q_{p_2} = -110.54\ kJ \cdot mol^{-1}}$$

利用上述方法,可间接计算得到所需要的反应热效应数据,但需设计不同的途径,计算较为烦琐。实际上,根据盖斯定律可以用另一种更为简便的方法来计算反应的热效应(参阅 1.1.5)。

1.1.3　能量守恒定律和内能

在任何过程中,能量是不会自生自灭的,只能从一种形式转化为另一种形式。在转化过程中能量的总值不变。这就是能量守恒定律,即热力学第一定律。例如热能、光能、电能、化学能之间可以相互转换,但总能量是不变的。我们把除热能以外的其他各种被传递的能都称做功,如体积功、电功等。

系统内各种物质的微观粒子都在不停地运动和相互作用,以各种形式的能表现出来,如分子或离子的平动能、转动能、振动能以及电子和核运动的能量。系统内部这些能量的总和叫做系统的内能(或热力学能),以 U 表示。它决定于系统的状态,在一定状态下有一定的数值,所以内能是状态函数。内能的绝对值是无法测定的,但内能的变化值是可以测

定的。如果某系统处于状态 I,具有的内能为 U_1,当系统吸收了一定的热量 Q,又从环境得到了一定量的功 W,变为状态 II,内能为 U_2。则根据热力学第一定律,系统的内能变化为:

$$U_2 - U_1 = \Delta U = Q + W \tag{1-1}$$

式(1-1)是热力学第一定律的数学形式。它可用文字表述为:当系统经历变化时,以热和功形式传递的能量必定等于系统内能的变化。

对于功和热的符号,本书规定:系统得功,$W > 0$,系统做功,$W < 0$;系统吸热,$Q > 0$,系统放热,$Q < 0$。需要注意在各种书刊中其具体规定往往并不一致。

功、热和内能都是能量,因此它们的单位都为 J 或 kJ。

【例 1.1】 某系统的能量状态为 U_1,在变化过程中吸收了 50 kJ 的热量,同时对环境做了 20 kJ 的功,求系统内能的变化。

解: $\qquad\qquad \Delta U = Q + W = 50 \text{ kJ} - 20 \text{ kJ} = 30 \text{ kJ}$

也就是说,这个系统在变化过程中,内能增加了 30 kJ。那么,环境发生了怎样的变化呢?当系统吸热 50 kJ 时,环境就放热 50 kJ。因此,环境的热量变化 $Q = -50$ kJ。当系统对环境做功时,环境就接受功,因此对环境来说,$W = 20$ kJ。所以环境的内能变化是:

$$\Delta U = Q + W = -50 \text{ kJ} + 20 \text{ kJ} = -30 \text{ kJ}$$

这就是说,系统内能的增加值等于环境内能的减少值,两者数值相等而符号相反,总能量的变化等于零。

1.1.4 焓和化学反应中的焓变

由于大多数化学反应都是在恒压下进行的,如敞口容器中进行的反应。因此,我们现在讨论的有关反应也只限于在恒压下进行的反应。

在恒压下进行的化学反应,如果反应过程中系统体积有变化,由 V_1 变到 V_2,则所做的体积功为

$$W = -p(V_2 - V_1) = -p\Delta V$$

式中加进负号,这样当 $V_2 > V_1$ 时,即反应前后体积增加时 $W < 0$,系统做功;当 $V_2 < V_1$ 时,即体积减小时 $W > 0$,系统得功,从而正好与功的正负规定相一致。

而此时的反应热效应可认为是恒压热效应 Q_p,则式(1-1)变为

$$\Delta U = Q_p - p\Delta V$$

所以 $\qquad\qquad Q_p = \Delta U + p\Delta V$
$$\qquad\qquad = (U_2 - U_1) + p(V_2 - V_1)$$
$$\qquad\qquad = (U_2 + pV_2) - (U_1 + pV_1) \tag{1-2}$$

式(1-2)中 U、p、V 都是状态函数,它们的组合必然也是状态函数。我们把 $U + pV$ 定义为新的状态函数焓,用符号 H 表示,即:

$$H = U + pV \tag{1-3}$$

于是式(1-2)变为

$$Q_p = H_2 - H_1 = \Delta H \tag{1-4}$$

所以　　　　　　　　　　　$$\Delta H = \Delta U + p\Delta V \tag{1-5}$$

由式(1-4)可知,系统在恒压和只做体积功的条件下,过程的热效应等于系统焓的变化即焓变 ΔH。这同盖斯定律所得的结论一致,它只与系统的始态和终态有关,而与反应的过程无关。

如果系统从环境吸热使焓值增加,表示该反应为吸热反应,ΔH 为正值;如果系统向环境放热使焓值减小,表示该反应为放热反应,ΔH 为负值。

1.1.5　标准摩尔生成焓和反应的标准摩尔焓变

1. 热化学标准状态

由于焓值与物质所处的状态有关,因此在化学热力学中对物质的状态有一个统一的规定,提出了热化学标准状态(又称热力学标准状态)的概念。其规定为:

气体——标准压力 $p^{\ominus}$(100 kPa)下处于理想气体状态的气体纯物质;

溶液中的溶质——标准浓度 $c^{\ominus}$(1 mol·L^{-1});

液体和固体——标准压力 $p^{\ominus}$ 下的液态和固态纯物质。

需要注意:在热化学标准状态的规定中只指定压力为 $p^{\ominus}$,温度可以任意选定,通常选取 298 K。

2. 标准摩尔生成焓

多数化学反应是在恒压和只做体积功的条件下进行的。由 $\Delta H = Q_p$ 可知,如果我们能确定系统各物质的焓值,也就可以用来计算反应的焓变,即化学反应的热效应。

对于任一反应　$aA + bB \longrightarrow gG + dD$,若各物质的温度相同,且均处于热化学标准状态,则 g mol G 和 d mol D 的焓与 a mol A 和 b mol B 的焓之差,即为该反应在该温度下的标准摩尔焓变,用符号 $\Delta_r H_m^{\ominus}$ 表示(若温度为 298 K,可不注明)。其中上标"$\ominus$"指标准状态,下标"r"指反应,"m"指每摩尔反应[①]。$\Delta_r H_m^{\ominus}$ 的单位为 kJ·mol^{-1}。

与内能相似,各物质的焓的绝对值也是难以确定的,但可采用相对值的方法,即规定了物质的相对焓值。

在一定的温度和压力下,由元素的稳定单质化合生成 1 mol 纯物质时反应的焓变,称为该化合物的摩尔生成焓(或摩尔生成热),符号为 $\Delta_f H_m$。下标"f"表示生成。若稳定单质和生成化合物均处于热化学标准状态,则此反应的焓变称为该化合物的标准摩尔生成焓(或标准摩尔生成热),用符号 $\Delta_f H_m^{\ominus}$ 表示(其中符号"$\ominus$"及"m"的含义同前,若温度不是 298 K,则需注明温度)。例如 298 K,标准状态下,氢气和氧气化合生成水的反应为

$$H_2(g) + \frac{1}{2}O_2(g) \longrightarrow H_2O(l) \qquad \Delta_r H_m^{\ominus} = -285.85 \text{ kJ·mol}^{-1}$$

则 $H_2O(l)$ 的标准摩尔生成焓就是该反应的标准摩尔焓变,即 $\Delta_f H_{m,H_2O(l)}^{\ominus}$ 为 -285.85 kJ·mol^{-1}。

由标准摩尔生成焓的定义可知,最稳定单质的标准摩尔生成焓为零。有些元素往往有几种单质存在,此时,只有其中最稳定单质的标准摩尔生成焓为零。例如单质碳有石墨和

---

① 即指反应进度 $\xi = 1$ mol。

金刚石两种同素异形体,其中石墨是碳的最稳定单质,因此其标准摩尔生成焓等于零。由最稳定单质转变为其他形式的单质时,有热量的变化。例如,石墨转变为金刚石时

$$C(石墨) \longrightarrow C(金刚石) \qquad \Delta_r H_m^{\ominus} = 1.88 \text{ kJ} \cdot \text{mol}^{-1}$$

即金刚石的标准摩尔生成焓 $\Delta_f H_m^{\ominus}$ 为 1.88 kJ·mol^{-1}。

一些常见物质在 298 K 时的标准摩尔生成焓数据可参阅附录 1。

3. 反应的标准摩尔焓变的计算

利用盖斯定律和物质的标准摩尔生成焓的数据,可以计算反应的标准摩尔焓变。如计算下列反应的标准摩尔焓变

$$CO(g) + \frac{1}{2}O_2(g) \longrightarrow CO_2(g)$$

可应用盖斯定律先设计该反应的热化学循环过程:

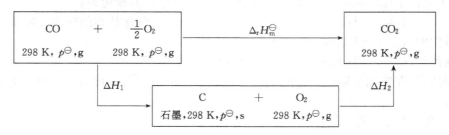

图 1-2　CO(g)和 O₂(g)生成 CO₂(g)的两种途径

这里 $\Delta H_1 = -\Delta_f H_{m,CO(g)}^{\ominus}$,$\Delta H_2 = \Delta_f H_{m,CO_2(g)}^{\ominus}$。因为焓是状态函数,它的变化仅取决于初、终态而与过程无关。因此

$$\Delta_r H_m^{\ominus} = \Delta H_1 + \Delta H_2 = \Delta_f H_{m,CO_2(g)}^{\ominus} - \Delta_f H_{m,CO(g)}^{\ominus}$$

由附录 1 查得:

$$\Delta_f H_{m,CO_2(g)}^{\ominus} = -393.51 \text{ kJ} \cdot \text{mol}^{-1}$$
$$\Delta_f H_{m,CO(g)}^{\ominus} = -110.54 \text{ kJ} \cdot \text{mol}^{-1}$$

所以 $\Delta_r H_m^{\ominus} = -393.51 \text{ kJ} \cdot \text{mol}^{-1} - (-110.54 \text{ kJ} \cdot \text{mol}^{-1}) = -282.97 \text{ kJ} \cdot \text{mol}^{-1}$

由上例计算结果可知,任何化学反应的标准摩尔焓变等于生成物的标准摩尔生成焓总和减去反应物的标准摩尔生成焓总和。对于任一反应

$$aA + bB = gG + dD$$
$$\Delta_r H_m^{\ominus} = [g\Delta_f H_{m,G}^{\ominus} + d\Delta_f H_{m,D}^{\ominus}] - [a\Delta_f H_{m,A}^{\ominus} + b\Delta_f H_{m,B}^{\ominus}]$$

即
$$\Delta_r H_m^{\ominus} = \sum \Delta_f H_{m,生成物}^{\ominus} - \sum \Delta_f H_{m,反应物}^{\ominus} \qquad (1-6)$$

【例 1.2】 计算下列反应在 298 K,100 kPa 下的标准摩尔焓变 $\Delta_r H_m^{\ominus}$
$$CH_4(g) + 2O_2(g) \longrightarrow CO_2(g) + 2H_2O(l)$$

解: $\qquad\qquad CH_4(g) + 2O_2(g) \longrightarrow CO_2(g) + 2H_2O(l)$
由附录 1 查得:$\Delta_f H_m^{\ominus}$ / kJ·mol^{-1} 　 -74.85 　 0 　 　 -393.51 　 -285.85
根据式(1-6)得:

$$\Delta_f H_m^{\ominus} = [\Delta_f H_{m,CO_2(g)}^{\ominus} + 2\Delta_f H_{m,H_2O(l)}^{\ominus}] - [\Delta_f H_{m,CH_4(g)}^{\ominus} + 2\Delta_f H_{m,O_2(g)}^{\ominus}]$$
$$= [-393.51 + 2 \times (-285.85)] - [-74.85 + 2 \times 0]$$
$$= -890.36 \text{ kJ} \cdot \text{mol}^{-1}$$

1.2　化学反应的自发性

在一定条件下,有些物质混合在一起,不需要外加能量就能自发地进行反应。例如,将锌粒置于稀盐酸中,便会自动发生置换反应,生成氢气和氯化锌;铁在潮湿的空气中会生锈等。而在相同条件下,它们的逆反应则不能自发进行。很早以前,化学家们就致力于研究判断反应自发性的依据,最初人们把焓变和自发性联系起来。

1.2.1　焓变与反应的自发性

人类的经验告诉我们,自然界的一类自发过程一般都朝着能量降低的方向进行,系统的能量越低越稳定。这就使人们很自然地认为,当一反应放热,即 $\Delta_r H_m^{\ominus}$ 为负值时,系统的能量降低,反应就可自发进行。

在 298 K,标准状态下,大多数放热反应都能自发进行。例如:

$$HCl(g) + NH_3(g) \longrightarrow NH_4Cl(s) \qquad \Delta_r H_m^{\ominus} = -177.13 \text{ kJ} \cdot \text{mol}^{-1}$$
$$CH_4(g) + 2O_2(g) \longrightarrow 2H_2O(l) + CO_2(g) \qquad \Delta_r H_m^{\ominus} = -890.36 \text{ kJ} \cdot \text{mol}^{-1}$$

但是,有些吸热反应和过程在一定条件下也能自发进行。例如,冰变成水是一吸热过程,在标准状态下,当温度高于 273 K 时(如 298 K),冰自发融化为水,并吸收热量。有的吸热反应在常温下是非自发的,但温度升高时却变为自发,如碳酸钙的分解反应:

$$CaCO_3(s) \longrightarrow CaO(s) + CO_2(g) \qquad \Delta_r H_m^{\ominus} = 177.86 \text{ kJ} \cdot \text{mol}^{-1}$$

在 298 K,100 kPa 条件下,这个反应是非自发的。但是工业上将石灰石(主要成分为 $CaCO_3$)煅烧至 1 173 K,在 100 kPa 下,碳酸钙就自发分解为 CaO 和 CO_2 气体。此时反应的 $\Delta_r H_m^{\ominus}$ 仍近似为 177.86 kJ·mol^{-1},几乎与温度无关。由此可知,在给定条件下判断一个反应或过程能否自发进行,除焓变外,还有其他影响因素。

1.2.2　混乱度和熵

自然界中的自发过程除有系统倾向于取得最低能量状态外,实际上还有另一类自发过程,就是系统倾向于取得最大的混乱度。例如,将一小匙食盐放入一杯水中,食盐会溶解,并会在水中逐渐扩散,最后就会均匀地扩散到整杯水中。又如,在 298 K,标准状态下,固态的 N_2O_5 会自发分解成 $NO_2(g)$ 和 $O_2(g)$:

$$N_2O_5(s) \longrightarrow 2NO_2(g) + \frac{1}{2}O_2(g) \qquad \Delta_r H_m^{\ominus} = 109.5 \text{ kJ} \cdot \text{mol}^{-1}$$

这是个吸热反应,通过化学反应,产物比反应物的分子数目多,并由固态反应物转化为气态产物,使分子的热运动自由度增大了,因而整个系统的混乱度明显地增加,从而使反应仍能自发进行。由此可见,系统的混乱度也是决定反应自发性的一个因素。系统内微观粒子的混乱度可用状态函数熵表示(符号为 S)。

熵是系统混乱度的量度,系统的混乱度越大,熵值也就越大。所以对处于不同状态的同一物质而言,气态的熵值大于液态,液态的熵值又大于固态。而混合物或溶液的熵值比纯物质的熵值高。在相同的温度和聚集状态下的不同物质,分子或晶体结构较复杂的物质的熵值要大于简单分子。同一物质在相同聚集状态时的熵值随温度的升高而增大。

1.2.3　反应的熵变

绝对零度时,在纯物质的完美晶体中,所有分子或原子都呈有序排列,它们的振动、转动、核和电子的运动均处于基态,其混乱度为零。热力学中规定,在绝对零度时,任何纯物质完美晶体的熵值等于零。以此为基准,就可以确定任意温度下物质的熵值,称为物质的规定熵。1 mol 物质在标准状态下的规定熵,即为该物质的标准摩尔规定熵,简称标准摩尔熵,用符号 $S_m^{\ominus}(T)$ 表示。如果温度为 298 K 时,常简写为 $S_m^{\ominus}$。书末附录 1 中列出了一些物质在 298 K 时的标准摩尔熵。因熵值较小,所以熵的单位为 $J \cdot mol^{-1} \cdot K^{-1}$。这一点在热力学计算中应引起注意。

熵也是状态函数,由标准摩尔熵 $S_m^{\ominus}$ 求反应的标准摩尔熵变 $\Delta_r S_m^{\ominus}$,完全类似于反应的 $\Delta_r H_m^{\ominus}$ 计算。即,对于反应:

$$aA+bB=gG+dD$$
$$\Delta_r S_m^{\ominus} = [g S_{m,G}^{\ominus} + d S_{m,D}^{\ominus}] - [a S_{m,A}^{\ominus} + b S_{m,B}^{\ominus}]$$

或
$$\Delta_r S_m^{\ominus} = \sum S_{m,生成物}^{\ominus} - \sum S_{m,反应物}^{\ominus} \tag{1-7}$$

【例 1.3】 计算反应 $4NH_3(g)+3O_2(g) \longrightarrow 2N_2(g)+6H_2O(g)$ 在 298 K 时的标准摩尔熵变。

解: $\qquad\qquad\qquad\qquad 4NH_3(g)+3O_2(g) \longrightarrow 2N_2(g)+6H_2O(g)$

由附录 1 查得:$S_m^{\ominus}/J \cdot mol^{-1} \cdot K^{-1}$　　192.7　　　205.14　　　191.60　　188.85

根据式(1-7)可得

$$\Delta_r S_m^{\ominus} = 2 S_{m,N_2(g)}^{\ominus} + 6 S_{m,H_2O(g)}^{\ominus} - 3 S_{m,O_2(g)}^{\ominus} - 4 S_{m,NH_3(g)}^{\ominus}$$
$$= 2 \times 191.60 + 6 \times 188.85 - 3 \times 205.14 - 4 \times 192.70$$
$$= 130.08 \ J \cdot mol^{-1} \cdot K^{-1}$$

$\Delta_r S_m^{\ominus} > 0$,表示该反应混乱度增大,因为上述反应是一个气体分子数增大的反应。

温度升高,粒子的动能增加,运动自由度也就增大,其热运动混乱度较大,所以物质的熵随温度的升高而增大。但大多数情况下,生成物所增加的熵与反应物所增加的熵相差不多,因此反应熵的变化不明显,在近似计算中可忽略温度的影响,以 $\Delta_r S_m^{\ominus}(298 \text{ K})$ 代替其他温度 T 时的 $\Delta_r S_m^{\ominus}(T)$。压力降低,使气态物质的熵值增大,这是由于压力降低使气态物质增大了空间运动的范围,混乱度增加。液体和固体的压缩性很小,所以压力对固体和液体的熵的影响也就很小。

从以上讨论可知,反应的自发性不仅与焓变有关,还与熵变有关。要探讨反应的自发性,就需要对系统的焓变和熵变所起的作用进行定量的比较。在任何反应系统中,一般都会发生焓值的变化,而在一定条件下,反应过程的焓变和熵变有一定联系。如在标准压力 $p^{\ominus}$ 下,273 K 时冰与水的平衡系统,冰可以变成水使混乱度增加,水也可以变成冰而放出热量。当系统吸收适当的热量(系统的温度仍为 273 K),平衡就向着冰融化成水的方向进行,由固态变为液态,使系统的熵增大。

根据热力学推导,在恒温、恒压的可逆过程①中系统吸收或放出的热量(以 Q_r 表示)与系统的熵变有如下关系:

$$\Delta S = \frac{Q_r}{T} = \frac{\Delta H}{T} \tag{1-8}$$

上述冰融化为水的过程:

$$H_2O(s, p^{\ominus}, 273\ K) \Longleftrightarrow H_2O(l, p^{\ominus}, 273\ K)$$

若在恒温、恒压条件下,我们就可根据熔化热求出此过程的熵变。

已知在此条件下冰的熔化热 Q_{fus}(fus 代表 fusion,熔化)为 6 007 J·mol^{-1},则

$$\Delta_r S_m^{\ominus} = \frac{Q_{fus}}{T} = \frac{6\ 007\ J \cdot mol^{-1}}{273\ K} = 22.0\ J \cdot mol^{-1} \cdot K^{-1}$$

由式(1-8)可知,恒温恒压的可逆过程 $T\Delta S = Q_r = \Delta H$,所以 $T\Delta S$ 相应于能量的一种转化形式,可以与 Q 或 ΔH 相比较。反应的自发性与焓变和熵变有关,那么能否把这两个因素以能量形式组合在一起作为判断反应或过程自发性的统一衡量标准呢?

1.2.4　吉布斯函数

1. 吉布斯函数和自发过程

实验证实,在标准压力 $p^{\ominus}$ 和 273 K 时,水和冰可以共存,大于 273 K 时,冰将融化而转变为水;小于 273 K 时,水将凝固而转变为冰。

$$H_2O(s) \xrightleftharpoons[\text{放热,熵值减小}]{\text{吸热,熵值增大}} H_2O(l)$$

我们知道,冰转化为水是吸热过程,ΔH 为正值,不利于反应的自发进行。同时,由固态变化为液态,混乱度增加,即熵值增大,ΔS 为正值,有利于反应自发进行。这是两个矛盾的因素,那么哪个因素起了决定性的作用呢?

在 273 K 时,$\Delta_r H_m^{\ominus}$ 的数值为 6 007 J·mol^{-1},$T\Delta_r S_m^{\ominus}$ 的数值为 273×22.0 J·mol^{-1}。两者正好相等,此时是冰水共存的平衡系统。当温度高于 273 K 时,如增加到 300 K 时②,$T\Delta_r S_m^{\ominus}$ 的数值将比 $\Delta_r H_m^{\ominus}$ 的数值大。在此温度下,冰将融化成水;当温度低于 273 K 时,如降低到 250 K 时③,$T\Delta_r S_m^{\ominus}$ 的数值将小于 $\Delta_r H_m^{\ominus}$ 的数值,此时冰将转变为水的过程不能自发进行,相反,水转变为冰的过程能自发进行。

将上述 $T\Delta_r S_m^{\ominus}$ 和 $\Delta_r H_m^{\ominus}$ 的相互比较关系推论至 $T\Delta S$ 与 ΔH,则可得:

$\Delta H < T\Delta S$　　冰——→水　过程自发进行;

$\Delta H = T\Delta S$　　冰⇌水　平衡状态;

$\Delta H > T\Delta S$　　冰←——水　非自发过程,但逆过程可自发进行。

---

① 可逆过程是一种在无限接近平衡且没有摩擦力条件下进行的理想过程。它是可以进行的过程的极限。可逆过程是可以简单逆转、完全复原的过程。实际过程只能趋近它,但不能达到它。

②③ 当温度改变时,$\Delta_r H_m^{\ominus}$ 和 $\Delta_r S_m^{\ominus}$ 的数值都会发生一些变化,但由于变化很小,所以计算时仍以 273 K 时 $\Delta_r H_m^{\ominus}$ 和 $\Delta_r S_m^{\ominus}$ 的数值代替。

这就是说自发过程的条件为

$$\Delta H < T\Delta S$$

或 $$\Delta H - T\Delta S < 0 \qquad (1-9)$$

式中，ΔH 即为终态的焓（H_2）与始态的焓（H_1）的差值；ΔS 即为终态熵（S_2）与始态熵（S_1）的差值，则

$$\Delta H = H_2 - H_1, \quad \Delta S = S_2 - S_1$$

代入式(1-9)中可得：

$$(H_2 - H_1) - T(S_2 - S_1) < 0$$
$$(H_2 - TS_2) - (H_1 - TS_1) < 0$$

H, T, S 都是状态函数，所以它们的组合（$H-TS$）也是状态函数。若以 G 表示这种组合，则

$$G = H - TS^{①}$$

G 称做系统的吉布斯函数。

恒温恒压下 $$\Delta G = \Delta H - T\Delta S \qquad (1-10)$$

上述自发过程的判据则变为

$$G_2 - G_1 = \Delta G < 0$$

ΔG 表示了反应或过程的吉布斯函数的变化，简称吉布斯函数变。

2. 摩尔吉布斯函数变与反应自发性

从上述冰转化为水的过程中得知：

在恒温恒压下 $\Delta G < 0$　　　　自发过程；

$\Delta G = 0$　　　　平衡状态；

$\Delta G > 0$　　　　非自发过程，过程能向逆方向进行。

根据化学热力学推导证明，上述结论也适用于恒温恒压下只做体积功的一般化学反应。如果我们仍讨论每摩尔反应的吉布斯函数变，在此条件下，式(1-10)可改写为

$$\Delta_r G_m = \Delta_r H_m - T\Delta_r S_m \qquad (1-11)$$

式中，$\Delta_r G_m$ 称为化学反应的摩尔吉布斯函数变，$\Delta_r H_m$，$\Delta_r S_m$ 分别为化学反应的摩尔焓变和摩尔熵变。

这样化学反应的摩尔吉布斯函数变 $\Delta_r G_m$ 就可作为判断反应能否自发进行的统一衡量标准，即：

$\Delta_r G_m < 0$　　反应可以自发进行；

$\Delta_r G_m = 0$　　反应处于平衡状态；

$\Delta_r G_m > 0$　　反应不能自发进行，但其逆过程可自发进行。

---

① $G = H - TS$ 这一状态函数由吉布斯（J. W. Gibbs）提出，又称吉布斯自由能。国际纯粹与应用化学联合会（IUPAC）称之为吉布斯能。

从式(1-11)可以看出,在恒温恒压下,$\Delta_r G_m$ 的值包含 $\Delta_r H_m$ 和 $T\Delta_r S_m$ 两个因素。由于 $\Delta_r H_m$ 和 $\Delta_r S_m$ 值均既可为正值,又可为负值,因而根据它们的符号及温度对 $\Delta_r G_m$ 的影响有可能出现以下四种情况:

(1) 反应的 $\Delta_r H_m$ 为负值,$\Delta_r S_m$ 为正值。反应的 $\Delta_r H_m$ 为负值,即为放热反应,系统能量降低;反应的 $\Delta_r S_m$ 为正值,系统的混乱度增加,即熵值增大。这两个因素都有利于 $\Delta_r G_m$ 为负值,因此这类反应在任何温度下都能自发进行。如:

$$2O_3(g) \longrightarrow 3O_2(g)$$

(2) 反应的 $\Delta_r H_m$ 为正值,$\Delta_r S_m$ 为负值。反应的 $\Delta_r H_m$ 为正值,即为吸热反应,系统能量增加;反应的 $\Delta_r S_m$ 为负值,系统的混乱度降低,即熵值减小。这两个因素都有利于 $\Delta_r G_m$ 为正值,因此这类反应在任何温度下都不能自发进行。如:

$$SO_2(g) \longrightarrow S(s,斜方) + O_2(g)$$

在上述两种情况中,$\Delta_r H_m$ 和 $\Delta_r S_m$ 两个因素对 $\Delta_r G_m$ 值的影响是相同的,因此温度的高低对 $\Delta_r G_m$ 符号不起作用。也就是说温度的高低对反应的方向没有影响。

若反应的 $\Delta_r H_m$ 和 $\Delta_r S_m$ 都是正值或都是负值,这时 $\Delta_r H_m$ 和 $\Delta_r S_m$ 两个因素对 $\Delta_r G_m$ 值的影响是相反的。因此温度对 $\Delta_r G_m$ 是正值还是负值起决定性的作用,即温度的高低将对反应方向起决定作用。

(3) 反应的 $\Delta_r H_m$ 和 $\Delta_r S_m$ 都为正值。这是个熵值增加的吸热反应。只有在 $T\Delta_r S_m$ 大于 $\Delta_r H_m$ 时,$\Delta_r G_m$ 才会有负值。结果只有在高温下这类反应才能自发进行。如

$$CaCO_3(s) \longrightarrow CO_2(g) + CaO(s)$$

(4) 反应的 $\Delta_r H_m$ 和 $\Delta_r S_m$ 都为负值。这是个熵值减小的放热反应。在这种情况下,只有当 $T|\Delta_r S_m|$ 的值小于 $|\Delta_r H_m|$ 的值时,$\Delta_r G_m$ 才有负值。结果,这类反应只有在低温下才能自发进行。如

$$HCl(g) + NH_3(g) \longrightarrow NH_4Cl(s)$$

将以上讨论的四种情况总结归纳于表 1-1 中。

表 1-1 恒压下温度对反应自发性的影响

$\Delta_r H_m$	$\Delta_r S_m$	$\Delta_r G_m = \Delta_r H_m - T\Delta_r S_m$	反应的自发性	实 例
$-$	$+$	$-$	在任何温度下都自发进行	$2O_3(g) \longrightarrow 3O_2(g)$
$+$	$-$	$+$	在任何温度下都非自发	$SO_2(g) \longrightarrow S_{斜方} + O_2(g)$
$+$	$+$	$+$(在低温) $-$(在高温)	低温非自发 高温自发	$CaCO_3(s) \longrightarrow CaO(s) + CO_2(g)$
$-$	$-$	$-$(在低温) $+$(在高温)	低温自发 高温非自发	$NH_3(g) + HCl(g) \longrightarrow NH_4Cl(s)$

3. 反应的标准摩尔吉布斯函数变

在一定的温度和压力下,对于一般的化学反应,可根据式(1-11)计算得到 $\Delta_r G_m$ 值,并根据其 $\Delta_r G_m$ 值的正负判断反应的方向。当温度、压力改变时,化学反应的 $\Delta_r G_m$、$\Delta_r H_m$、

$\Delta_r S_m$ 均会改变,但 $\Delta_r H_m$、$\Delta_r S_m$ 随温度的变化不明显,因此根据式(1-11)作近似计算时,可用 $\Delta_r H_m$(298 K)代替 $\Delta_r H_m(T)$,$\Delta_r S_m$(298 K)代替 $\Delta_r S_m(T)$。因此式(1-11)可以写成:

$$\Delta_r G_m(T)=\Delta_r H_m(298\text{ K})-T\Delta_r S_m(298\text{ K}) \tag{1-12}$$

若参加反应的各物质均处于热化学标准状态,则式(1-12)又可改写为:

$$\Delta_r G_m^{\ominus}(T)=\Delta_r H_m^{\ominus}(298\text{ K})-T\Delta_r S_m^{\ominus}(298\text{ K}) \tag{1-13}$$

式中,$\Delta_r G_m^{\ominus}$ 称为标准摩尔吉布斯函数变,$\Delta_r H_m^{\ominus}$(298 K)和 $\Delta_r S_m^{\ominus}$(298 K)是 298 K 下化学反应的标准摩尔焓变和标准摩尔熵变,其温度标注通常可省略,则式(1-13)变为:

$$\Delta_r G_m^{\ominus}(T)=\Delta_r H_m^{\ominus}-T\Delta_r S_m^{\ominus} \tag{1-14}$$

如果知道某一反应的 $\Delta_r H_m^{\ominus}$ 和 $\Delta_r S_m^{\ominus}$,则可利用式(1-14)计算一定温度下该反应的 $\Delta_r G_m^{\ominus}$,从而判断该反应在指定温度、100 kPa 下能否自发进行。

反应的标准摩尔吉布斯函数变除了可用式(1-14)计算外,还可利用参与反应的各物质的标准摩尔生成吉布斯函数($\Delta_f G_m^{\ominus}$)来求得。标准摩尔生成吉布斯函数的绝对值无法求得,但也可采用相对值的方法。即规定:在热化学标准状态下,由最稳定单质生成 1 mol 的纯物质时反应的吉布斯函数变,叫作该物质的标准摩尔生成吉布斯函数。按此定义,最稳定单质的标准摩尔生成吉布斯函数为零。$\Delta_f G_m^{\ominus}$ 的单位是 $kJ \cdot mol^{-1}$。在书末附录 1 中列出了一些物质在 298 K 时的标准摩尔生成吉布斯函数的数据。反应的 $\Delta_r G_m^{\ominus}$ 的计算也类似于反应的 $\Delta_r H_m^{\ominus}$ 的计算方法。例如,298 K 下进行的反应

$$a\text{A}+b\text{B}=g\text{G}+d\text{D}$$
$$\Delta_r G_m^{\ominus}=[g\Delta_f G_{m,\text{G}}^{\ominus}+d\Delta_f G_{m,\text{D}}^{\ominus}]-[a\Delta_r G_{m,\text{A}}^{\ominus}+b\Delta_f G_m^{\ominus}]$$
$$=\sum\Delta_f G_m^{\ominus}(\text{生成物})-\sum\Delta_f G_m^{\ominus}(\text{反应物}) \tag{1-15}$$

【例 1.4】 求下列反应在 298 K 时的标准摩尔吉布斯函数变 $\Delta_r G_m^{\ominus}$,并判断反应能否自发进行:$4NH_3(g)+3O_2(g)=\!=\!=2N_2(g)+6H_2O(g)$

解:

	$4NH_3(g)$	$+3O_2(g)$	$=\!=\!=2N_2(g)$	$+6H_2O(g)$
由附录 1 查得:$\Delta_f H_m^{\ominus}/kJ \cdot mol^{-1}$	-45.96	0	0	-241.84
$S_m^{\ominus}/J \cdot mol^{-1} \cdot K^{-1}$	192.70	205.14	191.60	188.85
$\Delta_f G_m^{\ominus}/kJ \cdot mol^{-1}$	-16.12	0	0	-228.59

方法一:$\Delta_r G_m^{\ominus}=[2\Delta_f G_{m,N_2(g)}^{\ominus}+6\Delta_f G_{m,H_2O(g)}^{\ominus}]-[4\Delta_f G_{m,NH_3(g)}^{\ominus}+3\Delta_f G_{m,O_2(g)}^{\ominus}]$

$\qquad\qquad =[2\times0+6\times(-228.59)]-[4\times(-16.12)+3\times0]$

$\qquad\qquad =-1\,307.06\text{ kJ} \cdot mol^{-1}$

方法二:$\Delta_r H_m^{\ominus}=[2\Delta_f H_{m,N_2(g)}^{\ominus}+6\Delta_f H_{m,H_2O(g)}^{\ominus}]-[4\Delta_f H_{m,NH_3(g)}^{\ominus}+3\Delta_f H_{m,O_2(g)}^{\ominus}]$

$\qquad\qquad =[2\times0+6\times(-241.84)]-[4\times(-45.96)+3\times0]$

$\qquad\qquad =-1\,267.2\text{ kJ} \cdot mol^{-1}$

$\qquad\Delta_r S_m^{\ominus}=[2S_{m,N_2(g)}^{\ominus}+6S_{m,H_2O(g)}^{\ominus}]-[4S_{n,NH_3(g)}^{\ominus}+3S_{m,O_2(g)}^{\ominus}]$

$\qquad\qquad =(2\times191.60+6\times188.85)-(4\times192.70+3\times205.14)$

$\qquad\qquad =130.08\text{ J} \cdot mol^{-1} \cdot K^{-1}$

$$\Delta_r G_m^{\ominus} = \Delta_r H_m^{\ominus} - T\Delta_r S_m^{\ominus}$$

$$= -1\ 267.2\ \text{kJ} \cdot \text{mol}^{-1} - 298\ \text{K} \times \frac{130.08\ \text{J} \cdot \text{mol}^{-1} \cdot \text{K}^{-1}}{1\ 000}$$

$$= -1\ 305.96\ \text{kJ} \cdot \text{mol}^{-1}$$

计算结果表明,两种方法所得 $\Delta_r G_m^{\ominus}$ 接近;$\Delta_r G_m^{\ominus} < 0$,反应能自发进行。

【例 1.5】　在 298 K,100 kPa 下,下列反应

$$MgO(s) + SO_3(g) =\!=\!= MgSO_4(s)$$

$$\Delta_r H_m^{\ominus} = -281.11\ \text{kJ} \cdot \text{mol}^{-1},\ \Delta_r S_m^{\ominus} = -191.33\ \text{J} \cdot \text{mol}^{-1} \cdot \text{K}^{-1}$$

问:(1) 上述反应能否自发进行?

(2) 对上述反应来说,是升高温度有利还是降低温度有利?

(3) 计算使上述反应逆向进行所需的最低温度。

解:(1) $\Delta_r G_m^{\ominus} = \Delta_r H_m^{\ominus} - T\Delta_r S_m^{\ominus}$

$$= -281.11\ \text{kJ} \cdot \text{mol}^{-1} - 298\ \text{K} \times \frac{-191.33\ \text{J} \cdot \text{mol}^{-1} \cdot \text{K}^{-1}}{1\ 000}$$

$$= -224.09\ \text{kJ} \cdot \text{mol}^{-1}$$

$\Delta_r G_m^{\ominus} < 0$,反应可自发进行。

(2) 对上述反应来讲,$\Delta_r H_m^{\ominus}$ 和 $\Delta_r S_m^{\ominus}$ 均为负值,故降低温度有利。

(3) 欲使反应逆向进行,必须将温度升高到大于平衡状态($\Delta_r G_m^{\ominus} = 0$)时的温度。

$$\Delta_r G_m^{\ominus} = \Delta_r H_m^{\ominus} - T\Delta_r S_m^{\ominus} = -281.11\ \text{kJ} \cdot \text{mol}^{-1} - \left(T \times \frac{-191.33\ \text{J} \cdot \text{mol}^{-1} \cdot \text{K}^{-1}}{1\ 000} \right) = 0$$

$$T = 1\ 469\ \text{K}$$

温度必须高于 1 469 K,反应才能逆向进行。

应该指出,$\Delta_r G_m^{\ominus}$ 只能预测某反应能否自发进行,但并不能说明反应进行的速率。例如 $\Delta_r G_m^{\ominus}$ 为负值的反应可以自发进行,但它能以很高的速率进行,也能以极低的速率进行。

复习思考题一

1. 试说明下列术语的含义:(1) 状态函数;(2) 自发反应;(3) 标准状态。

2. 指出 $\Delta H = Q_p$,$\Delta H = \Delta U + p\Delta V$ 公式成立的条件。

3. 热化学方程式与一般方程式有何异同?书写时应注意哪几点?

4. 何谓盖斯定律?举例说明如何用 $\Delta_f H_m^{\ominus}$ 计算化学反应的热效应。

5. 能否用反应的焓变或熵变作为判断反应自发性的标准?为什么?

6. 举例说明恒压下温度对反应自发性的影响。

7. 下列说法是否正确,并说明理由:

(1) 放热反应都是自发进行的;

(2) $\Delta_r S_m$ 为正值的反应都是自发的;

(3) $\Delta_r H_m$、$\Delta_r S_m$ 均为负值的反应,在高温下能自发。

8. 说明下列各符号的意义:

$$\Delta_r H_m^{\ominus},\ \Delta_f H_m^{\ominus},\ \Delta_r G_m^{\ominus},\ \Delta_f G_m^{\ominus},\ \Delta_r S_m^{\ominus},\ S_m^{\ominus},\ \Delta U_\circ$$

习题一

1. 某理想气体对恒定外压(93.31 kPa)膨胀,其体积从 50 L 变化至 150 L,同时吸收 6.48 kJ 的热量,试计算内能的变化。

2. 已知下列热化学方程式:

$$Fe_2O_3(s)+3CO(g)\!=\!=\!=\!2Fe(s)+3CO_2(g)\,,\qquad Q_p=-27.6\ kJ\cdot mol^{-1}$$

$$3Fe_2O_3(s)+CO(g)\!=\!=\!=\!2Fe_3O_4(s)+CO_2(g)\,,\qquad Q_p=-58.6\ kJ\cdot mol^{-1}$$

$$Fe_3O_4(s)+CO(g)\!=\!=\!=\!3FeO(s)+CO_2(g)\,,\qquad Q_p=38.1\ kJ\cdot mol^{-1}$$

不用查表,计算下列反应的 Q_p:　　　$FeO(s)+CO(g)\!=\!=\!=\!Fe(s)+CO_2(g)$

(提示:根据盖斯定律,利用已知反应方程式,设计一循环,使消去 Fe_2O_3 和 Fe_3O_4,而得到所需反应方程式)

3. 试用书末附录 1 提供的标准摩尔生成焓 $\Delta_f H_m^{\ominus}$ 数据,计算下列反应的 $\Delta_r H_m^{\ominus}$。

(1) $CaO(s)+SO_3(g)+2H_2O(l)\!=\!=\!=\!CaSO_4\cdot 2H_2O(s)$;

(2) $C_6H_6(l)+7\frac{1}{2}O_2(g)\!=\!=\!=\!6CO_2(g)+3H_2O(l)$;

(3) $2Al(s)+Fe_2O_3(s)\!=\!=\!=\!2Fe(s)+Al_2O_3(s)$。

4. 试用书末附录 1 提供的标准摩尔生成焓 $\Delta_f H_m^{\ominus}$ 数据,计算下列反应中 $Ca_3N_2(s)$ 的 $\Delta_f H_m^{\ominus}$。

$Ca_3N_2(s)+6H_2O(l)\longrightarrow 3Ca(OH)_2(s)+2NH_3(g)\,,\Delta_r H_m^{\ominus}=-905.6\ kJ\cdot mol^{-1}$

5. 金属铝是一种还原剂,它可将 Fe_2O_3 还原为 Fe,本身生成 Al_2O_3。试计算在 298 K 时 5.0 g Al 还原 20.0 g Fe_2O_3 时放出的热量为多少?

6. 判断下列反应或过程中熵变的数值是正值还是负值:

(1) $2C(s)+O_2(g)\!=\!=\!=\!2CO(g)$;

(2) $2NO_2(g)\!=\!=\!=\!2NO(g)+O_2(g)$;

(3) $Br_2(l)\!=\!=\!=\!Br_2(g)$;

(4) $NH_3(g)+HCl(g)\!=\!=\!=\!NH_4Cl(s)$。

7. 用书末附录 1 中所提供的 $\Delta_f G_m^{\ominus}$ 数据计算下列反应的 $\Delta_r G_m^{\ominus}$,并判断这些反应能否自发进行。

(1) $SiO_2(s,石英)+4HCl(g)\!=\!=\!=\!SiCl_4(g)+2H_2O(g)$;

(2) $CO(g)+H_2O(g)\!=\!=\!=\!CO_2(g)+H_2(g)$;

(3) $Fe_2O_3(s)+3CO(g)\!=\!=\!=\!2Fe(s)+3CO_2(g)$。

8. 利用书末附录 1 所提供的 $\Delta_f H_m^{\ominus}$ 和 $S_m^{\ominus}$ 数据,计算下列反应在 298 K 时的 $\Delta_r G_m^{\ominus}$。

(1) $N_2(g)+3H_2(g)\!=\!=\!=\!2NH_3(g)$;

(2) $2HgO(s)\!=\!=\!=\!2Hg(l)+O_2(g)$;

(3) $CH_4(g)+2O_2(g)\!=\!=\!=\!CO_2(g)+2H_2O(l)$。

9. 用二氧化锰制取金属锰可采取下列两种方法:

(1) $MnO_2(s)+2H_2(g)\!=\!=\!=\!Mn(s)+2H_2O(g)$;

(2) $MnO_2(s)+2C(s)\!=\!=\!=\!Mn(s)+2CO(g)$。

上述两个反应在 25 ℃、100 kPa 下能否自发进行？如果希望反应温度尽可能低一些，试通过计算，说明采用何种方法比较好？

10. 反应　$C_2H_4(g)+H_2(g)\!\!=\!\!=\!\!=\!C_2H_6(g)$

$\Delta_rH_m^{\ominus}=-136.98 \text{ kJ} \cdot \text{mol}^{-1}$，$\Delta_rS_m^{\ominus}=-120.66 \text{ J} \cdot \text{mol}^{-1} \cdot \text{K}^{-1}$

试求该反应在 25 ℃时的 $\Delta_rG_m^{\ominus}$，并指出该反应在 25 ℃、100 kPa 下是否能自发进行。

11. 25 ℃、100 kPa 下，$CaSO_4(s) \longrightarrow CaO(s)+SO_3(g)$

已知：$\Delta_rH_m^{\ominus}=401.92 \text{ kJ} \cdot \text{mol}^{-1}$，$\Delta_rS_m^{\ominus}=189.13 \text{ J} \cdot \text{mol}^{-1} \cdot \text{K}^{-1}$

问：（1）上述反应能否自发行进行？

　　（2）对上述反应，是升高温度有利，还是降低温度有利？

　　（3）若使上述反应正向进行，其所需的最低温度是多少？

12. （1）利用附录 1 所提供的数据，计算下列反应在 298 K 时的 $\Delta_rG_m^{\ominus}$ 和 $\Delta_rH_m^{\ominus}$：

$$CuS(s)+H_2(g) \longrightarrow Cu(s)+H_2S(g)$$

（2）求该反应在 1 000 K 时的 $\Delta_rG_m^{\ominus}(1\ 000 \text{ K})$。

13. 金属镍在一定条件下可以与 CO 生成 $Ni(CO)_4$（四羰基镍）：

$$Ni(s)+4CO(g) \longrightarrow Ni(CO)_4(g)$$

据此可进行镍的提纯。过程是：在一定温度下以 CO 通过粗镍，生成 $Ni(CO)_4$，在另一个温度下 $Ni(CO)_4$ 分解为纯镍及 CO。试计算在 100 kPa 下，$Ni(CO)_4$ 的生成和分解温度。

（已知：$Ni(CO)_4(g)$ 的 $\Delta_fH_m^{\ominus}=-602.3 \text{ kJ} \cdot \text{mol}^{-1}$，$S_m^{\ominus}(g)=401.7 \text{ J} \cdot \text{mol}^{-1} \cdot \text{K}^{-1}$。Ni 的 $S_m^{\ominus}(s)=29.9 \text{ J} \cdot \text{mol}^{-1} \cdot \text{K}^{-1}$，其他有关数据可查表）

阅读材料一

水合离子反应的摩尔焓变、摩尔熵变和摩尔吉布斯函数变

化学反应的摩尔吉布斯函数变 Δ_rG_m 可作为判断反应能否自发进行的衡量标准。而对于水溶液中进行的离子反应，我们也可根据反应的 Δ_rG_m 来判断反应进行的方向，离子反应的 $\Delta_rG_m^{\ominus}$，$\Delta_rH_m^{\ominus}$ 和 $\Delta_rS_m^{\ominus}$ 同样可以根据各物质的 $\Delta_fG_m^{\ominus}$，$\Delta_fH_m^{\ominus}$ 和 $S_m^{\ominus}$ 计算求得。

在水溶液中，正负离子都能与水生成相应的水合离子，显然水合离子的焓值与未水合离子的焓值是不同的。水合离子的标准摩尔生成焓就是指在标准状态下由稳定单质生成 1 mol 溶于大量水中形成水合离子的焓变。由于在水溶液中正负离子总是同时存在，溶液总是呈中性的，因此不可能得到任一单独水合离子的摩尔生成焓，但可采用相对值的方法，即可选用一种离子为标准，其他水合离子与之相比较，就可得到它们标准摩尔生成焓的相对值。故此规定 298 K 时，由 H_2 生成 1 mol 溶于大量水中形成水合氢离子的焓变就是水合氢离子的标准摩尔生成焓等于零，即

$$\frac{1}{2}H_2(g)+aq \longrightarrow H^+(aq)+e \qquad \Delta_rH_m^{\ominus}=\Delta_fH_{m,H^+(aq)}^{\ominus}=0$$

式中，aq（是拉丁语单词"aqua（水）"的缩写）表示大量的水，$H^+(aq)$ 表示水合氢离子。以此为基准，可以得到其他水合离子的标准摩尔生成焓。

【例1】 在 298 K 时,下列反应

$$HCl(g) + aq \longrightarrow H^+(aq) + Cl^-(aq) \qquad \Delta_r H_m^\ominus = -74.90 \text{ kJ} \cdot \text{mol}^{-1}$$

$$\Delta_f H_{m,HCl(g)}^\ominus = -92.30 \text{ kJ} \cdot \text{mol}^{-1}$$

求 Cl^- 的标准摩尔生成焓。

解: 根据本章正文中式(1-6)可得

$$\Delta_r H_m^\ominus = \Delta_f H_{m,H^+(aq)}^\ominus + \Delta_f H_{m,Cl^-(aq)}^\ominus - \Delta_f H_{m,HCl(g)}^\ominus$$

$$\Delta_f H_{m,Cl^-(aq)}^\ominus = \Delta_r H_m^\ominus + \Delta_f H_{m,HCl(g)}^\ominus - \Delta_f H_{m,H^+(aq)}^\ominus$$

$$= -74.90 \text{ kJ} \cdot \text{mol}^{-1} + (-92.30 \text{ kJ} \cdot \text{mol}^{-1}) - 0$$

$$= -167.2 \text{ kJ} \cdot \text{mol}^{-1}$$

同样水合离子的标准摩尔熵和标准摩尔吉布斯函数也都是以水合氢离子的标准摩尔熵 $S_{m,H^+(aq)}^\ominus$)和标准摩尔吉布斯函数 $\Delta_f G_{m,H^+(aq)}^\ominus$ 等于零作为基准而求得。

一些水合离子的标准摩尔生成焓,标准摩尔生成吉布斯函数和标准摩尔熵列于表1。

表1　一些离子的标准摩尔生成焓,标准摩尔生成吉布斯函数和标准摩尔熵

离子	$\Delta_f H_m^\ominus/(\text{kJ} \cdot \text{mol}^{-1})$	$\Delta_f G_m^\ominus/(\text{kJ} \cdot \text{mol}^{-1})$	$S_m^\ominus/(\text{kJ} \cdot \text{mol}^{-1})$
$H^+(aq)$	0	0	0
$Na^+(aq)$	−240.1	−261.9	59.0
$K^+(aq)$	−252.4	−283.3	102.5
$Ag^+(aq)$	105.6	77.1	72.7
$Ca^{2+}(aq)$	−542.8	−553.6	−53.1
$Mg^{2+}(aq)$	−466.9	−454.8	−138.1
$Ba^{2+}(aq)$	−537.6	−560.8	9.6
$Cu^{2+}(aq)$	64.8	−65.5	−99.6
$Zn^{2+}(aq)$	−153.9	−147.1	−112.1
$OH^-(aq)$	−230.0	−157.2	−10.8
$F^-(aq)$	−332.6	−278.8	−13.8
$Cl^-(aq)$	−167.2	−131.2	56.5
$Br^-(aq)$	−121.6	−104.0	82.4
$I^-(aq)$	−55.2	−51.6	111.3
$S^{2-}(aq)$	33.1	85.8	−14.6
$ClO_4^-(aq)$	−129.3	8.5	182.0
$CO_3^{2-}(aq)$	−677.1	−527.8	−56.9
$SO_4^{2-}(aq)$	−909.3	−774.5	20.1

根据水合离子的 $\Delta_f G_m^\ominus$、$\Delta_f H_m^\ominus$ 和 $S_m^\ominus$ 就可计算有关离子反应在 298 K 时的 $\Delta_r G_m^\ominus$,$\Delta_r H_m^\ominus$ 和 $\Delta_r S_m^\ominus$。

【例2】 计算下列反应的 $\Delta_r H_m^\ominus$ 和 $\Delta_r S_m^\ominus$:

$$CaO(s) + H_2O(l) = Ca^{2+} + 2OH^-(aq)$$

解： 根据本章正文中式(1 - 6)、(1 - 7)，可得

$$\Delta_r H_m^{\ominus} = [\Delta_f H_{m,Ca^{2+}(aq)}^{\ominus} + 2\Delta_f H_{m,OH^-(aq)}^{\ominus}] - [\Delta_f H_{m,CaO(s)}^{\ominus} + \Delta_f H_{m,H_2O(l)}^{\ominus}]$$
$$= [-542.8 + 2 \times (-230.0)] - [(-635.5) + (-285.85)]$$
$$= -81.4 \text{ kJ} \cdot \text{mol}^{-1}$$

$$\Delta_r S_m^{\ominus} = [S_{m,Ca^{2+}(aq)}^{\ominus} + 2S_{m,OH^-(aq)}^{\ominus}] - [S_{m,CaO(s)}^{\ominus} + S_{m,H_2O(l)}^{\ominus}]$$
$$= [-53.1 + 2 \times (-10.75)] - [39.7 + 69.96]$$
$$= -184.3 \text{ J} \cdot \text{K}^{-1} \cdot \text{mol}^{-1}$$

【例 3】 计算下列反应在 298 K 时的 $\Delta_r G_m^{\ominus}$，并判断反应能否自发进行。

(1) $Zn(s) + 2H^+(aq) \longrightarrow Zn^{2+}(aq) + H_2(g)$

(2) $Cu^{2+}(aq) + Ag(s) \longrightarrow Cu(s) + Ag^+(aq)$

解： 根据本章正文中式(1 - 15)，可得

(1) $\Delta_r G_m^{\ominus} = [\Delta_f G_{m,Zn^{2+}(aq)}^{\ominus} + \Delta_f G_{m,H_2(g)}^{\ominus}] - [\Delta_f G_{m,Zn(s)}^{\ominus} + 2\Delta_f G_{m,H^+(aq)}^{\ominus}]$

$\qquad = [(-147.1) + 0] - [0 + 2 \times 0]$

$\qquad = -147.1 \text{ kJ} \cdot \text{mol}^{-1}$

$\Delta_r G_m^{\ominus} < 0$，反应能正向自发进行。

(2) $\Delta_r G_m^{\ominus} = [\Delta_f G_{m,Cu(s)}^{\ominus} + \Delta_f G_{m,Ag^+(aq)}^{\ominus}] - [\Delta_f G_{m,Cu^{2+}(aq)}^{\ominus} + \Delta_f G_{m,Ag(s)}^{\ominus}]$

$\qquad = [0 + 77.1] - [(-65.5) + 0]$

$\qquad = 142.6 \text{ kJ} \cdot \text{mol}^{-1}$

$\Delta_r G_m^{\ominus} > 0$，反应不能正向自发进行。

第 2 章　化学反应速率和化学平衡

　　研究化学反应涉及两个问题:一个是反应进行的快慢,也就是化学反应速率;另一个是反应进行的程度,即有多少反应物可以转化为生成物,也就是化学平衡问题。这两个问题的讨论对理论研究和生产实践都有着重要的意义。因此本章就化学反应速率和化学平衡的一些基本原理作简单介绍。

2.1　化学反应速率

　　各种化学反应有些进行得很快,几乎在一瞬间就能完成。例如酸碱中和反应、爆炸反应等;但是,有些反应进行得很慢,例如,氢和氧合成水的反应在室温下几乎不发生可观测到的变化,而煤和石油的形成要经过几十万年的时间。因而对一些工农业生产有利的反应,我们需采取措施来增大反应速率以缩短生产时间,如钢铁冶炼、氨的合成等;而对某些不利的反应,则要设法抑制其进行,如金属的腐蚀、食品的腐败、橡胶制品的老化等。

　　为了定量地研究反应速率,需要明确化学反应速率的概念,确定其表示方法。对于液相反应和恒容容器中进行的气相反应,系统体积恒定时,化学反应速率(简称反应速率)v 定义为:

$$v = \frac{1}{\nu_B} \cdot \frac{\Delta c_B}{\Delta t} \tag{2-1}$$

式中　ν_B——反应中物质 B 的化学计量系数。对反应物取负值,生成物取正值,以使反应速率保持正值。

　　$\frac{\Delta c_B}{\Delta t}$——化学反应随时间($t$)引起物质 B 的浓度变化率。

　　v——基于浓度的反应速率,单位为 $mol \cdot L^{-1} \cdot s^{-1}$(时间单位也可用 min 或 h)。

　　例如:氮气与氢气在密闭容器中合成氨,则各物质浓度的变化如下。

$$\begin{array}{cccc} & N_2 & + \quad 3H_2 & \rightleftharpoons \quad 2NH_3 \end{array}$$

起始浓度 /$mol \cdot L^{-1}$　　　1　　　　3　　　　　　0

　　　　　　　　　　　　　$\downarrow -0.2$　$\downarrow -0.6$　　$\downarrow +0.4$

2 秒后浓度 /$mol \cdot L^{-1}$　0.8　　　2.4　　　　　0.4

$$N_2 \text{ 的} \frac{\Delta c_B}{\Delta t} = \frac{-0.2 \text{ mol} \cdot L^{-1}}{2 \text{ s}}$$

$$H_2 \text{ 的} \frac{\Delta c_B}{\Delta t} = \frac{-0.6 \text{ mol} \cdot L^{-1}}{2 \text{ s}}$$

$$NH_3 \text{ 的} \frac{\Delta c_B}{\Delta t} = \frac{+0.4 \text{ mol} \cdot L^{-1}}{2 \text{ s}}$$

反应速率　　　$v=\dfrac{1}{\nu_B}\cdot\dfrac{\Delta c_B}{\Delta t}=\dfrac{1}{-1}\times\dfrac{-0.2\ mol\cdot L^{-1}}{2\ s}=\dfrac{1}{-3}\times\dfrac{-0.6\ mol\cdot L^{-1}}{2\ s}$

$$=\dfrac{1}{+2}\times\dfrac{0.4\ mol\cdot L^{-1}}{2\ s}=0.1\ mol\cdot L^{-1}\cdot s^{-1}$$

实验表明,随着反应的进行,反应物的浓度会不断减小,反应速率也将随着不断减小,而生成物的浓度则会不断增大。上例中计算所得的结果,实际上是在 2 秒内反应的平均速率。时间间隔越短,平均速率越能反映实际的反应速率。时间间隔趋近于无限小时($\Delta t\rightarrow 0$)的反应速率称为瞬时反应速率。以后所提到的反应速率,都是指瞬时反应速率。

2.2　影响化学反应速率的因素

化学反应速率的快慢首先取决于反应物的本质。此外,所有化学反应的速率都受到反应进行时所处条件的影响,其主要为浓度(或压力)、温度和催化剂的使用等。

2.2.1　浓度的影响和反应级数

1. 基元反应和质量作用定律

大量实验证明,在室温下,增加反应物的浓度,反应速率可以加快。例如燃料或钢铁在纯氧中的氧化反应比在空气中反应要快得多。那么,化学反应速率与反应物浓度之间存在着什么定量关系呢?

人们经过实验总结,得出其关系为:在一定温度下,任何一个基元反应(即一步完成的反应),反应速率与各反应物浓度方次的乘积成正比(反应物浓度的方次数等于化学反应式中各相应物质的化学计量系数)。这个用以表示反应物浓度和反应速率的定量关系称为质量作用定律。

例如,对于基元反应:

$$aA+bB\longrightarrow gG+dD$$

根据质量作用定律,可知其反应速率(v)与浓度的关系可表示为:

$$v=kc_A^a\cdot c_B^b \tag{2-2}$$

式(2-2)中的 k 称为反应速率常数。对某一反应来说,k 的数值由化学反应的本性所决定,在一定温度、催化剂等条件下,k 是一个定值,当上述条件改变时,k 值也随之改变。但反应物浓度的改变不会影响 k 值。当 $c_A=c_B=1\ mol\cdot L^{-1}$ 时,式(2-2)就变为 $v=k$,所以速率常数是反应物浓度为单位浓度时的反应速率。

必须注意,质量作用定律只适用于基元反应,也就是一步完成的反应。但实际上有许多反应并不是一步完成,而是分步完成的,也就是说是由几个基元反应组成的复杂反应(也称为总反应)。此时,质量作用定律只适用其中每一个基元反应,但往往不适用于总反应。

2. 反应速率方程式

一般的化学方程式只代表最初的反应物和最后的生成物,并不代表反应进行的实际历程,因此不能根据化学方程式决定反应速率与浓度之间的定量关系,而必须通过实验来确定。

例如,对于一般反应:

$$aA + bB \longrightarrow gG + dD$$

浓度与反应速率之间的定量关系可表示为:

$$v = kc_A^x \cdot c_B^y \tag{2-3}$$

式(2-3)称为反应速率方程式。如果是基元反应,式(2-3)中的 $x=a$, $y=b$;如果是非基元反应,$x \neq a$, $y \neq b$。这一定量关系不仅适用于溶液中的反应,也适用于气相反应。液态和固态纯物质由于浓度不变,在定量关系中不表达出来。

例如,煤的燃烧反应:

$$C(s) + O_2(g) \longrightarrow CO_2(g)$$

由于粉碎到一定程度的煤,其表面积就为一个定值,因此它的浓度就固定不变,可视为常数,则在一定温度下,其反应速率可用下式表示:

$$v = kc_{O_2}$$

3. 反应级数

式(2-3)中各浓度项上的指数之和,即 $x+y=n$,称为该反应的级数,而对于反应物 A 来讲就是 x 级反应,对于反应物 B 来讲就是 y 级反应。x、y 的数值与反应方程式中的计量系数没有直接的关系,必须通过实验来确定。

经研究还证实,反应级数可以是整数、分数,还可以为零。反应速率与反应浓度无关的反应称为零级反应;与浓度的一次方成正比的反应称为一级反应;与浓度的二次方成正比的反应称为二级反应。如表 2-1 所示。

表 2-1　反应的级数

反应级数	反应	速率方程式
零级	$NH_3(g) \xrightarrow{Fe} \frac{1}{2}N_2(g) + \frac{3}{2}H_2(g)$	$v = kc_{NH_3}^0$
一级	$N_2O_5(g) =\!=\!= 2NO_2(g) + \frac{1}{2}O_2(g)$	$v = kc_{N_2O_5}$
二级	$NO(g) + O_3(g) =\!=\!= NO_2(g) + O_2(g)$	$v = kc_{NO} \cdot c_{O_3}$
三级	$2NO(g) + 2H_2(g) =\!=\!= N_2(g) + 2H_2O$	$v = kc_{NO}^2 \cdot c_{H_2}$
分数级	$CHCl_3(g) + Cl_2(g) =\!=\!= CCl_4(g) + HCl(g)$	$v = kc_{CHCl_3} \cdot c_{Cl_2}^{\frac{1}{2}}$

4. 反应速率方程式的建立

建立反应速率方程式,一般可以通过以下两个途径:

1) 由浓度-时间的实验数据建立速率方程式

【例 2.1】　在 1 073 K 时,为测得下列反应

$$2NO(g) + 2H_2(g) \longrightarrow N_2(g) + 2H_2O(g)$$

的反应速率,有关实验数据如下表:

实验编号	起始浓度/(mol·L⁻¹)		起始速率
	c_{NO}	c_{H_2}	$v/(mol·L^{-1}·s^{-1})$
1	$6.00×10^{-3}$	$1.00×10^{-3}$	$3.19×10^{-3}$
2	$6.00×10^{-3}$	$2.00×10^{-3}$	$6.36×10^{-3}$
3	$6.00×10^{-3}$	$3.00×10^{-3}$	$9.56×10^{-3}$
4	$1.00×10^{-3}$	$6.00×10^{-3}$	$0.48×10^{-3}$
5	$2.00×10^{-3}$	$6.00×10^{-3}$	$1.92×10^{-3}$
6	$3.00×10^{-3}$	$6.00×10^{-3}$	$4.30×10^{-3}$

求：(1) 上述反应的速率方程式和反应级数；

(2) 这个反应在 1 073 K 时的速率常数；

(3) 当 $c_{NO}=4.00×10^{-3}$ mol·L⁻¹，$c_{H_2}=5.00×10^{-3}$ mol·L⁻¹时的反应速率。

解：(1) 该反应的速率方程式可写为：

$$v=kc_{NO}^{x}·c_{H_2}^{y}$$

分析实验数据，可求得 x 和 y 值。从实验编号 1 到 3 可以看出，当 c_{NO} 保持不变，c_{H_2} 增加到原来浓度的 2 倍时，v 增加到原来的 2 倍；c_{H_2} 增加到原来的 3 倍时，v 也增加到原来的 3 倍。由此可知 $y=1$。从实验编号 4 到 6 可以看出，当 c_{H_2} 保持不变，c_{NO} 增加到原来浓度的 2 倍时，v 增加到原来速率的 4 倍；c_{NO} 增加到原来的 3 倍时，v 增加到原来的 9 倍。由此可知 $x=2$。因此，该反应的速率方程式为：

$$v=kc_{NO}^{2}·c_{H_2}$$

反应级数为 $x+y=3$。

(2) 将实验编号 4 的数据代入上式，可得：

$0.48×10^{-3}$ mol·L⁻¹·s⁻¹$=k(1.00×10^{-3}$ mol·L⁻¹$)^2×(6.00×10^{-3}$ mol·L⁻¹$)$

$k=8.0×10^4$ L²·mol⁻²·s⁻¹①

(3) 当 $c_{NO}=4.00×10^{-3}$ mol·L⁻¹，$c_{H_2}=5.00×10^{-3}$ mol·L⁻¹时，

$v=kc_{NO}^{2}·c_{H_2}$

$=8.0×10^4$ L²·mol⁻²·s⁻¹$×(4.00×10^{-3}$ mol·L⁻¹$)^2×(5.00×10^{-3}$ mol·L⁻¹$)$

$=6.4×10^{-3}$ mol·L⁻¹·s⁻¹

2) 由反应机理建立速率方程式

由于大多数反应不是一步完成的，往往需要经过许多步骤才能形成最终产物，其中的每一个步骤为一个基元反应。也就是说，总反应是由一系列基元反应构成，这些基元反应的总和称为反应机理。基元反应的速率快慢不等，基元反应中速率最慢的一步决定了总反应的反应速率，这个基元反应称为整个反应的速率控制步骤。

---

① 实验编号 1~6 所得 k 的平均值为 $6.4×10^4$ L²·mol⁻²·s⁻¹。

速率常数 k 的量纲随反应级数不同而不同，例如一级反应 k 的量纲为 s⁻¹，二级反应 k 的量纲为 L·mol⁻¹·s⁻¹，对 n 级反应 k 的量纲是 $L^{n-1}·mol^{1-n}·s^{-1}$。

【例 2.2】 反应 $2NO(g)+2H_2(g)\longrightarrow N_2(g)+2H_2O(g)$

已知该反应是分两步进行的：

$2NO+H_2\longrightarrow N_2+H_2O_2$ （慢）

$H_2O_2+H_2\longrightarrow 2H_2O$ （快）

列出反应的速率方程。

解：根据质量作用定律，基元反应的速率方程分别为：

$$v_1=k_1c_{NO}^2c_{H_2}$$

$$v_2=k_2c_{H_2O_2}c_{H_2}$$

由于第一个反应速率慢，成为整个反应的速率控制步骤。所以总的反应速率取决于第一步。也就是说，总的反应速率方程式应按反应速率较慢的一步来写。因此，其反应速率方程式即为：

$$v=kc_{NO}^2\cdot c_{H_2}$$

2.2.2 温度的影响和阿仑尼乌斯方程式

绝大多数反应的反应速率随温度升高而加快[①]。例如氢气和氧气化合生成水的反应，在常温下，几年也观察不出有反应发生；当温度升高至 813 K 时，它们就立即反应，甚至发生爆炸。这表明当反应物浓度一定时，温度改变，反应速率会随之改变。温度对反应速率的影响，主要体现在对速率常数 k 的影响上。升高温度，速率常数 k 增大，反应速率也就相应加快。对一些反应，在一定温度范围内，温度每升高 10 ℃，反应速率常数一般增加到原来的 2～4 倍。反应速率也按同样的倍数增加。这个倍数叫做反应的温度系数。假定某一反应的温度系数为 2，则 100 ℃时的反应速率将为 0 ℃时的 $2^{\frac{100}{10}}=1\,024$ 倍。即在 0 ℃时需 7 天多完成的反应在 100 ℃时 10 分钟就能完成。可见温度对反应速率有着明显的影响。不同的反应，温度系数也就不同。

温度系数只是粗略地估计温度与反应速率的关系，而较为精确的定量关系是由瑞典化学家阿仑尼乌斯(S. Arrhenius)根据实验提出的温度和反应速率常数之间的经验公式，称为阿仑尼乌斯方程式：

$$k=Ae^{-E_a/RT} \tag{2-4}$$

式中   A——指前因子，给定反应的特征常数；

　　　　E_a——反应的活化能，单位 $kJ\cdot mol^{-1}$；

　　　　e——自然对数的底；

　　　　T——热力学温度；

　　　　R——摩尔气体常数（$8.314\ J\cdot mol^{-1}\cdot K^{-1}$）。

若将式(2-4)以对数表示，则为：

$$\ln k=\ln A-\frac{E_a}{RT} \tag{2-5}$$

从式(2-5)可知，若温度 T 升高，则 k 增大，所以反应速率也就增大。k 不仅与温度 T 有

---

① 有个别反应，如 $2NO+O_2\longrightarrow 2NO_2$，温度升高，反应速率减慢。

关,且与化活能 E_a 有关。在一定温度下,活化能愈小,则 k 愈大,所以反应速率值也就愈大。在式(2-5)中,$\ln k$ 与 $1/T$ 是直线关系。若以 $\ln k$ 为纵坐标,$1/T$ 为横坐标作图,可得一直线。由直线的斜率 $-E_a/R$ 可以求得活化能 E_a,由纵坐标上的截距可求得 A。

现以 N_2O_5 在四氯化碳液体中的分解为例,说明 k 与 T 的关系。

$N_2O_5 \longrightarrow N_2O_4 + \frac{1}{2}O_2$ 在不同温度时测得的速率常数列于表 2-2 中。

表 2-2　不同温度时 N₂O₅ 的分解反应速率常数

T/K	T^{-1}/K^{-1}	k/s^{-1*}	$\ln k/s^{-1}$
338	0.002 959	487×10^{-5}	-5.325
328	0.003 049	150×10^{-5}	-6.502
318	0.003 145	49.8×10^{-5}	-7.605
308	0.003 247	13.5×10^{-5}	-8.910
298	0.003 356	3.46×10^{-5}	-10.272
273	0.003 663	$0.078\ 7 \times 10^{-5}$	-14.055

* N_2O_5 的分解反应是一级反应,反应速率常数 k 的单位为 s^{-1}。

将表 2-2 中的数据绘成图,可得一直线,如图 2-1 所示。求得直线斜率为 $-12\ 460$ K,截距为 31.54。

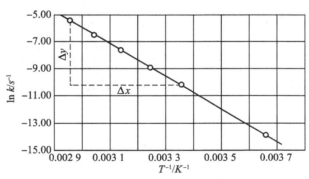

图 2-1　N₂O₅ 分解反应 ln K 与 1/T 关系图

斜率与截距可用下列方法求得:在直线上找两点,设该两点在纵坐标上的间距为 Δy,在横坐标上的间距为 Δx,则斜率 $=\dfrac{\Delta y}{\Delta x}$。例如,取 338 K 与 298 K 两点的数据,可得:

$$斜率 = \frac{\Delta y}{\Delta x} = \frac{(-10.272)-(-5.325)}{(0.003\ 356-0.002\ 959)\ K^{-1}} = \frac{-4.947}{0.000\ 397\ K^{-1}} = -12\ 460\ K$$

将斜率 $=-12\ 460$ K,$T=298$ K,$\ln k=-10.272$ 代入式(2-5)中,可得:

$$-10.72 = \ln A - \frac{12\ 460\ K}{298\ K},\ \ln A = 31.54,\ A = 4.98 \times 10^{13}。$$

由于斜率 $=\dfrac{-E_a}{R}$

可得 $E_a = -8.314\ J \cdot mol^{-1} \cdot K^{-1} \times (-12\ 460\ K) = 103\ 600\ J \cdot mol^{-1} = 103.6\ kJ \cdot mol^{-1}$。

活化能可通过上述绘图方法求得,也可以利用阿仑尼乌斯方程式计算得到。利用阿仑尼乌斯方程式还可求得温度变化对反应速率的影响。

若以 k_1、k_2 分别表示某一反应在温度 T_1、T_2 时的速率常数,则根据式(2-5)可得:

$$\ln k_2 = \ln A - \frac{E_a}{RT_2}$$

$$\ln k_1 = \ln A - \frac{E_a}{RT_1}$$

两式相减可得:

$$\ln \frac{k_2}{k_1} = -\frac{E_a}{R}\left(\frac{1}{T_2} - \frac{1}{T_1}\right)$$

根据反应速率方程式,浓度不变时,有下列关系:

$$v_2 = k_2 c_A^x \cdot c_B^y$$

$$v_1 = k_1 c_A^x \cdot c_B^y$$

两式相除可得:

$$\frac{v_2}{v_1} = \frac{k_2}{k_1}$$

所以

$$\ln \frac{v_2}{v_1} = \ln \frac{k_2}{k_1} = \frac{-E_a}{R}\left(\frac{1}{T_2} - \frac{1}{T_1}\right) = \frac{E_a(T_2 - T_1)}{RT_1 T_2} \qquad (2-6)$$

式(2-6)可用来求反应的活化能。如果活化能和某一温度下的 k 已知,就可算得其他温度下的 k 值。利用此式也可求得反应速率随温度变化的改变值。

【例 2.3】 反应 $2HI \longrightarrow H_2 + I_2$ 在 600 K 和 700 K 时的速率常数分别为 2.75×10^{-6} L·mol^{-1}·s^{-1} 和 5.50×10^{-4} L·mol^{-1}·s^{-1}。计算:(1)反应的活化能;(2)该反应在 800 K 时的速率常数;(3)若温度由 310 K 升高到 320 K,其分解速率将发生怎样的变化?

解:(1)反应的活化能。

根据式(2-6)

$$\ln \frac{v_2}{v_1} = \ln \frac{k_2}{k_1} = \frac{E_a(T_2 - T_1)}{RT_1 T_2}$$

式中　　$T_1 = 600$ K,$k_1 = 2.75 \times 10^{-6}$ L·mol^{-1}·s^{-1}

$T_2 = 700$ K,$k_2 = 5.50 \times 10^{-4}$ L·mol^{-1}·s^{-1}

$$\ln \frac{5.50 \times 10^{-4} \text{ L·mol}^{-1}\text{·s}^{-1}}{2.75 \times 10^{-6} \text{ L·mol}^{-1}\text{·s}^{-1}} = \frac{E_a \times (700 \text{ K} - 600 \text{ K})}{8.314 \text{ J·mol}^{-1}\text{·K}^{-1} \times 600 \text{ K} \times 700 \text{ K}}$$

$$E_a = 1.85 \times 10^5 \text{ J·mol}^{-1} = 185 \text{ kJ·mol}^{-1}$$

(2)800 K 时的速率常数。

$$\ln \frac{k}{5.50 \times 10^{-4} \text{ L·mol}^{-1}\text{·s}^{-1}} = \frac{185\,000 \text{ J·mol}^{-1} \times (800 \text{ K} - 700 \text{ K})}{8.314 \text{ J·mol}^{-1}\text{·K}^{-1} \times 800 \text{ K} \times 700 \text{ K}}$$

$$k = 2.91 \times 10^{-2} \text{ L·mol}^{-1}\text{·s}^{-1}$$

(3)反应速率随温度升高而发生的变化。

$$\ln \frac{v(320 \text{ K})}{v(310 \text{ K})} = \frac{185\,000 \text{ J·mol}^{-1} \times (320 \text{ K} - 310 \text{ K})}{8.314 \text{ J·mol}^{-1}\text{·K}^{-1} \times 320 \text{ K} \times 310 \text{ K}} = 2.24$$

$$\frac{v(320 \text{ K})}{v(310 \text{ K})} = 9.4(倍)$$

2.2.3　催化剂对反应速率的影响

过氧化氢水溶液在常温下缓慢地分解,但只要加入少量二氧化锰,它就很快地分解为水和氧气,反应后二氧化锰的组成和质量却没有变化。这种能改变化学反应速率而本身的组成、质量和化学性质在反应前后保持不变的物质,叫做催化剂。它在反应中的作用叫做催化作用。

若在 H_2O_2 水溶液中加入磷酸或尿素等物质,能减慢 H_2O_2 的分解速率。这种能使反应速率减慢的物质叫做负催化剂。为防止塑料的老化,可以加入少量防老化剂;为延缓和防止金属的腐蚀,可以使用缓蚀剂。防老化剂、缓蚀剂均可认为是负催化剂。一般所说的催化剂都是指能加快反应速率的正催化剂。

有些反应,它的生成物本身就可作为反应的催化剂。例如,在酸性溶液中高锰酸根离子氧化过氧化氢的反应:

$$2MnO_4^- + 5H_2O_2 + 6H^+ \Longrightarrow 2Mn^{2+} + 8H_2O + 5O_2$$

在含有硫酸的过氧化氢溶液中,慢慢滴加高锰酸钾溶液,开始时高锰酸钾的紫红色褪去很慢,但随着反应中二价锰离子的生成和积累,反应就进行得越来越快,使继续滴入的高锰酸钾紫红色溶液很快褪色。反应产物 Mn^{2+} 就是这个反应的催化剂。这类反应称为自动催化反应。

催化剂在化工生产中占有极其重要的地位,有许多进行得非常慢的反应不能符合工业生产的要求。但使用了催化剂后,反应速率大大加快,就能投入生产。例如,硫酸工业中,二氧化硫与氧反应生成三氧化硫的反应速率极慢,但只要加入五氧化二钒作催化剂,反应速率就可大大提高,使工业化生产硫酸就变为切实可行了。除此之外,合成氨工业、塑料、合成纤维、合成橡胶和石油化学等工业生产中,约有 85% 的化学反应需要使用催化剂。

催化剂具有特殊的选择性。即一种催化剂只对某一个反应具有催化作用。例如,二氧化硫的氧化反应可用五氧化二钒作催化剂,而合成氨则要用铁作催化剂。

若反应物可以同时发生几个平行反应时,则可选用某一个催化剂来增大工业上所需要的某个指定反应的速率,而对其他反应没有显著的影响。例如工业上用水煤气为原料,使用不同的催化剂可以得到不同的产物:

$$CO + H_2 \begin{cases} \xrightarrow{Cu,573\ K,\ 20\sim30\ MPa} CH_3OH(甲醇) \\ \xrightarrow{活化\ Fe\text{-}Cu,\ 443\sim473\ K,\ 1\sim2\ MPa} C_nH_{2n+2} + nH_2O(烷烃混合物,合成汽油) \\ \xrightarrow{Ni,\ 523\ K} CH_4(甲烷) + H_2O \\ \xrightarrow{Ru,\ 423\ K} 固态石蜡 \end{cases}$$

因此,利用催化剂具有特殊选择性的特点,在化工生产上可以选择适当的催化剂,加速主要反应的进行,同时对其他不需要的反应可加以抑制。

2.2.4　影响多相反应速率的因素

系统中任何一个性质完全相同的均匀部分叫做相。在不同相之间,有着明确的界面隔开。对于气态,无论是单一组分气体还是气体混合物,由于整个系统性质相同、完全均匀,只有一个相。对于液态,若是溶液,能互溶的为一相,如水和乙醇。而互不相溶的两种液体混合物之间有界面分开,每一种液体就为一个相,如水和苯就为两相。对于固态,若各组成物质之间不发生任何作用,则每一种固体就为一个相。含有一个相的系统称为单相或均相系统,多于一个相的系统叫做多相系统。

上面讨论了影响化学反应速率的各种因素,所涉及的反应大都是单相系统的反应。对于多相系统反应来说,除了与上述几个因素有关外,还有其他影响因素。

在多相系统反应中,由于反应主要是在相与相之间的界面上进行,因此多相系统的反应速率还和彼此作用的相之间的接触面大小有关。接触面越大,反应速率越快。例如,锌粉与盐酸作用比锌粒与盐酸作用要快得多。煤屑的燃烧要比大块煤的燃烧更快。因此,煤矿中的"粉尘"超过安全系数时会快速氧化而燃烧甚至引起爆炸。多相反应速率还受另一个重要因素——扩散作用的影响。这是由于扩散可以使反应物不断地进入界面,同时使生成物不断地离开界面从而增大反应速率。如煤燃烧时鼓风比不鼓风要烧得旺,这就是加快扩散作用的结果。

在多相系统反应中,有固态物质参加的反应,由于反应只是在固体表面上进行,因此反应速率与固体浓度无关。因而速率方程式中不包括固体的浓度。例如煤的燃烧反应:

$$C(s) + O_2(g) \longrightarrow CO_2(g)$$

实验证明,对于一定粉碎度的煤块,在一定温度下的燃烧速率只与氧的浓度成正比:

$$v = kc_{O_2}$$

因此,速率常数的大小除与温度有关外,还与煤的粉碎程度有关。所以若给出 k 值,应指出煤的粉碎度。

2.3　反应速率理论

2.3.1　有效碰撞理论

有效碰撞理论认为,反应物分子间的相互碰撞是发生反应的先决条件。然而,并不是所有碰撞都能产生反应。在千万次的碰撞中,大多数碰撞并不发生反应,只有少数分子间的碰撞才能发生反应。这种能发生反应的碰撞称为有效碰撞。这是由于能产生有效碰撞的分子比普通分子具有更高的能量。

在一定温度下,气体分子具有一定的平均能量。气体内有的分子能量比平均能量低,有的比平均能量高,其中有少数分子的能量比平均能量要高得多,它们的碰撞才能导致原有化学键破裂而发生反应。这种分子被称为活化分子。

气体分子的能量分布如图 2-2 所示。图 2-2中,能量分布曲线表示在一定温度下,具有不同能量

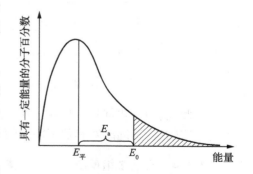

图 2-2　气体分子能量分布图

分子的百分率分布的情况。横坐标表示分子能量,纵坐标表示具有一定能量的分子百分数。$E_平$ 表示在该温度条件下分子的平均能量,活化分子所具有的最低能量为 E_0。只有当反应物分子的能量等于或大于 E_0 时,才有可能产生有效碰撞。活化分子具有的最低能量与分子的平均能量之差($E_0 - E_平$)称为反应的活化能(E_a)[①]。不同的反应有不同的活化能,若反应的活化能越大,E_0 在图中横坐标的位置就越靠右,对应曲线下的面积就越小,活化分子分数就越小,因而反应速率就慢。反之亦然。

　　能发生有效碰撞,反应物分子不仅需要有足够高的能量,而且碰撞时还要求有一定的空间取向。例如:

$$NO_2(g) + CO(g) \longrightarrow NO(g) + CO_2(g)$$

只有当反应物中的活化分子 NO_2、CO 碰撞时,按 N—O ⋯ C—O 直线方向上相碰时才能发生反应。如果 NO_2 中的氮原子与 CO 中的碳原子相碰,则不会发生反应。因此反应物分子要发生有效碰撞必须具备两个条件:一个是有足够大的能量,另一个就是合适的方向碰撞。

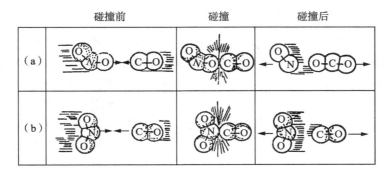

（a）合适的碰撞方向　　　　　（a）不合适的碰撞方向

图 2 - 3　碰撞方向和化学反应

2.3.2　过渡状态理论

　　过渡状态理论(又称活化配合物理论)认为:当具有足够能量的分子以一定的方向相互靠近到一定程度时,会引起反应物分子或原子内部结构的变化。使原来的化学键被削弱,而在没有结合的原子间有了新的不太牢固的联系,形成了过渡态的构型,称为活化配合物。例如,对于一般反应:

$$A + BC \longrightarrow AB + C$$

反应过程:

$$A + BC \Longleftrightarrow \underset{\text{活化配合物(过渡态)}}{A \cdots B \cdots C} \longrightarrow \underset{\text{生成物}}{AB + C}$$
$$\underset{\text{反应物}}{}$$

由于活化配合物能量高,所以极不稳定,一经形成就会分解。它既可以分解成为产物,也可以分解为反应物。

　　图 2 - 4 表示出上述反应中能量的变化。从图可知,纵坐标表示反应系统的能量,横坐

---

①　关于活化能的定义,通常有两种提法:a. 活化分子所具有的最低能量与反应物分子平均能量之差;b. 活化分子的平均能量与反应物分子的平均能量之差。本书采用第一种定义。

标表示反应历程。反应物要成为活化配合物,它
的能量必须比反应物的能量高出 E_{a_1} ,E_{a_1} 就是上
述正反应的活化能。若反应逆向进行,其能量必
须高出 E_{a_2} ,E_{a_2} 就是逆反应的活化能。E_{a_1} 和 E_{a_2}
之差就是化学反应的热效应($\Delta_r H_m$)。对此反应
来讲,由于 $E_{a_1} < E_{a_2}$,所以正反应是放热反应,逆
反应是吸热反应。由此可见,在可逆反应中,吸
热反应的活化能总是大于放热反应的活化能。

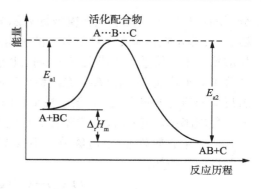

图 2-4　反应过程中的能量关系

从以上讨论可知,反应物分子必须具有足够
的能量以翻越一个能量高峰,才能转变为产物分
子。如果反应的活化能越大,能峰就越高,能越过能峰的反应物分子比例就越少,反应速率
就慢;若反应的活化能越小,则反应速率就越快。

2.3.3　活化能与反应速率的关系

从活化分子和活化能的观点来看,增加单位体积内活化分子的总数可以加快反应速
率。从而可以说明反应物的本性、浓度、温度和催化剂等因素对反应速率的影响。

不同的化学反应,其活化能不同,因而化学反应速率也就不同。活化能的大小是由反
应物的本性所决定的,因此活化能是决定化学反应速率的内因。活化能由实验测得,化学
反应的活化能大多数在 $60 \sim 250$ kJ·mol^{-1} 之间。活化能小于 40 kJ·mol^{-1} 的化学反应,
其反应速率非常快,瞬间就完成。活化能大于 400 kJ·mol^{-1} 的化学反应,其反应速率慢至
几年都观察不到反应的进行。

对某一化学反应来说,给定温度下反应物分子中活化分子的百分数是一定的。所以单
位体积内活化分子数和反应物分子总数即该反应物的浓度成正比。当增加反应物浓度(或
气体压力)时,单位体积内的分子总数增多,从而增大了活化分子数。这样单位时间内反应
物分子间的有效碰撞次数增加,使反应速率加快。

温度升高,对大多数反应来讲,反应速率随之加
快。这是由于当温度升高时,分子运动速度加快,使
分子间的碰撞次数增多,因此反应速率加快。同时,
温度升高不仅增加了分子间的碰撞次数,而更重要
的是随着温度的升高使更多的分子获得能量而成为
活化分子,增加了活化分子的百分数,从而增大了单
位体积内活化分子总数,因而使单位时间内有效碰
撞次数显著增加,反应速率大大加快。

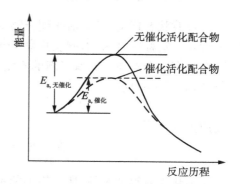

图 2-5　催化剂改变反应途径示意图

催化剂的加入能显著地加快化学反应速率,这
主要是由于催化剂的加入改变了反应途径(图
2-5)。催化反应的历程同无催化反应的历程相比
较,反应所需的活化能大大降低,相应增加了活化分子百分数,反应速率也就加快了。

例如,在没有催化剂存在时,硫酸工业生产中由 SO_2 制取 SO_3 的反应活化能很高,在
773 K 时为 251 kJ·mol^{-1} ,当以铂为催化剂时,反应的活化能就降低到 63 kJ·mol^{-1} ,因而

使反应速率大大加快,可增大约 5×10^{12} 倍,增加的倍数可由阿仑尼乌斯公式求出。

根据式(2-5),并设反应中的 A 值不变,E_{a_2} 和 E_{a_1} 分别为催化反应和非催化反应的活化能,则可得:

$$\ln k_1 = \ln A - \frac{E_{a_1}}{RT} \tag{1}$$

$$\ln k_2 = \ln A - \frac{E_{a_2}}{RT} \tag{2}$$

将式(2)—式(1),得

$$\ln k_2 - \ln k_1 = \frac{-E_{a_2}}{RT} - \frac{-E_{a_1}}{RT}$$

$$\ln \frac{k_2}{k_1} = \frac{E_{a_1} - E_{a_2}}{RT}$$

由于　　　　　$\ln \frac{v_2}{v_1} = \ln \frac{k_2}{k_1}$,　所以　　$\ln \frac{v_2}{v_1} = \frac{E_{a_1} - E_{a_2}}{RT}$

当 $T = 773$ K,可得

$$\ln \frac{v_2}{v_1} = \frac{(251 - 63) \times 1\,000 \text{ J} \cdot \text{mol}^{-1}}{8.314 \text{ J} \cdot \text{mol}^{-1} \cdot \text{K}^{-1} \times 773 \text{ K}} = 29.25$$

$$\frac{v_2}{v_1} = 5.06 \times 10^{12}$$

2.4　化学反应进行的程度和化学平衡

研究化学反应,我们不仅关心反应的速率,而且还必须知道一个化学反应进行的程度,即有多少反应物可以转化成生成物,这就是化学平衡问题。

2.4.1　化学平衡的建立

通常,绝大多数化学反应都具有可逆性,可逆性是化学反应的普遍特征。例如,在高温下,一氧化碳和水蒸气生成二氧化碳和氢气的反应是可逆反应:

$$CO(g) + H_2O(g) \underset{逆反应}{\overset{正反应}{\rightleftharpoons}} CO_2(g) + H_2(g)$$

可逆反应在密闭容器中是不能进行到底的。如果将一氧化碳和水蒸气置于密闭容器中加热至高温时,即开始生成二氧化碳和氢气,随着反应的进行,一氧化碳和水蒸气的浓度不断减小,因而正反应的速率越来越小,而同时,随着二氧化碳和氢气的生成,逆反应也开始发生了。这时逆反应的速率很小,但随着二氧化碳和氢气浓度的增加而逐渐增大。如图 2-6 所示,最后正逆反应速率总会相等。这时容器中各物质的浓度不再会随时间而改变。这种在可逆反应中正逆反应速率相等,各物质浓度不再改变时系统所处的状态,称为化学平衡。

在平衡状态下,外表看来好像反应已经停止。然而实际

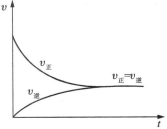

图 2-6　正逆反应速率与化学平衡的关系

上,正逆反应仍在继续进行,只不过正逆反应以相等的速率进行,所以化学平衡是一种动态平衡。

2.4.2 平衡常数

1. 实验平衡常数及表达式

可逆反应建立平衡时,各物质的浓度之间的定量关系,可由实验得到。例如,一氧化碳和水蒸气生成二氧化碳和氢气的反应,表 2-3 列出了此反应达到平衡时的几组实验数据。

表 2-3 $CO(g)+H_2O(g) \xrightarrow{1\,473\ K} CO_2(g)+H_2(g)$ 平衡体系的实验数据

编号	起始浓度/(mol·L^{-1})				平衡浓度/(mol·L^{-1})				$\dfrac{c_{CO_2} \cdot c_{H_2}}{c_{CO} \cdot c_{H_2O}}$
	CO	H$_2$O	CO$_2$	H$_2$	CO	H$_2$O	CO$_2$	H$_2$	
1	0.01	0.01	0	0	0.006	0.006	0.004	0.004	0.44
2	0.01	0.02	0	0	0.004 6	0.014 6	0.005 4	0.005 4	0.43
3	0.011	0.01	0	0	0.006 9	0.005 9	0.004 1	0.004 1	0.41

从表 2-3 的实验数据可知,当反应达到平衡时,生成物各浓度乘积与反应物各浓度乘积之比是一个常数。

$$\frac{c_{CO_2} \cdot c_{H_2}}{c_{CO} \cdot c_{H_2O}} \approx 0.4$$

总结大量的实验结果,得出了反应物与生成物的平衡浓度之间的关系,即在一定温度下,可逆反应达到平衡时,生成物浓度方次的乘积与反应物浓度方次的乘积之比是一个常数(各浓度的方次数等于反应方程式中各物质的计量系数)。例如,对于一般可逆反应

$$aA+bB \Longleftrightarrow gG+dD$$

在一定温度下达到平衡时,各物质的浓度存在着如下关系:

$$\frac{c_G^g \cdot c_D^d}{c_A^a \cdot c_B^b} = K \tag{2-7}$$

K 称为平衡常数,式(2-7)是平衡常数表达式。

用各物质平衡浓度表示的平衡常数称为浓度平衡常数 K_c。由于在一定温度下,气体的压力与浓度成正比,因此对于气体间的可逆反应,在平衡常数表达式中,常用平衡时气体的分压来代替气态物质的浓度。这种用气体分压表示的平衡常数称为分压平衡常数 K_p。例如:

$$aA(g)+bB(g) \Longleftrightarrow gG(g)+dD(g)$$

$$K_p = \frac{(p_G)^g \cdot (p_D)^d}{(p_A)^a \cdot (p_B)^b} \tag{2-8}$$

如对于下面的化学平衡:

$$N_2+3H_2 \Longleftrightarrow 2NH_3$$

有

$$K_c = \frac{(c_{NH_3})^2}{(c_{N_2}) \cdot (c_{H_2})^3}$$

$$K_p = \frac{(p_{NH_3})^2}{(p_{N_2}) \cdot (p_{H_2})^3}$$

K_c 和 K_p 是根据实验结果计算得到的,称为实验平衡常数。由于平衡常数表达式中各物质的分压(或浓度)都是有单位的,所以实验平衡常数是有单位的。实验平衡常数的单位决定于反应方程式中生成物与反应物的计量系数之差。例如,式(2-8)中各气体的分压以 Pa 为单位,则 K_p 的单位就为 $Pa^{[(g+d)-(a+b)]}$。

2. 标准平衡常数

对于理想气体反应:

$$aA(g) + bB(g) \Longrightarrow gG(g) + dD(g)$$

设 $\Delta_r G_m$ 是它的摩尔吉布斯函数变,$\Delta_r G_m^{\ominus}$ 是其标准摩尔吉布斯函数变,由热力学可导得两者之间的关系:

$$\Delta_r G_m = \Delta_r G_m^{\ominus} + RT\ln\left[\frac{(p_G/p^{\ominus})^g \cdot (p_D/p^{\ominus})^d}{(p_A/p^{\ominus})^a \cdot (p_B/p^{\ominus})^b}\right] \tag{2-9}$$

式中,p_G、p_D、p_A、p_B 为系统非平衡状态时的各物质的分压。对于一般反应来说,当反应的 $\Delta_r G_m = 0$ 时,反应即达到平衡,此时系统中气态物质的分压 p 均成为平衡时的分压 p,则上式就变为:

$$\Delta_r G_m^{\ominus} + RT\ln\left[\frac{(p_G/p^{\ominus})^g \cdot (p_D/p^{\ominus})^d}{(p_A/p^{\ominus})^a \cdot (p_B/p^{\ominus})^b}\right] = 0$$

在给定条件下,反应的 T 和 $\Delta_r G_m^{\ominus}$ 均为定值,所以

$$\ln\left[\frac{(p_G/p^{\ominus})^g \cdot (p_D/p^{\ominus})^d}{(p_A/p^{\ominus})^a \cdot (p_B/p^{\ominus})^b}\right] = \frac{-\Delta_r G_m^{\ominus}}{RT} = 定值$$

即

$$\frac{(p_G/p^{\ominus})^g \cdot (p_D/p^{\ominus})^d}{(p_A/p^{\ominus})^a \cdot (p_B/p^{\ominus})^b} = 常数$$

令

$$K^{\ominus} = \frac{(p_G/p^{\ominus})^g \cdot (p_D/p^{\ominus})^d}{(p_A/p^{\ominus})^a \cdot (p_B/p^{\ominus})^b} \tag{2-10}$$

此即为平衡常数表达式。并可得:

$$\Delta_r G_m^{\ominus} = -RT\ln K^{\ominus} \tag{2-11}$$

对于溶液中进行的反应:

$$aA(aq) + bB(aq) \Longrightarrow gG(aq) + dD(aq)$$

同理可得:

$$K^{\ominus} = \frac{(c_G/c^{\ominus})^g \cdot (c_D/c^{\ominus})^d}{(c_A/c^{\ominus})^a \cdot (c_B/c^{\ominus})^b}$$

$$\Delta_r G_m^{\ominus} = -RT\ln K^{\ominus}$$

$K^{\ominus}$ 称为标准平衡常数或热力学平衡常数。从标准平衡常数表达式可知:有关物质的平衡分压(或浓度)都要分别除以其标准状态的量。气体分压的标准状态 $p^{\ominus}$ 为 100 kPa,浓度的标准状态 $c^{\ominus}$ 为 1 mol·L^{-1}。所以标准平衡常数是无量纲的纯数。由于平衡组分计算

时,实际多用标准平衡常数,为此本书所涉及的平衡常数都是标准平衡常数(不再区分 $K_p^\ominus$ 和 $K_c^\ominus$)。

从式(2-11)中还可看出,一个反应的 $\Delta_r G_m^\ominus$ 越负,则 $K^\ominus$ 值越大,正反应进行得越完全;反之,则 $K^\ominus$ 值越小,正反应进行的程度越小。对于给定的反应,$K^\ominus$ 值仅与温度有关,而与分压或浓度无关。

与 $\Delta_r G_m^\ominus$ 相对应,平衡常数表达式不仅适用于化学反应的平衡系统,也适用于物理变化的平衡系统。对于平衡常数表达式有几点应注意。

(1) 与 $\Delta_r G_m^\ominus$ 相对应,不论反应过程的具体途径如何,都可根据总的化学反应方程式,写出平衡常数表达式。

(2) 平衡常数表达式中各物质的浓度(或分压)均为平衡时的浓度(或分压)。式中各物质浓度(或分压)的方次数就是化学方程式中各物质的计量系数。

(3) 对于有纯液体或纯固体参加的反应,它们的分压或浓度不包括在平衡常数表达式中。例如:

$$CaCO_3(s) \Longrightarrow CaO(s) + CO_2(g)$$

$$K^\ominus = p_{CO_2} / p^\ominus$$

(4) 与 $\Delta_r G_m^\ominus$ 相应,同一反应的化学方程式书写不同,则平衡常数的值将不同。因此,在表达或应用平衡常数时,必须指明与其对应的化学计量方程式。

例如,合成氨的平衡系统若写成

$$N_2(g) + 3H_2(g) \Longrightarrow 2NH_3(g)$$

则

$$K_1^\ominus = \frac{(p_{NH_3}/p^\ominus)^2}{(p_{N_2}/p^\ominus) \cdot (p_{H_2}/p^\ominus)^3}$$

如写成

$$\frac{1}{2}N_2(g) + \frac{3}{2}H_2(g) \Longrightarrow NH_3(g)$$

则

$$K_2^\ominus = \frac{(p_{NH_3}/p^\ominus)}{(p_{H_2}/p^\ominus)^{1/2} \cdot (p_{H_2}/p^\ominus)^{3/2}}$$

若用氨的分解方程式来表达:

$$2NH_3(g) \Longrightarrow N_2(g) + 3H_2(g)$$

则

$$K_3^\ominus = \frac{(p_{N_2}/p^\ominus) \cdot (p_{H_2}/p^\ominus)^3}{(p_{NH_3}/p^\ominus)^2}$$

显然

$$K_1^\ominus = (K_2^\ominus)^2 = \frac{1}{K_3^\ominus}$$

(5) 稀溶液中,有水参加的可逆反应,如反应前后水量变化微小,这样水的浓度就可近似视为常数并入 $K^\ominus$ 中,而不写入平衡常数表达式中。例如:

$$CrO_7^{2-}(aq) + H_2O(aq) \Longrightarrow 2CrO_4^{2-}(aq) + 2H^+(aq)$$

$$K^\ominus = \frac{(c_{CrO_4^{2-}}/c^\ominus)^2 \cdot (c_{H^+}/c^\ominus)^2}{c_{Cr_2O_7^{2-}}/c^\ominus}$$

有些反应,若在反应过程中,如有水生成或有水参加,水的浓度有变化,此时水的浓度必须写入平衡常数表达式中。例如:

$$C_2H_5OH(l) + CH_3COOH(l) \rightleftharpoons CH_3COOHC_2H_5(l) + H_2O(l)$$

$$K^{\ominus} = \frac{(c_{CH_2COOC_2H_5}/c^{\ominus}) \cdot (c_{H_2O}/c^{\ominus})}{(c_{C_2H_5OH}/c^{\ominus}) \cdot (c_{CH_3COOH}/c^{\ominus})}$$

平衡常数是反应的特性常数,其数值的大小可以表示在一定条件下反应进行的程度。对平衡常数表达式的形式(包括指数)相类似的反应,平衡常数值越大,表示达到平衡时生成物分压或浓度越大,或反应物分压或浓度越小,也就是说正反应进行得越完全。

2.4.3　平衡常数的组合——多重平衡规则

有些反应的平衡常数难以测定或不易在文献中查到,但可利用已知的有关反应的平衡常数计算得到。

根据盖斯定律,一个化学反应不论是一步完成还是分几步完成,其焓变完全相同。因此,对于平衡常数,同理可得,其数值也是相同的。例如下列反应:

$$SO_2(g) + NO_2(g) \rightleftharpoons SO_3(g) + NO(g)$$

$$K^{\ominus} = \frac{(p_{SO_3}/p^{\ominus}) \cdot (p_{NO}/p^{\ominus})}{(p_{SO_2}/p^{\ominus}) \cdot (p_{NO_2}/p^{\ominus})}$$

这个反应的 $K^{\ominus}$ 可以由下面两个反应的 $K^{\ominus}$(已知)计算得到:

(1) $SO_2(g) + \dfrac{1}{2}O_2(g) \rightleftharpoons SO_3(g)$

$$K_1^{\ominus} = \frac{(p_{SO_3}/p^{\ominus})}{(p_{SO_2}/p^{\ominus}) \cdot (p_{O_2}/p^{\ominus})^{1/2}}$$

(2) $NO_2(g) \rightleftharpoons NO(g) + \dfrac{1}{2}O_2(g)$

$$K_2^{\ominus} = \frac{(p_{NO}/p^{\ominus}) \cdot (p_{O_2}/p^{\ominus})^{1/2}}{(p_{NO_2}/p^{\ominus})}$$

显然,(1)和(2)两个反应相加就可得到总反应,而总反应的 $K^{\ominus} = K_1^{\ominus} \cdot K_2^{\ominus}$。由于 $K_1^{\ominus}$、$K_2^{\ominus}$ 都是已知的,因此很容易就得到 $K^{\ominus}$。

从以上讨论可知,几个反应相加(或相减)得到另一个反应时,则所得反应的平衡常数等于几个反应的平衡常数的乘积(或商)。这个规则称为多重平衡规则。

2.4.4　化学平衡的计算

利用某一反应的平衡常数可以从反应物的起始量计算平衡时各反应物和生成物的量以及反应物的转化率。某反应物的转化率是指平衡时该反应物已转化的量占起始量的百分率。即

$$某反应物的转化率 = \frac{某反应物已转化的量}{反应开始时该反应物的量} \times 100\%$$

反之,如果测得平衡时反应物、生成物的浓度(或分压),就能直接计算出平衡常数的数值。

应用分压(或浓度)、$\Delta_rG_m^{\ominus}$ 与平衡常数的关系,在有关平衡常数的计算中,应注意以下几点:

(1) 计算中涉及反应中各物质发生的物质的量的变化之比,即为化学方程式中这些物质的化学计量系数之比。

(2) 由于用压力表测得的是混合气体的总压力,很难测得各组分气体的分压力。因此需用分压定律来计算有关组分气体的分压。分压定律有下列两个关系式:

① 混合气体的总压力 p 等于各组分气体(A,B,$\cdots$,N)的分压力 p_A,p_B,$\cdots$,p_N 之和。

$$p = p_A + p_B + \cdots + p_N$$

例如:$p(空气) = p_{O_2} + p_{N_2} + \cdots + p_N$

② 某组分气体的分压力(简称分压)与混合气体的总压力(简称总压)之比等于该组分气体物质的量与混合气体总的物质的量之比(称为摩尔分数)。因此,混合气体中每一组分气体的分压等于总压乘以摩尔分数:

$$\frac{p_A}{p} = \frac{n_A}{n} \text{ 或 } p_A = p \cdot \frac{n_A}{n} \tag{2-13}$$

根据阿伏伽德罗定律,在同温同压下,气体的体积与气体物质的量成正比。因此,气体的体积分数等于摩尔分数:

$$\frac{n_A}{n} = \frac{V_A}{V} \tag{2-14}$$

所以,各组分气体的分压又等于总压乘以体积分数:

$$p_A = p \cdot \frac{V_A}{V} \tag{2-15}$$

【例 2.4】 $CO(g) + H_2O(g) \xrightleftharpoons{673K} CO_2(g) + H_2(g)$ 是工业上用水煤气制取氢气的反应。如果在 673 K 时用 2.00 mol 的 CO(g)和 2.00 mol $H_2O(g)$ 在一密闭容器中反应。(1)求该温度时反应的 $K^{\ominus}$;(2)求该温度时 CO 的转化率;(3)若将 H_2O 的起始量改为 4.00 mol,CO 的最大转化率又为多少?

解:(1) 平衡常数 $K^{\ominus}$ 的计算。

① 先查表计算反应的 $\Delta_rH_m^{\ominus}$ 和 $\Delta_rS_m^{\ominus}$,然后按式(1-14)估算 $\Delta_rG_m^{\ominus}(673 \text{ K})$。

$$\Delta_rH_m^{\ominus} = [\Delta_fH_{m,CO_2(g)}^{\ominus} + \Delta_fH_{m,H_2(g)}^{\ominus}] - [\Delta_fH_{m,CO(g)}^{\ominus} + \Delta_fH_{m,H_2O(g)}^{\ominus}]$$
$$= -393.51 + 0 - (-11.54) - (-241.84)$$
$$= -41.13 \text{ kJ} \cdot \text{mol}^{-1}$$

$$\Delta_rS_m^{\ominus} = [S_{m,CO_2(g)}^{\ominus} + S_{m,H_2(g)}^{\ominus}] - [S_{m,CO(g)}^{\ominus} + S_{m,H_2O(g)}^{\ominus}]$$
$$= 213.794 + 130.70 - 198.01 - 188.85$$
$$= -42.037 \text{ J} \cdot \text{mol}^{-1} \cdot \text{K}^{-1} = -0.042\,037 \text{ kJ} \cdot \text{mol}^{-1} \cdot \text{K}^{-1}$$

$$\Delta_rG_m^{\ominus}(673 \text{ K}) \approx \Delta_rH_m^{\ominus} - 673 \text{ K} \times \Delta_rS_m^{\ominus}$$
$$= (-41.13) - 673 \times (-0.042\,037)$$
$$= -12.61 \text{ kJ} \cdot \text{mol}^{-1}$$

② 按式(2-11)计算反应的 $K^{\ominus}$

$$\ln K^{\ominus} = \frac{-\Delta_r G_m^{\ominus}}{RT} = \frac{-(-12.61) \times 1\,000 \text{ kJ} \cdot \text{mol}^{-1}}{8.314 \text{ J} \cdot \text{mol}^{-1} \cdot \text{K}^{-1} \times 673 \text{ K}} = 2.254$$

$$K^{\ominus} \approx 9.53$$

(2) CO 的转化率的计算。

① 先根据化学方程式,考虑各物质起始与平衡时物质的量的关系,从而得到平衡时各气态物质的摩尔分数,再根据分压定律,求出有关分压。

	CO(g)	+	H₂O(g)	⇌	CO₂(g)	+	H₂(g)
起始时物质的量/mol	2.00		2.00		0		0
转化的物质的量/mol	$-x$		$-x$		$+x$		$+x$
平衡时物质的量/mol	$2.00-x$		$2.00-x$		x		x

平衡时总的物质的量/mol　　　　　　　　　　4.00

平衡时各物质的摩尔分数　$\dfrac{2.00-x}{4.00}$　　$\dfrac{2.00-x}{4.00}$　　$\dfrac{x}{4.00}$　　$\dfrac{x}{4.00}$

因此平衡时各气体的分压为总压 p 乘以各气态物质的摩尔分数:

$$p_{CO} = p_{H_2O} = p \cdot \frac{2.00-x}{4.00}$$

$$p_{CO_2} = p_{H_2} = p \cdot \frac{x}{4.00}$$

② 利用 $K^{\ominus}$ 表达式求解 x,从而计算 CO 的平衡转化率。

$$K^{\ominus} = \frac{p_{CO_2}/p^{\ominus} \cdot p_{H_2}/p^{\ominus}}{p_{CO}/p^{\ominus} \cdot p_{H_2O}/p^{\ominus}} = 9.53$$

$$9.53 = \frac{\left[\left(\frac{x}{4.00}\right) \cdot (p/p^{\ominus})\right] \cdot \left[\left(\frac{x}{4.00}\right) \cdot (p/p^{\ominus})\right]}{\left[\left(\frac{2.00-x}{4.00}\right) \cdot (p/p^{\ominus})\right] \cdot \left[\left(\frac{2.00-x}{4.00}\right) \cdot (p/p^{\ominus})\right]} = \frac{x^2}{(2.00-x)^2}$$

$$\frac{x}{2.00-x} = 3.09, \quad x = 1.51 \text{ mol}$$

CO 的转化率 $= 1.51$ mol/2.00 mol $= 0.755 = 75.5\%$

(3) 新条件下 CO 转化率的计算,此时 H₂O(g)的起始量改为 4.00 mol,则可得:

$$K^{\ominus} = \frac{\left[\left(\frac{y}{6.00}\right) \cdot (p/p^{\ominus})\right]\left[\left(\frac{y}{6.00}\right) \cdot (p/p^{\ominus})\right]}{\left[\left(\frac{2.00-y}{6.00}\right) \cdot (p/p^{\ominus})\right]\left[\left(\frac{4.00-y}{6.00}\right) \cdot (p/p^{\ominus})\right]} = 9.53$$

$$\frac{y^2}{(2.00-y) \cdot (4.00-y)} = 9.53, \quad y = 1.84 \text{ mol}, \quad y = 4.87 \text{ mol(不合理)}$$

CO 的转化率 $= 1.84$ mol/2.00 mol $= 0.92 = 92\%$

显然,起始条件的改变可提高 CO 的转化率,节约燃料煤,降低生产成本。

【例 2.5】　25 ℃,200 kPa 下 N₂O₄ 有 12% 分解为 NO₂,试计算平衡常数 $K^{\ominus}$。

解:计算 $K^{\ominus}$,对气体反应来讲,必须找出平衡时各气体的分压,即必须找出平衡时各气体的物质的量及摩尔分数。

对特定的反应，$K^{\ominus}$ 仅是温度的函数，与起始量无关。因此可设开始时 N_2O_4 的物质的量为 1.00 mol。

$$N_2O_4(g) \Longrightarrow 2NO_2(g)$$

	$N_2O_4(g)$	$2NO_2(g)$
起始时物质的量/mol	1.00	0
转化的物质的量/mol	-0.12	$+0.24$
平衡时物质的量/mol	0.88	0.24
平衡时总的物质的量/mol		1.12

因此平衡时各气体的分压为：

$$p_{N_2O_4} = p \cdot \frac{n_{N_2O_4}}{n} = 200 \text{ kPa} \times \frac{0.88}{1.12}$$

$$p_{NO_2} = p \cdot \frac{n_{NO_2}}{n} = 200 \text{ kPa} \times \frac{0.24}{1.12}$$

将各数据代入平衡常数表达式：

$$K^{\ominus} = \frac{(p_{NO_2}/p^{\ominus})^2}{(p_{N_2O_4}/p^{\ominus})} = \frac{\left(\frac{0.24}{1.12}\right)^2}{\frac{0.88}{1.12}} \times \frac{p}{p^{\ominus}} = \frac{(0.24)^2}{1.12 \times 0.88} \cdot \frac{200 \text{ kPa}}{100 \text{ kPa}} = 0.116$$

2.5 化学平衡的移动

一切平衡都只是相对的和暂时的。化学平衡只是在一定的条件下才能保持。条件改变，系统的平衡就会破坏，气体混合物中各物质的分压或溶液中各物质的浓度就发生变化，导致反应向某一方向进行，直到在新的条件下建立新的平衡。这种因条件改变使化学反应从原来的平衡状态转变到新的平衡状态的过程称为化学平衡的移动。

2.5.1 化学反应等温方程式

对于气相反应 $\quad a\text{A}(g) + b\text{B}(g) \Longrightarrow g\text{G}(g) + d\text{D}(g)$

将式(2-11)代入式(2-9)中，则可得：

$$\Delta_r G_m = -RT\ln K^{\ominus} + RT\ln\left[\frac{(p_G/p^{\ominus})^g (p_D/p^{\ominus})^d}{(p_A/p^{\ominus})^a (p_B/p^{\ominus})^b}\right]$$

式中 $\dfrac{(p_G/p^{\ominus})^g (p_D/p^{\ominus})^d}{(p_A/p^{\ominus})^a (p_B/p^{\ominus})^b}$ 为非平衡状态时各物质分压的组合，称为反应商，用符号 Q 表示。这样上式就可写为：

$$\Delta_r G_m = -RT\ln K^{\ominus} + RT\ln Q$$

或 $\qquad\qquad\qquad \Delta_r G_m = RT\ln(Q/K^{\ominus}) \qquad\qquad\qquad (2-16)$

如果是溶液中的反应，则反应商的表达式中，以各物质的浓度来表示。式(2-16)称为化学反应等温方程式。根据此式分析下列三种情况。

当 $\Delta_r G_m = 0$ 时，系统处于平衡状态，$\Delta_r G_m = RT\ln(Q/K^{\ominus}) = 0$，

所以 $\ln(Q/K^{\ominus})=0$，$Q/K^{\ominus}=1$，即 $Q=K^{\ominus}$。

当 $\Delta_r G_m<0$ 时，化学反应能自发进行，则 $\Delta_r G_m=RT\ln(Q/K^{\ominus})<0$，
所以 $\ln(Q/K^{\ominus})<0$，$Q/K^{\ominus}<1$，即 $Q<K^{\ominus}$。

当 $\Delta_r G_m>0$ 时，化学反应不能自发进行，则 $\Delta_r G_m=RT\ln(Q/K^{\ominus})>0$，
所以 $\ln(Q/K^{\ominus})>0$，$Q/K^{\ominus}>1$，即 $Q>K^{\ominus}$。

这样，从化学平衡的观点来说，也可依据下列情况判断反应进行的方向：

$Q<K^{\ominus}$，反应正方向进行；

$Q=K^{\ominus}$，反应处于平衡状态；

$Q>K^{\ominus}$，反应逆方向进行。

2.5.2　浓度对化学平衡的影响

在一定温度下，当一个可逆反应达到平衡后，若改变平衡体系中某物质的浓度，会使平衡发生移动。例如，溶液中酒精和醋酸反应：

$$C_2H_5OH(l)+CH_3COOH(l)\Longrightarrow CH_3COOC_2H_5(l)+H_2O(l)$$

在一定温度下达到平衡时

$$K^{\ominus}=\frac{(c_{CH_3COOC_2H_5}/c^{\ominus})\cdot(c_{H_2O}/c^{\ominus})}{(c_{C_2H_5OH}/c^{\ominus})\cdot(c_{CH_3COOH}/c^{\ominus})}$$

若在上述反应达到平衡后，增加反应物 C_2H_5OH 或 CH_3COOH 的浓度，或者降低生成物 $CH_3COOC_2H_5$ 或 H_2O 的浓度，此时

$$Q<K^{\ominus}$$

因而系统不再处于平衡状态，反应将向正方向进行，直到 Q 重新等于 $K^{\ominus}$，系统又达到一个新的平衡状态。在新的平衡状态下，四种物质的浓度不再是原来平衡时的浓度，也就是平衡向右移动了。因此，在一定条件下，增加反应物浓度或减少生成物浓度，化学平衡向着正反应方向移动；增加生成物浓度或减少反应物的浓度，化学平衡向着逆反应方向移动。

【例 2.6】 酒精和醋酸进行反应。
$$C_2H_5OH(l)+CH_3COOH(l)\Longrightarrow CH_3COOC_2H_5(l)+H_2O(l)$$
在某温度下，$K^{\ominus}=4$，如以 $1\ mol\cdot L^{-1}$ 的 C_2H_5OH 和 $1\ mol\cdot L^{-1}$ 的 CH_3COOH 起反应，求达到平衡时各物质的浓度和 C_2H_5OH 的转化率。

解：设有 $x\ mol\cdot L^{-1}$ 的 C_2H_5OH 转化

	$C_2H_5OH(l)+$	$CH_3COOH(l)\Longrightarrow$	$CH_3COOC_2H_5(l)+$	$H_2O(l)$
起始浓度/$mol\cdot L^{-1}$	1	1	0	0
变化的浓度/$mol\cdot L^{-1}$	$-x$	$-x$	$+x$	$+x$
平衡时浓度/$mol\cdot L^{-1}$	$1-x$	$1-x$	x	x

$$K^{\ominus}=\frac{(c_{CH_3COOC_2H_5}/c^{\ominus})\cdot(c_{H_2O}/c^{\ominus})}{(c_{C_2H_5OH}/c^{\ominus})\cdot(c_{CH_3COOH}/c^{\ominus})}=\frac{x^2}{(1-x)^2}=4，\text{解得 }x=0.667。$$

平衡时各物质浓度：

$$c_{C_2H_5OH} = c_{CH_3COOH} = 0.333 \text{ mol} \cdot L^{-1}$$

$$c_{CH_3COOC_2H_5} = c_{H_2O} = 0.667 \text{ mol} \cdot L^{-1}$$

$$C_2H_5OH \text{ 的转化率} = 0.667 \text{ mol} \cdot L^{-1}/1 \text{ mol} \cdot L^{-1} = 66.7\%$$

【例 2.7】 在例 2.5 中已达到平衡体系中,将 CH_3COOH 浓度增至 $2.00 \text{ mol} \cdot L^{-1}$,求:
(1) 平衡移动的方向;(2) 再次达到平衡时各物质的浓度;(3) C_2H_5OH 的总转化率。

解:(1) 平衡体系中 CH_3COOH 浓度增加后,各物质浓度为

$$c_{C_2H_5OH} = 0.333 \text{ mol} \cdot L^{-1}$$

$$c_{CH_3COOH} = 2.00 \text{ mol} \cdot L^{-1}$$

$$c_{CH_3COOC_2H_5} = c_{H_2O} = 0.667 \text{ mol} \cdot L^{-1}$$

则 $Q = \dfrac{0.667^2}{0.333 \times 2.00} = 0.668$,因为 $Q < K^{\ominus}$,平衡向右移动。

(2) 设第二次达到平衡时,又有 $y \text{ mol} \cdot L^{-1}$ 的 C_2H_5OH 转化

$$C_2H_5OH(l) + CH_3COOH(l) \Longleftrightarrow CH_3COOC_2H_5(l) + H_2O(l)$$

起始浓度/mol $\cdot L^{-1}$	0.333	2.00	0.667	0.667
变化的浓度/mol $\cdot L^{-1}$	$-y$	$-y$	$+y$	$+y$
平衡时浓度/mol $\cdot L^{-1}$	$0.333-y$	$2.00-y$	$0.667+y$	$0.667+y$

$$K^{\ominus} = \frac{(c_{CH_3COOC_2H_5}/c^{\ominus}) \cdot (c_{H_2O}/c^{\ominus})}{(c_{C_2H_5OH}/c^{\ominus}) \cdot (c_{CH_3COOH}/c^{\ominus})} = \frac{(0.667+y)^2}{(0.333-y)(2.00-y)} = 4$$

$$y = 0.222, \quad y = 3.33 \text{(不合理)}$$

所以,平衡时各物质浓度:

$$c_{CH_3COOC_2H_5} = c_{H_2O} = 0.889 \text{ mol} \cdot L^{-1}$$

$$c_{CH_3COOH} = 1.778 \text{ mol} \cdot L^{-1}, \quad c_{C_2H_5OH} = 0.111 \text{mol} \cdot L^{-1}$$

(3) C_2H_5OH 的转化率 $= 0.889 \text{ mol} \cdot L^{-1}/1 \text{ mol} \cdot L^{-1} = 88.9\%$

2.5.3　压力对化学平衡的影响

由于压力对固态和液态物质的体积影响极小,因此压力的变化对没有气体参加的液态反应和固态反应影响不大。对于有气态物质参加的平衡系统来说,系统压力的改变也会引起平衡的移动。

当下列反应达到平衡时:

$$N_2O_4(g) \Longleftrightarrow 2NO_2(g)$$

$$K^{\ominus} = \frac{(p_{NO_2}/p^{\ominus})}{p_{N_2O_4}/p^{\ominus}}$$

如果将平衡系统的总压力增加到原来的两倍,各组分的分压也增加到原来的两倍,这时

$$Q = \frac{(2p_{NO_2}/p^{\ominus})^2}{2p_{N_2O_4}/p^{\ominus}} = \frac{4}{2} \cdot \frac{(p_{NO_2}/p^{\ominus})^2}{p_{N_2O_4}/p^{\ominus}} = 2K^{\ominus}$$

即 $Q > K^{\ominus}$,因而平衡向左移动,反应逆向进行。

如果将平衡系统的总压力降低到原来的一半,因而各组分的分压也降为原来的一半,则

$$Q=\frac{\left(\frac{1}{2}p_{NO_2}/p^{\ominus}\right)^2}{\frac{1}{2}p_{N_2O_4}/p^{\ominus}}=\frac{1}{2}\cdot\frac{(p_{NO_2}/p^{\ominus})^2}{p_{N_2O_4}/p^{\ominus}}=\frac{1}{2}K^{\ominus}$$

即 $Q<K^{\ominus}$,因而,平衡向右移动,反应正向进行。

由此可见,对于反应前后气态物质分子总数不等的反应,增大压力平衡向气体分子数减少的方向移动;降低压力,则平衡向气体分子数增加的方向移动。显然,当反应前后气体分子数没有变化,则增加或降低压力都不会使平衡发生移动。

【**例 2.8**】　在例 2.4 $N_2O_4(g)\rightleftharpoons 2NO_2(g)$ 的反应中,如果温度保持不变,将系统的总压力降到 100 kPa,N_2O_4 的转化率为多少?

解:设开始时 N_2O_4 的量为 1.00 mol,离解了 x mol。

$$N_2O_4(g)\ \rightleftharpoons\ 2NO_2(g)$$

起始时物质的量/mol	1.00	0
转化的物质的量/mol	$-x$	$+2x$
平衡时物质的量/mol	$1.00-x$	$2x$

平衡时总的物质的量/mol　　　　　$1.00+x$

因此,平衡时各气体的分压为:

$$p_{N_2O_4}=p\cdot\frac{n_{N_2O_4}}{n}=100\ kPa\times\frac{1.00-x}{1.00+x}$$

$$p_{NO_2}=p\cdot\frac{n_{NO_2}}{n}=100\ kPa\times\frac{2x}{1.00+x}$$

将各数据代入平衡常数表达式:

$$K^{\ominus}=\frac{(p_{NO_2}/p^{\ominus})^2}{(p_{N_2O_4}/p^{\ominus})}=\frac{\left(\dfrac{2x}{1.00+x}\right)^2}{\dfrac{1.00-x}{1.00+x}}\times\frac{100\ kPa}{100\ kPa}=0.116$$

解得:　　　　　　　　　　　$x=0.168\ mol$

所以,N_2O_4 的转化率为 16.8%。

计算结果表明,总压力由 200 kPa 降到 100 kPa 时,N_2O_4 的离解度由 12% 增至 16.8%。表明压力降低,平衡向气体分子数增加的方向移动。

2.5.4　温度对化学平衡的影响

改变浓度或压力,只能使平衡发生移动,平衡常数不会变。而温度变化时,却使平衡常数的数值改变,从而产生平衡的移动。

根据式(2-11)、式(1-14)

$$\ln K^{\ominus}=\frac{-\Delta_r G_m^{\ominus}}{RT}$$

$$\Delta_r G_m^{\ominus}(T)=\Delta_r H_m^{\ominus}-T\Delta_r S_m^{\ominus}$$

$$\ln K^{\ominus} = \frac{-(\Delta_r H_m^{\ominus} - T\Delta_r S_m^{\ominus})}{RT}$$

即
$$\ln K^{\ominus} = \frac{-\Delta_r H_m^{\ominus}}{RT} + \frac{\Delta_r S_m^{\ominus}}{R} \tag{2-17}$$

设某一可逆反应在温度 T_1 时的平衡常数为 $K_1^{\ominus}$,温度 T_2 时的平衡常数为 $K_2^{\ominus}$,$\Delta_r H_m^{\ominus}$ 和 $\Delta_r S_m^{\ominus}$ 在温度变化不大时可视作常数。则

$$\ln K_1^{\ominus} = \frac{-\Delta_r H_m^{\ominus}}{RT_1} + \frac{\Delta_r S_m^{\ominus}}{R} \tag{1}$$

$$\ln K_2^{\ominus} = \frac{-\Delta_r H_m^{\ominus}}{RT_2} + \frac{\Delta_r S_m^{\ominus}}{R} \tag{2}$$

将式(2)−式(1),得

$$\ln \frac{K_2^{\ominus}}{K_1^{\ominus}} = \frac{\Delta_r H_m^{\ominus}}{R}\left(\frac{T_2 - T_1}{T_1 T_2}\right) \tag{2-18}$$

式(2-18)表明了温度对平衡常数的影响:如果是放热反应,$\Delta_r H_m^{\ominus} < 0$,当 $T_2 > T_1$,则 $K_2^{\ominus} < K_1^{\ominus}$,即平衡常数随温度的升高而减小,平衡向逆反应方向移动。如果是吸热反应,$\Delta_r H_m^{\ominus} > 0$,当 $T_2 > T_1$,则 $K_2^{\ominus} > K_1^{\ominus}$,平衡常数随温度的升高而增大,平衡向正方向移动。由此可知,升高温度,平衡向吸热方向移动;降低温度,平衡向放热方向移动。

【例 2.9】 $C(s) + CO_2(g) \Longrightarrow 2CO(g)$ 是高温加工处理钢铁零件时涉及脱碳氧化或渗碳的一个重要化学平衡式。已知 298 K 时的 $K_1^{\ominus} = 9.1 \times 10^{-22}$,求该反应在 1 173 K 时的 $K_2^{\ominus}$。

解:
$$\Delta_r H_m^{\ominus} = [2\Delta_f H_{m,CO(g)}^{\ominus}] - [\Delta_f H_{m,C(s)}^{\ominus} + \Delta_f H_{m,CO_2(g)}^{\ominus}]$$
$$= 2 \times (-110.54) - 0 - (-393.51) = 172.43 \text{ kJ} \cdot \text{mol}^{-1}$$
$$T_1 = 298 \text{ K}, \quad T_2 = 1\,173 \text{ K}, \quad K_1^{\ominus} = 9.1 \times 10^{-22}$$

将已知数据代入式(2-18),则
$$\ln \frac{K_2^{\ominus}}{9.1 \times 10^{-22}} = \frac{172.43 \times 1\,000 \text{ J} \cdot \text{mol}^{-1}}{8.314 \text{ J} \cdot \text{mol}^{-1} \cdot \text{K}^{-1}} \cdot \left(\frac{1\,173 \text{ K} - 298 \text{ K}}{1\,173 \text{ K} \times 298 \text{ K}}\right)$$
$$\ln K_2^{\ominus} = 3.466, \quad K_2^{\ominus} = 32$$

计算结果说明,当温度由 298 K 升到 1 173 K 时,$K^{\ominus}$ 值增大,平衡向正向移动,即向吸热方向移动。

因此,在高温时若加工气氛中含有 CO_2,则 CO_2 会与钢铁零件表面的碳(不论以石墨碳或 Fe_3C 形式存在)反应,引起脱碳、氧化反应。

化学热处理工艺中,也有利用这一化学平衡,在高温时含有 CO 的气氛中进行钢铁零件表面渗碳。

2.5.5 催化剂与化学平衡

催化剂降低了反应的活化能,以同等程度加快了正、逆反应的速率,因此,催化剂不影响化学平衡,只是使达到平衡所需的时间大为缩短,加速建立平衡。例如在 2.3.3 节中提到的 SO_2 与 O_2 反应生成 SO_3 的反应,在 773 K 时,加了催化剂后,可使反应速率加快约 5×10^{12} 倍,从而大大缩短了反应达到平衡的时间。又如 25 ℃时反应:

$$CO(g)+NO(g)\rightleftharpoons CO_2(g)+\frac{1}{2}N_2(g), K^{\ominus}=10^{60}$$

平衡常数很大,可见这个反应可以进行得很完全。利用此反应似可将内燃机废气中的有害物质 CO、NO 转化为无害物质 CO_2、N_2,只可惜反应速率极慢,达到平衡的时间相当长。因此,如何研制此反应的催化剂,以达到降低反应的活化能,使反应能尽快达到平衡是当今科技工作者非常感兴趣的课题。

2.5.6　平衡移动的总规律

浓度、压力和温度对于化学平衡的影响,可扼要归纳如下:若在平衡系统内,增加反应物浓度,平衡就向着减少反应物的浓度,也就是向着产生生成物的方向移动;对有气体参加的反应,增大平衡系统的压力,平衡就向着减少压力的方向移动,也就是向着减少气体分子总数的方向移动;如果升高温度,平衡就向着降低温度(吸热)的方向移动。

由此可以得出一条普遍的规律,即吕·查德里(Le Chatelier)原理:假如改变平衡系统的条件之一,如浓度、压力或温度,平衡就向能减弱这个改变的方向移动。平衡移动原理不仅适用于化学平衡;也适用于物理平衡(例如,冰和水的平衡等)。但不适用于未建立平衡的系统。应用这个规律,可以改变条件,使所需的反应进行得更完全。

复习思考题二

1. 化学反应速率方程式如何表示?

2. 为什么不能根据化学方程式来表达反应的级数? 举例说明。

3. 何谓反应活化能? 一个反应的活化能为 $180~kJ\cdot mol^{-1}$,另一个反应的活化能为 $48~kJ\cdot mol^{-1}$,在相同的条件下,这两个反应中哪一个进行较快些? 为什么?

4. 判断下列说法是否正确:

① 某反应在相同温度下,不同起始浓度的反应速率相同,速率常数亦相同;

② 非基元反应中,反应速率是由最慢一步的反应步骤控制。

5. 过渡状态理论的基本要点是什么?

6. 对于多相反应,影响化学反应速率的主要因素有哪些? 举例说明。

7. 试举出两种计算反应平衡常数 $K^{\ominus}(T)$ 的方法。

8. 在某温度,压力为 100 kPa 时,体积为 1 L 的 PCl_5 部分离解为 PCl_3 和 Cl_2。试说明在下列条件下,PCl_5 的转化率是增大还是减小:

(1) 降低压力至体积为 2 L;

(2) 加入 Cl_2 至压力为 200 kPa,体积仍为 1 L;

(3) 加入 N_2 混合至体积为 2 L,压力仍为 100 kPa;

(4) 加入 N_2 混合至压力为 200 kPa,体积仍为 1 L。

9. 已知 850 ℃时,$CaCO_3(s)\rightleftharpoons CaO(s)+CO_2(g)$ 达到平衡时,$p_{CO_2}=49.5~kPa$,问在此温度下,下列各种情况下,哪些能建立化学平衡? 哪些不能建立化学平衡?

(1) 密闭容器中有 CaO,$CO_2(p_{CO_2}=100~kPa)$;

(2) 密闭容器中有 $CaCO_3$ ，CaO ；

(3) 密闭容器中有 $CaCO_3$ ，CO_2（$p_{CO_2}=10.0\ kPa$）；

(4) 密闭容器中有 $CaCO_3$ ，CO_2（$p_{CO_2}=100\ kPa$）；

(5) 密闭容器中有 CaO ，CO_2（$p_{CO_2}=10.0\ kPa$）。

习题二

1. 根据实验，在一定范围内，下列反应符合质量作用定律：

$$2NO(g)+Br_2(g)\longrightarrow 2NOBr(g)$$

(1) 写出该反应的反应速率表达式。

(2) 该反应的总级数是多少？

(3) 其他条件不变，如果将容器的体积增加到原来的 2 倍，反应速率将怎样变化？

(4) 如果容器体积不变，而将 NO 的浓度增加到原来的 3 倍，反应速率又将怎样变化？

2. 已知某一化学反应的活化能为 53.59 $kJ\cdot mol^{-1}$，计算温度自 300 K 升高到 310 K 时反应速率的变化。

3. 反应 $2NOCl(g)\longrightarrow 2NO(g)+Cl_2(g)$ 的活化能为 101 $kJ\cdot mol^{-1}$，已知 300 K 时的速率常数 k 为 $2.80\times10^{-5}\ mol^{-1}\cdot L\cdot s^{-1}$。求 400 K 时的 k。

4. 已知下列反应：

$$Fe(s)+CO_2(g)\Longrightarrow FeO(s)+CO(g)\qquad K_1^{\ominus}$$
$$Fe(s)+H_2O(g)\Longrightarrow FeO(s)+H_2(g)\qquad K_2^{\ominus}$$

在不同温度时反应的标准平衡常数值如下：

T/K	$K_1^{\ominus}$	$K_2^{\ominus}$
973	1.47	2.38
1 073	1.81	2.00
1 173	2.15	1.67
1 273	2.48	1.49

试计算在上述各温度时反应

$$CO_2(g)+H_2(g)\Longrightarrow CO(g)+H_2O(g)$$

的标准平衡常数 $K^{\ominus}$。并通过计算说明此反应是放热还是吸热。

5. 计算下列反应在 500 K 时的 $K^{\ominus}$ 值。

(1) $Fe_3O_4(s)+4H_2(g)\Longrightarrow 3Fe(s)+4H_2O(g)$；

(2) $CO(g)+O_2(g)\Longrightarrow 2CO_2(g)$。

6. 在 3 500 K 时，下列反应 $CO_2(g)+H_2(g)\Longrightarrow CO(g)+H_2O(g)$ 的 $K^{\ominus}=8.28$，问此温度下，反应的 $\Delta_r G_m^{\ominus}$ 为多少？

7. 一氧化碳和水蒸气的混合物放在密闭容器中加热至高温，建立下列平衡：

$$CO(g)+H_2O(g)\Longrightarrow CO_2(g)+H_2(g)$$

476 ℃时，平衡常数等于 2.6，若需 90% CO 转变为 CO_2，问 CO 和 H_2O 应按怎样的摩尔比相混合？

8. 417 ℃时,下述可逆反应 $K^{\ominus}=1$

$$CO_2(g)+H_2(g)\Longleftrightarrow CO(g)+H_2O(g)$$

若在该温度时,将 1 mol CO_2 和 1 mol H_2 混合于 5 L 密闭容器中,求平衡时各气体的分压。

9. 在 330 ℃,下列反应在 10 L 密闭容器中进行:

$$2NO(g)+Cl_2(g)\Longleftrightarrow 2NOCl(g)$$

如果开始时用 1.00 mol NO、0.667 mol Cl_2 和 1.67 mol NOCl,反应达到平衡时,有 2.04 mol NOCl 存在。求该反应的 $K^{\ominus}$。

10. 在 497 ℃、100 kPa,某一容器中 $2NO_2(g)\Longleftrightarrow 2NO(g)+O_2(g)$ 建立平衡,有 56% NO_2 转化为 NO 和 O_2,求 $K^{\ominus}$。若要使 NO_2 转化率增加到 80%,平衡时的压力为多少?

11. 丁烯催化脱氢反应,$C_4H_8(g)\Longleftrightarrow C_4H_6(g)+H_2(g)$ 在 800 K,100 kPa 下进行,800 K 时该反应的 $K^{\ominus}$ 为 2.15×10^{-2}。

(1) 以纯丁烯为原料。

(2) 原料中加入水蒸气,丁烯和水蒸气以 1:10(物质的量之比)相混合(总压为 100 kPa)求两种情况下丁烯的转化率。

12. PCl_5 依下式离解:$PCl_5(g)\Longleftrightarrow PCl_3(g)+Cl_2(g)$。把 0.04 mol PCl_5 和 0.20 mol Cl_2 放在密闭容器中加热,在 250 ℃下上述反应达到平衡时,总压力为 200 kPa,PCl_5 的离解度为 51%,求 $K^{\ominus}$。

13. 已知反应

(1) 在 520 ℃时 $K^{\ominus}=0.046$,求 520 ℃,100 kPa 下乙苯的平衡转化率。

(2) 在 620 ℃时,100 kPa 下的平衡转化率为 48%,计算 620 ℃时的平衡常数。

(3) 计算 620 ℃,200 kPa 下的平衡转化率。

(4) 若原料气含氢,反应开始时乙苯:氢=1:1,计算 620 ℃,100 kPa 下的平衡转化率。

(5) 若原料中掺有水蒸气,反应开始时乙苯:水蒸气=1:1,计算 620 ℃,100 kPa 下的平衡转化率。

(6) 乙苯脱氢是吸热反应还是放热反应。

14. N_2O_4 按下式分解 $N_2O_4(g)\Longleftrightarrow 2NO_2(g)$,在 20 ℃,100 kPa 下建立平衡时,$N_2O_4$ 和 NO_2 体积比为 1:4。

(1) 求该温度下 $K^{\ominus}$ 和 N_2O_4 的转化率。

(2) 若温度不变时上述体积压缩到原来 1/2,问 N_2O_4 转化率为多少?

15. 已知反应:$N_2(g)+3H_2(g)\Longleftrightarrow 2NH_3$ 在 473 K 时的 $K^{\ominus}=0.44$,$\Delta_rH_m^{\ominus}=-92.20$ kJ·mol^{-1},求在 573 K 时的 $K^{\ominus}$ 值。

16. 对于下列平衡系统:$C(s)+H_2O(g)\Longleftrightarrow CO(g)+H_2(g)$,$\Delta_rH_m^{\ominus}>0$,欲使(正)反应进行得较快且较完全(平衡向右移动),可采取哪些措施?这些措施对 $K^{\ominus}$ 及 k(正)、k(逆)的影响如何?

阅读材料二

化学反应速率和化学平衡原理的应用

影响化学反应速率和化学平衡移动因素的规律性在化工生产和科学研究中有着十分重要的实际意义。化学反应速率和平衡是两个不同的概念,但两者又是密切联系的。平衡常数的大小只能表明在一定温度下所给定反应正向进行的趋势大小,在实际生产中能否进行的可行性,还需要从动力学的角度即反应速率的快慢来考虑。为了降低生产成本获得高收益,因此必须综合考虑速率和平衡两方面因素来确定生产条件。现以硫酸生产中二氧化硫转化为三氧化硫的反应为例来进行分析讨论。

二氧化硫氧化为三氧化硫的反应为:

$$SO_2(g) + \frac{1}{2}O_2(g) \Longleftrightarrow SO_3(g) \qquad \Delta_r H_m^{\ominus} = -98.66 \text{ kJ} \cdot \text{mol}^{-1}$$

SO_2 的转化是一个可逆放热反应,由此可知温度对反应的影响很大,根据化学平衡移动原理,降低温度对提高 SO_3 的产率是有利的,从下列实验数据中也可以说明这一点。

表 1　SO_2 平衡转化率与温度的关系(100 kPa)

温度/K	673	723	773	823	873
平衡转化率/(%)	99.2	97.5	93.5	85.6	73.7

(原料气组成:SO_2 7%,O_2 11%,N_2 82%)

从表中数据可知,当温度控制在 673 K 时,SO_2 的转化率很高,随着温度的升高,转化率逐渐降低。很显然,降低温度有利于提高 SO_2 的转化率,但是温度过低,SO_2 的转化反应速率就会减慢,需要很长时间才能达到平衡,以至于在工业生产中无实用意义。解决这个问题的办法是除控制适当的温度外,可使用催化剂,实际生产中使用的是钒催化剂,其组成是:SiO_2(载体),K_2O(助催化剂)和 V_2O_5,温度控制在 673~773 K 之间,使反应速率和转化率都能符合生产要求,在这里催化剂起了很大的作用。

SO_2 的转化反应方程式表明这是一个气体分子数减小的反应,因此,增加压力会使平衡转化率提高。当 T 为 723 K,压力与 SO_2 转化率关系见表 2。

表 2　二氧化硫平衡转化率与压力的关系(723 K)

压力/kPa	100	500	1 000	2 500	5 000	10 000
平衡转化率/%	97.5	98.9	99.2	99.5	99.6	99.7

(原料气组成:SO_2 7%,O_2 11%,N_2 82%)

从表 2 的数据可以得到这样一个结论:增加压力平衡转化率虽有所提高,但增幅不大;从反应速率来讲,由于压力的增加,相当于提高了各组分气体的浓度,因此反应速率也就会加快。然而高压对设备材料和操作要求都较高,同时动力消耗亦大,这样一来生产成本就会增加。由于常压下操作已能达到较高的转化率,所以硫酸生产工业中采用常压转化。

　　增加反应物的浓度,可使平衡正向移动,转化率和反应速率将都有所提高。由于 SO_2 是从自然界中的硫或硫化物转化得到,因此价值较贵,而 O_2 可以从空气中取得,在工业生产中为降低成本,提高 SO_2 的转化率,可以适当增加 O_2 的含量。表 3 中列出了 773 K 时,不同组成原料气的 SO_2 平衡转化率。

表 3　不同组成原料气的 SO_2 平衡转化率(773 K)

原料气的组成/(%)			二氧化硫平衡转化率/(%)
SO_2	O_2	N_2	
5.0	13.9	81.1	95.0
6.0	12.4	81.6	94.3
7.0	11.0	82.0	93.5
8.0	9.6	82.4	92.9
9.0	8.2	82.8	91.6

　　从表 3 中数据可以看出,SO_2 的转化率随着氧含量的增大而提高,所以,虽然反应式中 SO_2 和 O_2 的计量数之比为 2:1,但实际生产中往往加大反应物 O_2 的配比,根据生产投资与成本,一般选择 7% 的 SO_2 和 11% 的 O_2 作为原料气进行生产。

　　综上所述,目前工业上 SO_2 的转化反应是在 673~773 K,常压和 V_2O_5 作催化剂的条件下进行的。

第 3 章　酸、碱和离子平衡

3.1　酸碱质子理论

酸和碱是重要的化学物质,人们对酸碱的认识经历了一个由浅入深的过程。最初是从它们的表观现象出发的,认为酸是有酸味、能使指示剂变色的物质。碱是具有涩味、能使由酸所改变了的指示剂颜色恢复原色的物质。这种认识很片面,没有涉及酸和碱的本质。1887 年,瑞典化学家阿仑尼乌斯(S. Arrhenious)提出了酸碱解离理论(或电离理论),是人们对酸碱认识的一次飞跃,直到现在仍在应用。根据酸碱解离理论,解离时所生成的正离子全部都是 H^+ 的化合物叫做酸;所生成的负离子全都是 OH^- 的化合物叫做碱。酸碱中和反应就是 H^+ 和 OH^- 结合成 H_2O 的过程。这个理论有其局限性,它把酸碱局限在水溶液中,并把碱限制为氢氧化物。另外,尽管某些盐类由于水解反应而呈现不同的酸碱性,但由于它们不含有 H^+ 和 OH^-,而不能归于酸碱反应。这不利于人们对酸碱反应的统一认识。

1923 年勃仑斯特(J. N. Bronsted)和劳莱(T. M. Lowry)提出了酸碱质子理论,它对酸碱进行了重新定义,从而使人们对酸碱有了新的认识。

3.1.1　酸和碱的概念

酸碱质子理论认为,凡能给出质子 H^+ 的物质(分子或离子)都是酸;凡能接受质子的物质都是碱。简单地说,酸是质子的给体,而碱是质子的受体。酸碱质子理论对酸碱的区分只以 H^+ 为判据。它们的相互关系可表示如下:

$$酸 \rightleftharpoons 碱 + H^+$$
$$HCl \rightleftharpoons Cl^- + H^+$$
$$HAc \rightleftharpoons Ac^- + H^+$$
$$NH_4^+ \rightleftharpoons NH_3 + H^+$$
$$H_2PO_4^- \rightleftharpoons HPO_4^{2-} + H^+$$
$$H_2CO_3 \rightleftharpoons HCO_3^- + H^+$$
$$HCO_3^- \rightleftharpoons CO_3^{2-} + H^+$$
$$H_2O \rightleftharpoons OH^- + H^+$$
$$H_3O^+ \rightleftharpoons H_2O + H^+$$

HCl、HAc、NH_4^+、$H_2PO_4^-$、HCO_3^- 等都能给出质子,所以它们都是酸。由此可见,酸可以是分子、正离子或负离子。

酸给出质子的过程是可逆的,因此,酸给出质子后,余下的部分 Cl^-、Ac^-、NH_3、

HPO_4^{2-}、CO_3^{2-} 都能接受质子，它们都是碱。所以碱也可以是分子、负离子或正离子。

从上面方程式还可看到，一些分子或离子，如 H_2O 既能给出质子作为酸，又能接受质子作为碱，这类物质称为两性物质。另外，有些多质子酸可以分步给出质子，如 H_2CO_3 等，这种酸称为多元酸；同样，能够分步接受质子的碱称为多元碱。

酸和碱之间的这种相互依存、相互转化的关系称为酸碱的共轭关系。酸失去质子后形成的碱叫做该酸的共轭碱。例如 NH_3 是 NH_4^+ 的共轭碱。碱接受质子后形成的酸叫做该碱的共轭酸，例如 NH_4^+ 是 NH_3 的共轭酸。相应的一对酸碱称为共轭酸碱对。酸越强，其对应的共轭碱越弱；酸越弱，其对应的共轭碱越强。表 3-1 列出一些常见的共轭酸碱对。

表 3-1 一些常见的共轭酸碱对

	酸＝质子＋碱	
酸性增强	$HCl \longrightarrow H^+ + Cl^-$ $H_3O^+ \longrightarrow H^+ + H_2O$ $HSO_4^- \longrightarrow H^+ + SO_4^{2-}$ $H_3PO_4 \longrightarrow H^+ + H_2PO_4^-$ $HAc \longrightarrow H^+ + Ac^-$ $[Al(H_2O)_6]^{3+} \longrightarrow H^+ + [Al(H_2O)_5(OH)]^{2+}$ $H_2CO_3 \longrightarrow H^+ + HCO_3^-$ $H_2S \longrightarrow H^+ + HS^-$ $H_2PO_4^- \longrightarrow H^+ + HPO_4^{2-}$ $NH_4^+ \longrightarrow H^+ + NH_3$ $HCO_3^- \longrightarrow H^+ + CO_3^{2-}$	碱性增强

3.1.2 酸碱反应

酸能给出质子，但如果没有一个碱来接受质子，反应仍然不能进行的。在酸碱反应中，给出质子的酸便转化为碱，而碱接收了质子之后便转化为酸。因此，酸碱反应实际上是一个质子的传递过程，其通式和一些常见的酸碱反应为：

$$酸_{(1)} + 碱_{(2)} \Longrightarrow 碱_{(1)} + 酸_{(2)}$$

(1) $HAc + H_2O \Longrightarrow Ac^- + H_3O^+$

(2) $H_2O + NH_3 \Longrightarrow OH^- + NH_4^+$

(3) $NH_4^+ + H_2O \Longrightarrow NH_3 + H_3O^+$

(4) $H_2O + Ac^- \Longrightarrow OH^- + HAc$

(5) $H_2O + H_2O \Longrightarrow OH^- + H_3O^+$

(6) $HCl + NH_3 \Longrightarrow Cl^- + NH_4^+$

从上面方程式可进一步看到，酸碱反应中至少存在两对共轭酸碱，质子传递方向是从给出质子能力强的酸传递给接受质子能力强的碱，反应的生成物必定是另一种弱酸和另一种弱碱。其次，按照酸碱质子理论不存在盐的概念。盐的水解实质也是质子传递反应，如反应(3)，反应(4)。所以将盐的水解归入酸碱反应可以使人们对酸碱反应有比较完整统一的认识。再者按照酸碱质子理论，在非水溶剂中或气相物质间同样进行着质子传递的酸碱反应，如反应(6)。

3.2　弱酸和弱碱的解离平衡

按酸碱质子理论，弱酸和弱碱与溶剂水分子之间的质子传递反应称为弱酸弱碱的解离平衡。3.1.2 节中反应(1)～(4)即为弱酸 HAc，NH_4^+ 和弱碱 NH_3，Ac^- 的解离平衡。

3.2.1　一元弱酸弱碱的解离平衡

1. 解离常数

一元弱酸如 HA 的解离平衡为

$$HA + H_2O \rightleftharpoons H_3O^+ + A^-$$

平衡常数表达式为

$$K_a^\ominus = \frac{(c_{H_3O^+}/c^\ominus) \cdot (c_{A^-}/c^\ominus)}{c_{HA}/c^\ominus}$$

$K_a^\ominus$ 称为酸解离常数。

一元弱碱如 B 的解离平衡为

$$B + H_2O \rightleftharpoons BH^+ + OH^-$$

平衡常数表达式为

$$K_b^\ominus = \frac{(c_{BH^+}/c^\ominus) \cdot (c_{OH^-}/c^\ominus)}{c_B/c^\ominus}$$

式中，$K_b^\ominus$ 为碱解离常数。为了指明具体的弱酸弱碱，可在 $K^\ominus$ 旁用下标写出其化学式，例如 $K_{HAc}^\ominus$、$K_{NH_3}^\ominus$ 就分别表示醋酸和氨的解离常数。

解离常数的大小能反映弱酸弱碱解离能力的大小，$K^\ominus$ 值越大，解离倾向越大，该弱酸或弱碱相对较强。解离常数是平衡常数的一种形式，它与解离平衡系统中各组分浓度无关。由于解离过程的热效应不大，所以温度对 $K^\ominus$ 的影响不大，在室温范围内可以不考虑温度对 $K^\ominus$ 的影响。

解离常数可用热力学数据求得，也可由实验测定。例如：

$$NH_3 \quad + \quad H_2O \quad \rightleftharpoons \quad NH_4^+ \quad + \quad OH^-$$

$\Delta_f G_m^\ominus/kJ \cdot mol^{-1} \quad -26.57 \quad -237.14 \quad -79.37 \quad -157.29$

$$\Delta_r G_m^\ominus = [\Delta_f G_{m,NH_4^+}^\ominus + \Delta_f G_{m,OH^-}^\ominus] - [\Delta_f G_{m,NH_3}^\ominus + \Delta_f G_{m,H_2O}^\ominus]$$

$$= -79.37 \ kJ \cdot mol^{-1} + (-157.29 \ kJ \cdot mol^{-1}) - (-26.57 \ kJ \cdot mol^{-1})$$

$$- (-237.14 \ kJ \cdot mol^{-1})$$

$$= 27.05 \ kJ \cdot mol^{-1}$$

$$\ln K_{NH_3}^\ominus = \frac{-\Delta_r G_m^\ominus}{RT} = \frac{-27.05 \times 1\,000 \ J \cdot mol^{-1}}{8.314 \ J \cdot mol^{-1} \cdot K^{-1} \times 298 \ K} = -10.92$$

$$K_{NH_3}^\ominus = 1.81 \times 10^{-5}$$

表 3-2 列出了一些常见酸碱的解离常数，详细的数据可参阅教材附录 2 和 3。

表 3－2　一些酸碱的解离常数

酸	$K_a^\ominus$	碱	$K_b^\ominus$
HNO_2	7.24×10^{-4}	NO_2^-	1.38×10^{-11}
HF	6.61×10^{-4}	F^-	1.52×10^{-11}
HAc	1.75×10^{-5}	Ac^-	5.72×10^{-10}
H_2S	1.07×10^{-7}	HS^-	1.0×10^{-7}
HCN	6.17×10^{-10}	CN^-	1.63×10^{-5}
HS^-	1.26×10^{-13}	S^{2-}	7.94×10^{-2}
NH_4^+	5.75×10^{-10}	NH_3	1.74×10^{-5}

从表 3－2 可以发现，一个共轭酸碱对中两物质各有 $K_a^\ominus$ 和 $K_b^\ominus$，例如 HAc 的 $K_a^\ominus = 1.75\times 10^{-5}$，而 Ac^- 的 $K_b^\ominus = 5.72\times 10^{-10}$，且 $K_a^\ominus \times K_b^\ominus = 1.0\times 10^{-14} = K_w^\ominus$（$K_w^\ominus$ 为水的离子积，$K_w^\ominus = (c_{H_3O^+}/c^\ominus)\cdot(c_{OH^-}/c^\ominus)$，在常温下，$K_w^\ominus = 1.0\times 10^{-14}$）。由此可见，任何共轭酸碱对之间的 $K_a^\ominus$ 和 $K_b^\ominus$ 存在如下同样的关系，即

$$K_a^\ominus \times K_b^\ominus = K_w^\ominus \tag{3-1}$$

式（3－1）可用多重平衡规则推导得到。例如，HAc 和 Ac^- 的解离平衡分别为

$$HAc + H_2O \rightleftharpoons H_3O^+ + Ac^- \quad K_a^\ominus$$
$$Ac^- + H_2O \rightleftharpoons OH^- + HAc \quad K_b^\ominus$$

两式相加，得

$$H_2O + H_2O \rightleftharpoons H_3O^+ + OH^-$$

则有

$$K_w^\ominus = K_a^\ominus \times K_b^\ominus$$

$K_a^\ominus$、$K_b^\ominus$ 互成反比，体现了共轭酸碱之间的强度关系，即酸越强，其共轭碱越弱；反之亦然。另外，根据式（3－1），对于共轭酸碱对，只需知道一种酸的 $K_a^\ominus$（或一种碱的 $K_b^\ominus$）值，便可以算出它的共轭碱的 $K_b^\ominus$（或共轭酸的 $K_a^\ominus$）。实际上，一般化学手册也只列出分子酸、分子碱的 $K_a^\ominus$、$K_b^\ominus$ 的值。

2. 一元弱酸弱碱解离平衡计算

根据一元弱酸（或弱碱）的 $K_a^\ominus$（或 $K_b^\ominus$）以及它们的起始浓度，就可以计算溶液中的 $c_{H_3O^+}$（或 c_{OH^-}）。例如，起始浓度为 c mol·L^{-1} 的一元弱酸的解离平衡为

$$HA + H_2O \rightleftharpoons H_3O^+ + A^-$$

起始浓度/mol·L^{-1}　　　c　　　　　0　　　0
平衡浓度/mol·L^{-1}　　$c-x$　　　　x　　　x

设平衡时 $c_{H_3O^+} = x$ mol·L^{-1}，则有

$$K_a^\ominus = \frac{(c_{H_3O^+}/c^\ominus)\cdot(c_{A^-}/c^\ominus)}{c_{HA}/c^\ominus} = \frac{x^2}{c-x} \tag{3-2}$$

如果 $K_a^\ominus$ 值较小，而 c 较大，则由 HA 解离产生的 H_3O^+ 浓度也较小。一般认为，当

$\frac{c}{K_a^\ominus} \geq 500$[①]时,解离的 HA 很少(即 x 很小),平衡时 $c_{HA} \approx c$,则式(3-2)可简化为:$K_a^\ominus = \frac{x^2}{c}$,所以 $x = \sqrt{K_a^\ominus \cdot c}$

一元弱碱溶液中的 c_{OH^-} 的计算方法与一元弱酸完全相同,只是用 $K_b^\ominus$ 代替 $K_a^\ominus$,用 c_{OH^-} 代替 $c_{H_3O^+}$。由此可以得到计算一元弱酸或弱碱溶液中的 $c_{H_3O^+}$ 或 c_{OH^-} 的简化计算式:

$$c_{H_3O^+}/c^\ominus = \sqrt{K_a^\ominus \cdot c} \quad (c/K_a^\ominus \geq 500) \tag{3-3}$$

$$c_{OH^-}/c^\ominus = \sqrt{K_b^\ominus \cdot c} \quad (c/K_b^\ominus \geq 500) \tag{3-4}$$

化学上也常用解离度 α 表示弱酸、弱碱的解离能力。α 定义为

$$\alpha = \frac{c_{解离}}{c_{初始}}$$

由此得到 α、$K^\ominus$ 和 c 的简化关系为

$$\alpha = \sqrt{\frac{K^\ominus}{c}} \quad (读者自行推导) \tag{3-5}$$

由上式可以看出,溶液的解离度与其浓度平方根成反比。即浓度越稀,解离度越大,这个关系式叫做稀释定律。

这里要指出的是:α 和 $K^\ominus$ 都能反映弱酸、弱碱解离能力的大小,但是 $K^\ominus$ 是平衡常数的一种形式,不随浓度的变化而变化,而解离度随浓度的变化而变化。因此解离常数应用比解离度广泛。

以上有关一元弱酸、一元弱碱的平衡处理原理,既适合分子型酸碱,也适合于离子型酸碱。

【例3.1】 计算:(1) 0.010 mol·L^{-1} HAc 溶液;(2) 1.0×10^{-5} mol·L^{-1} HAc 溶液的 pH 值和解离度 α。

解:查得 $K_{HAc}^\ominus = 1.75 \times 10^{-5}$

(1) 由于 $c/K_{HAc}^\ominus \geq 500$,因此可用式(3-3)计算

$$c_{H_3O^+}/c^\ominus = \sqrt{K_{HAc}^\ominus \cdot c} = \sqrt{1.75 \times 10^{-5} \times 0.010} = 4.18 \times 10^{-4}$$

$$c_{H_3O^+} = 4.18 \times 10^{-4} \text{ mol·L}^{-1}$$

$$pH = -\lg(c_{H_3O^+}/c^\ominus) = -\lg(4.18 \times 10^{-4}) = 3.38$$

$$\alpha = \frac{c_{H_3O^+}}{c} = \frac{4.18 \times 10^{-4} \text{ mol·L}^{-4}}{0.010 \text{ mol·L}^{-4}} \times 100\% = 4.18\%$$

(2) 由于 $c/K_a^\ominus < 500$,不能近似看作 $c - c_{H_3O^+} \approx c$,需用式(3-2)计算,即以 $c = 1.0 \times 10^{-5}$ mol·L^{-1} 代入式(3-2),解一元二次方程求得:

$$c_{H_3O^+} = 7.11 \times 10^{-6} \text{ mol·L}^{-1}$$

$$pH = -\lg(c_{H_3O^+}/c^\ominus) = -\lg(7.11 \times 10^{-6}) = 5.15$$

---

① 根据 $\frac{c}{K_a^\ominus} \geq 500$ 进行简化计算时,其相对误差约 2%,这在通常情况下是允许的。

$$\alpha = \frac{c_{H_3O^+}}{c} = \frac{7.11 \times 10^{-6} \ mol \cdot L^{-1}}{1.0 \times 10^{-5} \ mol \cdot L^{-1}} \times 100\% = 71.1\%$$

若本小题用式(3-3)计算,则

$$c_{H_3O^+}/c^{\ominus} = \sqrt{K_a^{\ominus} \cdot c} = \sqrt{1.75 \times 10^{-5} \times 1.0 \times 10^{-5}} = 1.32 \times 10^{-5}$$

$$c_{H_3O^+} = 1.32 \times 10^{-5} \ mol \cdot L^{-1}$$

$c_{H_3O^+}$ 竟比 HAc 浓度还大,显然是荒谬的。这正表明,当 $c/K_a^{\ominus} < 500$ 时,不能进行简化计算。

【例 3.2】 计算 $0.10 \ mol \cdot L^{-1}$ NaAc 溶液的 pH 值。

解: 查表得 $K_{HAc}^{\ominus} = 1.75 \times 10^{-5}$

溶液中 Na^+ 并不参与酸碱平衡,决定溶液酸度的是 Ac^-。Ac^- 是 HAc 的共轭碱,它在水溶液中的解离平衡为

$$Ac^- + H_2O \Longrightarrow HAc + OH^-$$

由式(3-1)可得

$$K_{Ac^-}^{\ominus} = \frac{K_w^{\ominus}}{K_{HAc}^{\ominus}} = \frac{1.0 \times 10^{-14}}{1.75 \times 10^{-5}} = 5.72 \times 10^{-10}$$

因为 $c/K_b^{\ominus} > 500$,由式(3-4)计算,

$$c_{OH^-}/c^{\ominus} = \sqrt{K_b^{\ominus} \cdot c} = \sqrt{5.72 \times 10^{-10} \times 0.10} = 7.56 \times 10^{-6}$$

$$c_{OH^-} = 7.56 \times 10^{-6} \ mol \cdot L^{-1}$$

$$pH = 14 - pOH = 14 - [-lg(c_{OH^-}/c^{\ominus})] = 14 - (-lg \ 7.56 \times 10^{-6}) = 8.88$$

对于离子型酸碱,应注意分清其共轭酸碱对及其相应的 $K_a^{\ominus}$、$K_b^{\ominus}$ 的关系。

3.2.2 多元弱酸的解离平衡

多元弱酸在水溶液中是分级解离的,每一步都有相应的解离平衡。以在水溶液中的硫化氢 H_2S 为例,其解离过程按以下两步进行。一级解离为

$$H_2S + H_2O \Longrightarrow H_3O^+ + HS^-, \quad K_{a_1}^{\ominus} = \frac{(c_{H_3O^+}/c^{\ominus}) \cdot (c_{HS^-}/c^{\ominus})}{c_{H_2S}/c^{\ominus}} = 1.07 \times 10^{-7}$$

二级解离为

$$HS^- + H_2O \Longrightarrow H_3O^+ + S^{2-}, \quad K_{a_2}^{\ominus} = \frac{(c_{H_3O^+}/c^{\ominus}) \cdot (c_{S^{2-}}/c^{\ominus})}{c_{HS^-}/c^{\ominus}} = 1.26 \times 10^{-13}$$

$K_{a_1}^{\ominus} \gg K_{a_2}^{\ominus}$,表明 H_2S 的二级解离远比一级解离困难。这是因为带有两个负电荷的 S^{2-} 对 H^+ 的吸引比带一个负电荷的 HS^- 对 H^+ 的吸引要强得多。又由于一级解离出来的 H_3O^+ 能促使二级解离的平衡强烈地偏向左方。所以一般情况下,在多元弱酸溶液中,H_3O^+ 主要决定于一级解离,在计算多元弱酸溶液中的 $c_{H_3O^+}$ 时,可将多元弱酸当作一元弱酸处理,与计算一元弱酸的 $c_{H_3O^+}$ 的方法相同,即应用式(3-3)作近似计算,不过式中的 $K_a^{\ominus}$ 应改为 $K_{a_1}^{\ominus}$。

【例 3.3】 计算 $0.10 \ mol \cdot L^{-1}$ H_2S 水溶液中的 H_3O^+,HS^-,S^{2-} 的浓度。

解: 查表得 $K_{a_1}^{\ominus} = 1.07 \times 10^{-7}$, $K_{a_2}^{\ominus} = 1.26 \times 10^{-13}$

先考虑 H_2S 的一级解离：

$$H_2S + H_2O \Longrightarrow H_3O^+ + HS^-$$

因为 $c/K_{a_1}^{\ominus} > 500$，用式（3-3）计算：

$$c_{H_3O^+}/c^{\ominus} = \sqrt{K_{a_1}^{\ominus} \cdot c} = \sqrt{1.07 \times 10^{-7} \times 0.1} = 1.03 \times 10^{-4}$$

$$c_{H_3O^+} = 1.03 \times 10^{-4}\ \text{mol} \cdot \text{L}^{-1}$$

再考虑 H_2S 的二级解离：

$$HS^- + H_2O \Longrightarrow H_3O^+ + S^{2-}$$

设平衡时 $c_{S^{2-}} = x\ \text{mol} \cdot \text{L}^{-1}$，则平衡时

$$c_{H_3O^+} = 1.03 \times 10^{-4} + x,\quad c_{HS^-} = 1.03 \times 10^{-4} - x$$

因为 $K_{a_2}^{\ominus} = 1.26 \times 10^{-13}$，所以 HS^- 的解离很小，即 x 很小，可近似认为：

$$c_{H_3O^+} = c_{HS^-} = 1.03 \times 10^{-4}\ \text{mol} \cdot \text{L}^{-1}$$

所以

$$K_{a_2}^{\ominus} = \frac{(c_{H_3O^+}/c^{\ominus}) \cdot (c_{S^{2-}}/c^{\ominus})}{(c_{HS^-}/c^{\ominus})} = \frac{1.03 \times 10^{-4} \cdot x}{1.03 \times 10^{-4}} = 1.26 \times 10^{-13}$$

$$c_{S^{2-}}/c^{\ominus} = x = K_{a_2}^{\ominus} = 1.26 \times 10^{-13},\quad c_{S^{2-}} = 1.26 \times 10^{-13}\ \text{mol} \cdot \text{L}^{-1}$$

所以平衡时各离子浓度：$c_{H_3O^+} = c_{HS^-} = 1.03 \times 10^{-4}\ \text{mol} \cdot \text{L}^{-1}$，

$$c_{S^{2-}} = 1.26 \times 10^{-13}\ \text{mol} \cdot \text{L}^{-1}。$$

由例3.3可看到：①多元弱酸溶液中，H_3O^+ 主要决定于一级解离，计算溶液中 $c_{H_3O^+}$ 时，可将多元弱酸当作一元弱酸处理，有关一元弱酸的计算式依然适用。②二元弱酸 H_2A 溶液中，$c_{A^{2-}}/c^{\ominus} \approx K_{a_2}^{\ominus}$，即其共轭碱 A^{2-} 的浓度与该酸的起始浓度基本无关。

3.2.3　解离平衡的移动——同离子效应

解离平衡和所有化学平衡一样，当外界条件改变时，也会引起平衡的移动，从而在新的条件下建立新的平衡。例如在 NH_3 溶液中加入 $NaOH$ 或 NH_4Cl，会使 NH_3 的解离平衡向左移动，降低 NH_3 的解离度。

$$NH_3 + H_2O \underset{\text{平衡移动}}{\overset{+NH_4^+\qquad +OH^-}{\rightleftharpoons}} NH_4^+ + OH^-$$

同样，在 HAc 溶液中加入 HCl 或 $NaAc$，也会降低 HAc 的解离度。由此可见，在弱酸、弱碱溶液中加入含有共同离子的强电解质，可使弱酸、弱碱解离度降低，这种现象称为同离子效应。

由于同离子效应对解离平衡影响很大，而被人们用来控制溶液中的有关平衡，具有很大的实用意义。根据同离子效应，我们可以通过改变溶液的酸度来改变共轭酸碱对浓度。例如，调节 H_2S 溶液的酸度，控制 S^{2-} 离子浓度就是实例之一。

【例3.4】　在 $0.30\ \text{mol} \cdot \text{L}^{-1}$ HCl 溶液中通入 H_2S 气体至饱和，计算溶液中 $c_{S^{2-}}$。

解：常温常压下，H_2S 饱和溶液的浓度约为 $0.10\ \text{mol} \cdot \text{L}^{-1}$。

（1）查表得 $K_{a_1}^{\ominus} = 1.07 \times 10^{-7}$，$K_{a_2}^{\ominus} = 1.26 \times 10^{-13}$

H_2S 水溶液的解离平衡为

$$H_2S + H_2O \Longleftrightarrow H_3O^+ + HS^- \qquad K_{a_1}^{\ominus}$$

$$HS^- + H_2O \Longleftrightarrow H_3O^+ + S^{2-} \qquad K_{a_2}^{\ominus}$$

由 H_2S 的一级解离,设平衡时 $c_{HS^-} = x$ mol $\cdot L^{-1}$

由于 HCl 全部解离,根据同离子效应,使 H_2S 的解离受到了抑制,平衡时

$$c_{H_3O^+} = (0.30 + x) \text{ mol} \cdot L^{-1} \approx 0.30 \text{ mol} \cdot L^{-1}$$

则

$$K_{a_1}^{\ominus} = \frac{(c_{H_3O^+}/c^{\ominus}) \cdot (c_{HS^-}/c^{\ominus})}{(c_{H_2S}/c^{\ominus})} = \frac{0.30x}{0.10} = 1.07 \times 10^{-7}$$

得

$$c_{HS^-}/c^{\ominus} = x = 3.6 \times 10^{-8}, \quad c_{HS^-} = 3.6 \times 10^{-8} \text{ mol} \cdot L^{-1}.$$

由 H_2S 的二级解离,设平衡时 $c_{S^{2-}} = y$ mol $\cdot L^{-1}$,同理:

$$c_{HS^-} \approx 3.6 \times 10^{-8} \text{ mol} \cdot L^{-1}, \quad c_{H_3O^+} \approx 0.30 \text{ mol} \cdot L^{-1}$$

则

$$K_{a_2}^{\ominus} = \frac{(c_{H_3O^+}/c^{\ominus}) \cdot (c_{S^{2-}}/c^{\ominus})}{(c_{HS^-}/c^{\ominus})} = \frac{0.30y}{3.6 \times 10^{-8}} = 1.26 \times 10^{-13}$$

得

$$c_{S^{2-}}/c^{\ominus} = y = 1.5 \times 10^{-20}, \quad 即 \quad c_{S^{2-}} = 1.5 \times 10^{-20} \text{ mol} \cdot L^{-1}$$

(2) 亦可根据多重平衡规则求解。将 H_2S 的二级解离平衡相加,可得

$$H_2S + 2H_2O \Longleftrightarrow 2H_3O^+ + S^{2-}$$

$$K^{\ominus} = K_{a_1}^{\ominus} \cdot K_{a_2}^{\ominus} = \frac{(c_{H_3O^+}/c^{\ominus})^2 \cdot (c_{S^{2-}}/c^{\ominus})}{(c_{H_2S}/c^{\ominus})}$$

由 $c_{H_3O^+} = 0.30$ mol $\cdot L^{-1}$,$c_{H_2S} = 0.10$ mol $\cdot L^{-1}$,可直接求得

$$c_{S^{2-}}/c^{\ominus} = \frac{K_{a_1}^{\ominus} \cdot K_{a_2}^{\ominus} \cdot (c_{H_2S}/c^{\ominus})}{(c_{H_3O^+}/c^{\ominus})^2} = \frac{1.07 \times 10^{-7} \times 1.26 \times 10^{-13} \times 0.10}{0.30^2} = 1.5 \times 10^{-20}$$

$$c_{S^{2-}} = 1.5 \times 10^{-20} \text{ mol} \cdot L^{-1}$$

由上例可见,与例 3.3 相比,在酸性溶液中,c_{HS^-}、$c_{S^{2-}}$ 大大降低。这说明同离子效应是相当大的。并由此可得到在常温常压下,H_2S 饱和溶液中 H_2S,H_3O^+ 和 S^{2-} 的关系为

$$(c_{H_3O^+}/c^{\ominus})^2 \cdot (c_{S^{2-}}/c^{\ominus}) = K_{a_1}^{\ominus} \cdot K_{a_2}^{\ominus} \cdot c_{H_2S}/c^{\ominus}$$

由常温常压下 $c_{H_2S} = 0.10$ mol $\cdot L^{-1}$

得:　$(c_{H_3O^+}/c^{\ominus})^2 \cdot (c_{S^{2-}}/c^{\ominus}) = 1.07 \times 10^{-7} \times 1.26 \times 10^{-13} \times 0.10 = 1.35 \times 10^{-21}$

此式表明 $(c_{H_3O^+}/c^{\ominus})^2$ 和 $c_{S^{2-}}/c^{\ominus}$ 成反比。如果在溶液中加入强酸,必然使 S^{2-} 浓度降低;如果在溶液中加入强碱,则 S^{2-} 浓度增大。所以直接调节溶液的 pH 值可以控制 S^{2-} 的浓度。这对利用硫化物沉淀进行金属离子的鉴定和分离具有实用意义。

根据同离子效应,也可通过调节溶液共轭酸碱对的比值来控制溶液的酸碱度,这便是应用颇广的缓冲溶液。

3.3　缓冲溶液

如果我们在 100 mL 纯水中加入 1.0 mol $\cdot L^{-1}$ HCl 溶液(或 NaOH 溶液)0.1 mL,则 H_3O^+ 离子(或 OH^- 离子)的浓度约为 $\dfrac{1.0 \times 0.1}{100.1} \approx 0.001$ mol $\cdot L^{-1}$。这将引起水的 pH 值

由 7 变化到 3(或由 7 变化到 11),变化 4 个 pH 单位。说明纯水不能缓解少量外来酸、碱的影响。

如果在 100 mL 浓度约为 0.10 mol·L^{-1} 的 HAc－NaAc 共轭酸碱对混合溶液中,加入少量 HCl、NaOH 或用水稀释时,经测定其溶液的 pH 值始终在 4.7 左右,即 pH 值几乎不变。这种能抵抗外来少量酸、碱或稀释的影响,而使 pH 值基本不变的溶液称为缓冲溶液。缓冲溶液的这种作用称为缓冲作用。一般来说,共轭酸碱对的混合溶液,如 HAc－NaAc、NH$_3$－NH$_4$Cl、H$_2$CO$_3$－NaHCO$_3$、Na$_2$CO$_3$－NaHCO$_3$、NaH$_2$PO$_4$－Na$_2$HPO$_4$ 等都能形成缓冲溶液。它们的缓冲作用的原理是相同的。以 HAc 和 NaAc 组成的缓冲溶液来说明。

在含有 HAc 和 NaAc 的溶液中,存在着下列解离平衡:

(1) HAc＋H$_2$O $\Longleftrightarrow$ H$_3$O$^+$＋Ac$^-$

(2) NaAc $\longrightarrow$ Na$^+$＋Ac$^-$

HAc 解离度较小;NaAc 完全解离,由于 Ac$^-$ 的同离子效应,使 HAc 的解离度降低。因此,在这个溶液中 HAc 和 Ac$^-$ 的浓度都较大,而 H$_3$O$^+$ 的浓度较小,并且它们之间仍按式(1)建立着平衡。

当往该溶液中加入少量强酸时,H$_3$O$^+$ 离子和 Ac$^-$ 离子结合形成 HAc 分子,则平衡向左移动,使溶液中 Ac$^-$ 略有减少,HAc 浓度略有增加,但溶液中 H$_3$O$^+$ 浓度不会有显著变化。如果加入少量强碱,强碱会与 H$_3$O$^+$ 结合,则平衡向右移动,使 HAc 浓度略有减少,Ac$^-$ 浓度略有增加,H$_3$O$^+$ 浓度仍不会有显著变化。

由此可见,在组成缓冲溶液的共轭酸碱对中,酸具有抵抗外来碱的作用,所以称为抗碱组分;其共轭碱具有抵抗外来酸的作用,所以称为抗酸组分。组成缓冲溶液的共轭酸碱对之间的平衡可用下面通式表示:

$$\text{共轭酸} \Longleftrightarrow \text{H}_3\text{O}^+＋\text{共轭碱}$$

根据共轭酸碱之间的平衡,可得

$$K_a^{\ominus} = \frac{(c_{\text{H}_3\text{O}^+}/c^{\ominus}) \cdot (c_{\text{共轭碱}}/c^{\ominus})}{(c_{\text{共轭酸}}/c^{\ominus})}$$

所以

$$c_{\text{H}_3\text{O}^+}/c^{\ominus} = K_a^{\ominus} \cdot \frac{c_{\text{共轭酸}}/c^{\ominus}}{c_{\text{共轭碱}}/c^{\ominus}} \tag{3-6}$$

$$\text{pH} = \text{p}K_a^{\ominus} - \lg \frac{c_{\text{共轭酸}}/c^{\ominus}}{c_{\text{共轭碱}}/c^{\ominus}} \tag{3-7}$$

式(3-6)中 $K_a^{\ominus}$ 为共轭酸的解离常数,式(3-7)中 p$K_a^{\ominus}$ 为 $K_a^{\ominus}$ 的负对数,即 p$K_a^{\ominus}$＝－lg $K_a^{\ominus}$。

【例 3.5】 计算含有 0.10 mol·L^{-1} HAc 和 0.10 mol·L^{-1} NaAc 溶液的 pH 值。

解:查表得 $K_{\text{HAc}}^{\ominus}$＝1.75×10^{-5}

用式(3-7)计算,得:

$$\text{pH} = \text{p}K_a^{\ominus} - \lg \frac{c_{\text{HAc}}/c^{\ominus}}{c_{\text{Ac}^-}/c^{\ominus}} = -\lg(1.75 \times 10^{-5}) - \lg \frac{0.1}{0.1} = 4.76$$

【例 3.6】 取例 3.5 的缓冲溶液 100 mL,加入 1.00 mol·L^{-1} HCl 溶液 1.00 mL 后,溶液的 pH 值变为多少?

解： 加入的 $1.00\ \text{mol} \cdot \text{L}^{-1}$ HCl 由于稀释，浓度变为

$$\frac{1.00\ \text{mol} \cdot \text{L}^{-1} \times 1.00\ \text{mL}}{100\ \text{mL} + 1.00\ \text{mL}} \approx 0.010\ 0\ \text{mol} \cdot \text{L}^{-1}$$

HCl 溶液加入后与 NaAc 发生如下反应：$HCl + NaAc = NaCl + HAc$

溶液中 c_{HAc} 增大，c_{Ac^-} 减小，若忽略体积改变的微小影响，则

$$c_{HAc} \approx 0.10\ \text{mol} \cdot \text{L}^{-1} + 0.010\ \text{mol} \cdot \text{L}^{-1} = 0.110\ \text{mol} \cdot \text{L}^{-1}$$

$$c_{Ac^-} \approx 0.10\ \text{mol} \cdot \text{L}^{-1} - 0.010\ \text{mol} \cdot \text{L}^{-1} = 0.090\ \text{mol} \cdot \text{L}^{-1}$$

$$pH = pK_a^{\ominus} - \lg \frac{c_{共轭酸}/c^{\ominus}}{c_{共轭碱}/c^{\ominus}} = -\lg(1.75 \times 10^{-5}) - \lg \frac{0.110}{0.090} = 4.67$$

可见缓冲溶液中加入少量酸，pH 值由原来不加酸的 4.76 变为 4.67，两者仅相差 0.09，说明 pH 值基本不变。若加 $1.00\ \text{mol} \cdot \text{L}^{-1}$ NaOH 溶液 1.00 mL，则 pH 值变为 4.85 （读者试自行计算），也基本不变。如果在溶液中加入少量水稀释，HAc，NaAc 浓度分别同等程度降低，浓度比值基本不变，溶液 pH 值也不会有大的变化。

显然，当加入大量的强酸或强碱，溶液中的弱酸及其共轭碱或弱碱及其共轭酸中的一种消耗殆尽时，就失去缓冲能力了。所以缓冲溶液的缓冲能力是有一定限度的。

在很多酸碱反应过程中，也会形成共轭酸碱对，因而组成缓冲溶液。如弱酸与强碱或弱碱与强酸反应后，弱酸或弱碱过量便形成缓冲溶液。其共轭酸碱对是弱酸及其共轭碱或是弱碱及其共轭酸。

【例 3.7】　计算下列混合溶液的 pH 值。

(1) 在 20 mL $0.10\ \text{mol} \cdot \text{L}^{-1}$ HAc 溶液中加入 10 mL $0.10\ \text{mol} \cdot \text{L}^{-1}$ NaOH 溶液。

(2) 在 20 mL $0.10\ \text{mol} \cdot \text{L}^{-1}$ HAc 溶液中加入 30 mL $0.10\ \text{mol} \cdot \text{L}^{-1}$ NaOH 溶液。

(3) 在 20 mL $0.10\ \text{mol} \cdot \text{L}^{-1}$ HAc 溶液中加入 20 mL $0.10\ \text{mol} \cdot \text{L}^{-1}$ NaOH 溶液。

解：　查得 $K_{HAc}^{\ominus} = 1.75 \times 10^{-5}$

HAc 和 NaOH 混合后，发生中和反应：

$$HAc + OH^- = H_2O + Ac^-$$

(1) 由于加入的 NaOH 不足量，反应后 HAc 过量，形成缓冲溶液，此时溶液的 pH 值可按共轭酸碱对 HAc-Ac^- 处理。首先计算 HAc 和 Ac^- 离子的浓度。

$$c_{HAc} = \frac{0.10\ \text{mol} \cdot \text{L}^{-1} \times 20\ \text{mL} - 0.10\ \text{mol} \cdot \text{L}^{-1} \times 10\ \text{mL}}{30\ \text{mL}} = 0.033\ \text{mol} \cdot \text{L}^{-1}$$

$$c_{Ac^-} = \frac{0.10\ \text{mol} \cdot \text{L}^{-1} \times 10\ \text{mL}}{30\ \text{mL}} = 0.033\ \text{mol} \cdot \text{L}^{-1}$$

$$pH = pK_{HAc}^{\ominus} - \lg \frac{c_{HAc}/c^{\ominus}}{c_{Ac^-}/c^{\ominus}} = -\lg 1.75 \times 10^{-5} - \lg \frac{0.033}{0.033} = 4.76$$

(2) 由于加入的 NaOH 过量，反应后溶液 pH 值按剩余 NaOH 的量计算。先算出剩余 NaOH 的浓度。

$$c_{OH^-} = \frac{0.10\ \text{mol} \cdot \text{L}^{-1} \times 30\ \text{mL} - 0.10\ \text{mol} \cdot \text{L}^{-1} \times 20\ \text{mL}}{50.0\ \text{mL}} = 0.002\ \text{mol} \cdot \text{L}^{-1}$$

$$pH = 14 - pOH = 14 - (-\lg 0.02) = 12.30$$

(3) 由于加入的 NaOH 的量恰好与 HAc 完全反应，反应后生成 Ac^-，溶液 pH 值按弱碱 Ac^- 的解离计算。先算出生成 Ac^- 离子的浓度。

$$c_{Ac^-} = \frac{0.10 \ mol \cdot L^{-1} \times 20 \ mL}{40 \ mL} = 0.050 \ mol \cdot L^{-1}$$

$$c_{OH^-}/c^{\ominus} = \sqrt{K_b^{\ominus} \times c} = \sqrt{\frac{K_w^{\ominus}}{K_{HAc}^{\ominus}} \times c_{Ac^-}} = \sqrt{\frac{1.00 \times 10^{-14}}{1.75 \times 10^{-5}} \times 0.05} = 5.35 \times 10^{-6}$$

$$pH = 14 - pOH = 14 - (lg5.35 \times 10^{-6}) = 8.73$$

由此可知,弱酸 HAc 和强碱 NaOH 混合溶液的 pH 值计算大致有以下几种情况:(1) HAc(多)+NaOH(少),溶液的 pH 值要按 HAc-Ac⁻ 缓冲溶液计算。(2)HAc(少)+ NaOH(多),溶液的 pH 值要按剩余 NaOH 的量计算。(3)HAc+NaOH(等量),溶液的 pH 值要按生成的 Ac⁻ 的解离计算。

其他的如弱碱(如 NH_3、NaAc)和强酸(如 HCl)混合溶液的 pH 值计算也可按此类推。

每一种缓冲溶液可控制的 pH 值不同,在实际工作中常会遇到缓冲溶液的选择和配制问题。由式(3-6)、式(3-7)可知,缓冲溶液的 pH 值决定于 $pK_a^{\ominus}$ 及共轭酸碱对中的两物质浓度比。当弱酸确定后,改变 $\frac{c_{共轭酸}}{c_{共轭碱}}$ 的比值,便可调节缓冲溶液本身的 pH 值。现以 HAc-NaAc 和 NH_3-NH_4Cl 缓冲溶液为例,列表如下:

	$c_{共轭酸}/c_{共轭碱}$	1.0/0.1	0.1/0.1	0.1/1.0	10～0.1
HAc-NaAc 缓冲溶液	pH	3.76	4.76	5.76	3.76～5.76
NH_3-NH_4Cl 缓冲溶液	pH	8.24	9.24	10.24	8.24～10.24

由上表所列数据可见,为了使缓冲溶液的缓冲能力比较显著,一般应保持其共轭酸碱对的浓度比较接近,以 1:1 或相近的比例配制。因此常用缓冲溶液组分浓度比 $\frac{c_{共轭酸}}{c_{共轭碱}}$ 可保持在 1:10～10:1 之间,相应的 pH 变化范围为 $pH = pK_a^{\ominus} \pm 1$。此为缓冲溶液的有效缓冲范围。这样在选择和配制一定 pH 值的缓冲溶液时,只要选择 $pK_a^{\ominus}$ 与需要的 pH 值相近的共轭酸碱对,然后通过调节共轭酸碱对的浓度比在 0.1～10 之间来达到要求。例如,如果需要 pH=5 左右的缓冲溶液,则可以选择 HAc-NaAc;如果需要 pH=9 左右的缓冲溶液,则可以选择 NH_3-NH_4Cl。常用缓冲溶液列于表 3-3。

表 3-3　常用缓冲溶液及其 pH 范围

pH 值范围	组　　成		酸的 $pK_a^{\ominus}$
	酸 性 组 分	碱 性 组 分	
2.8～4.6	甲酸(HCOOH)	氢氧化钠(NaOH)	3.76
3.4～5.1	苯乙酸($C_6H_5CH_2COOH$)	苯乙酸钠($C_6H_5CH_2COONa$)	4.31
3.7～5.6	醋酸(HAc)	醋酸钠(NaAc)	4.76
4.1～5.9	邻苯二甲酸氢钾($KOOCC_6H_4COOH$)	氢氧化钠(NaOH)	5.54
5.9～8.0	磷酸二氢钠(NaH_2PO_4)	磷酸氢二钠(Na_2HPO_4)	7.20
7.8～10.0	硼酸(H_3BO_3)	氢氧化钠(NaOH)	9.24
8.3～10.2	氯化铵(NH_4Cl)	氨(NH_3)	9.24
9.6～11.0	碳酸氢钠($NaHCO_3$)	碳酸钠(Na_2CO_3)	10.25

【例 3.8】 欲配制 $1.0 \text{ L } pH = 9.8$，$c_{NH_3} = 0.10 \text{ mol} \cdot \text{L}^{-1}$ 的缓冲溶液，需 $6.0 \text{ mol} \cdot \text{L}^{-1}$ 氨水多少毫升和固体氯化铵多少克？已知氯化铵的摩尔质量为 $53.5 \text{ g} \cdot \text{mol}^{-1}$。

解： 由式（3 - 7） $pH = pK_a^\ominus - \lg \dfrac{c_{共轭酸}/c^\ominus}{c_{共轭碱}/c^\ominus}$

查表得 $K_{NH_3}^\ominus = 1.74 \times 10^{-5}$

$$K_{NH_4^+}^\ominus = \frac{K_w^\ominus}{K_{NH_3}^\ominus} = \frac{10^{-14}}{1.74 \times 10^{-5}} = 5.75 \times 10^{-10}$$

$$9.8 = -\lg(5.75 \times 10^{-10}) - \lg \frac{c_{NH_4^+}/c^\ominus}{0.10}$$

所以 $\qquad c_{NH_4^+}/c^\ominus = 0.028 \qquad c_{NH_4^+} = 0.028 \text{ mol} \cdot \text{L}^{-1}$

加入 NH_4Cl 的量：$0.028 \text{ mol} \cdot \text{L}^{-1} \times 1.0 \text{ L} \times 53.5 \text{ g} \cdot \text{mol}^{-1} = 1.50 \text{ g}$

氨水用量：$1\,000 \text{ mL} \times \dfrac{0.10 \text{ mol} \cdot \text{L}^{-1}}{6.0 \text{ mol} \cdot \text{L}^{-1}} = 17.0 \text{ mL}$

　　缓冲溶液在工农业生产、化学和生物等方面都有重要的应用。例如，金属器件进行电镀时的电镀液中，常用缓冲溶液来控制一定的 pH 值。在制革、染料等工业以及化学分析中也需应用缓冲溶液。在土壤中由于含有 H_2CO_3 - $NaHCO_3$ 和 NaH_2PO_4 - Na_2HPO_4 以及其他有机弱酸及其共轭碱所组成的复杂的缓冲体系，能使土壤维持一定的 pH 值，从而保证了植物的正常生长。人体的血液也依赖 H_2CO_3 - $NaHCO_3$、NaH_2PO_4 - Na_2HPO_4 等缓冲体系以维持 pH 值在 7.4 附近。如果酸碱度突然发生改变，就会引起"酸中毒"或"碱中毒"，当 pH 值的改变超过 0.5 时，就可能会导致生命危险。

3.4 难溶电解质的沉淀-溶解平衡

　　在含有难溶电解质固体的饱和溶液中，存在着固体与由它解离的离子间的平衡，这是一种多相离子平衡，常称为沉淀—溶解平衡。在 $CaCl_2$ 溶液中加入 Na_2CO_3 溶液，就产生白色的 $CaCO_3$ 沉淀，这种析出难溶性固态物质的反应称为沉淀反应。如果在含有 $CaCO_3$ 沉淀的溶液中加入盐酸，又可使沉淀溶解，这就是溶解反应。在科学研究和工业生产中，经常要利用沉淀的生成和溶解来制备材料、分离杂质、处理污水以及鉴定离子等。怎样判断沉淀能否生成，如何使沉淀析出更趋完全，又如何使沉淀溶解等，就需要研究难溶电解质的沉淀-溶解平衡，认识沉淀的生成、溶解和转化的规律。

3.4.1 溶度积

　　难溶电解质的溶解过程是一个可逆过程。例如在一定温度下，把难溶电解质 AgCl 放入水中，则 AgCl 固体表面的 Ag^+ 和 Cl^- 因受到极性水分子的吸引，成为水合离子而进入溶液。同时，进入溶液的 Ag^+ 和 Cl^- 由于不断运动，其中有些接触到 AgCl 固体表面又产生沉淀。当溶解和沉淀速率相等时，便建立了固体和溶液中离子间的平衡（此时溶液为饱和溶液）：

$$AgCl(s) \underset{沉淀}{\overset{溶解}{\rightleftharpoons}} Ag^+ + Cl^-$$

其平衡常数表达式为：

$$K^{\ominus}_{sp,AgCl} = (c_{Ag^+}/c^{\ominus}) \cdot (c_{Cl^-}/c^{\ominus})$$

$K^{\ominus}_{sp}$ 的意义与一般平衡常数完全相同，只是为了专指沉淀-溶解平衡，将 $K^{\ominus}$ 写成 $K^{\ominus}_{sp}$，并可把难溶电解质的化学式注在后面。

此式表明，难溶电解质的饱和溶液中，当温度一定时，其离子浓度的乘积为一常数。这个平衡常数 $K^{\ominus}_{sp}$ 称为溶度积常数，简称溶度积。书末附录 4 列出了某些难溶电解质的溶度积。

对于任何一种难溶电解质，若在一定温度下建立沉淀-溶解平衡都应遵循溶度积常数的表达式。即

$$A_m B_n \Longrightarrow m A^{n+} + n B^{m-}$$

$$K^{\ominus}_{sp,A_m B_n} = (c_{A^{n+}}/c^{\ominus})^m \cdot (c_{B^{m-}}/c^{\ominus})^n \tag{3-8}$$

$K^{\ominus}_{sp}$ 数据可以通过实验测得，亦可以通过热力学数据计算得到，也可以由物质的溶解度换算得到。

【例 3.9】　计算 25 ℃时 AgCl 的溶度积。

解：AgCl 的溶解平衡表达式为：

$$\begin{array}{cccc} & AgCl(s) \Longrightarrow & Ag^+ & + & Cl^- \\ \Delta_f G^{\ominus}_m/kJ \cdot mol^{-1} & -109.80 & 77.124 & -131.26 \end{array}$$

$$\Delta_r G^{\ominus}_m = (\Delta_f G^{\ominus}_{m,Ag^+} + \Delta_f G^{\ominus}_{m,Cl^-}) - \Delta_f G^{\ominus}_{m,AgCl}$$

$$= 77.124 \ kJ \cdot mol^{-1} + (-131.26 \ kJ \cdot mol^{-1}) - (-109.80 \ kJ \cdot mol^{-1})$$

$$= 55.66 \ kJ \cdot mol^{-1}$$

$$\ln K^{\ominus} = -\Delta_r G^{\ominus}_m/RT$$

在 25 ℃时，

$$\ln K^{\ominus} = \ln K^{\ominus}_{sp,AgCl} = \frac{-55.66 \times 1\,000 \ J \cdot mol^{-1}}{8.314 \ J \cdot K^{-1} \cdot mol^{-1} \times 298 \ K} = -22.46$$

$$K^{\ominus}_{sp,AgCl} = 1.76 \times 10^{-10}$$

【例 3.10】　已知 25 ℃时，CaF_2 的溶解度为 1.60×10^{-2} g·L^{-1}，求该温度下 CaF_2 的溶度积。

解：溶度积表达式中有关离子浓度的单位为 mol·L^{-1}，计算时应进行单位的换算。

CaF_2 的摩尔质量是 78.08 g·mol^{-1}，则其溶解度 s 为：

$$s = \frac{1.60 \times 10^{-2} \ g \cdot L^{-1}}{78.08 \ g \cdot mol^{-1}} = 2.05 \times 10^{-4} \ mol \cdot L^{-1}$$

假设在 CaF_2 饱和溶液中，溶解的 CaF_2 完全解离，则：

$$c_{Ca^{2+}} = 2.05 \times 10^{-4} \ mol \cdot L^{-1}, \quad c_{F^-} = 2 \times 2.05 \times 10^{-4} \ mol \cdot L^{-1} = 4.10 \times 10^{-4} \ mol \cdot L^{-1}$$

所以　　　　$K^{\ominus}_{sp,CaF_2} = (c_{Ca^{2+}}/c^{\ominus}) \cdot (c_{F^-}/c^{\ominus})^2 = (2.05 \times 10^{-4}) \times (4.10 \times 10^{-4})^2$

$$= 3.45 \times 10^{-11}$$

【例 3.11】　在 25 ℃时氯化银的溶度积为 1.77×10^{-10}，铬酸银的溶度积为 1.12×10^{-12}，试求氯化银和铬酸银的溶解度（以 mol·L^{-1} 表示）。

解：（1）设 $AgCl$ 的溶解度为 $s_1\ mol \cdot L^{-1}$

　　　　根据　　　　　　　　　　$AgCl(s) \Longrightarrow Ag^+ + Cl^-$

可知达到平衡时　　　　　　　$c_{Ag^+} = c_{Cl^-} = s_1\ mol \cdot L^{-1}$

$$K_{sp}^{\ominus} = (c_{Ag^+}/c^{\ominus}) \cdot (c_{Cl^-}/c^{\ominus}) = (s_1/c^{\ominus})^2$$

所以 $s_1/c^{\ominus} = \sqrt{K_{sp}^{\ominus}} = \sqrt{1.77 \times 10^{-10}} = 1.33 \times 10^{-5}$，$s_1 = 1.33 \times 10^{-5}$

　　（2）设 Ag_2CrO_4 的溶解度为 $s_2\ mol \cdot L^{-1}$

　　　　根据　　　　　　　　$Ag_2CrO_4(s) \Longrightarrow 2Ag^+ + CrO_4^{2-}$

　　　　可得：　　　　　　　$c_{Ag^+} = 2s_2$，$c_{CrO_4^{2-}} = s_2$，

$$K_{sp}^{\ominus} = (c_{Ag^+}/c^{\ominus})^2 \cdot (c_{CrO_4^{2-}}/c^{\ominus}) = (2s_2/c^{\ominus})^2 (s_2/c^{\ominus})$$

$$s_2/c^{\ominus} = \sqrt[3]{\frac{K_{sp}^{\ominus}}{4}} = \sqrt[3]{\frac{1.12 \times 10^{-12}}{4}} = 6.54 \times 10^{-5}, \quad s_2 = 6.54 \times 10^{-5}$$

由上述计算可知，溶度积和溶解度之间是可以换算的，并由此可以导出溶度积和溶解度之间的换算关系式。对于一般的难溶电解质 $A_m B_n$ 来说，若其溶解度为 $s\ mol \cdot L^{-1}$，则：

$$A_m B_n \Longrightarrow mA^{n+} + nB^{m-}$$

其饱和溶液中：　　　　　　$c_{A^{n+}} = ms$　　　　$c_{B^{m-}} = ns$

$$K_{sp}^{\ominus} = (ms/c^{\ominus})^m \cdot (ns/c^{\ominus})^n = m^m \cdot n^n (s/c^{\ominus})^{m+n} \tag{3-9}$$

这里要注意的是，溶解度和溶度积之间的换算是有条件的，只有在纯固体的饱和溶液中，其溶解部分完全解离为离子，并且离子在溶液中不发生任何化学反应时，它们之间的换算才比较正确。

溶解度和溶度积都表示在一定温度下，难溶电解质的溶解能力。对于同类型的难溶电解质，溶度积大，溶解度也大；而对于不同类型的难溶电解质，就不能由溶度积来直接比较它们溶解度的大小。这可由表 3-4 $BaSO_4$，CaF_2，$AgCl$，Ag_2CrO_4 的溶解度和溶度积的关系可以看出。

表 3-4　$BaSO_4$，CaF_2，$AgCl$，Ag_2CrO_4 的溶解度和溶度积

电解质类型	实例	溶解度 $s/(mol \cdot L^{-1})$	溶度积 $K_{sp}^{\ominus}$	电解质类型	实例	溶解度 $s/(mol \cdot L^{-1})$	溶度积 $K_{sp}^{\ominus}$
AB	AgCl	1.33×10^{-5}	1.77×10^{-10}	AB_2	CaF_2	2.05×10^{-4}	3.45×10^{-11}
AB	$BaSO_4$	1.05×10^{-5}	1.08×10^{-10}	A_2B	Ag_2CrO_4	6.54×10^{-5}	1.12×10^{-12}

3.4.2　溶度积规则

难溶电解质的多相离子平衡是一动态平衡。当条件改变时，可以使溶液中的离子生成沉淀，也可以使固体溶解解离成离子。在此平衡中，同样可以用反应商 Q 与 $K_{sp}^{\ominus}$ 比较来判断反应进行的方向。例如，当温度一定时，在含有固体 $A_m B_n$ 的溶液中，$A_m B_n$ 固体与溶液中的离子 A^{n+} 和 B^{m-} 之间存在如下平衡：

$$A_m B_n \Longrightarrow mA^{n+} + nB^{m-}$$

其反应商　　　　　　　　$Q = (c_{A^{n+}}/c^{\ominus})^m \cdot (c_{B^{m-}}/c^{\ominus})^n \tag{3-10}$

此反应商通常称为离子积。根据平衡移动原理,将 Q 和 $K_{sp}^{\ominus}$ 比较,可以得到以下规则:

(1) $Q < K_{sp}^{\ominus}$,不饱和溶液,无沉淀析出,若系统中已有固体存在,则固体溶解,直至再次建立平衡;

(2) $Q = K_{sp}^{\ominus}$,饱和溶液,建立动态平衡;

(3) $Q > K_{sp}^{\ominus}$,过饱和溶液,有沉淀析出,直至再次建立平衡。

这就是溶度积规则,应用此规则,可以判断沉淀的生成和溶解。

3. 4. 3 沉淀的生成和溶解

(1) 沉淀的生成

根据溶度积规则,在难溶电解质的溶液中,若 $Q > K_{sp}^{\ominus}$,则有沉淀生成。

【例 3. 12】 将 10 mL 0.010 mol $\cdot$ L^{-1} $BaCl_2$ 溶液和 30 mL 0.005 0 mol $\cdot$ L^{-1} Na_2SO_4 溶液相混合,问是否有 $BaSO_4$ 沉淀产生?

解: 查表得 $K_{sp,BaSO_4}^{\ominus} = 1.08 \times 10^{-10}$

两溶液混合后,可以认为总体积为 40 mL,则各离子浓度为:

$$c_{Ba^{2+}} = \frac{0.010 \text{ mol} \cdot L^{-1} \times 10 \text{ mL}}{40 \text{ mL}} = 2.50 \times 10^{-3} \text{ mol} \cdot L^{-1}$$

$$c_{SO_4^{2-}} = \frac{0.005 0 \text{ mol} \cdot L^{-1} \times 30 \text{ mL}}{40 \text{ mL}} = 3.75 \times 10^{-3} \text{ mol} \cdot L^{-1}$$

$$Q = (c_{Ba^{2+}}/c^{\ominus}) \cdot (c_{SO_4^{2-}}/c^{\ominus}) = (2.50 \times 10^{-3}) \times (3.75 \times 10^{-3}) = 9.38 \times 10^{-6}$$

因为 $Q > K_{sp,BaSO_4}^{\ominus}$,所以有 $BaSO_4$ 沉淀析出。

根据化学平衡移动的规律,在难溶电解质溶液中,加入含有相同离子的强电解质,难溶电解质的多相离子平衡向生成沉淀的方向移动,使难溶电解质的溶解度降低。这就是沉淀-溶解平衡中的同离子效应。

【例 3. 13】 求 25℃时,AgCl 在 0.010 mol $\cdot$ L^{-1} NaCl 溶液中的溶解度。

解: 查表得 $K_{sp,AgCl}^{\ominus} = 1.77 \times 10^{-10}$

AgCl 的饱和溶液存在下列平衡:

$$AgCl(s) \Longrightarrow Ag^+ + Cl^-$$

设 AgCl 在 0.010 mol $\cdot$ L^{-1} NaCl 溶液中的溶解度为 s mol $\cdot$ L^{-1},则平衡时,

$$c_{Ag^+} = s \text{ mol} \cdot L^{-1} \quad c_{Cl^-} = (s+0.010) \text{ mol} \cdot L^{-1} \approx 0.010 \text{ mol} \cdot L^{-1}$$

由于 $(c_{Ag^+}/c^{\ominus}) \cdot (c_{Cl^-}/c^{\ominus}) = K_{sp,AgCl}^{\ominus}$, $s/c^{\ominus} \times 0.010 = 1.77 \times 10^{-10}$

所以 $s/c^{\ominus} = 1.77 \times 10^{-8}$ $s = 1.77 \times 10^{-8}$ mol $\cdot$ L^{-1}

本例中所得 AgCl 溶解度与例 3.11 所得 AgCl 在纯水中的溶解度(1.33×10^{-5} mol $\cdot$ L^{-1})相比要小得多,这说明由于同离子效应,难溶电解质的溶解度降低了。因此,利用沉淀反应分离某些离子时,常利用同离子效应加入过量沉淀剂,以使某些离子的沉淀趋于完全(一般以溶液中被沉淀离子的残余浓度小于 10^{-5} mol $\cdot$ L^{-1},即可认为该离子已经沉淀完全),以达到分离的目的。

2. 沉淀的溶解

在实际工作中,常会遇到要使难溶电解质溶解的问题。根据溶度积规则,若加入能降低

平衡离子浓度的某些物质,使 $Q < K_{sp}^{\ominus}$,平衡便向溶解方向移动,使沉淀溶解。常用的方法有:

(1) 利用酸碱反应。许多难溶电解质本身包含着离子碱(如 OH^-、CO_3^{2-}、S^{2-} 等)或离子酸(如 Al^{3+}、Zn^{2+} 等),这些离子可以通过酸碱反应,使之生成相应的共轭酸或共轭碱而使沉淀溶解。下面举几个例子。

① $Mg(OH)_2$ 能溶于 HCl 中,沉淀的溶解反应为

$$Mg(OH)_2(s) \Longrightarrow Mg^{2+} + 2OH^-$$
$$2OH^- + 2H_3O^+ \Longrightarrow 4H_2O$$

总反应:　　　　　$Mg(OH)_2 + 2H_3O^+ \Longrightarrow Mg^{2+} + 4H_2O$

难溶金属氢氧化物加入强酸后,OH^- 和 H_3O^+ 反应生成弱电解质 H_2O,使 OH^- 浓度大为降低,从而使难溶金属氢氧化物溶解。

某些难溶金属氢氧化物不仅可溶于强酸,还可溶于弱酸,如 HAc、NH_4^+ 中。例如 $Mg(OH)_2$ 不仅能溶于 HCl,还能溶于 NH_4^+ 中。其反应为

$$Mg(OH)_2(s) \Longrightarrow Mg^{2+} + 2OH^-$$
$$2NH_4^+ + 2OH^- \Longrightarrow 2NH_3 \cdot H_2O$$

总反应:　　　$Mg(OH)_2(s) + 2NH_4^+ \Longrightarrow Mg^{2+} + 2NH_3 \cdot H_2O$

② $CaCO_3$ 能溶于稀 HCl 中,其反应为

$$CaCO_3(s) \Longrightarrow Ca^{2+} + CO_3^{2-}$$
$$CO_3^{2-} + H_3O^+ \Longrightarrow HCO_3^- + H_2O$$
$$HCO_3^- + H_3O^+ \Longrightarrow H_2CO_3 + H_2O$$
$$H_2CO_3 \Longrightarrow CO_2(g) + H_2O$$

总反应:　　　$CaCO_3(s) + 2H_3O^+ \Longrightarrow Ca^{2+} + CO_2(g) + 3H_2O$

这一反应实质是利用酸碱反应使碱 CO_3^{2-} 的浓度不断降低而使 $CaCO_3$ 沉淀溶解。

③ 部分金属硫化物如 FeS、ZnS 等能溶于稀酸中,以 FeS 为例说明它们的反应。

FeS 在酸中存在着下列平衡:

$$FeS \Longrightarrow Fe^{2+} + S^{2-}$$
$$S^{2-} + H_3O^+ \Longrightarrow HS^- + H_2O$$
$$HS^- + H_3O^+ \Longrightarrow H_2S + H_2O$$

总反应:　　　　$FeS + 2H_3O^+ \Longrightarrow Fe^{2+} + H_2S + 2H_2O$

这些金属硫化物在酸溶液中,$c_{H_3O^+}$ 增大,形成弱酸 H_2S,而使碱 S^{2-} 的浓度不断降低,造成 $Q < K_{sp}^{\ominus}$,因而这类硫化物能溶于稀酸中。

(2) 利用配位反应。当难溶电解质中的金属离子与某些试剂(配合剂)形成配离子时,会使沉淀溶解。例如,照相底片上未曝光的 AgBr,可用 $Na_2S_2O_3$ 溶液溶解,其反应为

$$AgBr(s) \Longrightarrow Ag^+ + Br^-$$
$$Ag^+ + 2S_2O_3^{2-} \Longrightarrow [Ag(S_2O_3)_2]^{3-}$$

总反应:　　　$AgBr(s) + 2S_2O_3^{2-} \Longrightarrow [Ag(S_2O_3)_2]^{3-} + Br^-$

由于生成了配离子,降低了溶液中 Ag^+ 的浓度,而使 AgBr 沉淀溶解。

(3) 利用氧化还原反应。用氧化剂或还原剂使难溶电解质中的某一离子发生氧化还原反应而降低浓度。例如,一些硫化物 Ag_2S,CuS 等,它们的溶度积太小,不能溶于稀酸,但可

溶于硝酸。这是因为硝酸具有氧化性,发生如下反应:

$$CuS(s) \Longrightarrow Cu^{2+} + S^{2-}$$

$$3S^{2-} + 2NO_3^- + 8H_3O^+ \Longrightarrow 3S(s) + 2NO(g) + 12H_2O$$

总反应:　　　$3CuS + 2NO_3^- + 8H_3O^+ \Longrightarrow 3Cu^{2+} + 3S(s) + 2NO(g) + 12H_2O$

HNO_3 将 S^{2-} 氧化为 S,大大降低了 S^{2-} 的浓度,使 $(c_{Cu^{2+}}/c^\ominus) \cdot (c_{S^{2-}}/c^\ominus) < K^\ominus_{sp,CuS}$,CuS 即可溶解。

有关氧化还原反应及配位反应将在第 4 章和第 8 章讨论。

3.4.4　沉淀转化

有些沉淀不能利用酸碱反应、氧化还原反应和配位反应直接溶解,却可以使其转化为另一种沉淀,然后使它溶解。由一种沉淀转化为另一种沉淀的过程称为沉淀的转化。

例如,锅炉中的锅垢的主要成分为 $CaSO_4$,由于锅垢的导热能力很小(导热系数只有钢铁的 1/50~1/30),阻碍传热,浪费燃料,还可能引起锅炉或蒸气管的爆裂,造成事故,所以必须清除。但 $CaSO_4$ 既不溶于水也不溶于酸,很难清除。若用 Na_2CO_3 溶液处理,则可使 $CaSO_4$ 转化为疏松且可溶于酸的 $CaCO_3$ 而除去。$CaSO_4$ 转化为 $CaCO_3$ 的反应为

$$CaSO_4(s) \Longrightarrow Ca^{2+} + SO_4^{2-}$$

$$Ca^{2+} + CO_3^{2-} \Longrightarrow CaCO_3(s)$$

总反应:　　　$CaSO_4(s) + CO_3^{2-} \Longrightarrow CaCO_3(s) + SO_4^{2-}$

根据多重平衡规则:

$$K^\ominus = \frac{K^\ominus_{sp,CaSO_4}}{K^\ominus_{sp,CaCO_3}} = \frac{4.93 \times 10^{-5}}{3.36 \times 10^{-9}} = 1.47 \times 10^4 \quad (读者自行推导)$$

沉淀转化反应的 $K^\ominus$ 很大,反应向右的趋势很大,即 $CaSO_4$ 转化为 $CaCO_3$ 程度很大。应该指出,沉淀的转化是有条件的,由一种难溶电解质转化为另一种更难溶电解质是比较容易的,反之,则比较困难,甚至不可能转化。

例如:AgCl 的溶度积比 AgI 的溶度积大很多($K^\ominus_{sp,AgCl} = 1.77 \times 10^{-10}$, $K^\ominus_{sp,AgI} = 8.51 \times 10^{-17}$),因此要把 AgCl 转化为 AgI 非常容易,相反要把 AgI 转化为 AgCl 则非常困难,这可从转化反应的平衡常数看出:

$$AgI(s) + Cl^- \Longrightarrow AgCl(s) + I^-$$

$$K^\ominus = \frac{K^\ominus_{sp,AgI}}{K^\ominus_{sp,AgCl}} = \frac{8.51 \times 10^{-17}}{1.77 \times 10^{10}} = 4.81 \times 10^{-7}$$

这个反应的平衡常数如此之小,因此实际上反应不能向右进行,实现转化就不太可能。

总而言之,如果转化反应的平衡常数较大,转化就比较容易实现;如果转化反应平衡常数很小,则不可能转化;某些转化反应的平衡常数既不很大,又不很小,则在一定条件下转化也是可能的。

复习思考题三

1. 酸碱质子理论的基本要点是什么?什么叫共轭酸碱对?

2. 多元酸在溶液中的解离有何特点?写出 H_3PO_4 的解离方程式,并指出磷酸溶液中

解离出的各种离子浓度大小的顺序。

3. 下列相同浓度的酸中,哪一个溶液 pH 值最高? 哪一个溶液 pH 值最低?

$$HCOOH \qquad CH_3COOH \qquad H_3PO_4 \qquad HClO_4 \qquad HCN$$

4. 什么叫同离子效应? 试应用平衡原理解释之。

5. 下列说法是否正确,为什么?

(1) 某一元酸越强,则其共轭碱越弱;

(2) 相同浓度的 HCl 和 HAc 溶液 pH 值相同,pH 值相同的 HCl 和 HAc 溶液的浓度也相同;

(3) 高浓度的强酸和强碱溶液也是缓冲溶液;

(4) 难溶物的溶解度越大,其 $K_{sp}^{\ominus}$ 值也越大。

6. 往氨水中加入少量下列物质时,NH_3 的解离度和溶液的 pH 值将发生怎样的变化?

(1) $NH_4Cl(s)$ (2) $NaOH(s)$ (3) HCl   (4) H_2O

7. 欲配制 pH 值为 9 的缓冲溶液,已知有下列物质的 $K_a^{\ominus}$ 的数值

(1) HCOOH,$K_a^{\ominus} = 1.77 \times 10^{-4}$ (2) HAc,$K_a^{\ominus} = 1.75 \times 10^{-5}$

(3) NH_4^+,$K_a^{\ominus} = 5.75 \times 10^{-10}$

问选择哪一种弱酸及其共轭碱较合适?

8. 如何从化学平衡观点来理解溶度积规则。

9. 向含有固体 $BaSO_4$ 的饱和溶液中加入(1)$BaCl_2$,(2)Na_2SO_4,(3)H_2O,(4)$BaSO_4$ 的沉淀-溶解平衡向哪个方向移动? 溶液中的 Ba^{2+} 和 SO_4^{2-} 的浓度是增大还是减小? $BaSO_4$ 的溶度积是否变化?

10. 要使沉淀溶解可采用哪些措施? 举例说明。

11. 什么是沉淀的转化? 具备什么条件才能实现沉淀的转化?

习题三

1. 下列各种物质,哪些是酸? 哪些是碱? 哪些既是酸又是碱? 并写出它们的共轭碱或共轭酸。

$$CO_3^{2-},\ NH_3,\ HAc,\ HS^-,\ H_2CO_3,\ NH_4^+,\ H_2O,\ H_2PO_4^-,\ S^{2-}$$

2. 在某温度下,$0.50\ mol \cdot L^{-1}$ 蚁酸(HCOOH)溶液的解离度为 2%,试求该温度时蚁酸的解离常数。

3. 计算 $0.050\ mol \cdot L^{-1}$ 次氯酸(HClO)溶液中 H_3O^+ 的浓度和次氯酸的解离度。

4. 含 0.86% NH_3 密度为 $0.99\ g \cdot mL^{-1}$ 的氨水中 OH^- 离子浓度和 pH 值各为多少?

5. 已知氨水溶液的浓度为 $0.20\ mol \cdot L^{-1}$。

(1) 求该溶液中的 OH^- 的浓度及 pH 值。

(2) 在上述 100 mL 溶液中加入 1.07 g NH_4Cl 晶体(忽略体积变化),求所得溶液的 OH^- 的浓度及 pH 值。

比较(1)、(2)计算结果,说明了什么?

6. 在 100 mL 2.0 $mol \cdot L^{-1}$ 氨水中加入 13.2 g $(NH_4)_2SO_4$,并稀释至 1.0 L,求所得溶液的 pH 值。

7. 试计算 25 ℃时 $0.10 \text{ mol} \cdot L^{-1} H_2CO_3$ 溶液中 H_3O^+ 浓度和 pH 值。

8. 计算下列溶液的 pH 值

① $0.20 \text{ mol} \cdot L^{-1} NH_3$；② $0.10 \text{ mol} \cdot L^{-1} NaAc$；③ $0.10 \text{ mol} \cdot L^{-1} HAc$；④ $0.10 \text{ mol} \cdot L^{-1} NH_4Cl$。

9. 取 50 mL $0.10 \text{ mol} \cdot L^{-1}$ 某一元弱酸溶液,与 20 mL $0.10 \text{ mol} \cdot L^{-1}$ KOH 溶液相混合,将混合液稀释至 100 mL,测得此溶液的 pH 值为 5.25,求此一元弱酸的解离常数。

10. 计算下列混合溶液的 pH 值:

(1) 20 mL $0.10 \text{ mol} \cdot L^{-1} NH_3 \cdot H_2O$ 和 10 mL $0.10 \text{ mol} \cdot L^{-1}$ HCl 混合;

(2) 20 mL $0.10 \text{ mol} \cdot L^{-1} NH_3 \cdot H_2O$ 和 20 mL $0.10 \text{ mol} \cdot L^{-1}$ HCl 混合;

(3) 20 mL $0.10 \text{ mol} \cdot L^{-1} NH_3 \cdot H_2O$ 和 30 mL $0.10 \text{ mol} \cdot L^{-1}$ HCl 混合。

11. 求下列混合溶液的 pH 值:

(1) 将 50 mL $0.12 \text{ mol} \cdot L^{-1}$ HAc 和 50 mL $0.1 \text{ mol} \cdot L^{-1}$ NaOH 混合;

(2) 将 100 mL $0.45 \text{ mol} \cdot L^{-1} NH_4Cl$ 和 50 mL $0.45 \text{ mol} \cdot L^{-1}$ NaOH 混合;

(3) 将 20 mL $1.0 \text{ mol} \cdot L^{-1}$ HCl 和 20 mL $1.0 \text{ mol} \cdot L^{-1}$ NaAc 混合。

12. (1) 将 $0.30 \text{ mol} \cdot L^{-1}$ NaOH 50 mL 和 $0.450 \text{ mol} \cdot L^{-1} NH_4Cl$ 100 mL 混合,计算所得溶液的 pH 值;

(2) 若在上述溶液中加入 1.0 mL $2.0 \text{ mol} \cdot L^{-1}$ 的 HCl,问 pH 值有何变化?

13. 欲配制 250 mL pH 值为 5.0 且含有 Ac^- 离子浓度为 $0.5 \text{ mol} \cdot L^{-1}$ 的缓冲溶液,需加入 $6.0 \text{ mol} \cdot L^{-1}$ HAc 溶液多少毫升? $NaAc \cdot 3H_2O$ 多少克?

14. 在 1 L $0.1 \text{ mol} \cdot L^{-1}$ NaAc 溶液中加入多少毫升 6 mol $\cdot L^{-1}$ HCl 可以制成 pH=4.25 的缓冲溶液(加入 HCl 体积忽略不计)。

15. 根据 $Mg(OH)_2$ 的溶度积,计算(在 25 ℃时)

(1) $Mg(OH)_2$ 在水中的溶解度($\text{mol} \cdot L^{-1}$);

(2) $Mg(OH)_2$ 在饱和溶液中的 Mg^{2+} 和 OH^- 离子的浓度;

(3) $Mg(OH)_2$ 在 $0.010 \text{ mol} \cdot L^{-1}$ NaOH 溶液中 Mg^{2+} 离子的浓度;

(4) $Mg(OH)_2$ 在 $0.010 \text{ mol} \cdot L^{-1} MgCl_2$ 溶液中的溶解度($\text{mol} \cdot L^{-1}$)。

16. 用 100 mL 蒸馏水洗 $BaSO_4$ 沉淀和用 100 mL $0.010 \text{ mol} \cdot L^{-1} H_2SO_4$ 溶液洗,最终 $BaSO_4$ 在溶液中是饱和的。计算在洗涤液中 $BaSO_4$ 溶解的摩尔数。根据计算说明用水还是稀 H_2SO_4 洗涤哪个较合适。

17. 通过计算说明下列情况有无沉淀产生?

(1) 等体积混合 $0.010 \text{ mol} \cdot L^{-1} Pb(NO_3)_2$ 和 $0.010 \text{ mol} \cdot L^{-1}$ KI;

(2) 混合 20 mL $0.050 \text{ mol} \cdot L^{-1} BaCl_2$ 溶液和 30 mL $0.5 \text{ mol} \cdot L^{-1} NaCO_3$ 溶液;

(3) 在 100 mL $0.010 \text{ mol} \cdot L^{-1} AgNO_3$ 溶液中溶入 NH_4Cl 0.535 g。

18. 将 $Pb(NO_3)_2$ 溶液与 NaI 溶液混合,设混合液中 $Pb(NO_3)_2$ 的浓度为 $0.20 \text{ mol} \cdot L^{-1}$,问:

(1) 当混合溶液中 I^- 的浓度多大时,开始生成沉淀?

(2) 当混合溶液中 I^- 的浓度为 $6.0 \times 10^{-2} \text{ mol} \cdot L^{-1}$ 时,残留于溶液中的 Pb^{2+} 的浓度为多少?

19. 将 50 mL 4.2 mol·L^{-1} 氨水和 50 mL 4 mol·L^{-1} HCl 混合计算

(1) 溶液的 c_{OH^-}；

(2) 溶液的 pH 值；

(3) 在此溶液中 $Fe(OH)_2$ 开始沉淀时 Fe^{2+} 离子的最低浓度；

(4) 在此溶液中 $Fe(OH)_3$ 开始沉淀时 Fe^{3+} 离子的最低浓度。

20. 试计算下列沉淀转化的平衡常数

(1) $ZnS(s) + 2Ag^+ \rightleftharpoons Ag_2S(s) + Zn^{2+}$；

(2) $ZnS(s) + Pb^{2+} \rightleftharpoons PbS(s) + Zn^{2+}$；

(3) $PbCl_2(s) + CrO_4^{2-} \rightleftharpoons PbCrO_4(s) + 2Cl^-$。

21. 在 0.50 mol·L^{-1} 镁盐溶液中，加入等体积 0.10 mol·L^{-1} 氨水，问能否产生 $Mg(OH)_2$ 沉淀？需在每升氨水中加入多少克 NH_4Cl，才能恰好不产生沉淀？

22. 在 100 mL 0.1 mol·L^{-1} NaOH 溶液中加入 0.95 g $MgCl_2$，如果要阻止 $Mg(OH)_2$ 沉淀产生，最少要加入 NH_4Cl 多少克？

阅读材料三

近代酸碱理论简介

(一) 酸碱的电子理论

1923 年即在酸碱质子理论提出的同年，美国化学家路易斯(G. N. Lewis)根据化学反应中电子对的给予和接受的关系提出了酸碱的电子理论。根据路易斯理论：凡能接受电子对的分子、离子称为酸；凡能给出电子对的分子、离子称为碱。酸是电子对的接受体，碱是电子对的给予体。通常又把这种酸碱称为路易斯酸碱。酸碱反应的实质就是形成配位键并产生酸碱配合物的过程。即

$$A \quad + \quad B \quad = \quad A \leftarrow B$$
$$酸 \quad\quad 碱 \quad\quad （酸碱配合物）\quad（或酸碱加合物）$$

例如：

$$
\begin{array}{llll}
酸 & 碱 & 酸碱配合物 \\
H^+ & + & :NH_3 & \longrightarrow & [H \leftarrow NH_3]^+ \\
BF_3 & + & :F^- & \longrightarrow & [F_3B \leftarrow F]^- \\
Ag^+ & + & 2:NH_3 & \longrightarrow & [Ag \leftarrow (NH_3)_2]^+ \\
SnCl_4 & + & 2:Cl^- & \longrightarrow & SnCl_4 \leftarrow 2Cl^- (SnCl_6^{2-})
\end{array}
$$

由上述反应可见，酸碱的电子理论中酸碱及酸碱反应的范围要比电离理论、质子理论更广泛。金属阳离子以及中心原子电子结构未充满的分子(如 BF_3、$AlCl_3$)等都是酸，阴离子、中性分子等都是碱。由于化合物中配位键普遍存在，这样几乎所有化合物都可以看作酸碱配合物，因此路易斯酸碱也称为广义酸碱。

酸碱电子理论扩大了酸碱范围，并可把酸碱的概念用于许多有机反应和无溶剂系统。其不足之处是对酸碱的认识过于笼统，且无法确定酸碱的强弱关系，更不能像质子理论那样作定量处理。

(二) 软硬酸碱理论

20 世纪 50 年代，阿兰德(S. Ahrland)将作为路易斯酸碱的金属离子分为两类：a 类和 b 类。

a 类金属离子有：I_A、II_A、III_A、III_B 和较高氧化态的过渡金属离子(如 Ti^{4+}、Cr^{3+}、Fe^{3+} 等)。它们与 $V_A \sim VII_A$ 族原子形成酸碱配合物稳定性的顺序是：

$$N \gg P > As > Sb$$
$$O \gg S > Se > Te$$
$$F > Cl > Br > I$$

b 类金属离子有：低氧化态的过渡金属离子和重过渡金属离子(如 Cu^+、Hg^{2+}、Pt^{2+} 等)。它们形成酸碱配合物稳定性的顺序与上述的相反。即

$$N \ll P < As < Sb$$
$$O \ll S < Se < Te$$
$$F < Cl < Br < I$$

阿兰德将优先与 a 类酸键合的路易斯碱列为 a 类碱，如 F^-、OH^- 等；优先与 b 类酸键合的路易斯碱列为 b 类碱，如 I^-、S^{2-} 等。

1963 年，皮尔逊(R. G. Peerson)提出了软硬酸碱理论(简称 HSAB 理论)，用"硬""软"来表示 a、b 类酸碱。

1. 酸碱的软硬分类

根据皮尔逊提议，可以把路易斯酸碱分为软硬两类：

硬酸是指：其接受电子对的原子或离子正电荷高、体积小、难于极化变形，即外层电子被束缚得较紧的物质，因而形象地称为"硬酸"。属于硬酸的有碱金属、碱土金属离子，高氧化态、较轻的过渡金属离子(如 Cr^{3+}、Fe^{3+}、Co^{3+})以及氢离子等。

软酸则是指：其接受电子对的原子或离子正电荷低、体积大、易于极化变形，即外层电子被束缚得较松的物质，故形象地被称为"软酸"。属于软酸的大多为低氧化态、较重的过渡金属离子，如 Cu^+、Ag^+、Pd^{2+}、Pt^{2+} 等。

根据优先与硬酸或软酸配位，形成稳定配合物的原则，也可将路易斯碱分成两类。硬碱是指：其给出电子对的原子的变形性小、电负性大、难氧化，即难失去电子的物质，如 F^- 离子。软碱则是指：其给出电子对的原子变形性大、电负性小、易氧化，即易失去电子的物质，如 I^- 离子等。

介于软硬酸碱之间的酸碱，称之为交界酸或交界碱，下表列出了软硬酸碱的分类。

表 1　软硬酸碱的分类

硬酸	H^+，Li^+，Na^+，K^+，Mg^{2+}，Ca^{2+}，Sr^{2+}，Mn^{2+}，Al^{3+}，Sc^{3+}，Cr^{3+}，Co^{3+}，Fe^{3+}，Ti^{4+}，Sn^{4+}，BF_3，$AlCl_3$，SO_3，I^{5+}，I^{7+}，Cl^{7+}，Cr^{6+}，CO_2，HX(形成氢键的分子)
交界酸	Fe^{2+}，Co^{2+}，Ni^{2+}，Cu^{2+}，Zn^{2+}，Pb^{2+}，Sn^{2+}，Sb^{3+}，Bi^{3+}，SO_2，Cr^{2+}
软酸	Cu^+，Ag^+，Au^+，Hg_2^{2+}，Pd^{2+}，Cd^{2+}，Pt^{2+}，Hg^{2+}，Pt^{4+}，BH_3，I^+，Br^+，I_2，Br_2，金属原子
硬碱	H_2O，OH^-，O^{2-}，F^-，PO_4^{3-}，SO_4^{2-}，Cl^-，CO_3^{2-}，ClO_4^-，NO_3^-，NH_3，N_2H_4
交界碱	Br^-，NO_2^-，SO_3^{2-}，$C_6H_5NH_2$，N_3^-，N_2
软碱	I^-，SCN^-，S^{2-}，$S_2O_3^{2-}$，CO，CN^-，H^-，C_2H_4

由表可知,一种元素属于哪种软硬酸碱,并不是完全确定不变的,它会因所带电荷的不同而不同,例如 Fe^{3+} 为硬酸,Fe^{2+} 为交界酸,而 Fe 则为软酸;Cu^{2+} 为交界酸,而 Cu^+ 为软酸。一个元素的原子联结不同的基团也有影响,如同样为 N 原子,其 NH_3 为硬碱,而 $C_6H_5NH_2$ 则为交界碱。一般来说,大多数主族金属属于硬酸,副族中较重的元素多属于软酸。应该指出的是,氧化值为零的金属多为软酸。

2. 软硬酸碱原理

皮尔逊(R. G. Peerson)在提出软硬酸碱概念的同时,提出了软硬酸碱原理,其可以简单表述为:"硬亲硬,软亲软,软硬交界不稳定"。其意义是:若硬酸与硬碱结合或软酸与软碱结合则都能形成稳定的酸碱配合物。而硬酸与软碱结合或硬碱与软酸结合生成的产物则不稳定。至于交界酸或碱不论对方是软还是硬,都能发生反应,所生成的配合物的稳定性差别不大。

软硬酸碱原理仅是经验规律的概括,是一种定性的描述,然而应用这一原理在预测和说明某些化学实验事实方面有着广泛的应用:

(1) 化合物的稳定性　硬酸 H^+,可与硬碱 OH^- 生成很稳定的 H_2O,也可与软碱 S^{2-} 生成 H_2S,但稳定性要比 H_2O 差得多。又如比较 $MgCO_3$ 和 Ag_2CO_3 的稳定性,Mg^{2+} 是硬酸,CO_3^{2-} 是硬碱,Ag^+ 是软酸,所以 $MgCO_3$ 是硬亲硬反应的产物,而 Ag_2CO_3 是软硬结合的产物,根据 HSAB 原理,$MgCO_3$ 的稳定性将大于 Ag_2CO_3 的稳定性,这与 $MgCO_3$ 的热分解温度(810 K)大于 Ag_2CO_3 的热分解温度(443 K)是一致的。

再如软酸 Hg^{2+} 和软碱 I^- 能生成很稳定的配离子 $[HgI_4]^{2-}$,但与硬碱 F^- 几乎不能配位,与交界碱 Cl^- 则生成稳定性居中的配离子 $[HgCl_4]^{2-}$。

自然界存在的矿物中,Mg、Ca、Sr、Ba、Al 等金属大多以氧化物、氟化物、碳酸盐和硫酸盐的形式存在,这是因为 Mg^{2+}、Ca^{2+}、Sr^{2+}、Ba^{2+}、Al^{3+} 等金属离子为硬酸,与硬碱 O^{2-}、F^-、CO_3^{2-}、SO_4^{2-} 等结合得更稳定。如石灰石($CaCO_3$)、萤石(CaF_2)、刚玉(Al_2O_3)、重晶石($BaSO_4$)等;而 Cu^+、Ag^+、Zn^{2+}、Pb^{2+}、Hg^{2+} 等金属离子为软酸,所以大多与软碱 S^{2-} 以硫化物的形式存在,如闪锌矿(ZnS)、辉铜矿(Cu_2S)、辰砂(HgS)等。

(2) 物质的溶解性　物质的溶解可以看作是溶质与溶剂之间的酸碱相互反应。通常所说的相似相溶原理在这里就是"硬亲硬,软亲软"的 HSAB 原理。因为溶剂作为酸或碱有软硬之分,所以一般硬性溶剂能较好溶解硬性溶质,软性溶剂能较好溶解软性溶质。例如,水作为溶剂,其酸碱性均较硬,而 AgF、LiI 是以硬-软结合的溶质,其本身的晶格能不是很大,当它们溶于水中时,H_2O 能强烈水化其中的硬酸 Li^+ 或硬碱 F^-,所以它们在水中的溶解度就比较大,从水溶液中结晶出来时常形成水合盐。LiF 是以硬-硬结合的溶质,但由于其晶格能很大,本身就很稳定,水分子就会受到排挤,在水中 F^- 难以被 H_2O 取代,所以在水中溶解度很小;而以软-软结合的 AgI 当然不溶于硬性的 H_2O 中。所以 AgX 和 LiX 这两类卤化物在水中的溶解度的变化规律是相反的,AgX 从 F 到 I 溶解度依次减小,而 LiX 则依次增大。

(3) 预测反应进行的方向　根据 HSAB 原理,若化学反应从硬-软结合的反应物向生成硬-硬或软-软结合的生成物方向进行,则反应进行得较完全。

例如:

$$\text{硬-软}\qquad\text{软-硬}\qquad\quad\text{软-软}\qquad\text{硬-硬}$$

$$KI\ +\ AgF\ \Longrightarrow\ AgI\ +\ KF$$

$$2LiI\ +\ ZnF_2\ \Longrightarrow\ ZnI_2\ +\ 2LiF$$

软硬酸碱原理还可以用来说明某些化合物的结构。一些具有两个配位原子的配体,其中一个较硬,另一个较软。这种配体在与路易斯酸反应时,究竟哪一个原子配位?应用 HSAB 原理就能很好地解决这个问题。例如:SCN^- 离子含有两个配位原子 S 和 N,N 端呈硬碱性,S 端呈软碱性,在与 Fe^{3+}、Ag^+ 结合时,硬酸 Fe^{3+} 优先与 N 原子配位生成 $Fe(NCS)_3$;而软酸 Ag^+ 则优先与 S 原子配位生成 AgSCN。

HSAB 原理只是定性的描述,在酸碱软硬度的定量标度方面,还没有定量或半定量的标准。为此,许多学者做了大量研究,他们从酸碱的基本性质(如电离能、电子亲和能、电负性、离子势、极化性、水合热等)出发,建立了酸碱的软硬标度。我国的戴安邦、刘祈涛等科学家在这方面亦做了大量的研究工作,他们用离子势 $\left(\dfrac{|Z|}{r}\right)$ 做纵坐标,电负性(X)做横坐标作图,结果发现硬酸和软酸之间有一条明显的分界线,从图中可以求出分界线方程。用函数 f 可表示为:

$$f=\frac{|Z|}{r}-3.0X+2.2$$

当 $f>0$,为硬酸;$f<0$ 为软酸;$f=0$ 为交界酸。他们用这个方程式计算了 106 个金属阳离子酸,得出的结论是:$f>0.5$ 为硬酸;$f<0.5$ 为软酸;f 在 $-0.5\sim0.5$ 之间的为交界酸。碱也可以同样处理,得出相应结果。分界线方程为:

$$\Phi=\frac{|Z|}{r}-6.25X+17.00$$

当 $\Phi>0$ 时为软碱,$\Phi<0$ 时为硬碱;$\Phi\approx0$ 时为交界碱。这就给出了一个定量的标准,可把酸碱按数值大小进行排列。此外,还有如阿兰德(S. Ahrland)标度,势标度法等关于软硬酸碱的不同标度,尽管各有见地,但尚未能建立一种简便而易被人们广泛接受的定量标度,因此对这一问题的研究还有待于化学家们的努力。

第4章　电化学基础与金属腐蚀

电化学主要是研究电能和化学能相互转化和转化规律的科学,在国民经济中起着很重要的作用。例如:利用电解的方法提炼各种有色金属和稀有金属,某些物质的电化学合成等。另外,电化学在电镀、三废处理、电化学腐蚀和防护等各方面都有很重要的应用。

要实现电能和化学能相互转化的基本条件有两个:一是所涉及的化学反应必须有电子转移,这类反应主要是氧化还原反应;二是化学反应必须在电极上进行。

电化学所研究的电化学反应和一般化学反应既有联系又有区别,例如锌和硫酸铜溶液的反应:

$$Zn + CuSO_4 \rightleftharpoons ZnSO_4 + Cu$$

如果锌和硫酸铜溶液直接接触而发生置换反应,则化学能只能全部转变为热能。若将反应设计成如图 4-1 所示的装置,可以看到电流计的指针发生偏转,说明回路中有电流通过,即化学能转变成了电能。虽然电化学反应与一般的化学反应的初终态相同,但反应的途径是不同的。

本章将根据电化学反应的特点,主要讨论电化学过程中的一些基本原理和氧化还原平衡的一般规律。同时对电解过程的原理、应用,电化学腐蚀的原理及防护也作一些介绍。

4.1　氧化还原反应

4.1.1　氧化还原反应的基本概念

氧化还原反应是化学反应的主要类型之一。对氧化还原反应的认识,人们经历了一个发展过程。起初认为氧化是指物质和氧的反应,还原是指物质中失去氧的反应。后来通过进一步研究,发现这类反应中有电子得失或转移,这涉及有关原子带电状态的改变或元素化合价的改变,由于化合价有电价、共价、配价之分,在很多复杂化合物中不易直观确定,化学上为了统一说明氧化还原反应,引入了氧化值的概念。

1. 氧化值

为了便于讨论氧化还原反应,在化学中引入了氧化态的概念,用来表示原子的带电状态。元素的氧化态用一定的代数值表示,称为氧化值或氧化数。1970 年国际纯粹化学和应用化学联合会(IUPAC)对氧化值作了明确的定义:元素的氧化值是表示化合态的一个原子所带的电荷(或形式电荷)数,该电荷数是假定每个化学键中成键电子指定归于电负性更大的原子而求得。例如 H_2S 分子中,两对成键电子都指定给电负性大的 S 原子,这样 S 原子好像获得 2 个电子,形式电荷为 -2,它的氧化值为 -2;H 原子好像失去 1 个电子,H 的形式电荷数为+1,它的氧化值即为+1。

确定氧化值的一般规则:

(1) 单质中元素的氧化值为零。

(2) 在离子化合物中,简单离子的氧化值等于该离子所带的电荷数。例如碱金属和碱土金属在化合物中的氧化值分别为+1和+2。

(3) 氧在化合物中的氧化值一般为-2。在过氧化物(如 Na_2O_2)、超氧化物(如 KO_2)和二氟化氧 OF_2 中 O 的氧化值分别为-1、$-\frac{1}{2}$和+2。

(4) 氢在化合物中的氧化值为+1,在活泼金属氢化物中 H 的氧化值为-1。

(5) 在多原子离子(或分子)中各元素氧化值的代数和等于该离子所带的电荷数(或等于零)。

根据以上原则,可以确定在化合物中某一元素的氧化值。

例如:求 $KMnO_4$ 中 Mn 的氧化值。

解:已知 K 的氧化值为+1,O 的氧化值为-2,设 Mn 的氧化值为 x,则

$$+1+x+4\times(-2)=0$$
$$x=+7$$

即 Mn 的氧化值为+7。

同样在 MnO_4^- 中,设 Mn 的氧化值为 x,也可得:

$$x+4\times(-2)=-1$$
$$x=+7$$

2. 氧化还原反应

根据氧化值的概念,在化学反应中,凡元素的氧化值升高的过程称为氧化,元素的氧化值降低的过程称为还原。而氧化还原反应就是指元素的氧化值有改变的化学反应。

氧化还原的本质是电子的得失或转移,元素氧化值的变化是电子得失或转移的结果。所以一切失去电子而氧化值升高的过程称为氧化,一切获得电子而氧化值降低的过程称为还原。一物质(分子、原子或离子)失去电子,同时必有另一物质得到电子。失去电子的物质称为还原剂,得到电子的物质称为氧化剂。还原剂具有还原性,它在反应中因失去电子而被氧化,转变为还原剂的氧化产物,所以其中必有元素的氧化值升高;氧化剂具有氧化性,它在反应中因得到电子而被还原,转变为氧化剂的还原产物,所以其中必有元素的氧化值降低。可见,氧化剂和还原剂是同时存在、相互依存的。

例如:

失去 $2e^-$,氧化值升高,被氧化

$$Zn\ +\ 2HCl\ ==\ ZnCl_2\ +\ H_2$$

得到 $2e^-$,氧化值降低,被还原

还原剂　　氧化剂　　氧化产物　　还原产物

常用的还原剂一般是活泼的金属,如 K、Na、Ca、Mg、Zn 和 Al 等和低氧化态的化合物,如 KI、$SnCl_2$、$FeSO_4$、H_2S 和 CO。氧化剂一般是活泼的非金属,如卤素、氧等和高氧化态的化合物,如 $KMnO_4$、$K_2Cr_2O_7$、$KClO_3$、$FeCl_3$、PbO_2、HNO_3 等。具有中间氧化态物质,如

SO_2、H_2O_2、HNO_2 等,既具有氧化性,又具有还原性。此外,某些氧化还原反应还与介质的酸碱性有关。

4.1.2　氧化还原反应方程式的配平

氧化还原反应通常比较复杂,一般很难用观察方法来配平方程式。常用的配平方法有氧化值法和离子-电子法,下面分别加以介绍。

1. 氧化值法

氧化值法配平氧化还原方程的原则是:氧化剂中元素氧化值降低的总数和还原剂中元素氧化值升高的总数必须相等。

现以 Cu 和稀 HNO_3 反应为例,说明氧化值法的配平步骤。

(1) 写出反应物和生成物的化学式,并标出氧化值有变化的元素

$$\text{氧化值升高 2}$$
$$Cu + HNO_3(稀) \longrightarrow Cu(NO_3)_2 + NO + H_2O$$
$$\text{氧化值降低 3}$$

(2) 根据元素氧化值升高总数和降低总数必须相等的原则,求出氧化值升高和降低的最小公倍数,在相应的氧化剂和还原剂前面乘以适当的系数,得到下列不完全方程式:

$$3Cu + 2HNO_3(稀) \longrightarrow 3Cu(NO_3)_2 + 2NO + H_2O$$

(3) 配平反应前后氧化值没有变化的元素的原子个数,并把箭头改为等号。配平的方程式为:

$$3Cu + 8HNO_3(稀) =\!=\!= 3Cu(NO_3)_2 + 2NO + 4H_2O$$

最后核对方程两边的氧原子数都为 24,证实此方程已配平。

2. 离子-电子法

离子-电子法配平氧化还原方程的原则是:氧化剂获得的电子总数和还原剂失去的电子总数必须相等。

现以 $K_2Cr_2O_7$ 和 $FeSO_4$ 在稀 H_2SO_4 溶液中的反应为例,说明离子-电子法的配平步骤。

(1) 写出反应物和生成物的化学式,并将氧化值有变化的离子写成一个没配平的离子方程式。

$$K_2Cr_2O_7 + FeSO_4 + H_2SO_4 \longrightarrow Cr_2(SO_4)_3 + Fe_2(SO_4)_3 + H_2O + K_2SO_4$$
$$Cr_2O_7^{2-} + Fe^{2+} \longrightarrow Cr^{3+} + Fe^{3+}$$

(2) 将上面未配平的离子方程式分为两个半反应式:

氧化剂的还原反应:$Cr_2O_7^{2-} \longrightarrow Cr^{3+}$

还原剂的氧化反应:$Fe^{2+} \longrightarrow Fe^{3+}$

配平两个半反应式。配平半反应式,不仅要使两边的各种原子的总数相等,而且要使两边的净电荷数相等。方法是先配平原子数,然后在半反应的左边或右边加上适当的电子数配平电荷。

$Cr_2O_7^{2-}$ 还原为 Cr^{3+} 时,要减少 7 个氧原子,在酸性介质中与 14 个 H^+ 离子结合生成 7

个 H_2O 分子,此外左边有 2 个 Cr 原子,右边只有 1 个 Cr 原子,故在 Cr^{3+} 前面应乘以系数 2。

$$Cr_2O_7^{2-}+14H^+\longrightarrow 2Cr^{3+}+7H_2O$$

式中左边的净电荷为+12,右边的净电荷为+6,因此需在左边加 6 个电子(一个电子带 1 个负电荷)两边电荷数才相等。

$$Cr_2O_7^{2-}+14H^++6e^-\longrightarrow 2Cr^{3+}+7H_2O$$

Fe^{2+} 氧化为 Fe^{3+} 时,两边只相差 1 个净电荷,因此只需在右边加 1 个电子。

$$Fe^{2+}=\!=\!=Fe^{3+}+e^-$$

根据氧化剂获得的电子总数和还原剂失去的电子总数必须相等的原则,在两个半反应中乘以适当的系数,然后两式相加,得到配平的离子方程式。

$$\begin{array}{r|l}Cr_2O_7^{2-}+14H^++6e^-=\!=\!=2Cr^{3+}+7H_2O & \times 1\\ Fe^{2+}=\!=\!=Fe^{3+}+e^- & \times 6\\ \hline Cr_2O_7^{2-}+6Fe^{2+}+14H^+=\!=\!=2Cr^{3+}+6Fe^{3+}+7H_2O & \end{array}$$

(3) 加上未参与氧化还原的正负离子,即得配平的分子方程式。

$$K_2Cr_2O_7+6FeSO_4+7H_2SO_4=\!=\!=Cr_2(SO_4)_3+3Fe_2(SO_4)_3+7H_2O+K_2SO_4$$

最后核对方程两边的氧原子数相等,证实此方程已配平。

离子-电子法是基于分别配平氧化、还原两个半反应,故又称半反应法。配平两个半反应式是利用了原子和电荷守恒的原理。对于反应物和生成物氧原子数的不等,则可结合溶液的酸碱性,在半反应中加入 H^+ 离子或 OH^- 离子或 H_2O 分子,以使方程式两边的氧原子数相等。配平氧原子数的具体方法归纳如下:

(1) 在还原反应中,当氧化剂中氧原子数减少时,若是酸性介质,则在配平半反应时,每减少 1 个氧原子,加 2 个 H^+ 离子,同时生成 1 个 H_2O 分子。例如上面 $Cr_2O_7^{2-}$ 离子在酸性溶液中被还原为 Cr^{3+} 的半反应:

$$Cr_2O_7^{2-}+14H^+\longrightarrow 2Cr^{3+}+7H_2O$$

若在中性或碱性介质中,则在配平半反应时,每减少 1 个氧原子,增加 1 个 H_2O 分子,同时生成 2 个 OH^- 离子。例如 MnO_4^- 在中性溶液中被还原为 MnO_2 的半反应:

$$MnO_4^-+2H_2O\longrightarrow MnO_2+4OH^-$$

(2) 在氧化反应中,当还原剂中氧原子数增加时,若是酸性或中性介质,则在配平半反应时,每增加 1 个氧原子,加 1 个 H_2O 分子,同时生成 2 个 H^+ 离子。例如 S 在酸性溶液中被氧化为 SO_2 的半反应

$$S+2H_2O\longrightarrow SO_2+2H^+$$

若在碱性介质中,则每增加 1 个氧原子,加 2 个 OH^- 离子同时生成 1 个 H_2O 分子。例如 SO_3^{2-} 在碱性溶液中被氧化为 SO_4^{2-} 的半反应

$$SO_3^{2-}+2OH^-\longrightarrow SO_4^{2-}+H_2O$$

根据以上原则和方法可配平氧化还原方程式。

例如：配平 $KMnO_4$ 和 Na_2SO_3 在中性溶液中的反应式

$$KMnO_4 + Na_2SO_3 + H_2O \longrightarrow MnO_2 + Na_2SO_4 + KOH$$

$$MnO_4^- + SO_3^{2-} \longrightarrow MnO_2 + SO_4^{2-}$$

此反应可配平为以下两个半反应式

$$
\begin{array}{l|l}
MnO_4^- + 2H_2O + 3e^- \rule[0.5ex]{2em}{0.4pt} MnO_2 + 4OH^- & \times 2 \\
SO_3^{2-} + H_2O \rule[0.5ex]{2em}{0.4pt} SO_4^{2-} + 2H^+ + 2e^- & \times 3 \\
\hline
\end{array}
$$

$$2MnO_4^- + 3SO_3^{2-} + 7H_2O \rule[0.5ex]{2em}{0.4pt} 2MnO_2 + 3SO_4^{2-} + 8OH^- + 6H^+$$

化简得：

$$2MnO_4^- + 3SO_3^{2-} + H_2O \rule[0.5ex]{2em}{0.4pt} 2MnO_2 + 3SO_4^{2-} + 2OH^-$$

分子方程式为：

$$2KMnO_4 + 3Na_2SO_3 + H_2O \rule[0.5ex]{2em}{0.4pt} 2MnO_2 + 3Na_2SO_4 + 2KOH$$

氧化值法和离子-电子法各有优缺点，氧化值法能较迅速配平一些简单的氧化还原反应方程式，其适用的范围较广，不只限于水溶液中的反应。对于高温下的反应以及熔融态物质间的反应更为适用。离子-电子法配平时不需要知道元素的氧化值，能比较方便配平水溶液中有介质参加的复杂反应方程式，能反映水溶液中反应的实质，同时对书写半反应式乃至书写电极和电池反应以及根据反应设计电池都很有较大帮助。但此法只适用于在水溶液中进行的氧化还原反应。

4.2　原电池和电极电势

4.2.1　原电池

如果将一个能自发进行的氧化还原反应在一个装置内进行，转移的电子通过金属导线，并能对外做电功，这样的装置就称为原电池。图 4-1 是铜锌原电池的装置示意图。两个烧杯分别盛有 $ZnSO_4$ 溶液和 $CuSO_4$ 溶液，在 $ZnSO_4$ 溶液中插入锌片，在 $CuSO_4$ 溶液中插入铜片，两烧杯中的溶液用盐桥相连。盐桥通常是一 U 形管，管中装有饱和氯化钾和琼脂制成的胶冻，胶冻的作用是防止管中溶液流出，而溶液中的正负

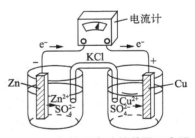

图 4-1　铜锌原电池的装置示意图

离子又可以在管内定向迁移。用金属导线连接锌片和铜片，并在导线中间连一个电流计，则电流计指针发生偏转，说明有电流产生。

铜锌原电池之所以能产生电流，是由于锌比铜活泼，锌易放出电子成为 Zn^{2+} 离子而进入溶液：

$$Zn \rightleftharpoons Zn^{2+} + 2e^-$$

电子沿金属导线移向铜片，溶液中的 Cu^{2+} 离子在铜片上接受电子变成金属铜而沉积下来：

$$Cu^{2+}+2e^- \Longleftrightarrow Cu$$

电子定向从锌片流向铜片而形成电流。

　　盐桥的作用是使由它连接的两溶液保持电中性,否则锌盐溶液会由于锌溶解为 Zn^{2+} 而带正电,铜盐溶液会由于铜的析出减少了 Cu^{2+} 而带负电,这两种电荷都会阻碍反应的继续进行。有了盐桥,盐桥中的 K^+ 和 Cl^- 分别向 $CuSO_4$ 溶液和 $ZnSO_4$ 溶液扩散(K^+ 和 Cl^- 在溶液中的迁移速度相等),从而保持了溶液的电中性,电流就能继续产生。

　　由此可见,在原电池装置中,化学能变成了电能。原电池中所进行的氧化还原反应是分别在两个电极上进行的,在铜锌原电池中,电池反应为

$$Zn+Cu^{2+} \Longleftrightarrow Zn^{2+}+Cu$$

　　在原电池中,给出电子的极称为负极,负极上发生氧化反应;接受电子的极称为正极,正极上发生还原反应。在铜锌原电池中,锌是负极,在负极上 Zn 因失去电子而氧化;铜是正极,在正极上 Cu^{2+} 因得到电子而被还原。一般来说,由两种金属电极构成的原电池中,较活泼的金属是负极,另一个金属是正极。

　　由上所述,原电池是由两个半电池构成的。在铜锌原电池中,锌铜各插在其盐溶液中构成锌半电池和铜半电池,每一个半电池都由两类物质组成:一类是可作还原剂的物质(氧化值较低),称为还原态物质,例如锌半电池中的 Zn(或铜半电池中的 Cu);另一类是可作氧化剂的物质(氧化值较高),称为氧化态物质,例如锌半电池中的 Zn^{2+}(或铜半电池中的 Cu^{2+})。氧化态和相应的还原态物质能用来组成电对,通常称为氧化还原电对,并用符号"氧化态/还原态"表示。例如锌半电池和铜半电池的电对分别为 Zn^{2+}/Zn 和 Cu^{2+}/Cu。

　　一个氧化还原电对,原则上都可构成一个半电池,也表示一个半反应。其反应一般采用还原反应的形式表示:

$$氧化态+ne^- \Longleftrightarrow 还原态$$

例如电对 Zn^{2+}/Zn 和电对 Cu^{2+}/Cu 的半反应为

$$Zn^{2+}+2e^- \Longleftrightarrow Zn$$
$$Cu^{2+}+2e^- \Longleftrightarrow Cu$$

不同氧化态的同种金属离子如 Fe^{3+} 和 Fe^{2+}、Sn^{4+} 和 Sn^{2+},以及非金属元素和它们相应的离子如 Cl_2 和 Cl^-、O_2 和 OH^-,都可以构成氧化还原电对。

　　对任何一个能自发进行的氧化还原反应,原则上都可以设计成一个原电池,原电池的负极发生氧化反应,正极发生还原反应。将负极和正极反应相加,就得到电池反应。如铜锌原电池中:

$$
\begin{array}{rl}
负极: & Zn \Longleftrightarrow Zn^{2+}+2e^- \\
(+)\quad 正极: & Cu^{2+}+2e^- \Longleftrightarrow Cu \\
\hline
电池反应: & Zn+Cu^{2+} \Longleftrightarrow Zn^{2+}+Cu
\end{array}
$$

　　原电池装置可用符号来表示,例如铜锌原电池可以表示为

$$(-)\quad Zn\,|\,ZnSO_4(c_1)\,\|\,CuSO_4(c_2)\,|\,Cu \quad (+)$$

按规定,负极写在左边,正极写在右边。以"|"表示界面,"‖"表示盐桥,c_1、c_2 分别表示

$ZnSO_4$ 和 $CuSO_4$ 溶液的浓度。又如,把 Cu 和 Cu^{2+} 离子溶液组成的半电池与 Fe^{3+} 和 Fe^{2+} 离子溶液组成的半电池构成一个原电池,其电池表示式为

$$（-）\quad Cu\,|\,Cu^{2+}(c_1)\,\|\,Fe^{3+}(c_2),Fe^{2+}(c_3)\,|\,Pt\quad（+）$$

其电极和电池反应为

$$负极\qquad\qquad Cu\Longrightarrow Cu^{2+}+2e^-$$
$$\underline{+）\quad 正极\quad 2Fe^{3+}+2e^-\Longrightarrow 2Fe^{2+}}$$
$$电池反应\quad Cu+2Fe^{3+}\Longrightarrow Cu^{2+}+2Fe^{2+}$$

　　这里要注意:在用 Fe^{3+}/Fe^{2+},Sn^{4+}/Sn^{2+},Cl_2/Cl^-,O_2/OH^- 等电对作为半电池时,可用金属铂(Pt)或其他不参与反应的惰性导体材料作电极,以使反应在电极表面进行,并能由它引出金属导线。另外,还应注意电对符号和原电池中电极符号在写法上的区别。

　　不难看出,原电池的负极由还原剂电对构成,还原剂给出电子,转变成相应的氧化态;正极由氧化剂电对构成,氧化剂得到电子,转变成相应的还原态。电池反应中还原剂在负极上发生氧化反应,氧化剂在正极上发生还原反应,这就是原电池及电池反应的一般规律。

4.2.2　电极电势

　　原电池能产生电流,说明在原电池的两极间有电势差存在,即每一个电极都有一个电势,但两个电极的电势不同,因而能够产生电流。如果能确定电极电势的绝对值,就能定量地比较金属在溶液中的活泼性。但到目前为止还无法测定电极电势的绝对值,只能测定它的相对值。为了使相对值统一,必须选择一个电极作为比较的标准。目前广泛使用的是指定标准氢电极为基准。

　　标准氢电极就是将铂片先镀上一层蓬松的铂(称铂黑),再把它放入 H^+ 离子浓度为 $1\ mol\cdot L^{-1}$ 的稀 H_2SO_4 中(图 4-2)。然后通入压力为 $100\ kPa$ 的纯净氢气,并使它不断冲击铂片。此时氢气被铂黑吸附,吸附了氢气的铂片就像由氢气构成的电极一样。铂片上的 H_2 和溶液中的 H^+ 离子建立了如下平衡:

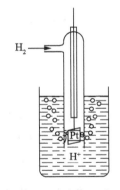

$$2H^++2e^-\Longrightarrow H_2$$

　　并规定标准氢电极的电极电势为零,以 $\varphi^{\ominus}_{H^+/H_2}=0.000\ V$ 表示。如果组成某指定电极的离子浓度均为 $1\ mol\cdot L^{-1}$,气体、液体、固体均处于热力学标准状态,则此电极即为标准电极。为了求得它的电极电势,可用它与标准氢电极组成如下原电池:

图 4-2　氢电极示意图

$$（-）标准氢电极\ \|\ 待测电极（+）$$

此电池的电动势为:

$$E^{\ominus}=\varphi^{\ominus}_{正}-\varphi^{\ominus}_{负}=\varphi^{\ominus}_{待测}-\varphi^{\ominus}_{H^+/H_2}$$

因为已指定 $\varphi^{\ominus}_{H^+/H_2}=0.000\ V$,所以 $E^{\ominus}=\varphi^{\ominus}_{待测}$。$\varphi^{\ominus}_{待测}$ 称为该电极的标准电极电势。其单位也是 V(伏)。例如在下列原电池中:

$$（-）Pt,H_2(100\ kPa)\,|\,H^+(1\ mol\cdot L^{-1})\,\|\,Cu^{2+}(1\ mol\cdot L^{-1})\,|\,Cu（+）$$

测得的原电池的电动势就等于铜电极的标准电极电势。

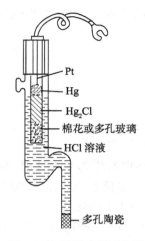

图 4-3 甘汞电极示意图

（图中标注：Pt、Hg、Hg_2Cl、棉花或多孔玻璃、HCl 溶液、多孔陶瓷）

用同样的方法可以得到一系列其他电极的标准电极电势。所以标准氢电极可用作其他电极的电极电势的相对比较标准。但在实际应用中，由于标准氢电极的制备和使用均不方便，所以常以参比电极代替。最常用的参比电极有甘汞电极和氯化银电极等，它们制备简单，使用方便，性能稳定。其中有几种电极的标准电极电势已用标准氢电极精确测定，并得到了公认。如甘汞电极$[Cl^- | Hg_2Cl_2(s), Hg]$是由 $Hg(1)$、$Hg_2Cl_2(s)$ 及 KCl 溶液组成（图 4-3）。其电极的电极电势决定于 Cl^- 浓度。若 KCl 是饱和的，则该电极称为饱和甘汞电极，25 ℃时它的电极电势是 0.241 2V。

综上所述，利用标准氢电极或参比电极可测得一系列待测电极的标准电极电势。有些电极，如$(Na^+ | Na)$，$(F^- | F_2, Pt)$等，它们的标准电极电势不能直接测定，需用间接的方法求出。将不同电极的标准电极电势，按照由小到大的顺序排列，可得到电对的标准电极电势表（附录5）。

关于标准电极电势和电极反应，需说明以下几点：

（1）本书采用的标准电极电势为还原电势，表中数据以氢电极为界，标准氢电极以上 $\varphi^{\ominus} < 0$；以下 $\varphi^{\ominus} > 0$。$\varphi^{\ominus}$ 值愈小的电对，其还原态物质愈易失去电子，是愈强的还原剂，其对应的氧化态物质愈难得到电子，是愈弱的氧化剂。反之，$\varphi^{\ominus}$ 值愈大的电对，其氧化态物质愈易得到电子，是愈强的氧化剂，而其对应的还原态物质愈难失去电子，是愈弱的还原剂。

（2）$\varphi^{\ominus}$ 是电极反应处于平衡状态时所表现出的特征值，这种电势亦称为可逆电势或平衡电势。

（3）标准电极电势是强度性质，其数值和电极反应的计量系数无关。例如，对于标准氢电极：

$$2H^+ + 2e^- \rightleftharpoons H_2 \qquad \varphi^{\ominus} = 0.000 \text{ V}$$

$$H^+ + e^- \rightleftharpoons \frac{1}{2}H_2 \qquad \varphi^{\ominus} = 0.000 \text{ V}$$

（4）有些电对在不同的介质（酸碱）中，电极反应和 $\varphi^{\ominus}$ 值是不同的，例如 ClO_3^- / Cl^- 在酸性溶液中电极反应和 $\varphi^{\ominus}$ 值为

$$ClO_3^- + 6H^+ + 6e^- \rightleftharpoons Cl^- + 3H_2O \qquad \varphi^{\ominus} = 1.45 \text{ V}$$

在碱性溶液中电极反应和 $\varphi^{\ominus}$ 值为

$$ClO_3^- + 3H_2O + 6e^- \rightleftharpoons Cl^- + 6OH^- \qquad \varphi^{\ominus} = 0.62 \text{ V}$$

另外，相同氧化态的物质，在碱性和酸性溶液中存在的状态不同，其电极反应及 $\varphi^{\ominus}$ 值也不同，例如：

$$Fe^{3+} + e^- \rightleftharpoons Fe^{2+} \qquad \varphi^{\ominus} = 0.771 \text{ V}$$

$$Fe(OH)_3 + e^- \rightleftharpoons Fe(OH)_2 + OH^- \qquad \varphi^{\ominus} = -0.56 \text{ V}$$

很明显，溶液中酸碱性会影响电对的电极电势，所以一般电极电势表常分为酸表和碱表（简记为 A 表和 B 表）参见附录 5 和 6。酸表和碱表分别表示在酸性溶液 $c_{H^+} = 1.00 \text{ mol} \cdot L^{-1}$

及在碱性溶液 $c_{OH^-}=1.00\ mol\cdot L^{-1}$ 中的标准电极电势。对一些不受溶液酸碱性影响的电极反应,其电对的标准电极电势也列入酸表中,查阅时应予注意。

(5) 当一个电极尚未明确是作为正极还是作为负极时,其电极反应可以按还原方向写,也可以按氧化方向写。如电极 $Zn^{2+}|Zn$,其电极反应可以写成 $Zn \Longrightarrow Zn^{2+}+2e^-$,也可以写成 $Zn^{2+}+2e^- \Longrightarrow Zn$。但是如果具体指定作为正极或负极,则电极反应写法就是唯一的,即作为正极时,电极反应只能按还原方向书写,作为负极时,只能按氧化方向书写。

4.2.3　能斯特方程和电极电势

电极电势不仅决定于电对中氧化态和还原态物质的本性,而且还决定于它们的浓度(或分压)。

电极电势与浓度的关系可用能斯特(W. Nernst)方程式来表示,设任意电极的电极反应为:

$$a(氧化态)+ne^- \Longrightarrow b(还原态) \tag{4-1}$$

则

$$\varphi=\varphi^\ominus+\frac{RT}{nF}\ln\frac{(c_{氧化态}/c^\ominus)^a}{(c_{还原态}/c^\ominus)^b} \tag{4-2}$$

或

$$\varphi=\varphi^\ominus-\frac{RT}{nF}\ln\frac{(c_{还原态}/c^\ominus)^b}{(c_{氧化态}/c^\ominus)^a} \tag{4-3}$$

式中　　　　　　φ——电对在某一浓度(或分压)时的电极电势;

$\varphi^\ominus$——电对的标准电极电势;

n——电极反应中转移的电子数;

a、b——分别为电极反应式中的化学计量系数;

R——摩尔气体常数,$8.314\ J\cdot mol^{-1}\cdot K^{-1}$;

T——热力学温度;

F——法拉第常数,$96\ 485\ C\cdot mol^{-1}$。

$c_{氧化态}/c^\ominus$,$c_{还原态}/c^\ominus$——氧化态物质、还原态物质对 $c^\ominus$ 的相对值。如果氧化态、还原态物质是气态物质,则要用它们相对压力 $p/p^\ominus$ 表示。若是固态物质或纯液体,则它们的浓度不包括在能斯特方程中。

在 25 ℃时式(4-2)可以改写为:

$$\varphi=\varphi^\ominus+\frac{8.314\ J\cdot mol^{-1}\cdot K^{-1}\times298.15\ K\times2.303}{n\times96\ 485\ C\cdot mol^{-1}}lg\frac{(c_{氧化态}/c^\ominus)^a}{(c_{还原态}/c^\ominus)^b}$$

则

$$\varphi=\varphi^\ominus+\frac{0.059\ 17\ V}{n}lg\frac{(c_{氧化态}/c^\ominus)^a}{(c_{还原态}/c^\ominus)^b} \tag{4-4}$$

【例 4.1】　计算 Zn^{2+} 浓度为 $0.001\ 00\ mol\cdot L^{-1}$ 时锌电极的电极电势(25 ℃)。

解:锌电极的电极反应为:$Zn^{2+}+2e^- \Longrightarrow Zn$

由附录 5 查得,$\varphi^\ominus_{Zn^{2+}/Zn}=-0.761\ 8\ V$

$$\varphi_{Zn^{2+}/Zn}=\varphi^\ominus_{Zn^{2+}/Zn}+\frac{0.059\ 17\ V}{2}lg(c_{Zn^{2+}}/c^\ominus)$$

$$=-0.761\ 8\ V+\frac{0.059\ 17\ V}{2}lg\ 0.001\ 00=-0.850\ 6\ V$$

【例 4. 2】　25 ℃,当 Cl^- 离子浓度 $c_{Cl^-}=0.100\ mol \cdot L^{-1}$,$Cl_2$ 的分压 $p_{Cl_2}=100\ kPa$ 时,求所组成的氯电极的电极电势。

解: 氯电极的电极反应为:$Cl_2+2e^- \Longrightarrow 2Cl^-$

由附录 5 查得 $\varphi^{\ominus}_{Cl_2/Cl^-}=1.358\ V$

$$
\begin{aligned}
\varphi_{Cl_2/Cl^-} &= \varphi^{\ominus}_{Cl_2/Cl^-}+\frac{0.059\ 17\ V}{2}\lg \frac{p_{Cl_2}/p^{\ominus}}{(c_{Cl^-}/c^{\ominus})^2}\\
&= 1.358\ V+\frac{0.059\ 17\ V}{2}\lg \frac{100\ kPa/100\ kPa}{(0.100\ mol \cdot L^{-1}/1\ mol \cdot L^{-1})^2}\\
&= 1.417\ V
\end{aligned}
$$

如果在电极反应中,除氧化态、还原态物质外,还有 H^+(或 OH^-)参与反应,则其浓度也应表示在能斯特方程中。这样 H^+ 或 OH^- 浓度改变时,也就是酸度改变时,电对的电极电势将随之改变。

【例 4. 3】　求 25 ℃时,高锰酸钾在 $c_{H^+}=1.00\times10^{-6}\ mol \cdot L^{-1}$ 时,弱酸性介质中的电极电势。设其中的 $c_{MnO_4^-}=c_{Mn^{2+}}=1.000\ mol \cdot L^{-1}$

解: 电极反应和标准电极电势为

$$MnO_4^-+8H^++5e^- \Longrightarrow Mn^{2+}+4H_2O \qquad \varphi^{\ominus}_{MnO_4^-/Mn^{2+}}=1.507\ V$$

当 $c_{H^+}=1.00\times10^{-6}\ mol \cdot L^{-1}$ 时,其电极电势为:

$$
\begin{aligned}
\varphi_{MnO_4^-/Mn^{2+}} &= \varphi^{\ominus}_{MnO_4^-/Mn^{2+}}+\frac{0.059\ 17\ V}{5}\ln \frac{(c_{MnO_4^-}/c^{\ominus})(c_{H^+}/c^{\ominus})^8}{c_{Mn^{2+}}/c^{\ominus}}\\
&= 1.507+\frac{0.059\ 17\ V}{5}\lg (1.00\times10^{-6})^8=0.939\ V
\end{aligned}
$$

如果组成电极的物质包括难溶盐,这样的电极通常称为难溶盐电极,像氯化银电极 $[Cl^- | AgCl(s),Ag]$、甘汞电极 $[Cl^- | Hg_2Cl_2(s),Hg]$ 等都属于难溶盐电极。由于难溶盐参与电极反应,所以溶液中离子浓度的变化,导致电极电势也将改变。例如,银电极($Ag^+ | Ag$),其 $\varphi^{\ominus}_{Ag^+/Ag}=0.799\ 6\ V$,若向这个电极的溶液中加入 $NaCl$,则因产生 $AgCl$ 沉淀,Ag^+ 离子浓度下降,从而使电极电势发生变化。现在通过以下计算对此作进一步的说明。

难溶盐 $AgCl(s)$ 达到溶解平衡时

$$AgCl(s) \Longrightarrow Ag^++Cl^-$$

由于

$$K^{\ominus}_{sp,AgCl}=(c_{Ag^+}/c^{\ominus}) \cdot (c_{Cl^-}/c^{\ominus})$$

则

$$c_{Ag^+}/c^{\ominus}=\frac{K^{\ominus}_{sp,AgCl}}{c_{Cl^-}/c^{\ominus}}$$

由附录 4 查得　$K^{\ominus}_{sp,AgCl}=1.77\times10^{-10}$,若 $c_{Cl^-}=1\ mol \cdot L^{-1}$,则由能斯特方程可得到其电极电势为:

$$
\begin{aligned}
\varphi_{Ag^+/Ag} &= \varphi^{\ominus}_{Ag^+/Ag}+\frac{0.059\ 17\ V}{1}\lg \frac{K^{\ominus}_{sp,AgCl}}{c_{Cl^-}/c^{\ominus}}\\
&= \varphi^{\ominus}_{Ag^+/Ag}+\frac{0.059\ 17\ V}{1}\lg K^{\ominus}_{sp,AgCl}\\
&= 0.799\ 67\ V+\frac{0.059\ 17\ V}{1}\lg 1.77\times10^{-10}=0.222\ 3\ V
\end{aligned}
$$

计算所得的电极电势,实际上就是难溶盐电极 $[Cl^- | AgCl(s),Ag]$ 的标准电极电势。这是

因为加入 $NaCl$，产生 $AgCl$ 沉淀的同时，又形成一个新的电极 $[Cl^-|AgCl(s),Ag]$，此时的 $[Cl^-|AgCl(s),Ag]$ 电极可以等效地看作一个 $(Ag^+|Ag)$ 电极，这也正是难溶盐电极的多样化表示。根据以上讨论，可以写出如下等式：

$$\varphi_{Ag^+/Ag} = \varphi_{AgCl/Ag}$$

而 $Cl^-|AgCl(s),Ag$ 的电极反应为

$$AgCl(s) + e^- \rightleftharpoons Ag(s) + Cl^-$$

根据能斯特方程： $\varphi_{AgCl/Ag} = \varphi^{\ominus}_{AgCl/Ag} + 0.059\ 17\ \lg \dfrac{1}{c_{Cl^-}/c^{\ominus}}$

因为 $c_{Cl^-} = 1\ mol \cdot L^{-1}$ 所以 $\varphi_{AgCl/Ag} = \varphi^{\ominus}_{AgCl/Ag}$
即

$$\varphi_{Ag^+/Ag} = \varphi^{\ominus}_{AgCl/Ag}$$

这个结论说明，如上计算的 $\varphi_{Ag^+/Ag}$ 等于 $[Cl^-|AgCl(s),Ag]$ 的标准电极电势是必然的。由以上计算可知，$\varphi^{\ominus}_{AgCl/Ag}$ 比 $\varphi^{\ominus}_{Ag^+/Ag}$ 小得多，也就是说，$AgCl$ 的氧化性比 Ag^+ 离子弱得多，而 Ag 的还原性则大为增强。因此，如果生成的难溶盐 $K^{\ominus}_{sp}$ 愈小，则此种改变愈显著。

4.2.4 电极电势的应用

电极电势是电化学中很重要的数据，主要有以下几方面的应用。

1. 比较氧化剂和还原剂的相对强弱

电极电势的大小反映了氧化还原电对中氧化态物质和还原态物质的氧化还原能力的相对强弱。电极电势的代数值越小，则该电对中还原态物质是越强的还原剂，其对应氧化态物质是越弱的氧化剂；电极电势的代数值越大，则该电对中氧化态物质是越强的氧化剂，其对应还原态物质就是越弱的还原剂。

【例 4.4】 下列三个电对中，在标准状态下哪个是最强的氧化剂？若其中的 MnO_4^- 改为在 pH = 6.00 的条件下，它们的氧化性相对强弱次序将发生怎样的改变？

已知
$$\varphi^{\ominus}_{MnO_4^-/Mn^{2+}} = +1.507\ V$$
$$\varphi^{\ominus}_{Br_2/Br^-} = +1.066\ V$$
$$\varphi^{\ominus}_{I_2/I^-} = +0.535\ 3V$$

解：(1) 在标准状态下可用 $\varphi^{\ominus}$ 的相对大小进行比较，$\varphi^{\ominus}$ 值的相对大小次序为：

$$\varphi^{\ominus}_{MnO_4^-/Mn^{2+}} > \varphi^{\ominus}_{Br_2/Br^-} > \varphi^{\ominus}_{I_2/I^-}$$

所以在上述物质中 MnO_4^- 是最强的氧化剂，I^- 是最强的还原剂。

(2) $KMnO_4$ 溶液的 pH = 6.00，即 $c_{H^+} = 1.00 \times 10^{-6}\ mol \cdot L^{-1}$ 时，由例 4.3 计算得 $\varphi_{MnO_4^-/Mn^{2+}} = 0.939\ V$。此时电极电势相对大小次序为：

$$\varphi^{\ominus}_{Br_2/Br^-} > \varphi^{\ominus}_{MnO_4^-/Mn^{2+}} > \varphi^{\ominus}_{I_2/I^-}$$

这就是说，当 $c_{H^+} = 1\ mol \cdot L^{-1}$ 变为 $c_{H^+} = 10^{-6}\ mol \cdot L^{-1}$，酸性减弱时，$KMnO_4$ 的氧化性减弱了，它的氧化性介于 Br_2 和 I_2 之间，此时氧化性强弱次序为

$$Br_2 > MnO_4^-(pH=6.00) > I_2$$

一般说来，当电对的氧化态或还原态离子浓度不是 $1\ mol \cdot L^{-1}$ 或者还有 H^+ 或 OH^- 参加电极反应时，应考虑离子浓度或溶液酸碱性对电极电势的影响，运用能斯特方程式计算 φ 值后，再比较氧化剂或还原剂的相对强弱。

2. 判断原电池的正负极和计算电池的电动势 E

组成原电池的两个电极,电极电势代数值较大的一个是原电池的正极,代数值较小的一个是负极,原电池的电动势等于正极的电极电势减去负极的电极电势:$E=\varphi_{正极}-\varphi_{负极}$

【例 4.5】 计算下列原电池的电动势,并指出何者为正极,何者为负极。

$$Zn|Zn^{2+}(0.100\ mol \cdot L^{-1}) \| Cu^{2+}(3.00\ mol \cdot L^{-1})|Cu$$

解: 先计算两电极的电极电势

$$\varphi_{Zn^{2+}/Zn}=\varphi^{\ominus}_{Zn^{2+}/Zn}+\frac{0.059\ 17\ V}{2}lg(c_{Zn^{2+}}/c^{\ominus})$$

$$=-0.761\ 8\ V+\frac{0.059\ 17\ V}{2}lg\ 0.100=-0.791\ 3\ V$$

$$\varphi_{Cu^{2+}/Cu}=\varphi^{\ominus}_{Cu^{2+}/Cu}+\frac{0.059\ 17\ V}{2}lg(c_{Cu^{2+}}/c^{\ominus})$$

$$=0.341\ 9\ V+\frac{0.059\ 17\ V}{2}lg\ 3.00=0.356\ 0\ V$$

所以,铜电极为正极,锌电极为负极。

电池的电动势为: $\quad E=\varphi_{Cu^{2+}/Cu}-\varphi_{Zn^{2+}/Zn}=0.356\ 0\ V-(-0.791\ 3\ V)$

$$=1.147\ V$$

3. 判断氧化还原反应进行的方向

锌能置换铜,反应可以自发进行,而铜则不能置换锌,反应是非自发的。

$$Zn+Cu^{2+}\Longrightarrow Cu+Zn^{2+}$$

现根据氧化还原反应的实质及电极电势的概念来说明这个问题。

若采用例 4.5 浓度数据 $\varphi_{Zn^{2+}/Zn}=-0.791\ 3\ V$,$\varphi_{Cu^{2+}/Cu}=0.356\ 0\ V$,可知 Zn 是较强的还原剂,$Zn^{2+}$ 是较弱的氧化剂,Cu^{2+} 是较强的氧化剂,Cu 是较弱的还原剂。也就是说,从氧化剂和还原剂的相对强弱来看,锌置换铜反应的实质是:

Zn	+	Cu^{2+}	$\Longrightarrow$	Cu	+	Zn^{2+}
还原剂 1		氧化剂 2		还原剂 2		氧化剂 1
(较强)		(较强)		(较弱)		(较弱)

由此,可以得出一个一般的规律,即在通常条件下,氧化还原反应总是由较强氧化剂和还原剂向着生成较弱氧化剂和还原剂的方向进行。

如从电极电势数值看,$\varphi_{Cu^{2+}/Cu}>\varphi_{Zn^{2+}/Zn}$,即当氧化剂电对的电极电势大于还原剂电对的电极电势时,反应才可以进行。

氧化还原反应进行的方向,还可以根据原电池的电动势进行判断。因为任何一个氧化还原反应都可以设计成原电池,原电池的电动势 $E=\varphi_{正极}-\varphi_{负极}$,其中 $\varphi_{正极}$ 就是反应中作为氧化剂电对的 $\varphi_{氧}$,$\varphi_{负极}$ 就是反应中作为还原剂电对的 $\varphi_{还}$。所以当 $E>0$ 时,反应正向进行;当 $E<0$ 时电极上发生的反应正好与 $E>0$ 时的相反,反应逆向进行。如在例 4.5 中,由于 $E=1.147\ V>0$,所以锌置换铜的反应可以进行。

【例 4.6】 判断下列氧化还原反应进行的方向。

(1) $Sn+Pb^{2+}(1.00\ mol \cdot L^{-1}) \Longrightarrow Sn^{2+}(1.00\ mol \cdot L^{-1})+Pb$

(2) $Sn+Pb^{2+}(0.100\ mol \cdot L^{-1}) \Longrightarrow Sn^{2+}(1.00\ mol \cdot L^{-1})+Pb$

解： 先从附录 5 中查出各电对的标准电极电势。

$$\varphi^{\ominus}_{Sn^{2+}/Sn} = -0.137\,5\ V,\ \varphi^{\ominus}_{Pb^{2+}/Pb} = -0.126\,2\ V$$

（1）当 $c_{Sn^{2+}} = c_{Pb^{2+}} = 1.00\ mol \cdot L^{-1}$ 时，可用 $\varphi^{\ominus}$ 值直接比较，因为 $\varphi^{\ominus}_{Pb^{2+}/Pb} > \varphi^{\ominus}_{Sn^{2+}/Sn}$，此时 Pb^{2+} 作为氧化剂、Sn 作为还原剂。反应按下列反应方向进行：$Sn + Pb^{2+} \rightleftharpoons Sn^{2+} + Pb$

（2）当 $c_{Sn^{2+}} = 1.00\ mol \cdot L^{-1}$，$c_{Pb^{2+}} = 0.100\ mol \cdot L^{-1}$ 时，要考虑离子浓度对 φ 值的影响，此时

$$\varphi_{Pb^{2+}/Pb} = \varphi^{\ominus}_{Pb^{2+}/Pb} + \frac{0.059\,17\ V}{2} \lg(c_{Pb^{2+}}/c^{\ominus})$$

$$= -0.126\,2\ V + \frac{0.059\,17\ V}{2} \lg 0.100$$

$$= -0.156\ V$$

$\varphi_{Sn^{2+}/Sn} = \varphi^{\ominus}_{Sn^{2+}/Sn} > \varphi_{Pb^{2+}/Pb}$，所以反应按（1）中反应逆向进行，即

$$Pb + Sn^{2+} \rightleftharpoons Pb^{2+} + Sn$$

电极电势大小不仅与 $\varphi^{\ominus}$ 有关，还与参与反应的物质的浓度、酸度有关。如果参与反应的物质的浓度不是 $1\ mol \cdot L^{-1}$，须按能斯特方程先计算氧化剂和还原剂的有关电对的电极电势，然后再判断反应进行的方向。但在对反应方向作粗略判断时，也可直接用 $\varphi^{\ominus}$ 数据。因为在一般情况下，$\varphi^{\ominus}$ 在 φ 中占主要部分，当标准电动势 $E^{\ominus} > 0.5\ V$ 时，一般不会因浓度变化而使电动势 E 改变符号。当 $E^{\ominus} < 0.2\ V$ 时，离子浓度的改变，可能会改变电动势 E 的符号。如例 4.6 所述。

4. 计算氧化还原反应的平衡常数

由电化学方法获得氧化还原反应的平衡常数，同样要先将反应设计为原电池，然后再由相应电极的电极电势进行计算。以铜锌原电池电池反应为例进行说明。

铜锌原电池的电池反应为：

$$Zn + Cu^{2+} \rightleftharpoons Cu + Zn^{2+}$$

达到平衡时其平衡常数　　　　　$$K^{\ominus} = \frac{c_{Zn^{2+}}/c^{\ominus}}{c_{Cu^{2+}}/c^{\ominus}}$$

随着电池反应的进行，$c_{Zn^{2+}}$ 不断增加，$c_{Cu^{2+}}$ 不断减少，若反应在 25 ℃下进行，根据能斯特方程：

$$\varphi_{Zn^{2+}/Zn} = \varphi^{\ominus}_{Zn^{2+}/Zn} + \frac{0.059\,17\ V}{2} \lg(c_{Zn^{2+}}/c^{\ominus})$$

$$\varphi_{Cu^{2+}/Cu} = \varphi^{\ominus}_{Cu^{2+}/Cu} + \frac{0.059\,17\ V}{2} \lg(c_{Cu^{2+}}/c^{\ominus})$$

$\varphi_{Zn^{2+}/Zn}$ 的值将逐渐增大，$\varphi_{Cu^{2+}/Cu}$ 值逐渐减少，当反应达到平衡时，两者相等。这时

$$\varphi^{\ominus}_{Zn^{2+}/Zn} + \frac{0.059\,17\ V}{2} \lg(c_{Zn^{2+}}/c^{\ominus}) = \varphi^{\ominus}_{Cu^{2+}/Cu} + \frac{0.059\,17\ V}{2} \lg(c_{Cu^{2+}}/c^{\ominus})$$

$$\frac{0.059\,17\ V}{2} \lg\left[\frac{c_{Zn^{2+}}/c^{\ominus}}{c_{Cu^{2+}}/c^{\ominus}}\right] = \varphi^{\ominus}_{Cu^{2+}/Cu} - \varphi^{\ominus}_{Zn^{2+}/Zn}$$

即　　　　　　　　$$\lg K^{\ominus} = \frac{2}{0.059\,17\ V}[0.341\,7\ V - (-0.761\,8\ V)]$$

$$K^{\ominus} = 2.023 \times 10^{37}$$

$K^{\ominus}$ 值很大，说明锌置换铜的反应可以进行得很完全。由此可见，利用标准电极电势可

以计算相应氧化还原反应的平衡常数 $K^{\ominus}$。25 ℃时,$K^{\ominus}$ 和 $\varphi^{\ominus}$ 的关系可以写成下面通式:

$$\lg K^{\ominus}=\frac{n(\varphi_{\text{氧}}^{\ominus}-\varphi_{\text{还}}^{\ominus})}{0.059\ 17\ \text{V}}=\frac{nE^{\ominus}}{0.059\ 17\ \text{V}} \tag{4-5}$$

由式(4-5)可知,$\varphi_{\text{氧}}^{\ominus}$ 与 $\varphi_{\text{还}}^{\ominus}$ 的差值越大,$K^{\ominus}$ 越大。即氧化剂和还原剂在标准电极电势表中的位置相距越远,它们间的反应进行得越完全。

【例4.7】 计算下列反应在 25 ℃时的标准平衡常数

$$\text{Cu}+2\text{Ag}^+ \Longrightarrow \text{Cu}^{2+}+2\text{Ag}$$

解:
$$\lg K^{\ominus}=\frac{n(\varphi_{\text{Ag}^+/\text{Ag}}^{\ominus}-\varphi_{\text{Cu}^{2+}/\text{Cu}}^{\ominus})}{0.059\ 17\ \text{V}}=\frac{2\times(0.799\ 6\ \text{V}-0.341\ 9\ \text{V})}{0.059\ 17\ \text{V}}$$
$$K^{\ominus}=2.96\times10^{15}$$

必须注意,根据电极电势虽可以判断氧化还原反应的方向及计算平衡常数,但都不能由之决定反应的速率。对于一个具体的氧化还原反应的可行性即现实性还须同时考虑反应速率的大小。

4.2.5 电动势与 $\Delta_r G_m$ 及 $K^{\ominus}$ 的关系

1. 电动势与 $\Delta_r G_m$ 的关系

一个能自发进行的氧化还原反应,可以设计成一个原电池,把化学能转变为电能。作为电池反应推动力的摩尔吉布斯函数变与所组成的原电池的电动势之间有什么联系呢?根据化学热力学,如果在能量转变的过程中,化学能全部转变成电能而无其他能量损失,则在恒温、恒压下,摩尔吉布斯函数变 $\Delta_r G_m$ 等于原电池可能做的最大电功 $W_{\max}$,即:

$$\Delta_r G_m=W_{\max} \tag{4-6}$$

由物理学知道 $W_{\max}$ 等于电池的电动势 E 与通过电量 Q 的乘积:

$$W_{\max}=-EQ \tag{4-7}$$

式中加负号以使之符合系统做功为负的符号规定。若在相应的电池反应中转移的电子数为 n,根据法拉第定律

$$Q=nF \tag{4-8}$$

把式(4-8)、式(4-6)代入式(4-7),则:

$$\Delta_r G_m=-nFE \tag{4-9}$$

式(4-9)就是电动势与摩尔吉布斯函数变的关系。若参与电池反应的各物质均处于标准状态,则式(4-9)可以改写为

$$\Delta_r G_m^{\ominus}=-nFE^{\ominus}=-nF(\varphi_{\text{正}}^{\ominus}-\varphi_{\text{负}}^{\ominus}) \tag{4-10}$$

【例4.8】 已知 $\varphi_{\text{Ni}^{2+}/\text{Ni}}^{\ominus}=-0.257$ V,$\varphi_{\text{H}^+/\text{H}_2}^{\ominus}=0.000$ V,计算由标准氢电极和标准镍电极组成的原电池反应的标准摩尔吉布斯函数变。

解: $\varphi^{\ominus}$ 较小的标准镍电极应作为原电池的负极,$\varphi^{\ominus}$ 较大的标准氢电极作为正极,电池反应为:

$$\text{Ni}+2\text{H}^+ \Longrightarrow \text{Ni}^{2+}+\text{H}_2$$

根据标准电极电势的数据可计算该原电池的标准电动势 $E^{\ominus}$

$$E^{\ominus} = \varphi_{正}^{\ominus} - \varphi_{负}^{\ominus} = 0.000\text{ V} - (-0.257\text{ V}) = 0.257\text{ V}$$

电池反应中 $n=2$，代入式(4-10)可得该原电池反应的标准摩尔吉布斯函数变为：

$$\Delta_r G_m^{\ominus} = -nFE^{\ominus} = -2 \times 96\ 485\text{ C} \cdot \text{mol}^{-1} \cdot 0.257\text{ V}$$
$$= -49\ 593\text{ J} \cdot \text{mol}^{-1} = -49.59\text{ kJ} \cdot \text{mol}^{-1}$$

2. 标准电动势和标准平衡常数的关系

标准电动势 $E^{\ominus}$ 和标准平衡常数 $K^{\ominus}$ 的关系在电极电势的应用中已导出。见式(4-5)，但此关系式还可由第二章的式(2-11) $\Delta_r G_m^{\ominus} = -RT \ln K^{\ominus}$ 导出。根据式(4-10)：$\Delta_r G_m^{\ominus} = -nFE^{\ominus}$ 将它代入式(2-11)，

则：
$$-nFE^{\ominus} = -RT \ln K^{\ominus}$$

$$\lg K^{\ominus} = \frac{nFE^{\ominus}}{2.303RT}$$

若反应在 25 ℃进行则：
$$\lg K^{\ominus} = \frac{nE^{\ominus}}{0.059\ 17\text{ V}} = \frac{n(\varphi_{正极}^{\ominus} - \varphi_{负极}^{\ominus})}{0.059\ 17\text{ V}} \tag{4-11}$$

式(4-11)就是式(4-5)。

4.3 电解

对于一些不能自发进行的氧化还原反应，例如：

$$Cu^{2+} + 2Cl^- \Longleftrightarrow Cu(s) + Cl_2$$

可以通过外加电能迫使反应进行的电化学变化过程叫电解。借助于电流引起化学变化的装置，即将电能转变为化学能的装置叫做电解池(或电解槽)。

在电解池中，与直流电源的负极相连的极叫做阴极，与直流电源的正极相连的极叫做阳极。一方面，电子从电源负极沿导线进入电解池的阴极；另一方面，电子又从电解池的阳极离去，沿导线流回电源正极。这样在阴极上电子过剩，在阳极上电子缺少，电解液(或熔融液)中的正离子移向阴极，在阴极上得到电子，进行还原反应；负离子移向阳极，在阳极上可给出电子，进行氧化反应。在电解池的两极反应中，氧化态物质得到电子或还原态物质给出电子的过程都叫放电。电解过程是人们所掌握的最强有力的氧化还原方法。

4.3.1 分解电压和超电势

要产生电解作用，必须在两极上加一定的外电压。现以电解 0.100 mol · L^{-1} NaOH 水溶液为例说明。

将 0.100 mol · L^{-1} NaOH 溶液按图 4-4 装置进行电解。逐渐向电解槽的两极增加电压，开始并没有明显的电流通过电解槽，也没有明显的电解发生。只有当电压增加到某一数值时，电流开始剧增，才能观察到明显的电解现象，电解得以顺利进行。通常把使电解能顺利进行的最低电压称为实际分解电压，简称分解电压。

若用外加电压对通过电解槽的电流密度作图，见图 4-5，则可看出上述结果。相当于 D 点的电压即为分解电压。各种物质的分解电压是通过实验测定的。

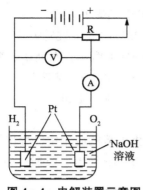

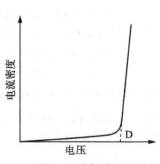

图4-4　电解装置示意图　　　　　　　图4-5 分解电压

V—电压表；A—电流表；R—可变电阻

产生分解电压的原因,可以从电极上的氧化还原产物进行分析。在电解 0.100 mol·L^{-1} NaOH 溶液时,两极反应为:

阴极:　　　　　　$2H^+ + 2e^- \rightleftharpoons H_2$

阳极:　　　　　　$4OH^- \rightleftharpoons 2H_2O + O_2 + 4e^-$

而部分氢气和氧气分别吸附在铂表面,组成了氢氧原电池:

　　　　（－）　$Pt, H_2 | NaOH(0.100\ mol·L^{-1}) | O_2, Pt$　（＋）

负极:　　　　　　$H_2 \rightleftharpoons 2H^+ + 2e^-$

正极:　　　　　　$O_2 + 2H_2O + 4e^- \rightleftharpoons 4OH^-$

该原电池的电动势可计算如下(p_{O_2} 和 p_{H_2} 均以 100 kPa 计):

$$\varphi_{正} = \varphi_{O_2/OH^-}^{\ominus} + \frac{0.059\ 17\ V}{4} \lg \frac{p_{O_2}/p^{\ominus}}{(c_{OH^-}/c^{\ominus})^4}$$

$$= 0.401\ V + \frac{0.059\ 17\ V}{4} \lg \frac{1}{(0.100)^4} = 0.460\ V$$

$$\varphi_{负} = \varphi_{H^+/H_2}^{\ominus} + \frac{0.059\ 17\ V}{2} \lg \frac{(c_{H^+}/c^{\ominus})^2}{p_{H_2}/p^{\ominus}}$$

$$= 0.00\ V + \frac{0.059\ 17\ V}{2} \lg(10^{-13})^2 = -0.769\ V$$

$$E = \varphi_{正} - \varphi_{负} = 0.460\ V - (-0.769\ V) = 1.23\ V$$

此电动势的方向和外加电压相反。因此要使电解反应能够进行,外加电压至少要克服该原电池的电动势,这个电压称为理论分解电压。实际上要使电解过程能正常进行,外加电压总是比理论分解电压大得多。例如电解 0.100 mol·L^{-1} NaOH 溶液时,实际分解电压需 1.70 V。超过的原因,除了因电阻所引起的电压降以外,主要是电极的极化所引起的。什么是极化? 在 4.2 节所讨论的电极电势、电动势以及电动势与吉布斯函数变的关系都是在电极处于平衡状态而电极上并无电流(或仅有极小量电流)通过时的条件下进行的。但当有可观察的电流通过电极时,电极的电势会与上述的平衡电势有所不同。这种电极电势偏离了没有电流通过时的电极电势值的现象在电化学上统称为极化。电极的极化包括浓差极化和电化学极化两个方面。

浓差极化是在电解过程中,由于离子在电极上放电的速率较快,而溶液中的离子扩散的速率较慢,使电极附近的离子浓度比溶液中其他区域为低,结果形成了浓差电池。其电动势与外加电压相反,因而使实际需要的外加电压增大。搅拌和升高温度可使浓差极化减小。

电化学极化是由电解产物析出过程中某一步骤(如离子的放电、原子结合为分子、气泡的形成等)反应速率的迟缓,结果是在阴极上放电的离子相应增多,阴极电子过剩,所以使阴极实际析出电极产物的电势(即析出电势)比平衡电势(即理论电极电势)更低;在阳极上,放电离子相应减少,阳极上电子不足,致使阳极的实际析出电势比平衡电势更高。电化学极化是无法消除的。

电解时电解池的实际分解电压 $E_{实}$ 与理论分解电压 $E_{理}$ 之差(在消除因电阻所引起的电压降和浓差极化的情况下)称为超电压 $E_{超}$,即

$$E_{超} \approx E_{实} - E_{理}$$

由于两极的超电势均取正值,所以电解池的超电压等于阴极超电势 $\eta_{阴}$ 与阳极超电势 $\eta_{阳}$ 之和。即

$$E_{超} = \eta_{阴} + \eta_{阳}$$

电解产物不同,超电势的数值也不同。一般金属的超电势较小,气体的超电势较大,而氢氧的超电势更大;同一电解产物在不同的电极材料上的超电势的数值亦不同,此外电流密度越大,超电势的数值越大,见表 4-1。

表 4-1　298 K 时 H_2、O_2、Cl_2 在一些电极上的超电势

电极	电流密度/$A \cdot m^{-2}$				
	10	100	1 000	5 000	50 000
从 0.5 $mol \cdot L^{-1}$ H_2SO_4 溶液中释放 H_2					
Ag	0.097	0.13	0.30	0.48	0.69
Fe	—	0.58	0.82	1.29	—
石墨	0.002	—	0.32	0.60	0.73
光亮 Pt	0.000 0	0.16	0.29	0.68	—
镀 Pt	0.000 0	0.030	0.041	0.048	0.051
Zn	0.48	0.75	1.06	1.23	—
从 1 $mol \cdot L^{-1}$ KOH 溶液中释放 O_2					
Ag	0.58	0.73	0.96	—	1.13
Cu	0.42	0.58	0.66	—	0.79
石墨	0.53	0.90	1.09	—	1.24
光亮 Pt	0.72	0.85	1.28	—	1.49
镀 Pt	0.40	0.52	0.64	—	0.77
从饱和 NaCl 溶液中释放 Cl_2					
石墨	—	—	0.25	0.42	0.53
光亮 Pt	0.008	0.03	0.054	0.161	0.236
镀 Pt	0.006	—	0.026	0.05	—

以上述电解 $0.100\ mol \cdot L^{-1}$ NaOH 溶液为例,可知该电解池的超电压为:

$$E_{超} \approx E_{实} - E_{理} = 1.70\ V - 1.23\ V = 0.470\ V$$

4.3.2　电解池中两极的电解产物

在讨论分解电压和超电势的基础上,便可进一步讨论电解时两极的产物。

如果电解的是熔融盐,电极用铂或石墨等惰性电极,则电极产物只可能是熔融盐的正负离子分别在阴、阳两极上进行还原和氧化后所得到的产物。例如电解熔融的 $CuCl_2$,在阴极得到金属铜,在阳极得到氯气。

如果电解的是电解质水溶液,在电解液中,除了电解质的离子外,还有水解离出来的 H^+ 和 OH^-,当对电解池施以一定电压后,哪种离子首先在阳极和阴极上分别发生氧化和还原反应而析出呢?

综合考虑电极电势和超电势的因素得出,在阳极上进行氧化反应的首先是析出电势(考虑超电势后的实际电极电势)代数值较小的还原态物质;在阴极上进行还原反应的首先是析出电势代数值较大的氧化态物质。而影响析出电势代数值大小的决定因素有三个。

(1) 离子及其相应电对的标准电极电势:电解时在阴极,标准电极电势代数值较大的氧化态物质最先在阴极还原;在阳极,标准电极电势代数值较小的还原态物质最先在阳极氧化。

(2) 离子浓度:离子浓度对电极电势的影响,可以根据能斯特方程进行计算。

(3) 电解产物的超电势:有关电解产物的超电势,可以通过查阅表 4-1 或有关手册得到。阴极超电势使阴极析出电势代数值减小。阳极超电势使阳极析出电势代数值增大。

由此归纳电解质水溶液电解产物的一般规律。

电　　极	阴　　极	阳　　极
电极上可能反应的物质	金属正离子、H^+ 离子	简单负离子、酸根离子、OH^- 离子、金属(可溶性阳极)
在电极上放电的先后次序	① 电极电势代数值比 H^+ 大的金属正离子,以及某些电极电势比 H^+ 小的金属正离子如 Zn^{2+},Fe^{2+},Ni^{2+} 等易被还原析出(由于 H_2 的超电势大,在酸性较弱时,这些金属正离子的析出电势仍大于 H^+ 的析出电势)。 $M^{n+} + ne^- = M$ ② 电极电势代数值较小的金属正离子,如 Na^+,K^+,Mg^{2+},Al^{3+} 等不易被还原,而是 H^+ 被还原。 $2H^+ + 2e^- \rightleftharpoons H_2$	① 金属阳极(除 Pt,Au 外的可溶性阳极如 Zn,Cu 等)首先被氧化成离子而溶解 $M \rightleftharpoons M^{n+} + ne^-$ ② 简单负离子(惰性电极)如 S^{2-},Br^-,Cl^- 等易被氧化(由于 O_2 的超电势大,这些简单离子的析出电势小于 OH^- 的析出电势)。 例:$2Cl^- \rightleftharpoons Cl_2 + 2e^-$ ③ 复杂离子(惰性电极)如 SO_4^{2-} 等一般不被氧化,而是 OH^- 被氧化。 $4OH^- \rightleftharpoons 2H_2O + O_2 + 4e^-$

电解的应用很广,例如应用电解进行金属的表面处理,最常见的是电镀。电镀是应用电解方法将一种金属镀到另一种金属表面上的过程。例如镀锌,一般把需要镀锌的物件作

为阴极，用金属锌作为阳极，在锌盐溶液中进行电解。为使镀层细致光滑，电镀液是由氧化锌、氢氧化钠和添加剂配置而成的。氧化锌在氢氧化钠溶液中形成 $Na_2[Zn(OH)_4]$ 溶液。

$$2NaOH + ZnO + H_2O \Longrightarrow Na_2[Zn(OH)_4]$$
$$[Zn(OH)_4]^{2-} \Longrightarrow Zn^{2+} + 4OH^-$$

由于形成 $[Zn(OH)_4]^{2-}$ 配离子（参阅 8.2 节），降低了 Zn^{2+} 离子的浓度，使金属晶体在镀件上析出速率可得到控制，保证电镀液中 Zn^{2+} 的浓度基本稳定，从而有利于得到均匀、光滑的镀层。两极的主要反应为：

$$阴极：\quad Zn^{2+} + 2e^- \Longrightarrow Zn$$
$$阳极：\quad Zn \Longrightarrow Zn^{2+} + 2e^-$$

利用电解的原理，在工业上用电解法精炼铜、镍等金属。例如，用电解法精炼铜时，用 $CuSO_4$ 作为电解液，粗铜板（含有 Zn, Fe, Ni, Ag, Au 等杂质）作为阳极，薄纯铜片作为阴极。随着电解的进行，阳极粗铜中的铜以及较活泼的金属杂质（如 Zn, Fe, Ni 等）都溶解，以离子态进入溶液。粗铜中的不活泼金属杂质（如 Ag, Au 等）则不溶解，沉积在电解池底部，叫作阳极泥。由于 Zn, Fe, Ni 等金属较活泼，它们在溶液中的离子浓度又小，所以在阴极上只有 Cu^{2+} 放电，以纯铜[含铜量 $>99.9\%$（质量分数）]析出，铁、锌、镍等离子仍留在电解液中。阳极泥则可进一步提取金、银等贵金属。

4.4　金属的腐蚀和防护

人们在生产实践中使用的机械设备、容器以及大量管道等，大都是金属及其合金制造的，这些机械设备、容器不断和大气中的氧气、水蒸气、酸雾以及酸碱等腐蚀介质接触并起作用，使金属遭到腐蚀。金属遭腐蚀后，会使整个的机器设备和仪器仪表等不能使用而造成经济上的巨大损失。另一方面，由腐蚀造成的间接损失，如污染环境，造成危害人体健康的事故就更为严重。因此了解腐蚀发生的原因，有效防止和控制腐蚀有十分重要的意义。

4.4.1　金属腐蚀的分类

金属和周围介质接触发生化学作用或电化学作用而引起的破坏称为金属腐蚀。根据金属腐蚀过程的不同特点，可以分为化学腐蚀和电化学腐蚀两大类。

1. 化学腐蚀

单纯由化学作用引起的腐蚀称为化学腐蚀。金属在干燥气体和无导电性的非水溶液中的腐蚀，一般都属于化学腐蚀。

一定温度下，金属和干燥气体（如 O_2, H_2S, SO_2, Cl_2 等）接触时，在金属表面上生成相应的化合物（如氧化物、硫化物、氯化物等），这种作用在低温时不明显，但在高温时相当显著。例如碳钢是由 Fe、石墨、Fe_3C 组成，其中的 Fe_3C（渗碳体）在高温下会和周围气体介质发生如下反应：

$$Fe_3C + O_2 \Longrightarrow 3Fe + CO_2$$
$$Fe_3C + CO_2 \Longrightarrow 3Fe + CO$$
$$Fe_3C + H_2O(g) \Longrightarrow 3Fe + CO + H_2$$

反应生成的气体离开金属表面,而碳便从邻近的尚未反应的金属内部逐渐扩散到这一反应区,于是金属层中的碳逐渐减少形成脱碳层(图4-6)。钢铁表面由于脱碳致使硬度减小,疲劳极限降低。

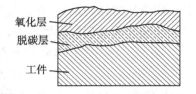

图4-6　工件表面氧化脱碳的示意图

此外,石油中含有各种有机硫化物,它们对金属输油管道及容器也会产生化学腐蚀。

2. 电化学腐蚀

金属和电解质溶液接触时,由电化学作用而引起的腐蚀称为电化学腐蚀。它和化学腐蚀不同,是由于形成原电池(腐蚀电池)而引起的。以铁的生锈为例来说明腐蚀的机理。工业上生产的金属铁由很多无序排列的微晶构成,这些微晶既有晶格缺陷又含有杂质,容易在金属的潮湿表面形成很多微电池。在微晶的缝隙或晶格缺陷之处,铁原子间结合较弱,容易失去电子成为 Fe^{2+} 离子进入金属铁表面的水膜,而成为负极(即阳极[①]):

$$Fe = Fe^{2+} + 2e^-$$

如果在 pH<7 的酸性范围中,当空气中的氧不能与铁充分接触或氧的分压很小时,电子运动到杂质附近,将会使 H^+ 接受电子还原为 H_2 析出:

$$2H^+ + 2e^- = H_2$$

这杂质的区域就是正极(即阴极)。这样就在金属表面的局部区域形成腐蚀电池。在腐蚀过程中有氢析出,所以称析氢腐蚀。

若在中性或弱碱性范围(pH>8),当潮湿金属表面的水膜中溶解有氧气时,如图4-7,阴极反应变为:

$$O_2 + 2H_2O + 4e^- = 4OH^-$$

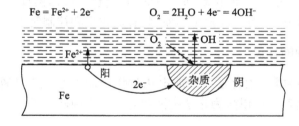

图4-7　铁的腐蚀机理

阳极形成的 Fe^{2+} 也能进一步氧化为 Fe^{3+},其总反应为:

$$4Fe^{2+} + O_2 + 2H_2O = 4Fe^{3+} + 4OH^-$$

若在水膜中溶有电解质(如 SO_2、CO_2 等),则形成的液膜起着类似原电池中盐桥的作用。当微电池阴阳极形成的 OH^- 和 Fe^{3+} 离子通过液膜相对扩散在中间区域相遇时,便会发生反应沉淀出难溶于水的 Fe_2O_3,即铁锈:

---

① 在讨论腐蚀电池时,通常称阴、阳极,而不称正负极。

$$2Fe^{3+}+6OH^-\!=\!\!=\!\!=\!Fe_2O_3+3H_2O$$

在腐蚀过程中氧得到电子被还原为 OH^-，所以称吸氧腐蚀。

了解金属腐蚀的原因之后，便能找出防腐蚀的方法。

4.4.2　金属腐蚀的防护

防止金属腐蚀的方法很多，如组成合金，采用涂、渗、镀等使形成金属覆盖层与介质隔绝的方法以防止腐蚀。除此以外，还可以采用以下几种方法：

（1）阴极保护法　在金属铁上连接一种更活泼即电势比铁更负的金属，如锌等，使铁成为阴极以达到被保护的目的，即牺牲阳极保护法。此法常用于保护海轮外壳、锅炉和海底设备，如图 4-8。或将铁与外加电源的负极相连，使铁成为阴极而不遭受腐蚀，此法常用于防止土壤中金属设备的腐蚀，如图 4-9。

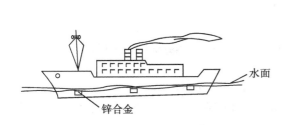

图 4-8　牺牲阳极保护法

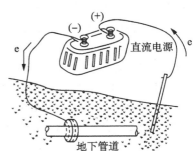

图 4-9　外加电流保护法

（2）阳极保护法　将铁与电源的正极相连，或在溶液中加入阳极缓蚀剂，或用氧化剂使金属铁的表面产生 $Fe(OH)_3$ 钝化膜或 Fe_2O_3 薄膜，例如：铬酸钠在中性水溶液中可使铁氧化成氧化铁，并与铬酸钠的还原产物 Cr_2O_3 形成复合氧化物保护膜。

$$2Fe(s)+2Na_2CrO_4(aq)+2H_2O\!=\!\!=\!\!=\!Fe_2O_3(s)+Cr_2O_3(s)+4NaOH(aq)$$

这样也可使铁的腐蚀大大减轻。

（3）适当升高溶液的 pH 值，pH 约在 $9.0\sim13.0$ 范围内，在铁表面也可形成 $Fe(OH)_3$ 钝化膜，以减轻铁的腐蚀。因此为防止钢铁在工业用水中的腐蚀，常常加入少量碱，使 pH 达到 $10\sim13$ 之间。但要注意控制好 pH 的范围，因为当 pH>13.6，铁可能转化为 $HFeO_2^-$ 而溶解，这样钢铁在强碱性溶液中又会遭到腐蚀，亦称钢铁的苛性脆裂。

复习思考题四

1. 何谓元素的氧化值？试用元素氧化值的概念说明氧化和还原、氧化剂和还原剂。

2. 试以适当的电对为例，讨论氧化态、还原态以及 H^+ 浓度的改变对电极电势的影响和对相应物质氧化还原能力的影响。

3. 如何正确书写原电池表示式。

4. 同一金属及其盐溶液能否组成原电池？如何组成？应具备什么条件？

5. 判断氧化还原反应进行方向的原则是什么？用 φ 还是 $\varphi^{\ominus}$ 值？什么情况下 φ 和 $\varphi^{\ominus}$

值都可使用?

6. 计算氧化还原反应的平衡常数用 E 还是用 $E^{\ominus}$? 为什么?

7. 原电池的正极和负极是怎样区分的? 电解池的阴极和阳极是怎样确定的?

8. 实际分解电压为什么高于理论分解电压?

9. 什么叫做金属腐蚀? 钢铁在大气中腐蚀主要是析氢腐蚀还是吸氧腐蚀?

10. 金属防护主要有哪些方法? 各根据什么原理?

习题四

1. 用氧化值法配平下列方程式

(1) $KMnO_4 + H_2S + H_2SO_4 \longrightarrow MnSO_4 + S + K_2SO_4 + H_2O$;

(2) $Cu + HNO_3(浓) \longrightarrow Cu(NO_3)_2 + NO_2 + H_2O$;

(3) $Fe(CrO_2)_2 + O_2 + Na_2CO_3 \longrightarrow Fe_2O_3 + Na_2CrO_4 + CO_2$;

(4) $Na_2S_2O_3 + I_2 \longrightarrow Na_2S_4O_6 + NaI$;

(5) $KMnO_4 + K_2SO_3 + NaOH \longrightarrow K_2MnO_4 + K_2SO_4 + Na_2SO_4 + H_2O$。

2. 用离子-电子法配平下列方程式

(1) $KMnO_4 + K_2SO_3 + H_2SO_4 \longrightarrow MnSO_4 + K_2SO_4 + H_2O$;

(2) $NaBiO_3(s) + MnSO_4 + HNO_3 \longrightarrow HMnO_4 + Bi(NO_3)_3 + Na_2SO_4 + NaNO_3 + H_2O$;

(3) $K_2Cr_2O_7 + KI + H_2SO_4 \longrightarrow Cr_2(SO_4)_3 + I_2 + K_2SO_4 + H_2O$;

(4) $CrCl_3 + H_2O_2 + NaOH \longrightarrow Na_2CrO_4 + NaCl + H_2O$;

(5) $Cl_2 + NaOH \longrightarrow NaClO + NaCl + H_2O$。

3. 查出下列电对的标准电极电势值,判断各组中哪种物质是最强的氧化剂? 哪种物质是最强的还原剂?

(1) MnO_4^- / Mn^{2+},Fe^{3+} / Fe^{2+};(2) $Cr_2O_7^- / Cr^{3+}$,CrO_2^- / Cr;(3) Cu^{2+} / Cu,Fe^{3+} / Fe^{2+},Fe^{2+} / Fe。

4. 对于下列氧化还原反应:

(1) 指出哪个物质是氧化剂,哪个物质是还原剂?

(2) 写出氧化反应以及还原反应的半反应式(需配平)。

(3) 根据这些反应组成原电池,分别写出各原电池表示式。

   (a) $2Ag^+ + Cu(s) \Longrightarrow 2Ag(s) + Cu^{2+}$

   (b) $Ni(s) + Sn^{4+} \Longrightarrow Ni^{2+} + Sn^{2+}$

   (c) $2I^- + 2Fe^{3+} \Longrightarrow I_2 + 2Fe^{2+}$

   (d) $Pb(s) + 2H^+ + 2Cl^- \Longrightarrow PbCl_2(s) + H_2(g)$

5. 根据电对 Cu^{2+} / Cu,Fe^{3+} / Fe^{2+},Fe^{2+} / Fe 的标准电极电势值,指出下列各组物质中,哪些可以共存;哪些不能共存;并说明理由。

(1) Cu^{2+},Fe^{2+};(2) Fe^{3+},Fe;(3) Cu^{2+},Fe;(4) Fe^{3+},Cu;(5) Cu,Fe^{2+}。

6. 求下列电极在 25 ℃时的电极电势。

(1) 金属铜放在 $0.50\ mol \cdot L^{-1}\ Cu^{2+}$ 离子溶液中。

(2) 在上述(1)的溶液中加入固体 Na_2S,使溶液中的 $c_{S^{2-}} = 1.0\ mol \cdot L^{-1}$(忽略加入固

体引起的溶液体积变化）。

7. 写出下列原电池的电极反应和电池反应。

（1）（$-$）Ag，AgCl(s)｜Cl$^-$ ‖ Fe^{3+}，Fe^{2+}｜Pt（$+$）；

（2）（$-$）Pt｜Fe^{2+}，Fe^{3+} ‖ MnO$_4^-$，Mn^{2+}，H$^+$｜Pt（$+$）。

8. 将下列反应设计成原电池 Sn^{2+}＋2Fe^{3+}⸺Sn^{4+}＋2Fe^{2+}。

（1）计算原电池的标准电动势；

（2）计算反应的标准摩尔吉布斯函数变；

（3）写出此电池表示式；

（4）计算 $c_{Sn^{2+}}$＝$1.00×10^{-2}$ mol·L^{-1} 以及 $c_{Fe^{3+}}$＝$c_{Fe^{2+}}$/10 时，原电池的电动势。

9. 由钴电极和标准氢电极组成原电池。若 $c_{Co^{2+}}$＝0.0100 mol·L^{-1}时，原电池的电动势为 0.339 V，其中钴为负极，计算钴电极的标准电极电势。

10. 已知原电池（$-$）Pt，H$_2$(100 kPa)｜H$^+$(0.10 mol·L^{-1}) ‖ H$^+$（x mol·L^{-1})｜H$_2$(100 kPa)，Pt（$+$）的电动势为 0.016 V。求 H$^+$ 离子的浓度 x 值为多少？

11. 已知下列电池的电动势（$-$）Zn｜Zn^{2+}（x mol·L^{-1}) ‖ Ag$^+$(0.1 mol·L^{-1})｜Ag（$+$）E＝1.507 V，求 Zn^{2+} 离子浓度。

12. 计算 25 ℃时下列电对的标准电极电势。

（1）Ag$_2$CrO$_4$＋2e$^-$⸺2Ag＋CrO$_4^{2-}$；

（2）Fe(OH)$_3$＋e$^-$⸺Fe(OH)$_2$＋OH$^-$。

13. 判断下列氧化还原反应进行的方向（设离子浓度均为 1 mol·L^{-1}）。

（1）Sn^{2+}＋2Fe^{3+}⸺Sn^{4+}＋2Fe^{2+}；

（2）2Cr^{3+}＋3I$_2$＋7H$_2$O⸺Cr$_2$O$_7^{2-}$＋6I$^-$＋14H$^+$；

（3）Cu＋2FeCl$_3$⸺CuCl$_2$＋2FeCl$_2$。

14. 在 pH＝3.0 时，下列反应能否自发进行？试通过计算说明之（除 H$^+$外，其他物质均处于标准状态下）。

（1）Cr$_2$O$_7^{2-}$＋H$^+$＋Br$^-$⸺Br$_2$＋Cr^{3+}＋H$_2$O；

（2）MnO$_4^-$＋H$^+$＋Cl$^-$⸺Cl$_2$＋Mn^{2+}＋H$_2$O。

15. 已知电极反应

$$Cr_2O_7^{2-}＋14H^+＋6e^-⸺2Cr^{3+}＋7H_2O \qquad \varphi^{\ominus}＝1.232 \text{ V}$$

$$Fe^{3+}＋e^-⸺Fe^{2+} \qquad \varphi^{\ominus}＝0.771 \text{ V}$$

（1）试判断将这两个电极组成一个原电池时，反应进行的方向；

（2）写出原电池符号，标明电池正负极，计算电池的电动势；

（3）当 c_{H^+}＝10 mol·L^{-1}，其他各离子浓度均为 1 mol·L^{-1}电池的电动势为多少？

16. 计算下列氧化还原反应的标准平衡常数。

（1）Fe＋2Fe^{3+}⸺3Fe^{2+}；

（2）Fe^{3+}＋I$^-$⸺Fe^{2+}＋1/2I$_2$(s)；

（3）3Cu＋2NO$_3^-$＋8H$^+$⸺3Cu^{2+}＋2NO＋4H$_2$O。

17. 已知电极反应

$$Cr_2O_7^{2-}＋14H^+＋6e^-⸺2Cr^{3+}＋7H_2O \qquad \varphi^{\ominus}＝1.232 \text{ V}$$

$$SO_4^{2-}＋4H^+＋2e^-⸺H_2SO_3＋H_2O \qquad \varphi^{\ominus}＝0.172 \text{ V}$$

当 c_{H^+} 由 1 mol·L^{-1} 降到 10^{-3} mol·L^{-1} 时：

(1) 对 $K_2Cr_2O_7$ 的氧化性及 H_2SO_3 的还原性有何改变，(用计算说明之)；

(2) 对上述反应的平衡常数 $K^\ominus$ 值有何改变，为什么？

18. 已知电池反应为：

$$Pb(s) + 2HI(1\ mol·L^{-1}) \Longrightarrow PbI_2(s) + H_2(100\ kPa)$$

(1) 求电对 $PbI_2 + 2e^- \Longrightarrow Pb(s) + 2I^-$ 的 $\varphi^\ominus$；

(2) 试判断上述反应进行的方向；

(3) 求上述反应的平衡常数；

(4) 如果 HI 的浓度为 2 mol·L^{-1}，问此反应的平衡常数为多少？

19. 已知下列两个电对的标准电极电势如下：

$$Ag^+ + e^- \Longrightarrow Ag(s)；\qquad \varphi^\ominus_{Ag^+/Ag} = 0.799\ 6\ V$$

$$AgI(s) + e^- \Longrightarrow Ag(s) + I^-；\qquad \varphi^\ominus_{AgI/Ag} = -0.151\ 2\ V$$

试计算 AgI 的溶度积。

20. 已知下列两个电对标准电极电势：

$$AgBr(s) + e^- \Longrightarrow Ag + Br \qquad \varphi^\ominus = 0.073\ 0\ V$$

$$Ag^+ + e^- \Longrightarrow Ag(s) \qquad \varphi^\ominus = 0.799\ 6\ V$$

(1) 写出以两个电对组成的原电池的表达式；

(2) 求原电池的电动势并写出原电池的反应方程式；

(3) 根据上述 $\varphi^\ominus$ 值求 AgBr 的溶度积。

21. 将铜片插入盛有 0.50 mol·L^{-1} 的 $CuSO_4$ 溶液的烧杯中，银片插入盛有 0.50 mol·L^{-1} 的 $AgNO_3$ 溶液的烧杯中，各组成电对后，用它们组成原电池。

(1) ① 用原电池的符号表示原电池，并标明正负极；

② 写出电池反应方程式；

③ 求出原电池的电动势；

④ 计算电池反应的平衡常数；

(2) 若加 $Na_2S(s)$ 于 $CuSO_4$ 溶液中，使 $c_{S^{2-}} = 1$ mol·L^{-1}。

① 写出新原电池的电池反应方程式；

② 计算新原电池的电动势。

22. 用两极反应表示下列物质的主要电解产物。

(1) 电解 $ZnSO_4$ 溶液，阳极用锌，阴极用铁；

(2) 电解熔融 $CuCl_2$，阳极用石墨，阴极用铁；

(3) 电解 NaOH 溶液，两极都用铂。

23. 电解镍盐溶液，其中 $c(Ni^{2+}) = 0.10$ mol·L^{-1}，如果在阴极上只要 Ni 析出，而不析出氢气，计算溶液的最小 pH 值（设氢气在镍上的超电势 0.21 V）。

阅读材料四

一、电势数据的图示法

（一）元素电势图

很多元素具有多种氧化态，各种氧化态物质又可以组成不同的电对，为了可以直观比较各种氧化态的氧化还原性，常把同一元素不同氧化态的物质按其氧化值由大到小顺序排列，并将它们相互组成电对，相邻物质之间用短线相连，在线上写上该电对的标准电极电势的数值，这种表明元素各种氧化态之间电势变化的关系图称元素电势图或拉铁摩（W M Latime）图。例如，Fe 常见的有 0、+2、+3 三种氧化值，可以组成下列电对：

$$Fe^{3+} + e^- \rightleftharpoons Fe^{2+} \qquad \varphi^\ominus_{Fe^{3+}/Fe^{2+}} = 0.771 \text{ V}$$

$$Fe^{3+} + 3e^- \rightleftharpoons Fe \qquad \varphi^\ominus_{Fe^{3+}/Fe} = -0.037 \text{ V}$$

$$Fe^{2+} + 2e^- \rightleftharpoons Fe \qquad \varphi^\ominus_{Fe^{2+}/Fe} = -0.447 \text{ V}$$

若用元素电势图表示，则为：

$$\varphi^\ominus_A \qquad Fe^{3+} \underline{\quad 0.771 \quad} Fe^{2+} \underline{\quad -0.447 \quad} Fe$$
$$\underline{\qquad\qquad -0.037 \qquad\qquad}$$

由此可见，元素电势图表达简便直观，有助于了解该元素的氧化还原性。它在无机化学中的应用主要有以下几种。

1. 计算未知电对的标准电极电势值

根据元素电势图，可以计算出图中任一组合电对的标准电极电势值。

由于电极电势没有加和性，而吉布斯函数变具有加和性，因而可利用吉布斯函数变与电极电势之间的关系推导有关的计算公式。

假定某元素的电势图如下：

$$A \underset{n_1}{\overset{\varphi^\ominus_{(1)}}{\rule{2cm}{0.4pt}}} B \underset{n_2}{\overset{\varphi^\ominus_{(2)}}{\rule{2cm}{0.4pt}}} C \underset{n_3}{\overset{\varphi^\ominus_{(3)}}{\rule{2cm}{0.4pt}}} D$$
$$\underset{n_1 + n_2 + n_3}{\underline{\qquad \varphi^\ominus = ? \qquad}}$$

图中 A、B、C、D 表示元素所处的不同的氧化态，$\varphi^\ominus_{(1)}$、$\varphi^\ominus_{(2)}$、$\varphi^\ominus_{(3)}$ 分别为相邻电对的标准电极电势，n_1、n_2、n_3 分别为对应电对中电子转移数，根据吉布斯函数变与电极电势之间的关系，可得：

$$\Delta_r G^\ominus_{m,1} = -n_1 F \varphi^\ominus_{(1)} \qquad (1)$$

$$\Delta_r G^\ominus_{m,2} = -n_2 F \varphi^\ominus_{(2)} \qquad (2)$$

$$\Delta_r G^\ominus_{m,3} = -n_3 F \varphi^\ominus_{(3)} \qquad (3)$$

$$\Delta_r G^\ominus_m = -(n_1 + n_2 + n_3) F \varphi^\ominus \qquad (4)$$

（1）+（2）+（3）得：

$$\Delta_r G^\ominus_{m,1} + \Delta_r G^\ominus_{m,2} + \Delta_r G^\ominus_{m,3} = -(n_1 \varphi^\ominus_{(1)} + n_2 \varphi^\ominus_{(2)} + n_3 \varphi^\ominus_{(3)}) F$$

因为 $\Delta_r G_m^{\ominus}$ 是状态函数,具有加和性,所以

$$\Delta_r G_m^{\ominus} = \Delta_r G_{m,1}^{\ominus} + \Delta_r G_{m,2}^{\ominus} + \Delta_r G_{m,3}^{\ominus}$$

即　　　　　　　$\Delta_r G^{\ominus} = -(n_1 \varphi_{(1)}^{\ominus} + n_2 \varphi_{(2)}^{\ominus} + n_3 \varphi_{(3)}^{\ominus})F$　　　　　(5)

将式(4)、式(5)整理后得:

$$\varphi^{\ominus} = \frac{n_1 \varphi_{(1)}^{\ominus} + n_2 \varphi_{(2)}^{\ominus} + n_3 \varphi_{(3)}^{\ominus}}{n_1 + n_2 + n_3}$$

$\varphi^{\ominus}$ 即为 A 和 D 所组成电对的标准电极电势。

例如:已知铬在酸性介质中的电势图:

$$\varphi^{\ominus}/V \quad Cr_2O_7^{2-} \xrightarrow{1.23} Cr^{3+} \xrightarrow{-0.407} Cr^{2+} \xrightarrow{-0.913} Cr$$

计算 $\varphi_{Cr_2O_7^{2-}/Cr^{2+}}^{\ominus}$ 和 $\varphi_{Cr^{3+}/Cr}^{\ominus}$

解:　$\varphi_{Cr_2O_7^{2-}/Cr^{2+}}^{\ominus} = \dfrac{3 \times 1.23 + 1 \times (-0.407)}{3+1} = 0.821 \text{ V}$

$\varphi_{Cr^{3+}/Cr}^{\ominus} = \dfrac{1 \times (-0.407) + 2 \times (-0.913)}{1+2} = -0.744 \text{ V}$

　　2. 判断歧化反应能否进行

当一个元素处于中间氧化态时,它一部分作为氧化剂,还原为低氧化态;一部分作为还原剂,氧化为高氧化态;这类反应称为歧化反应。例如:Cl_2 处于 Cl^- 和 ClO^- 之间,即处于中间氧化态,在碱性介质中,能进行歧化反应:

$$Cl_2 + 2OH^- =\!=\!= Cl^- + ClO^- + H_2O$$

现结合元素电势图来分析 Cl_2 发生歧化反应的原因:

$$ClO^- \xrightarrow{0.52} Cl_2 \xrightarrow{1.358} Cl^-$$

Cl_2 作为氧化剂:　$Cl_2 + 2e^- =\!=\!= 2Cl^-$　　　　　　　$\varphi_{Cl_2/Cl^-}^{\ominus} = 1.358 \text{ V}$

Cl_2 作为还原剂:　$Cl_2 + 4OH^- =\!=\!= 2ClO^- + 2H_2O + 2e^-$　　$\varphi_{ClO^-/Cl_2}^{\ominus} = 0.52 \text{ V}$

因为 $\varphi_{氧}^{\ominus} > \varphi_{还}^{\ominus}$,所以反应能自发进行,即 Cl_2 可以歧化为 Cl^- 和 ClO^-。

由此可以得出判断歧化反应能否自发进行的规则。设某一元素有 A、B、C 三种不同的氧化态,由高到低排列如下:

$$A \xrightarrow{\varphi_{左}^{\ominus}} B \xrightarrow{\varphi_{右}^{\ominus}} C$$

假定 B 能发生歧化反应,B 转化为 C 时,B 作为氧化剂,B 转化为 A 时,B 作为还原剂,当这两个电对所组成的电动势大于零,即 $\varphi_{氧}^{\ominus} - \varphi_{还}^{\ominus} > 0$ 时,反应才能自发进行,所以从元素电势图来看,若 $\varphi_{右}^{\ominus} > \varphi_{左}^{\ominus}$,B 可以发生歧化反应:

$$B \longrightarrow A + C$$

若 $\varphi_{右}^{\ominus} < \varphi_{左}^{\ominus}$,B 则不能发生歧化反应。

例如:已知溴在碱性介质中的电势图:

$$\varphi^{\ominus}/V \quad BrO_3^- \xrightarrow[\quad 0.52 \quad]{0.54} BrO^- \xrightarrow{0.45} Br_2 \xrightarrow{1.07} Br^-$$

0.769

判断哪些物质可以歧化,并写出歧化方程式。

解: 根据判断歧化反应能否自发进行的规则:$\varphi_{右}^{\ominus} > \varphi_{左}^{\ominus}$,由此得出 BrO^-、Br_2 可以歧化。

因为 $\varphi_{BrO^-/Br^-}^{\ominus}$ (0.769 V) $> \varphi_{BrO_3^-/BrO^-}^{\ominus}$ (0.54 V),所以 BrO^- 可以歧化:

$$BrO^- \longrightarrow BrO_3^- + Br^-$$

因为 $\varphi_{Br_2/Br^-}^{\ominus}$ (1.07 V) $> \varphi_{BrO^-/Br_2}^{\ominus}$ (0.45 V), $\varphi_{Br_2/Br^-}^{\ominus}$ (1.07 V) $> \varphi_{BrO_3^-/Br_2}^{\ominus}$ (0.52 V),所以 Br_2 可以歧化:

$$Br_2 \longrightarrow BrO^- + Br^-$$
$$Br_2 \longrightarrow BrO_3^- + Br^-$$

(二) 电势- pH 图

水溶液中的很多氧化还原反应,都与溶液的酸度有关,因此有关电极电势的大小不仅与参加电极反应的各物质的浓度、温度有关,还与溶液的 pH 值有关。电势- pH 图就是将各种物质的电极电势与溶液的 pH 值的关系画成图,从图上可以直接看出反应自发进行的可能性或要使反应进行所需的条件。

水既可被氧化,又可被还原,它的电极电势也受酸度的影响。水的氧化还原性质与下列两个电对的电极反应有关:

$$2H^+ + 2e^- = H_2 \quad (2H_2O + 2e^- = H_2 + 2OH^-) \qquad \varphi^{\ominus} = 0.00 \text{ V}$$
$$O_2(g) + 4H^+ + 4e^- = 2H_2O \qquad \varphi^{\ominus} = 1.23 \text{ V}$$

由上可知,两电对的电极电势与溶液中的 H^+ 离子浓度即 pH 值有关。在 25 ℃ 时,若 $p_{H_2} = p_{O_2} = p^{\ominus}$,上述两电对的电极电势为:

$$\varphi_{H^+/H_2} = \varphi_{H^+/H_2}^{\ominus} + \frac{0.059\ 17}{2} \lg \frac{(c_{H^+}/c^{\ominus})^2}{p_{H_2}/p^{\ominus}}$$
$$= \varphi_{H^+/H_2}^{\ominus} + \frac{0.059\ 17}{2} \lg(c_{H^+}/c^{\ominus})^2$$
$$= \varphi_{H^+/H_2}^{\ominus} - 0.059\ 17(pH) = -0.059\ 17(pH)$$
$$\varphi_{O_2/H_2O} = \varphi_{O_2/H_2O}^{\ominus} + \frac{0.059\ 17}{4} \lg(p_{O_2}/p^{\ominus})(c_{H^+}/c^{\ominus})^4$$
$$= \varphi_{O_2/H_2O}^{\ominus} + \frac{0.059\ 17}{4} \lg(c_{H^+}/c^{\ominus})^4 = 1.23 - 0.059\ 17(pH)$$

代入不同的 pH 值,即可得出相应的电极电势值。若以电对的电极电势为纵坐标,溶液的 pH 值为横坐标,绘出电极电势 φ 随 pH 值变化的图形,这样的图称为电势- pH 图(或 φ- pH 图)。以上两式与水有关的两个电对的电势- pH 图如图 1 所示。

图中的 a 线表示电对 H^+/H_2 的电极电势随 pH 值变化的情况;b 线表示电对 O_2/H_2O 的电极电势随 pH 值变化的情况。由图可以清楚地看出 pH 值对电极电势的影响。

从理论上说,在水溶液中,如果存在一个强氧化剂,它的电势高于 b 线,就可使水氧化而放出氧;同理,如果存在一个强还原剂,它的电势低于 a 线,水就可被还原。

例如:$\varphi_{F_2/F^-}^{\ominus} = 2.87$ V,电对 F_2/F 的电极电势与 pH 值无关,在电势- pH 图上应是一条平行于横坐标的直线,位于 b 线的上方(如图 1),所以 F_2 与水一接触就会使水氧化而放出氧。

$$F_2 + 2H_2O = 4HF + O_2$$

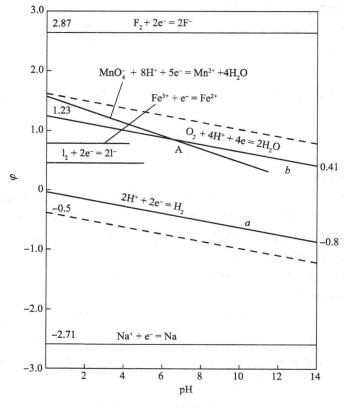

图 1 水的电势-pH 图

而 $\varphi^{\ominus}_{Na^+/Na^-} = -2.71\,V$,同理,可得一条平行于横坐标的直线,位于 a 线的下方(如图1),也可与水反应放出氢。

$$2Na + 2H_2O = 2Na^+ + 2OH^- + H_2$$

因而不能在水溶液中制备氟和金属钠,而必须采用熔盐电解法。

如果水溶液中的氧化剂低于 b 线,或者还原剂高于 a 线,则水既不会被氧化,也不会被还原。例如氧化剂 $FeCl_3$,或者还原剂 KI,它们在水溶液中都能稳定存在,即氧化剂或还原剂凡落在电势-pH 图中直线 a、b 之间都不会与水发生反应。

由此可见,图中 a、b 两条实线之外是水的不稳定区,两条实线之内是水的稳定区。实验证明,水的实际稳定区要比理论求得的更宽,它们各自从理论值延伸约 0.5 V,即为图中虚线所围的区域。这是因为水被分解放出 H_2 或 O_2 时,它们的超电势比较大。这很有实用意义,例如 $KMnO_4$ 在酸性溶液中:

$$MnO_4^- + 8H^+ + 5e^- = Mn^{2+} + 4H_2O \qquad \varphi^{\ominus}_{MnO_4^-/Mn^{2+}} = 1.51\,V$$

$$\varphi = 1.51 + \frac{0.059\,17}{5}\lg(c_{H^+}/c^{\ominus})^8 = 1.51 - 0.095(pH) \text{(设其他离子浓度均为 } 1\,mol \cdot L^{-1})$$

由图可知,它与 b 线交于 A 点,对应的 pH=7.2,当 pH<7.2 时,从理论上说 MnO_4^- 会使水氧化,并放出氧气,但实际上并非如此,这是因为此电势虽然落在 b 线之上,但在虚线以内,在水的实际稳定区内,因此不会使水氧化,所以 $KMnO_4$ 在水溶液中常作为优良的氧化剂。

根据能斯特方程和物质在水溶液中的性质提出的电势-pH 图,广泛应用于湿法冶金、腐蚀和防腐等方面。利用电势－pH 图很容易看出某一物质在水溶液中什么 pH 值范围内是稳定的,通过控制水溶液的 pH 值,来控制某些氧化还原反应的实现。

二、化学电源

化学电源简称电池,是把化学能转变为电能的装置。化学电源具有能量转换效率高、能量密度高,无噪声污染,可随意移动等特点,在国民经济、国防建设以及人们的日常生活中起着重要作用。从理论上说,任何自发的氧化还原反应相应的两个电对都可以组成电池产生电流,但从实际应用出发,在制造时,必须考虑电池的电压、放电容量、寿命、体积、重量及使用方便等条件。下面介绍干电池、蓄电池和燃料电池等。

(一) 干电池

锌锰干电池(见图 2)是日常使用较多的一种化学电源,它具有体积小、使用方便、价格便宜等特点。锌锰干电池的外壳是锌皮,作为电池的负极,外壳用多孔纸衬里,使电池内的物质与锌电极隔开。中间一根碳棒作为正极,在两电极间充满石墨粉、MnO_2 以及 NH_4Cl、$ZnCl_2$ 的糊状物。用蜡或其他密封材料将电池封闭起来,以避免水分蒸发。

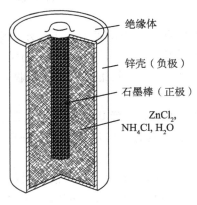

绝缘体
锌壳（负极）
石墨棒（正极）
$ZnCl_2$,
NH_4Cl, H_2O

图 2　干电池

当干电池放电时,其电极反应为:

$$负极 \quad Zn === Zn^{2+} + 2e^-$$

$$正极 \quad 2NH_4^+ + 2e^- === 2NH_3 + H_2$$

$$电池反应 \quad Zn + 2NH_4^+ === Zn^{2+} + 2NH_3 + H_2$$

电池中的 MnO_2 的作用是使氢氧化

$$MnO_2 + H_2 === MnO + H_2O$$

以防碳棒上积聚的氢气阻碍碳棒与 NH_4Cl 的接触,造成电池内阻增大,阻断电池反应和电流的产生。

正极反应产生的 NH_3 和负极反应产生的 Zn^{2+} 离子生成配离子 $[Zn(NH_3)_4]^{2+}$,它能抑制 Zn^{2+} 离子浓度增大,保持电池的电势接近恒定,也防止 NH_3 在电极上积累,造成极化。电池中的物质做成糊状,可使氧化还原反应便于发生,同时又可避免使用溶液而造成的不便。

锌锰干电池的电压约为 1.5 V,不足之处是不稳定,使用较长时间后,电压便显著下降。

20 世纪 80 年代又有了碱性锌锰电池，它是以 KOH 取代了酸性的 NH_4Cl 和 $ZnCl_2$。碱性锌锰电池具有电容量大，放电时电压比较稳定等特点，因而应用较为广泛。

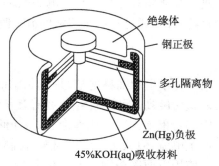

图 3　锌-氧化汞电池

为了满足特殊用途，可采用高性能的电池。如用于石英电子表、照相机、助听器等中的锌-氧化汞电池。

锌-氧化汞电池常被制成纽扣大小，因而俗称纽扣电池。它的负极是锌-汞合金，正极是与钢接触的氧化汞，如图 3 所示。两极的活性物质分别是锌和氧化汞，电解质是 45％ KOH 溶液，电极反应为：

负极　　　$Zn + 2OH^- \rightleftharpoons ZnO + H_2O + 2e^-$

正极　　　$HgO + 2H_2O + 2e^- \rightleftharpoons Hg + 2OH^-$

电池反应　$Zn + HgO + H_2O \rightleftharpoons Zn(OH)_2 + Hg$

锌-氧化汞电池的电压为 1.34 V，其特点是输出电压稳定，电池容量大，寿命长，而且体积小、质量轻，因而得到了广泛的应用。

以上介绍的这些电池一旦电池中反应物质耗尽后，外加电源充电不能恢复到原来状态，使其再重复使用。这种只能使用一次的电池称为一级电池或一次电池。

一级电池失效后，不可随便丢弃，必须收集起来加以回收，以免造成对环境的污染。

（二）蓄电池

蓄电池是可以积蓄电能的一种装置。蓄电池放电后，用直流电充电，可使电池恢复到原来的状态，因而可反复使用。这种具有可以反复放电和充电而使电池可反复使用的性能的电池称为二级电池或二次电池。

最常用的蓄电池是铅蓄电池，如图 4 所示。其电极是铅锑合金组成的栅状极片，分别填塞 PbO_2 和海绵状金属铅，用 30％相对密度为 1.2 的硫酸作为电解质。放电时，其作用原理与原电池相似，电极反应为：

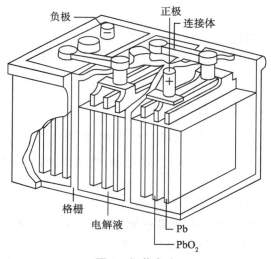

图 4　铅蓄电池

$$负极　Pb+SO_4^{2-}=\!\!=\!\!=PbSO_4+2e^-$$

$$正极　PbO_2+SO_4^{2-}+4H^++2e^-=\!\!=\!\!=PbSO_4+2H_2O$$

$$电池反应　Pb+PbO_2+2H_2SO_4=\!\!=\!\!=2PbSO_4+2H_2O$$

这一过程把化学能转变为电能。铅蓄电池电动势为 2.2 V。由于在放电过程中消耗了硫酸，硫酸的浓度逐渐下降，电压也随之下降，当电动势下降为 1.9 V 左右时，就应该及时充电，否则就难以恢复，从而造成铅蓄电池的损坏。

当向电池充电时，蓄电池起电解池的作用，两极的反应为：

$$阴极　PbSO_4+2e^-=\!\!=\!\!=Pb+SO_4^{2-}$$

$$阳极　PbSO_4+2H_2O=\!\!=\!\!=PbO_2+SO_4^{2-}+4H^++2e^-$$

$$电池反应　2PbSO_4+2H_2O=\!\!=\!\!=Pb+PbO_2+2H_2SO_4$$

随着不断地充电，电池的电动势和硫酸的浓度随之升高，蓄电池又恢复原状，即可再次使用。

蓄电池放电时的两极反应即为充电时的两极反应的逆反应，两者可用一个方程式表示：

$$Pb(s)+PbO_2(s)+2H_2SO_4 \underset{充电}{\overset{放电}{\rightleftharpoons}} 2PbSO_4(s)+2H_2O$$

铅蓄电池重量大，抗震性差，但使用的历史早，较为成熟并且价廉。目前使用聚丙烯等有机材料作为外壳，可以有效减轻自身重量，增强抗震性；另外用硅胶与硫酸混合制成硅胶电解质代替硫酸溶液，使用更为安全。

现在使用较多的是镍镉电池，它是一种小型的二次电池，外形与干电池相似，以 Cd 为负极，以 NiO_2 为正极，电解质是碱性溶液，放电时的两极反应为：

$$负极　Cd+2OH^-=\!\!=\!\!=Cd(OH)_2+2e^-$$

$$正极　NiO_2+2H_2O+2e^-=\!\!=\!\!=Ni(OH)_2+2OH^-$$

$$电池反应　Cd+NiO_2+2H_2O=\!\!=\!\!=Cd(OH)_2+Ni(OH)_2$$

当用外电源充电时，可发生逆反应，使电池得以再生。充放电过程无气体生成，因此这种电池可以封闭，如干电池那样使用。镍镉电池的内部电阻小，可产生 1.5 V 的稳定电压，使用寿命长，且能在低温环境下工作，常用于航天部门和用于电子计算器及收录机的电源。

另一种银锌电池既可作为蓄电池，又可作为一级电池。其负极为锌，正极为氧化银，用 40% KOH 溶液作为电解质，放电时的反应为：

$$负极　Zn+2OH^-=\!\!=\!\!=Zn(OH)_2+2e^-$$

$$正极　Ag_2O+H_2O+2e^-=\!\!=\!\!=2Ag+2OH^-$$

$$电池反应　Zn+Ag_2O+H_2O=\!\!=\!\!=2Ag+Zn(OH)_2$$

充电反应即为上述反应的逆反应。

银锌电池具有电容量大，可大电流放电，抗震性好等性能，用于人造卫星、宇宙航行的电源，但价格昂贵。

(三) 燃料电池

燃料电池是将燃料(如氢气、天然气、甲烷等)燃烧反应产生的化学能直接转化为电能的装置。燃料电池与蓄电池的不同之处在于不能通过外电源充电再生使用,在其电力耗尽后,即电池内所含燃料等反应物达到平衡后,需向电池继续提供反应物,再能重复使用。

燃料电池效率高,可使 60%～70% 的化学能转变为电能,较为典型的是 H_2-O_2 燃料电池,其结构如图 5 所示。

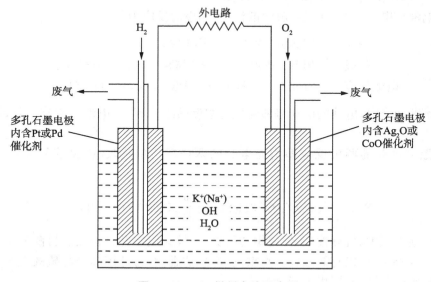

图 5 H_2-O_2 燃料电池示意图

两个多孔石墨电极(分别含有催化剂)插入 KOH 或 NaOH 电解质溶液中,H_2 和 O_2 不断通入电极并不断被消耗,电极反应如下:

$$负极 \quad H_2(g) + 2OH^-(aq) = 2H_2O + 2e^-$$

$$正极 \quad \frac{1}{2}O_2 + H_2O(l) + 2e^- = 2OH^-(aq)$$

$$电池反应 \quad H_2(g) + \frac{1}{2}O_2(g) = H_2O(l)$$

若不断加入 O_2 和 H_2,就可使反应不断进行而能继续供电,反应的生成物是水,不会造成对环境的污染。这是燃料电池的最大优点。

燃料电池的应用十分广泛,在载人宇宙飞船中,就是用 H_2-O_2 燃料电池作为能源。但目前这类电池成本高,气体净化要求也高,很难普及。高效、安全、价廉的电池仍在研究之中。

第 5 章　原子结构和元素周期系

不同的物质表现出各不相同的物理、化学性质,是和它们各自具有不同的微观结构密切相关的。为此人们对物质的微观结构进行了长期而艰苦的探索。直到 20 世纪初科学家们才在这方面取得了划时代的辉煌成就,打开了原子这个微粒的大门,并逐步深入地认识了原子内部结构的复杂性,建立了原子结构的有关理论。在此基础上,又有了对分子、离子以及固体等内部结构的明确认识。

5.1　玻尔原子模型

1808 年英国化学家道尔顿(John Dalton)提出了物质由原子构成,原子不可再分。19 世纪末,物理学上一系列的新发现,特别是电子的发现和 α 粒子的散射现象,打破了原子不可分割的旧观点,并证实原子本身也是很复杂的。1911 年,英国物理学家卢瑟福(E. Rutherford)根据 α 粒子的散射实验提出了含核原子模型。他认为每个原子中有一个带正电荷的原子核,核外有若干电子在它的周围旋转。卢瑟福的含核原子模型比较直观,时至今日在讨论一般原子结构知识时仍采用此模型。但这个模型却不能解释原子稳定存在和原子的线状光谱,为此人们必须寻找新的原子模型。

1913 年玻尔(Niels H. D. Bohr)在卢瑟福含核原子模型的基础上由氢光谱启发提出了玻尔原子模型。

5.1.1　氢原子光谱

各种原子受带电粒子的撞击(或加高温)均能发出特定波长的明线光谱,称为原子光谱,它由许多分立的谱线组成,又称线状光谱。氢原子光谱是最简单的线状光谱,它在红外区、紫外区和可见光区有多条不同波长的特征谱线。在可见光区有 5 条比较明显的谱线:一条红、一条青、一条蓝、两条紫,通常用 H_α,H_β,H_γ,H_δ,H_ϵ 表示,它们的波长依次为 656.3 nm,486.1 nm,434.0 nm,410.2 nm 和 397.0 nm[1](图 5 - 1)。玻尔为了解释原子光谱,对原子结构作了大胆的设想,从而建立了他的原子结构模型,即玻尔原子模型。

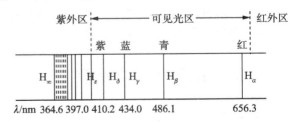

图 5 - 1　氢原子光谱

---

[1]　nm 称作纳米,1 nm$=10^{-9}$ m。

5.1.2 玻尔原子模型

玻尔将普朗克量子论[①]应用于卢瑟福的含核原子模型,他根据辐射的不连续性和氢原子光谱有间隔的特性,推论原子中电子的能量也不可能是连续的,而是量子化的。其要点可表述为:

(1) 原子核外的电子只能在某些具有特定能量的轨道上运动,电子在这种轨道上运动时,并不放出或吸收能量,处于一种稳定态。

(2) 电子在不同轨道上运动时可具有不同的能量,电子运动时所处的能量状态称为能级。电子在轨道上运动时所具有的能量只能取某些不连续的数值,即电子的能量是量子化的。玻尔推算出氢原子的允许能量 E 只限于下式给出的数值:

$$E=-\frac{2.18\times10^{-18}}{n^2}\text{ J} \tag{5-1}$$

式中,n 称为量子数,其值可取 1,2,3,4 等正整数。当 $n=1$ 时,轨道离核最近,能量最低,此时的能量状态称为基态。$n=2,3,4\cdots\cdots$轨道依次离核渐远,能量逐渐升高。这些能量状态的氢原子被称为处于激发态或较高能级。

(3) 只有当电子在不同的轨道上发生跃迁时,才有能量的吸收和放出。当电子从能量较高(E_2)的轨道跃迁到能量较低(E_1)的轨道时,就会放出能量,这份能量转变成为一个辐射能的量子,其频率和能量的关系为

$$E_2-E_1=\Delta E=h\nu$$
$$\nu=\frac{E_2-E_1}{h} \tag{5-2}$$

式中,h 为普朗克常数,6.626×10^{-34} J·s。

应用玻尔原子模型能很好地解释氢光谱。根据式(5-2)计算出氢原子光谱的各条谱线的频率与光谱实验结果是一致的。

玻尔理论成功地解释了氢原子光谱,并提出了能级的概念,对近代原子结构作出了一定的贡献。但是玻尔提出的原子模型是有局限性的,它不能说明多电子原子光谱,也不能说明氢原子光谱的精细结构[②]。这是由于电子是微观粒子,不同于宏观物体,电子运动不遵守经典力学的规律,而有它本身的特征和规律。玻尔理论虽然引入量子化,但它的关于电子绕核运动的固定轨道的观点不符合微观粒子的运动特性。因此玻尔原子模型必然要被新的模型即原子的量子力学模型所代替。

5.2 原子的量子力学模型

量子力学是研究电子、原子、分子等微观粒子运动规律的科学。微观粒子运动的主要特点是量子化和波粒二象性。

---

① 普朗克量子论:辐射能的放出和吸收并不是连续的,而是按照一个基本量或基本量的整数倍被物质放出或吸收,这种情况称为量子化。这个最小的基本量称为量子或光子。

② 氢原子光谱的精细结构是精密分光镜下观测谱线发现的,这时每一条谱线可分解为若干条波长相差极小的谱线。

5.2.1　微观粒子的波粒二象性

在 20 世纪初,通过光的干涉、衍射现象,明确了光具有波动性,而光电效应、原子光谱又明确了光具有粒子性。1924 年,德布罗意(L. de Broglie)在这一事实启发下提出一个大胆的假设:实物微粒都具有波粒二象性,也就是说实物微粒除具有粒子性外,还具有波的性质,这种波称为德布罗意波或物质波。德布罗意认为,对于质量为 m、运动速率为 v 的微粒,其波长 λ 可用下式求得:

$$\lambda = \frac{h}{mv} \qquad\qquad (5-3)$$

例如,电子的质量为 9.1×10^{-31} kg,若电子的运动速率为 1.0×10^6 m·s^{-1},则通过式(5-3)可求得其波长为 0.73 nm。

德布罗意的假设被电子衍射实验所证实。1927 年,美国物理学家戴维逊(C. T. Divission)等人用一束电子流通过晶体,结果得到了和光衍射相似的衍射图(图 5-2)。根据衍射实验得到的电子波的波长也与按德布罗意公式计算出来的波长相符。衍射现象是波存在的铁证,因

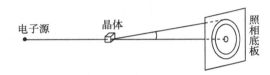

图 5-2　电子衍射示意图

此上述实验证实了电子的波动性。后来相继发现并证实了质子、中子等粒子均具有波动性。

那么,物质波是一种怎样的波呢? 人们发现,用较强的电子流通过晶体在较短时间内可得到电子衍射图,但是如果让电子一个一个地通过晶体,结果发现,当一个电子到达后,在底片上出现一个感光点,见图 5-3(a),这表现了电子的粒子性。随着时间的增加,在底片上出现了较多的点,但这些点并不重合,也无规律性,见图 5-3(b)。如果时间足够长,则在底片上也会得到完整的衍射图像,见图 5-3(c)。这显示了电子的波动性。由此可见,电子等物质的波动性是大量微粒运动(或者一个粒子的千万次运动)所表现出来的性质,是微粒行为统计性的结果。

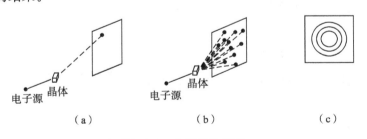

图 5-3　电子衍射原理

从电子衍射图像可知,衍射强度大的区域,电子出现的机会多,或者说电子出现的概率大;衍射强度小的区域,电子出现的概率小。即空间任何一点波的强度和微粒(电子)在该处出现的概率成正比,所以物质波是具有统计性的概率波。

5.2.2　核外电子运动状态的近代描述

量子力学从微观粒子都具有波粒二象性出发,认为微粒的运动状态可用波函数 ψ(读作

波赛)来描述。对微粒来讲,它是在三维空间作运动,因此它的运动状态必须用三维空间伸展的波来描述,即这种波函数是空间坐标 x,y,z 的函数 $\psi(x,y,z)$。波函数是一个描述波的数学函数式,以表征核外电子的运动状态。波函数可通过量子力学的基本方程——薛定谔方程求得。

1. 薛定谔方程

1926 年,奥地利科学家薛定谔(E. Schrödinger)以实物微粒的波粒二象性为基础提出了一个描述微观粒子运动的基本方程——薛定谔方程。它是一个二阶偏微分方程:

$$\frac{\partial^2\psi}{\partial x^2}+\frac{\partial^2\psi}{\partial y^2}+\frac{\partial^2\psi}{\partial z^2}+\frac{8\pi^2 m}{h^2}(E-V)\psi=0$$

式中 E 是体系总能量,V 是体系的势能,m 是微粒的质量。$\frac{\partial^2\psi}{\partial x^2}$ 是微积分中的符号,它

表示 ψ 对 x 的二阶偏导数,$\frac{\partial^2\psi}{\partial y^2}$,$\frac{\partial^2\psi}{\partial z^2}$ 有类似的意义。对氢原子来说,ψ 是描述氢原子核外电子运动状态的数学函数式,E 是氢原子的总能量,V 是原子核对电子的吸引能,m 是电子的质量。

解薛定谔方程就是解出其中的波函数 ψ 和 E,这样就可以了解电子的运动状态和能量的高低。但是求解的过程涉及很深的数学基础,属于量子力学研究范围。我们只是为了了解量子力学处理原子结构问题的思路,引出描述电子运动的四个量子数及有关概念才作一简单的介绍。

解薛定谔方程时,为了方便起见,将直角坐标 (x,y,z) 换算成球极坐标 (r,θ,ϕ),它们之间的变换关系如图 5-4 所示,图中 P 为空间中的一点。

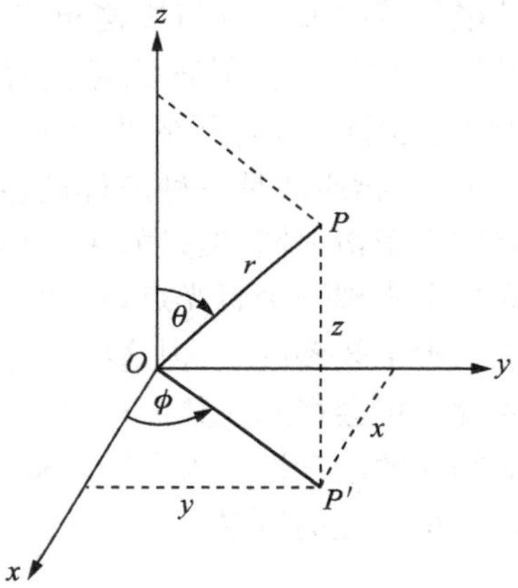

经坐标变换后以直角坐标描述的波函数 $\psi(x,y,z)$ 转化为以球极坐标描述的波函数 $\psi(r,\theta,\phi)$。在数学上又可将 $\psi(r,\theta,\phi)$ 分解为两部分。

$$\psi(r,\theta,\phi)=R(r)Y(\theta,\phi)$$

其中 R 是电子离核距离 r 的函数,称为波函数的径向部分;Y 则是角度 θ,ϕ 的函数,称为波函数的角度部分。

$x=r\sin\theta\cos\phi$; $\quad y=r\sin\theta\sin\phi$;
$z=r\cos\phi$; $\quad r^2=x^2+y^2+z^2$

图 5-4 球极坐标与直角坐标的关系

2. 波函数和原子轨道

薛定谔方程有很多的解,为了使所求的解具有特定的物理意义,必须引入三个量子数,它们只能取如下数值:

主量子数 $n=1,2,3,\cdots,\infty$。

角量子数 $l=0,1,2,\cdots,n-1$。

　　　　共可取 n 个数值。

磁量子数 $m=0,\pm1,\pm2,\cdots,\pm l$。

　　　　共可取 $2l+1$ 个数值。

用一套三个量子数解薛定谔方程,可得波函数的径向部分 $R_{nl}(r)$[①]和角度部分 $Y_{lm}(\theta、\phi)$[②]的解。两者相乘,可得到一个波函数的数学函数式。例如,对氢原子而言,用 $n=1,l=0,m=0$ 解薛定谔方程可得:

$$R_{nl}(r)=R_{10}(r)=2\left(\frac{1}{a_0}\right)^{3/2}e^{-r/a_0}$$

$$Y_{lm}(\theta,\phi)=Y_{00}(\theta,\phi)=\sqrt{\frac{1}{4\pi}}$$

$$\psi_{100}(r,\theta,\phi)=R_{10}(r)Y_{00}(\theta,\phi)=\sqrt{\frac{1}{\pi a_0^3}}e^{-r/a_0}$$

式中,a_0 称为玻尔半径,其值等于 52.9 pm[③]。

由上可知,波函数可用一组量子数来描述它,每一个由一组量子数所确定的波函数表示电子的一种运动状态。在量子力学中,把三个量子数都有确定值的波函数称为原子轨道。如 $n=1,l=0,m=0$ 所描述的波函数 ψ_{100} 称为 1s 原子轨道。因此波函数和原子轨道是同义词。要注意,这里原子轨道的含义不同于宏观物体的运动轨道,也不同于玻尔所说的固定轨道,它是指电子的一种空间运动状态。

(3) 概率密度和电子云

波函数 ψ 本身虽不能与任何可以观察的物理量相联系,但波函数的平方 ψ^2 却可以反映电子在核外某处单位体积内出现的概率的大小,即该处的概率密度。

我们知道,电子和光子一样具有波粒二象性,所以可与光波的情况作比较。从光的波动性分析,在光的衍射图中最亮的地方,光振动的振幅最大,光的强度与振幅的平方成正比;从光的粒子性来考虑,光的强度最大的地方,那里的光子密度最大,光的强度与光子密度成正比。若将波动性和粒子性统一起来,则光的振幅平方与光子密度成正比。对电子来说,亦应有类似的结论,即电子波的波函数平方 ψ^2 与电子出现的概率密度成正比。因而认为波函数的平方 ψ^2 可用来反映电子在核外某处单位体积内出现的概率大小即概率密度。

我们常把电子在核外出现的概率密度的大小用小黑点的疏密来表示,电子出现概率大的区域用密集的小黑点表示,电子出现概率密度小的区域用稀疏的小黑点表示。这样得到的图像叫做电子云,它是电子在核外空间各处出现概率密度大小的形象化描述。图 5-5 是氢原子 1s 电子云示意图。

从图 5-5 可以看出,在氢原子中,电子的概率密度随离核距离的增大而减小。这也可以从氢原子基态的波函数 ψ_{1s} 的平方(即概率密度)的函数式看出:

图 5-5　氢原子 1s 电子云的示意图

$$\psi_{1s}^2=\frac{1}{\pi a_0^3}e^{-2r/a_0}$$

r 越小,即电子离核越近,出现的概率密度越大;反之,r 越大,电子离核越远,则概率密度越小。图 5-6 是氢原子 1s 电子的概率密度随着离核半径变化的情况。

---

① 波函数的径向部分只与主量子数 n 和角量子数 l 有关,故下标只需用两个量子数表示,$R_{nl}(r)$。

② 波函数的角度部分只与角量子数 l 和磁量子数 m 有关,故下标只需用两个量子数表示,$Y_{lm}(\theta,\phi)$。

③ pm 称作皮米,1 pm=10^{-12} m。

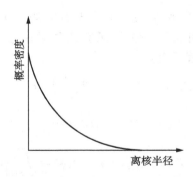

图 5-6　氢原子 1s 电子的概率密度与离核半径的关系

4. 四个量子数

解薛定谔方程必须先确定三个量子数 n、l、m。对于三维运动的电子来说，三个量子数就可以描述其运动状态。但进一步的实验和研究发现，电子还可作自旋运动，因此还需要第四个量子数——自旋量子数 m_s 来描述。这样，描述核外电子的一种运动状态共需要用四个量子数。现将四个量子数的重要意义综述如下。

(1) 主量子数 n：主量子数决定电子在核外出现概率最大区域离核的平均距离。它的数值取从 1 开始的正整数，即 $n=1,2,3,\cdots$。当 $n=1$ 时，电子离核平均距离最近；n 值越大，电子离核的平均距离越远，所处状态的能级越高。光谱学上 n 值常用代号 K，L，M，N……表示，习惯上称电子层。

n	1	2	3	4	5	6	...
电子层	K	L	M	N	O	P	...

(2) 角量子数 l：角量子数是描述原子轨道和电子云的形状。l 值可以取从 0 到 $n-1$ 的正整数。l 和 n 值之间的关系见表 5-1。

表 5-1　量子数和原子轨道

n	电子层符号	l	轨道	m	轨道数	
1	K	0	1s	0	1	1
2	L	0	2s	0	1	4
		1	2p	+1,0,-1	3	
3	M	0	3s	0	1	9
		1	3p	+1,0,-1	3	
		2	3d	+2,+1,0,-1,-2	5	
4	N	0	4s	0	1	16
		1	sp	+1,0,-1	3	
		2	4d	+2,+1,0,-1,-2	5	
		3	4f	+3,+2,+1,0,-1,-2,-3	7	

每种 l 值表示一类原子轨道和电子云的形状，其数值常用光谱符号表示：

l 值	0	1	2	3	4	…
l 值符号	s	p	d	f	g	…

$l=0$ 即 s 电子,电子云的形状呈球形对称;$l=1$ 即 p 电子,电子云呈哑铃形;$l=2$ 即 d 电子,电子云呈花瓣形;f 电子云形状更为复杂。

当 n 值相同 l 值不同时,则同一电子层又形成若干电子亚层。也就是说,同一电子层的电子的能量还稍有差别。l 值越大,能量越高。即 s 亚层能量最低,p,d,f 亚层的电子能量依次升高。

(3) 磁量子数 m:磁量子数是描述原子轨道和电子云在空间的伸展方向。若给定 l 值,则 m 可取从 $+l$ 到 $-l$,包括 0 在内的整数值,即取 $2l+1$ 个数值。当 $l=0$ 时,$m=0$,即 s 电子只有一种空间取向;当 $l=1$ 时,$m=+1,0,-1$,p 电子可有三种取向,电子云沿直角坐标 x,y,z 三个轴的方向伸展,分别称为 p_x,p_y,p_z;当 $l=2$ 时,$m=+2,+1,0,-1,-2$,d 电子云可有 5 种取向,即 $d_z^2,d_{xz},d_{yz},d_{xy},d_{x^2-y^2}$。

我们常把 n,l 和 m 都确定的电子运动状态称为原子轨道,所以 s 亚层只有 1 个原子轨道;p 亚层有 3 个原子轨道;d 亚层有 5 个原子轨道;f 亚层有 7 个原子轨道,见表 5-1。同一亚层的原子轨道虽然空间的取向可以不同,但不影响电子的能量,即磁量子数与能量无关。因此,l 相同的几个原子轨道能量是等同的,这样的轨道通称为等价轨道[①]或简并轨道。如 l 相同的 3 个 p 轨道,5 个 d 轨道,7 个 f 轨道,都是等价轨道。

(4) 自旋量子数 m_s,自旋量子数表示了电子自旋运动的取向。因为电子的自旋只有 2 个相反的方向,故自旋量子数 m_s 只有两个值:$+\frac{1}{2}$ 和 $-\frac{1}{2}$。通常也用向上和向下的箭头 ↑↓ 分别表示。

综上所述,电子在核外运动状态可以用四个量子数来确定。

5.2.3　原子轨道和电子云的角度分布图

1. 原子轨道角度分布图

原子轨道除用数学函数式描述外,通常还可用相应的图形来表示。

波函数可分离为径向部分和角度部分的乘积:

$$\psi(r,\theta,\phi)=R(r)Y(\theta,\phi)$$

如果我们得到了 $R(r)$ 和 $Y(\theta,\phi)$ 的确定函数式,就可从径向部分和角度部分两个侧面来画原子轨道的图形。由于原子轨道的角度分布图对研究化学键的形成和分子构型很有用处,因此着重讨论原子轨道的角度分布图。

原子轨道角度分布图是波函数角度部分 $Y(\theta,\phi)$ 随 θ 和 ϕ 变化所做的图象。

例如由薛定谔方程解得所有 s 轨道波函数的角度部分 Y_s 为 $\sqrt{\dfrac{1}{4\pi}}$,它是一个与角度 (θ,ϕ) 无关的常数,所以它的角度分布图是一个以半径为 $\sqrt{\dfrac{1}{4\pi}}$ 的球面(图 5-8)。

---

① 当有外磁场作用时,相同 n,l 而不同 m 值的原子轨道在能级上有微小的差异,不一定都是等价轨道。

又如所有 p_z 轨道波函数的角度部分为：

$$Y_{p_z} = \sqrt{\frac{3}{4\pi}}\cos\theta$$

Y_{p_z} 值随 θ 的变化而改变，在作图前先列出不同 θ 时的 Y_{p_z} 值：

θ	0°	30°	60°	90°	120°	150°	180°
$\cos\theta$	1.00	0.866	0.500	0	−0.500	−0.66	−1.00
Y_{p_z}	0.489	0.423	0.244	0	−0.244	−0.423	−0.489

　　然后如图 5-7 所示，从原点引出与 z 轴成一定 θ 角的直线，并令直线的长度等于相应的 Y_{p_z} 值，联结所有直线的端点，再把所得到图形绕 z 轴旋转 360°，所得空间曲面即为 p_z 轨道的角度分布图。此图形在 xy 平面上，$Y_{p_z}=0$，即角度分布值等于零，这样的平面叫做节面。必须指出，图中节面上下的正负号仅表示 Y 值是正值还是负值，并不代表电荷。

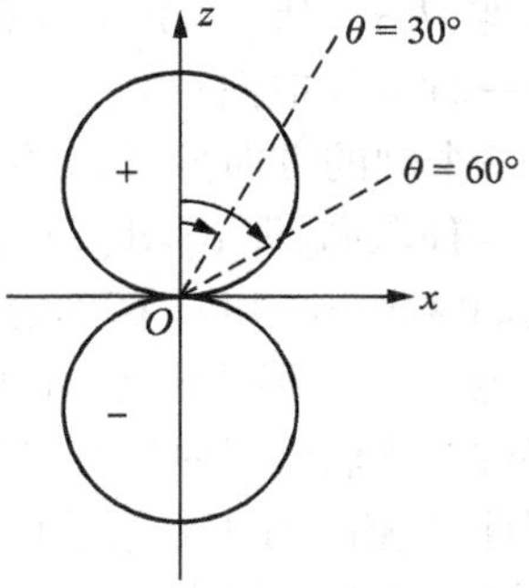

　　其他原子轨道的角度分布图也可根据各自的函数值（如 $Y_{p_x}=\sqrt{\dfrac{3}{4\pi}}\sin\theta\cos\phi$，$Y_{p_y}=\sqrt{\dfrac{3}{4\pi}}\sin\theta\sin\phi$）用类似方法作图。原子轨道的角度分布图如图 5-8 所示。

图 5-7　p_z 原子轨道的角度分布示意图

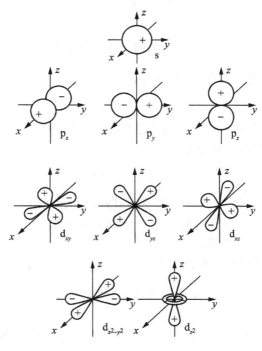

图 5-8　s, p, d 原子轨道角度分布立体示意图

2. 电子云角度分布图

电子云是电子在核外空间出现的概率密度分布的形象化描述,而概率密度大小可用 ψ^2 来表示,若以 ψ^2 作图,则可以得到电子云图像。将 ψ^2 的角度部分 Y^2 随 θ、ϕ 变化的情况作图,就得到电子云角度分布图(图5-9)。电子云的角度分布图与相应的原子轨道角度分布图相似,它们的主要区别有两点:第一,由于 $Y<1$,所以 Y^2 一定小于 Y,因而电子云的角度分布图要比原子轨道的角度分布图"瘦"些。第二,原子轨道的角度分布图有正、负之分,而电子云的角度分布图全部为正,这是由于 Y 平方后总是正值。

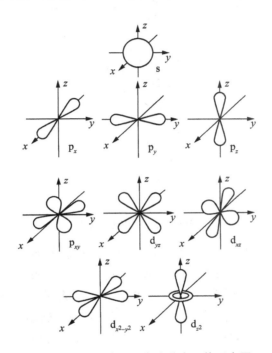

图5-9　s,p,d电子云角度分布立体示意图

5.3　多电子原子结构与周期系

除氢外,其他元素的原子核外都不止一个电子,这些原子统称为多电子原子。多电子原子的核外电子是如何分布的? 为此必须首先讨论多电子原子的能级。

5.3.1　多电子原子的能级

氢原子的核外只有一个电子,因此其轨道的能量都决定于主量子数。多电子原子中,由于原子中轨道之间的相互排斥作用,使主量子数相同的各轨道产生分裂,因而主量子数相同的各轨道的能量不再相等。因此多电子原子中各轨道的能量不仅与主量子数有关,还与角量子数有关。

鲍林(L. Pauling)根据光谱实验结果总结出多电子原子中各轨道能级顺序,并按能级的高低顺序绘成近似能级图,即鲍林近似能级图,见图5-10。图中小圆圈表示原子轨道,虚线方框中的各轨道组成一个能级组。由图可见,原子轨道共划分为七个能级组,同一能级组中各轨道的能量相近,相邻两个能级组能量相差比较大。并由此可归纳出以下规律:

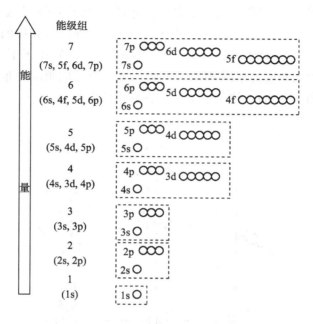

图 5 - 10 近似能级图

(1) 当角量子数 l 相同时,主量子数 n 越大,能级越高,例如 $E_{1s} < E_{2s} < E_{3s} \cdots\cdots$

(2) 当主量子数 n 相同时,角量子数 l 越大,能级越高,例如 $E_{ns} < E_{np} < E_{nd} \cdots\cdots$

(3) 当主量子数和角量子数都不同时,我国化学家徐光宪归纳出用该轨道的 $(n+0.7l)$ 值来判断:$(n+0.7l)$ 值越小,能级越低。例如 4s 和 3d 原子轨道,它们的 $(n+0.7l)$ 值分别为 4.0 和 4.4,因此 $E_{4s} < E_{3d}$,这种 n 值大的亚层的能量反而比 n 值小的亚层的能量低的现象称为能级交错。

能级交错现象可用屏蔽效应来解释。

在多电子原子中,电子不仅受到原子核的吸引,而且电子与电子之间存在着排斥作用。斯莱特(J. C. Slater)认为,在多电子原子中,某电子受其余电子的排斥的结果,相当于抵消了一部分原子核对该电子的吸引作用。就好像在该电子的周围有一个负电荷的屏障,屏蔽掉了一部分核电荷,使该电子实际所受到核的引力要比相应数值上等于原子序数 Z 的核电荷的引力要小。因此要从 Z 中减去一个 σ 值,σ 称为屏蔽常数。通常把电子实际所受到的核电荷称为有效核电荷,用 Z^* 表示,则

$$Z^* = Z - \sigma$$

这种将其他电子对某个电子的排斥作用归结为抵消一部分核电荷的作用,称为屏蔽效应。在原子中,如果屏蔽效应大,则会使电子受到的有效核电荷减少,因而电子具有的能量就增大。

要计算原子中某电子所受到的有效核电荷,必须知道屏蔽常数 σ 的值。斯莱特提出了

计算 σ 值的经验规则[①]，因而可计算有效核电荷。例如，对于钾原子，电子分布式为 $1s^2 2s^2 2p^6 3s^2 3p^6 4s^1$（参阅 5.3.2），根据斯莱特规则，如果最后一个电子填在 4s 上，则受到的有效核电荷为 2.20，若填在 3d 上，则受到的有效核电荷为 1.00，因此 $E_{4s} < E_{3d}$。

5.3.2 核外电子分布和周期系

1. 核外电子分布的三个原则

根据光谱实验的结果，总结出核外电子分布基本上遵循三个原则：泡利（Pauli）不相容原理、能量最低原理、洪特（Hund）规则。

（1）泡利不相容原理 在同一原子中，不可能有两个电子具有完全相同的四个量子数。即同一轨道最多只能容纳 2 个自旋方向相反的电子。根据这个原理，可以推算出各电子层、亚层最多可容纳的电子数。例如，在原子的第一电子层只有 1 个 1s 轨道（表 5-1），最多可容纳 2 个电子；第二电子层有 4 个轨道，可容纳 8 个电子；依次推算出 3，4，5 电子层的最大容量分别为 18，32，50。以 n 代表电子层，则每层电子最大容量为 $2n^2$。

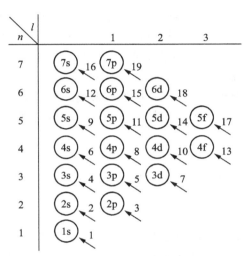

图 5-11 电子填充顺序图

（2）能量最低原理 在不违背泡利原理的前提下，核外电子的分布将尽可能优先占据能量最低的轨道，以使系统能量最低。根据能量最低原理，核外电子一般是按照近似能级图中各能级的顺序由低到高填充的（图 5-11）。

（3）洪特规则 洪特根据大量光谱实验的结果总结出一个重要规律：在同一亚层的各个等价轨道上，电子的分布将尽可能占据不同的轨道，而且自旋方向相同。这个规则称为洪特规则。用量子力学理论推算，也证明这样的排布可以使系统能量最低。例如碳原子核外有 6 个电子，其电子分布为 $1s^2 2s^2 2p^2$，根据洪特规则，其轨道表示式为

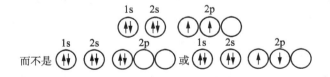

---

① 斯莱特为了确定 σ 值，将电子分成几个轨道组：

$$1s；2s，2p；3s，3p；3d；4s，4p；4d；4f；5s，5p；\cdots$$

在多电子原子中，某一电子所受到屏蔽作用的大小（σ）与该电子所处的状态以及对该电子发生屏蔽作用的其余电子的数目和状态有关。斯莱特认为 σ 值是下列各项之和：

（1）任何位于所考虑电子的外面的轨道组，其 $\sigma = 0$；

（2）同一轨道组的每个其他电子的 σ 一般为 0.35，但在 1s 情况下为 0.3；

（3）$(n-1)$ 层的每个电子对 n 层电子的 σ 为 0.85，更内层为 1.00；

（4）对于 d 或 f 轨道上的电子来说，前面轨道组的每一个电子对它的 $\sigma = 1.00$。

由洪特规则还可以推知，等价轨道在全充满、半充满或全空的分布方式是比较稳定的，即：

全充满　　　p^6 或 d^{10} 或 f^{14}

半充满　　　p^3 或 d^5 或 f^7

全　空　　　p^0 或 d^0 或 f^0

这也可以看作洪特规则的特例。

2. 周期系中各元素原子的电子分布

周期系中各元素原子的核外电子分布情况主要是根据光谱实验确定的。表 5-2 列出了周期系中各元素原子中电子的分布情况。

讨论核外电子分布主要根据核外电子分布原则和图 5-11 电子填充顺序，随原子序数的增加，电子将依次填充各相应的原子轨道中，这样得出的周期系各元素原子的电子分布，对大多数元素来说，与光谱实验结果是一致的。但也有少数例外。对于这种情况，我们首先应该尊重光谱实验事实，但利用一般原则进行核外电子分布是有重要意义的，它有助于掌握核外电子分布的一般情况和了解周期律的本质。

元素原子核外电子分布的情况可用电子分布式表示。例如钛(Ti)原子有 22 个电子，其电子分布情况应为：

$$1s^2 2s^2 2p^6 3s^2 3p^6 4s^2 3d^2$$

但在书写电子分布式时，要将 3d 轨道放在 4s 前面，与同层的 3s, 3p 轨道一起，即钛原子的电子分布式为：

$$1s^2 2s^2 2p^6 3s^2 3p^6 3d^2 4s^2 \quad 或 \quad [Ar]3d^2 4s^2$$

这里[Ar]称为原子实，这个原子实的电子分布与 Ar 原子的电子分布完全相同。

又如，Cr(Z=24)，其电子分布式为[Ar]$3d^5 4s^1$ 而不是[Ar]$3d^4 4s^2$；

Cu(Z=29)，其电子分布式为[Ar]$3d^{10} 4s^1$ 而不是[Ar]$3d^9 4s^2$。

这是根据光谱实验得到的结果。表 5-2 中还有类似的情况，这些都是洪特规则的特例。

由于化学反应中通常只涉及外层电子的改变，所以一般不必写出完整的电子分布式，只需写出外层电子分布情况即外层电子构型即可。对主族元素即为最外层电子分布的形式。例如氯原子外层电子构型为 $3s^2 3p^5$。对副族元素则是指最外层 s 电子和次外层 d 电子的分布形式。例如钛原子和铬原子的外层电子构型分别为 $3d^2 4s^2$ 和 $3d^5 4s^1$。

应该指出，当原子失去电子成为正离子时，往往是失去离核最远的最外层电子。例如，Mn 原子的电子分布式为 $1s^2 2s^2 2p^6 3s^2 3p^6 3d^5 4s^2$，其外层电子构型为 $3d^5 4s^2$，则 Mn^{2+} 的外层电子构型为 $3s^2 3p^6 3d^5$，而不是 $3s^2 3d^3 4s^2$。

3. 原子的电子分布与周期系

归纳表 5-2 原子中的电子分布可知，原子的最外电子层随着原子的核电荷的增大，经常重复着同样的电子构型。原子周期性重复外层电子构型是元素性质周期性变化即元素周期律的基础。而元素周期表则是周期律的表现形式。因此，联系核外电子的分布和元素周期表，可清楚地看出它们之间的规律性：

(1) 每一周期开始都出现一个新的电子层，因此元素原子的电子层数就是该元素在周期表中所处的周期数；

(2) 周期是原子中电子能级组的反映，各周期中元素的数目等于相应能级组(图 5-10)中原子轨道所能容纳的电子总数，见表 5-3。

表 5-2　原子中电子的分布

周期	原子序数	元素符号	K	L		M			N				O				P			Q
			1s	2s	2p	3s	3p	3d	4s	4p	4d	4f	5s	5p	5d	5f	6s	6p	6d	7s
1	1	H	1																	
	2	He	2																	
2	3	Li	2	1																
	4	Be	2	2																
	5	B	2	2	1															
	6	C	2	2	2															
	7	N	2	2	3															
	8	O	2	2	4															
	9	F	2	2	5															
	10	Ne	2	2	6															
3	11	Na	2	2	6	1														
	12	Mg	2	2	6	2														
	13	Al	2	2	6	2	1													
	14	Si	2	2	6	2	2													
	15	P	2	2	6	2	3													
	16	S	2	2	6	2	4													
	17	Cl	2	2	6	2	5													
	18	Ar	2	2	6	2	6													
4	19	K	2	2	6	2	6		1											
	20	Ca	2	2	6	2	6		2											
	21	Sc*	2	2	6	2	6	1	2											
	22	Ti	2	2	6	2	6	2	2											
	23	V	2	2	6	2	6	3	2											
	24	Cr	2	2	6	2	6	5	1											
	25	Mn	2	2	6	2	6	5	2											
	26	Fe	2	2	6	2	6	6	2											
	27	Co	2	2	6	2	6	7	2											
	28	Ni	2	2	6	2	6	8	2											
	29	Cu	2	2	6	2	6	10	1											
	30	Zn	2	2	6	2	6	10	2											
	31	Ga	2	2	6	2	6	10	2	1										
	32	Ge	2	2	6	2	6	10	2	2										
	33	As	2	2	6	2	6	10	2	3										
	34	Se	2	2	6	2	6	10	2	4										
	35	Br	2	2	6	2	6	10	2	5										
	36	Kr	2	2	6	2	6	10	2	6										
5	37	Rb	2	2	6	2	6	10	2	6			1							
	38	Sr	2	2	6	2	6	10	2	6			2							
	39	Y*	2	2	6	2	6	10	2	6	1		2							
	40	Zr	2	2	6	2	6	10	2	6	2		2							
	41	Nb	2	2	6	2	6	10	2	6	4		1							
	42	Mo	2	2	6	2	6	10	2	6	5		1							
	43	Tc	2	2	6	2	6	10	2	6	5		2							
	44	Ru	2	2	6	2	6	10	2	6	7		1							
	45	Rh	2	2	6	2	6	10	2	6	8		1							
	46	Pd	2	2	6	2	6	10	2	6	10									
	47	Ag	2	2	6	2	6	10	2	6	10		1							
	48	Cd	2	2	6	2	6	10	2	6	10		2							
	49	In	2	2	6	2	6	10	2	6	10		2	1						
	50	Sn	2	2	6	2	6	10	2	6	10		2	2						
	51	Sb	2	2	6	2	6	10	2	6	10		2	3						
	52	Te	2	2	6	2	6	10	2	6	10		2	4						
	53	I	2	2	6	2	6	10	2	6	10		2	5						
	54	Xe	2	2	6	2	6	10	2	6	10		2	6						

周期	原子序数	元素符号	电子层						
			K	L	M	N	O	P	Q
			1s	2s 2p	3s 3p 3d	4s 4p 4d 4f	5s 5p 5d 5f	6s 6p 6d	7s
6	55	Cs	2	2 6	2 6 10	2 6 10	2 6	1	
	56	Ba	2	2 6	2 6 10	2 6 10	2 6	2	
	57	La*	2	2 6	2 6 10	2 6 10	2 6 1	2	
	58	Ce	2		2 6 10	2 6 10 1	2 6 1	2	
	59	Pr	2		2 6 10	2 6 10 3	2 6	2	
	60	Nd	2		2 6 10	2 6 10 4	2 6	2	
	61	Pm	2		2 6 10	2 6 10 5	2 6	2	
	62	Sm	2		2 6 10	2 6 10 6	2 6	2	
	63	Eu	2		2 6 10	2 6 10 7	2 6	2	
	64	Gd	2		2 6 10	2 6 10 7	2 6 1	2	
	65	Td	2		2 6 10	2 6 10 9	2 6	2	
	66	Dy	2		2 6 10	2 6 10 10	2 6	2	
	67	Ho	2	2 6	2 6 10	2 6 10 11	2 6	2	
	68	Er	2	2 6	2 6 10	2 6 10 12	2 6	2	
	69	Tm	2	2 6	2 6 10	2 6 10 13	2 6	2	
	70	Yb	2	2 6	2 6 10	2 6 10 14	2 6	2	
	71	Lu	2	2 6	2 6 10	2 6 10 14	2 6 1	2	
	72	Hf	2	2 6	2 6 10	2 6 10 14	2 6 2	2	
	73	Ta	2	2 6	2 6 10	2 6 10 14	2 6 3	2	
	74	W	2	2 6	2 6 10	2 6 10 14	2 6 4	2	
	75	Re	2	2 6	2 6 10	2 6 10 14	2 6 5	2	
	76	Os	2	2 6	2 6 10	2 6 10 14	2 6 6	2	
	77	Ir	2	2 6	2 6 10	2 6 10 14	2 6 7	2	
	78	Pt	2	2 6	2 6 10	2 6 10 14	2 6 9	1	
	79	Au	2	2 6	2 6 10	2 6 10 14	2 6 10	1	
	80	Hg	2	2 6	2 6 10	2 6 10 14	2 6 10	2	
	81	Tl	2	2 6	2 6 10	2 6 10 14	2 6 10	2 1	
	82	Pb	2	2 6	2 6 10	2 6 10 14	2 6 10	2 2	
	83	Bi	2	2 6	2 6 10	2 6 10 14	2 6 10	2 3	
	84	Po	2	2 6	2 6 10	2 6 10 14	2 6 10	2 4	
	85	At	2	2 6	2 6 10	2 6 10 14	2 6 10	2 5	
	86	Rn	2	2 6	2 6 10	2 6 10 14	2 6 10	2 6	
7	87	Fr	2	2 6	2 6 10	2 6 10 14	2 6 10	2 6	1
	88	Ra	2	2 6	2 6 10	2 6 10 14	2 6 10	2 6	2
	89	Ac*	2	2 6	2 6 10	2 6 10 14	2 6 10	2 6 1	2
	90	Th	2	2 6	2 6 10	2 6 10 14	2 6 10	2 6 2	2
	91	Pa	2	2 6	2 6 10	2 6 10 14	2 6 10 2	2 6 1	2
	92	U	2	2 6	2 6 10	2 6 10 14	2 6 10 3	2 6 1	2
	93	Np	2	2 6	2 6 10	2 6 10 14	2 6 10 4	2 6 1	2
	94	Pu	2	2 6	2 6 10	2 6 10 14	2 6 10 6	2 6	2
	95	Am	2	2 6	2 6 10	2 6 10 14	2 6 10 7	2 6	2
	96	Cm	2	2 6	2 6 10	2 6 10 14	2 6 10 7	2 6 1	2
	97	Bk	2	2 6	2 6 10	2 6 10 14	2 6 10 9	2 6	2
	98	Cf	2	2 6	2 6 10	2 6 10 14	2 6 10 10	2 6	2
	99	Es	2	2 6	2 6 10	2 6 10 14	2 6 10 11	2 6	2
	100	Fm	2	2 6	2 6 10	2 6 10 14	2 6 10 12	2 6	2
	101	Md	2	2 6	2 6 10	2 6 10 14	2 6 10 13	2 6	2
	102	No	2	2 6	2 6 10	2 6 10 14	2 6 10 14	2 6	2
	103	Lr	2	2 6	2 6 10	2 6 10 14	2 6 10 14	2 6 1	2
	104	Rf	2	2 6	2 6 10	2 6 10 14	2 6 10 14	2 6 2	2
	105	Db	2	2 6	2 6 10	2 6 10 14	2 6 10 14	2 6 3	2
	106	Sg	2	2 6	2 6 10	2 6 10 14	2 6 10 14	2 6 4	2
	107	Bh	2	2 6	2 6 10	2 6 10 14	2 6 10 14	2 6 5	2
	108	Hs	2	2 6	2 6 10	2 6 10 14	2 6 10 14	2 6 6	2
	109	Mt	2	2 6	2 6 10	2 6 10 14	2 6 10 14	2 6 7	2

* 黑框内是过渡元素，双框内是镧系或锕系元素

表 5-3　每周期中元素的数目与能级组的关系

周　期	能　级　组	能级组中原子轨道	元素数目
1	1	1s	2
2	2	2s 2p	8
3	3	3s 3p	8
4	4	4s 3d 4p	18
5	5	5s 4d 5p	18
6	6	6s 4f 5d 6p	32
7	7	7s 5f 6d(未完)	尚未排满

（3）周期系中各元素的分族是原子的电子构型分类的结果。在元素周期表中,外层电子构型相同的元素属于同一族,性质相似。共有 8 个族,每一族又分为主族（A 族）和副族（B 族）。对主族元素以及第Ⅰ、第Ⅱ副族元素来说,族数等于最外层电子数;对副族元素来说,其族数等于最外层电子数和次外层 d 电子数之和。但此规则对ⅧB 族不完全适用,ⅧB 族元素最外层电子数和次外层 d 电子数之为 8,9,10。

（4）根据元素原子的外层电子构型的特点,可把元素周期表划分为 5 个区,即 s 区、p 区、d 区、ds 区和 f 区,见图 5-12。

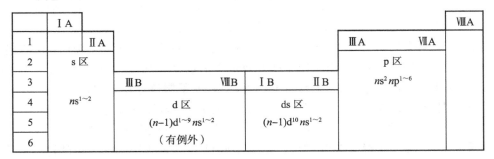

图 5-12　原子外层电子构型与周期系分区

5.4　原子结构和元素性质的关系

元素的性质是原子内部结构的反映,由于原子结构周期性变化,元素原子的一些基本性质也呈现周期性的变化规律。现举例说明如下。

1. 原子半径

由于电子云没有明确界面,因此原子大小概念是比较模糊的,但如果把原子近似看作是球形的,则可以用原子半径来量度原子的大小。原子半径是根据该原子存在的不同形式来定义的。如果某一元素的两原子以共价单键结合时,它们的核间距的一半称为该原子的共价半径。例如氯分子中两原子的核间距等于 198 pm,则氯原子的共价半径为 99 pm。金属晶体中相邻原子核间距离的一半称为该金属原子的金属半径。例如铜晶体中,测得两原子间距为 256 pm,则铜原子的半径为 128 pm。除此之外,还有一种范德华半径,在稀有气体形成的单原子分子晶体中,分子间以范德华力相联系,这样两个原子核间距离的一半称为范德华半径。例如氖的范德华半径为 160 pm。周期系中各元素原子半径列于表 5-4,其中金属用金属半径,非金属用共价半径,稀有气体用范德华半径。

表 5-4　元素的原子半径/pm

H 37																	He 122
Li 152	Be 111											B 88	C 77	N 70	O 66	F 64	Ne 160
Na 186	Mg 160											Al 143	Si 117	P 110	S 104	Cl 99	Ar 191
K 227	Ca 197	Sc 161	Ti 145	V 132	Cr 125	Mn 124	Fe 124	Co 125	Ni 125	Cu 128	Zn 133	Cca 122	Ge 122	As 121	Se 117	Br 114	Kr 198
Rb 248	Sr 215	Y 181	Zr 160	Nb 143	Mo 136	Tc 136	Ru 133	Rh 135	Pd 138	Ag 144	Cd 149	In 163	Sn 141	Sb 141	Te 137	I 133	Xe 217
Cs 265	Ba 217	*Lu 173	Hf 159	Ta 143	W 137	Re 137	Os 134	Ir 136	Pt 136	Au 144	Hg 160	Tl 170	Pb 175	Bi 155	Po 153	At	Rn
Fr	Ra	Lr															

*	La 188	Ce 183	Pr 183	Nd 182	Pm 181	Sm 180	Eu 204	Gd 180	Tb 178	Dy 177	Ho 177	Er 176	Tm 175	Yb 194

由表 5-4 可看出,元素的原子半径呈周期性变化。对于主族元素,原子半径的递变规律较明显:同一周期从左到右,由于原子的有效核电荷逐渐增加,核对电子的吸引力逐渐增大,所以原子半径依次减小;同一主族自上到下,随着电子层逐渐增多,原子半径逐渐增大。对于副族元素,同一周期从左到右,原子半径减小比较缓慢,不如主族元素显著,这与原子的有效核电荷增加缓慢有关。从ⅠB开始,由于次外层已经充满 18 个电子,新增加的电子要加到最外层,故原子半径又略为增大。同一副族自上到下,原子半径略有增大,但第 5、6 周期的同族元素的原子半径相差很小,例如:

<table>
<tr><td align="center">Zr</td><td align="center">Nb</td><td align="center">Mo</td></tr>
<tr><td align="center">160 pm</td><td align="center">143 pm</td><td align="center">136 pm</td></tr>
<tr><td align="center">Hf</td><td align="center">Ta</td><td align="center">W</td></tr>
<tr><td align="center">159 pm</td><td align="center">143 pm</td><td align="center">137 pm</td></tr>
</table>

这与镧系收缩有关。所谓镧系收缩是指镧系元素从镧到镥整个系列的原子半径缩小的现象。由于镧系收缩,造成第 5、6 周期中镧系以后的同族元素 Zr 与 Hf,Nb 与 Ta,Mo 与 W 的原子半径非常接近。因而这些同族元素的性质十分相似,在自然界共生在一起,难以分离。

　　2. 元素的金属性和非金属性与元素的电负性

　　元素的金属性是指在化学反应中原子失去电子的能力,而非金属性则是指在化学反应中得到电子的能力。元素的金属性和非金属性的强弱与元素的电负性数值有关。为了衡量分子中各原子吸引电子的能力,1932 年鲍林(L. Pauling)在化学中引入了电负性的概念。所谓元素的电负性是指原子在分子中吸引电子的能力。电负性数值越大,表示原子在分子中吸引电子的能力越强,元素的非金属性越强。反之,电负性数值越小,表明原子在分子中吸引电子的能力越弱,元素的金属性越强。鲍林指定氟的电负性为 4.0,并根据热力学数据比较各元素原子吸引电子的能力,得出其他元素的电负性,见表 5-5。

表 5-5　元素的电负性

H 2.1																	
Li 1.0	Be 1.5												B 2.0	C 2.5	N 3.0	O 3.5	F 4.0
Na 0.9	Mg 1.2												Al 1.5	Si 1.8	P 2.1	S 2.5	Cl 3.0
K 0.8	Ca 1.0	Sc 1.3	Ti 1.5	V 1.6	Cr 1.6	Mn 1.5	Fe 1.8	Co 1.9	Ni 1.9	Cu 1.9	Zn 1.6		Ga 1.6	Ge 1.8	As 2.0	Se 2.4	Br 2.8
Rb 0.8	Sr 1.0	Y 1.2	Zr 1.4	Nb 1.6	Mo 1.8	Tc 1.9	Ru 2.2	Rh 2.2	Pd 2.2	Ag 1.9	Cd 1.7		In 1.7	Sn 1.8	Sb 1.9	Te 2.1	I 2.5
Cs 0.7	Ba 0.9	La~Lu 1.0~1.2	Hf 1.3	Ta 1.5	W 1.7	Re 1.9	Os 2.2	Ir 2.2	Pt 2.2	Au 2.4	Hg 1.9		Tl 1.8	Pb 1.9	Bi 1.9	Po 2.0	At 2.2
Fr 0.7	Ra 0.8	Ac~No 1.1~1.3															

由表 5-5 可知,同一周期主族元素从左到右,原子半径逐渐减小,原子吸引电子的能力基本呈增加趋势,所以元素的电负性值逐渐增大。同一主族从上到下原子半径逐渐增大,电负性值逐渐减小。而副族元素的电负性值变化不明显且不规律。一般金属元素的电负性值小于 2.0,非金属元素的电负性大于 2.0。

元素的电负性呈现周期性变化,反映在元素的金属性和非金属性上亦显示了较明显的周期性变化规律,即同一周期从左到右主族元素的金属性逐渐减弱,非金属性逐渐增强;同一主族的元素从上到下,金属性增强,非金属性减弱。副族元素的金属性递变规律则不明显。

3. 氧化值

元素所呈现的氧化值与其原子的外层电子构型即价电子层上的价电子[①]数目有着密切的关系。

对大多数元素来说,最高正氧化值等于价电子的总数。主族元素由于次外层电子已充满,最外层电子是价电子,因此从 ⅠA 到 ⅦA 各主族元素最高正氧化值从 +1 升至 +7,等于该元素所属的族数。副族元素除了最外层 s 电子外,次外层的 d 电子也是价电子,因此从 ⅢB 到 ⅦB 元素的最高氧化值等于最外层的 s 电子与次外层的 d 电子之和,从 +3 逐一增至 +7,也等于所属族的族数。ⅠB 和 ⅧB 元素的氧化值变化不规律,ⅧB 只有钌(Ru)和锇(Os)可达到 +8 氧化值,ⅠB 元素有例外,元素最高正氧化值不是 +1,而 ⅡB 元素的最高正氧化值为 +2。见表 5-6。

表 5-6　副族元素的价电子构型和最高氧化值

副族	ⅢB	ⅣB	ⅤB	ⅥB	ⅦB	ⅧB	ⅠB	ⅡB
价电子构型	$(n-1)d^1$ ns^2	$(n-1)d^2$ ns^2	$(n-1)d^3$ ns^2	$(n-1)d^4$ ns^2	$(n-1)d^5$ ns^2	$(n-1)d^{6\sim8}$ ns^2	$(n-1)d^{10}$ ns^2	$(n-1)d^{10}$ ns^2
最高氧化值	+3	+4	+5	+6	+7	+8	+1	+2

———————————

① 在化学反应中参与化学键形成的电子称为价电子。

复习思考题五

1. 试区别：(1)基态和激发态；(2)概率和概率密度。

2. 试述下列各名词的意义：(1)量子化；(2)能级交错；(3)镧系收缩。

3. 什么是波粒二象性？证明电子具有波粒二象性的实验是什么？

4. 量子力学中的原子轨道和玻尔理论中的原子轨道有何区别？

5. 试述四个量子数的物理意义、取值规则以及相互关系。

6. 下列说法是否正确：

(1) 电子云图中黑点越密之处，表示那里的电子越多；

(2) 原子中电子的能级是由主量子数 n，磁量子数 m 决定的。

7. 当主量子数 $n = 4$ 时，共有几个轨道？最多容纳的电子数是多少？

8. 原子轨道角度分布图和电子云角度分布图有什么相似和区别之处？

9. 核外电子的分布遵循什么原则？试举例说明。

10. 试用原子结构屏蔽效应解释，原子半径 $r_{Cu} < r_K$，第一电离能 $Cu > K$。

11. 什么叫电负性？其数值大小和元素的金属性和非金属性有何联系？并简述它们在周期系中的递变规律和原因。

12. 元素的氧化值与其原子结构有何关联？举例说明。

习题五

1. 氢原子的可见光谱中有一条谱线，是电子从 $n = 4$ 跳回到 $n = 2$ 的轨道时放出的辐射能所产生的，试计算该谱线的波长。

2. 下列的电子运动状态是否存在？为什么？

(1) $n = 2$, $l = 2$, $m = 0$, $m_s = +\frac{1}{2}$；

(2) $n = 3$, $l = 2$, $m = 2$, $m_s = +\frac{1}{2}$；

(3) $n = 4$, $l = 1$, $m = -3$, $m_s = +\frac{1}{2}$；

(4) $n = 3$, $l = 2$, $m = 0$, $m_s = +\frac{1}{2}$。

3. 对下列各组轨道，填充合适的量子数：

(1) $n = ?$, $l = 2$, $m = 0$, $m_s = +\frac{1}{2}$；

(2) $n = 2$, $l = ?$, $m = -1$, $m_s = -\frac{1}{2}$；

(3) $n = 4$, $l = 2$, $m = 0$, $m_s = ?$；

(4) $n = 2$, $l = 0$, $m = ?$, $m_s = +\frac{1}{2}$。

4. 试用 s、p、d、f 符号表示下列各元素原子的电子分布式，并分别指出它们各属于第几周期、第几族？

　　(1) $_{18}Ar$;　(2) $_{26}Fe$;　(3) $_{29}Cu$;　(4) $_{35}Br$。

　　5. 填充下表：

原子序数	电子分布式	外层电子构型	周期	族	区
28					
	$1s^2 2s^2 2p^5$				
		$4d^5 5s^1$			
			6	ⅡB	

　　6. 已知下列元素的原子的外层电子构型分别为：

　　(1) $3s^2$;　(2) $2s^2 2p^4$;　(3) $3d^3 4s^2$;　(4) $4d^{10} 5s^2$。

　　试指出它们在周期系中各处于哪一个区、哪一周期、哪一族以及它们最高正氧化值各为多少？

　　7. 第四周期某元素,其原子失去 3 个电子,在 $l=2$ 的轨道内电子半充满,试推断该元素的原子序数、外层电子构型,并指出位于周期表中哪一族? 是什么元素?

　　8. 若元素最外层仅有一个电子,该电子的量子数为

$$n=4,\ l=0,\ m=0,\ m_s=+\frac{1}{2}$$

问：(1) 符合上述条件的元素可以有几个? 原子序数各为多少?

　　(2) 写出相应元素的电子分布式,并指出在周期表中所处的位置(周期、族、区)。

　　9. 写出下列各种离子的外层电子构型：

　　(1) Mn^{2+};　(2) Ti^{4+};　(3) Fe^{3+};　(4) Cd^{2+}。

　　10. 已知第四周期元素 A,它能形成 A^{3+} 离子,在 A^{3+} 离子上还有 5 个价电子。其中一个价电子所在原子轨道在 x 轴和 y 轴上有极值,请据此

　　(1) 写出 A 元素的电子层结构(电子分布式),指出 A 元素的原子序数;

　　(2) 画出 A^{3+} 5 个价电子所在轨道的角度分布图;

　　(3) 指出 A 元素在周期表中的位置(区、族);

　　(4) 用四个量子数分别描述 $A \rightarrow A^{3+}$ 时所失去的 3 个电子原来的运动状态。

阅读材料五

一、原子轨道和电子云的径向部分图像

　　波函数 ψ 是空间坐标 r、θ、ϕ 的函数,因此必须从不同的角度作出 ψ、ψ^2 的图像,才能反映出它们的全部性质。为此,将波函数分解为角度部分 $Y(\theta,\phi)$ 和径向部分 $R(r)$ 进行图示。在本章正文中,已讨论了波函数的角度分布图,在此我们将讨论波函数的径向分布图。

(一) 原子轨道的径向部分

　　原子轨道径向部分又称径向波函数 $R(r)$,以 $R(r)$ 对 r 作图,表示在任何角度方向上

$R(r)$随r变化的情况,$R(r)$的数值与n、l有关。通过薛定谔方程的求解可得到波函数的径向分布函数式。如氢原子的$R_{1s}=2\left(\dfrac{1}{a_0}\right)^{\frac{3}{2}}\cdot e^{\frac{r}{a_0}}$。根据函数式就可算得$R(r)$随$r$变化的数值。然后以$R(r)$值为纵坐标,$r$值为横坐标作图,即可得到径向波函数图。图1为氢原子的1s、2s的径向波函数图,从图中可看出$R(r)$随r变化时,有时也有负值出现。将$R(r)$与$Y(\theta,\phi)$结合起来考虑,可得到波函数ψ的图形。

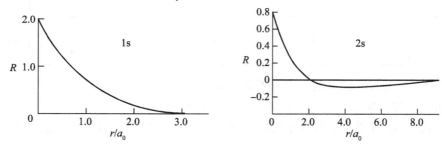

图 1　氢原子的径向波函数图

（二）电子云的径向部分

电子云的径向部分可以有以下两种表示方式:

1. 径向密度函数图

$R^2(r)$称为电子云径向密度函数。它表示电子距核为r的某处单位体积内电子出现的概率。以$R^2(r)$对r作图,表示任何角度方向上,$R^2(r)$随r变化的情况。图2为氢原子1s、2s的径向密度函数图,此图全为正值,这是由于R平方后总是正值。将$R^2(r)$与$Y^2(\theta,\phi)$结合起来考虑,可得到ψ^2的图形。

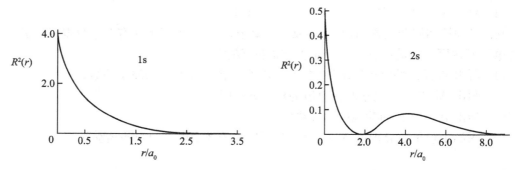

图 2　氢原子的径向密度函数图

2. 径向分布函数图

为了解电子云在不同r的薄球壳层中分布的情况,提出了径向分布函数,常用符号$D(r)$表示。它是指电子在离核距离为r,厚度为dr的薄球壳层内出现的概率。以氢原子的1s电子为例,假设有一个离核距离为r,厚度为dr的球壳(如图3所示),则球的表面积为$4\pi r^2$,壳层的体积为$4\pi r^2 dr$。因而薄球壳层内电子出现的概率应等于概率密度(ψ^2)与球壳体积的乘积,即为$4\pi r^2\psi^2 dr$,令$4\pi r^2\psi^2=D(r)$,$D(r)$为r的函数,称作电子云径向分布函数。以$D(r)$为纵坐标,r为横坐标作图,即可得到电子云的径向分布函数图(如图4所示)。

图4为氢原子1s、2s、3s、2p、3p、3d的径向分布函数图,我们可以看出氢原子1s电子的

径向分布函数图上 $D(r)$ 有一极大值,此时的 r 值为 0.052 9 nm,这是由于球壳体积随半径增大而增大,而概率密度则随半径增大而减小,这是两个变化趋势相反的因素,因此结合在一起,就会出现一个极大值。这就说明,在半径 52.9 pm 处的薄球壳层中氢原子 1s 电子出现的概率最大。

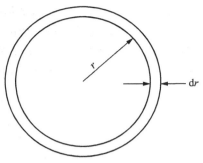

图 3　离核距离为 r 的球壳薄层

　　从图 4 还可以看出电子云的径向分布函数图与量子数 n、l 有关。曲线中峰的数目等于 $n-l$,如 1s 有一个峰,2s 有两个峰,3p 有两个峰,3d 有一个峰等。因此径

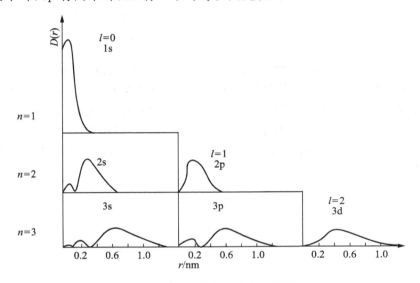

图 4　氢原子的径向分布函数图

向分布函数图上峰的个数是随主量子数的增大而增多,随角量子数的增加而减少。而两相邻峰之间有一个 $D(r)$ 的函数值为零的点,以该点离核距离为半径所作球面就为节面,节面的数目等于 $n-l-1$。如 2s 轨道 $n=2$,$l=0$,2s 轨道的节面数就为($2-0-1=$)1 个。节面上电子出现的概率为零。从图中还可以看出对于相同的 l 来说,主量子数 n 越大时曲线的最高峰离核也越远,如 2s 轨道的主峰处于 1s 峰的外侧,但 2s 的小峰却渗透到 1s 峰的内部去了。轨道的这种相互渗透性和概率为零的节面出现正说明实物微粒运动的波动性。

二、钻穿效应

　　从量子力学观点来看,电子运动没有固定的轨道,可以在原子内任何位置上出现,因此最外层电子也有可能出现在离核很近处,这就是说外层电子可向内钻入内层电子壳层而靠近核,这种外层电子具有渗入内部空间更靠近核的本领称为钻穿。电子钻穿的结果,降低了其他电子的屏蔽作用,起到了增加有效核电荷,降低轨道能量的作用,这种现象称为钻穿效应。

　　原子轨道钻穿作用的大小与原子轨道的量子数 n、l 有关,其钻穿的大小可从径向分布函数图中看出,径向分布函数图的特点是具有($n-l$)个峰,对于主量子数相同,角量子数 l

不同的原子轨道其钻穿作用是不同的。例如 3s、3p、3d 轨道的电子云径向分布图,如图 5 所示。从图中可知相同主量子数的电子,角量子数每小一个单位,峰的数值就多一个,也就是多一个离核较近的峰,因而钻入程度大,受核的吸引力就较强,能量就较低。这就是说,钻穿效应 ns$>$$np>$$n$d,因而对 n 相同的电子能量 ns$<$$np<$$n$d。

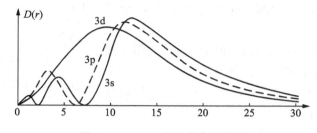

图 5　3s、3p、3d 径向分布函数图

　　钻穿效应不仅能解释主量子数(n)相同,角量子数(l)不同时轨道能量高低的现象,而且也可以解释当主量子数(n)和角量子数(l)都不相同时轨道发生能级交错的现象。如我们将 3d 和 4s 的径向分布函数图进行比较(如图 6 所示),就会发现 4s 的最大峰虽然比 3d 离核要远,但是它有小峰更靠近核,因此 4s 比 3d 穿透更大,其钻穿效应增大对轨道能量的降低作用超过了主量子数对轨道能量的升高作用,所以 4s 的能量就要比 3d 低,能级产生交错。

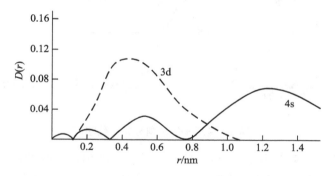

图 6　3d、4s 的径向分布函数图

三、原子光谱

　　任何原子被火花、电弧或其他方法激发时,由低能态过渡到高能态,然后辐射能量返回低能态得到的光谱是发射光谱;物质吸收辐射能,由低能态过渡到高能态,使入射辐射能减小,得到的光谱是吸收光谱。发射光谱和吸收光谱称为原子光谱。各种元素的原子能级图不同,由此电子在能级之间跃迁所产生的光谱也就不同,所以每种原子都有自己特定的线状光谱。因此,利用原子光谱可进行元素的定性分析,根据光谱线的强度又可进行元素的定量分析。

(一)原子发射光谱法

　　原子发射光谱分析(AES)也称为光学发射光谱分析(OES),其原理是根据试样中自由原子(或离子)被激发后外层电子跃迁所发射的特征光谱进行物质组成和含量测定的一种分析方法。

原子发射光谱分析可分为两个过程：即获得光谱的过程和分析光谱的过程。通过光源将待分析物转变为气态，并使其原子化（或离子化），再激发发光；由激发粒子辐射出来的光，经过光谱仪将各种波长的辐射分散为光谱；然后由检测器对不同波长的辐射进行检测。根据光谱线的波长和所得光谱线的强度，就可进行物质的定性和定量分析。

发射光谱法早在 1859 年就被用于化学分析，在以后的几十年中得到了迅速发展，特别是在发现新元素，推进原子结构理论的建立和无机组分元素的定性和定量分析等方面发挥了重要作用。近几十年来，由于新光源、新仪器和新技术的应用，使原子发射光谱获得了极大的发展。因而，发射光谱法不仅仍然是天文学研究、地质矿产和冶金分析的重要手段，而且还被广泛应用于农业、环保食品等国民经济各个领域。

发射光谱分析具有选择性好，灵敏度高，操作简便，分析速度快，准确度和精度高，并适用于多元素测定等优点。不足之处主要有以下几个方面：一般只限于元素成分分析，主要用于金属和部分非金属元素的测定，而对于稀有气体、卤素和氧族等一些典型的非金属元素检出能力很差，或无法检出；对于高含量元素的定量分析准确度和精确度一般不如化学法；而对于超痕量元素的定量分析灵敏度较差。

（二）原子吸收光谱法

原子吸收光谱法又称为原子吸收分光光度法。最早是在 1955 年由澳大利亚人 Walsh 和荷兰人 Alkemade 同时独立完成并报道了火焰原子吸收光谱实验。特别是 Walsh 为建立和发展原子吸收光谱分析法作出了杰出贡献，是世界公认的原子吸收光谱分析法的奠基人。在 20 世纪 70～80 年代迅速发展成为又一项广泛应用的原子光谱分析技术。

原子吸收光谱法是基于从光源射出具有待测元素特征谱线的一束光，将其通过试样蒸气时，可被蒸气中待测元素的基态原子所吸收，根据辐射特征谱线光被减弱的程度来测定试样中待测元素含量的分析方法。很显然，试样蒸气中待测元素的基态原子数目越多，则光被吸收的程度也就越多，即特征谱线光被减弱的程度也就越大，那么待测试样中该元素的含量也就越高。例如，测定试液中镁的含量时，先将试液喷射成雾状进入火焰原子化器，含镁盐的雾滴在火焰温度下挥发并解离成镁原子蒸气，再用镁空心阴极灯作为光源，它能辐射出一定波长的镁的特征谱线光，当它通过一定厚度的镁原子蒸气时，由于部分光被试样蒸气中基态镁原子所吸收而使光的强度减弱，通过单色器和检测器可测出镁特征谱线光被减弱的程度，从而可求得试样中镁的含量。

原子吸收光谱法主要用于单元素的定量分析，并具有准确、快速、选择性好、干扰少、适用分析的元素和测定的含量范围广等优点。该方法既是测定痕量和超痕量元素的有效方法之一，又可进行常量组分测定。虽然原子吸收光谱法具有许多突出的优点，但仍存在一些不足的方面，如测定不同元素时，需更换不同的空心阴极灯，不利于同时进行多种元素的分析，也不能进行未知元素的定性分析。而原子发射光谱法恰好可弥补这方面的不足，因此两者往往可配合使用，被广泛应用于各个学科领域和国民经济的各个部门。

随着经济与科学技术的发展，原子吸收光谱仪器已进入高水平发展阶段。20 世纪 90 年代以来已相继研发出两种型号能同时测定 4～6 个元素的分析仪器。多元素同时测定原子吸收光谱分析仪器的开发与研究将是科研工作者今后关注的一个热门课题，预计不久的将来定会取得进一步的进展，这也将从根本上改变原子吸收光谱法只能逐个测定元素的不足之处。

第6章 分子结构和晶体结构

通常人们所遇到的物质都是以分子或晶体的形式存在。其中除稀有气体外,物质都是通过原子(离子)相互化合而形成分子或晶体的。化学上把分子或晶体内直接相邻的两个或多个原子(离子)之间强烈的相互作用力称为化学键。

化学键的类型和性质是化学研究的中心问题之一。化学键一般可分为离子键、共价键和金属键(6.4 节中将讨论)。此外,分子间还存在一种微弱的相互作用力,即分子间力或称范德华力,它对物质的一些性质起着很重要的作用。

6.1 离子键

1916 年德国化学家柯塞尔(W. Kossel)根据稀有气体具有稳定结构的事实提出了离子键理论。他认为不同原子之间相互化合时,原子失去或得到电子以使之达到稀有气体的稳定结构,由此形成的正离子和负离子通过静电引力形成化合物。通常把这种由正、负离子之间的静电引力所形成的化学键叫离子键。离子键无方向性和饱和性。由离子键结合起来的化合物称作离子型化合物。这个理论可用来说明电负性差别较大的元素原子之间形成的化学键,例如离子型化合物 NaCl 的形成。但它不能说明电负性相差不大的元素或电负性相同的非金属元素原子间形成的化学键,如 HCl, H_2, O_2, N_2 等分子的形成。

为了说明这类分子中的化学键,美国化学家路易斯(C. N. Lewis)在 1916 年提出了共价键理论。

6.2 共价键

共价键理论认为原子结合成分子时,原子间可以通过共用一对或几对电子而形成稳定的分子。例如氢原子和氯原子各提供一个电子为双方共享,形成一对共用电子,使氢原子和氯原子稳定结合成氯化氢分子。这种由共享电子对而形成的化学键即为共价键。由共价键结合起来的化合物称为共价型化合物。然而在 20 世纪初,人们对共价键本质的认识是有限的。直到 1927 年,英国物理学家海特勒(W. Heitler)和德国物理学家伦敦(F. London)首次用量子力学处理氢分子结构,从而发展了价键理论(或称电子配对法)。1931 年美国化学家鲍林(L. Pauling)提出了杂化轨道理论,圆满解决了多原子分子的成键概念和分子的空间构型,发展和完善了价键理论。20 世纪 30 年代以后,美国化学家莫立根(R. S. Mulliken)、德国化学家洪特(F. Hund)提出了分子轨道理论,它着重研究分子中电子的运动规律,成功地说明了很多分子的结构以及价键理论无法解释的问题,在共价键理论中占有非常重要的地位。

6.2.1　价键理论

1. 共价键的本质

1927 年海特勒和伦敦首次应用量子力学处理两个氢原子为什么能稳定地结合形成氢分子,从而揭示了共价键的本质。

用量子力学处理两个氢原子组成的系统可以假定有两种情况。

(1) 若电子自旋方向相反的两个氢原子相互靠近时,随着核间距的减小,使两个 1s 原子轨道发生重叠,即按照波的叠加原理可以同相位叠加(即同号重叠),致使在两核间形成一个电子出现概率密度较大的区域,两原子核都被高电子密度的区域吸引,系统能量降低。当核间距降到 74.2 pm 时,系统能量处于最低值,达到稳定状态,这就是氢分子的基态,表明在两个氢原子间生成了稳定的共价键,形成了氢分子。见图 6-1(a)(如果两个氢原子进一步靠近,系统能量会急剧升高,两原子间吸引可变成排斥而不能形成稳定分子)。

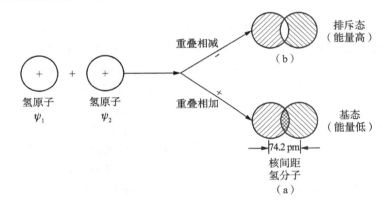

图 6-1　氢分子的两种状态

(2) 若电子自旋方向相同的两个氢原子相互靠近时,两个氢原子轨道发生不同相位叠加(即异号重叠),致使电子概率密度在两核间减少,增大了两核的斥力,系统的能量升高,处于不稳定状态,这就是氢分子的排斥态,不可能形成稳定的氢分子。见图 6-1(b)。

将此结果推广到其他分子系统,从而发展成为价键理论。其基本要点如下:

(1) 当自旋方向相反的未成对电子互相配对时可以形成共价键。若 A,B 两原子各有一个未成对电子,且自旋方向相反,则可形成共价单键(A—B);若 A,B 两原子各有 2 个或 3 个未成对电子,则可形成双键(A=B)或叁键(A≡B),共用电子对数目超过 2 的称为多重键;若 A 原子有 2 个未成对电子,B 原子有 1 个,则 A 和 2 个 B 结合而成 AB_2 分子。

(2) 形成共价键时,原子轨道总是尽可能地达到最大限度的重叠,重叠越多,所形成的共价键越牢固。

2. 共价键的特征

根据上述共价键的基本特点,可以推断共价键有两个特征。

(1) 共价键的饱和性。根据要点(1),在形成共价键时,一个原子具有 n 个未成对电子,只能与 n 个自旋方向相反的单电子配对成键,这就是共价键的"饱和性"。例如,氢原子只有一个未成对电子,它只能与另一个氢原子未成对且自旋方向相反的电子配对成键形成

H_2 后,便不能再与第三个氢原子的单电子配对了;又如 NH_3 分子中的 1 个氮原子有 3 个未成对电子,只能分别与 3 个氢原子的未成对电子相互配对形成 3 个共价单键。

(2) 共价键的方向性。根据要点(2),在形成共价键时,原子轨道重叠总是沿着尽可能重叠最多的方向进行。除了 s 轨道是球形外,p,d,f 轨道在空间都有一定的伸展方向。因此,除了 s 轨道和 s 轨道成键没有方向限制外,其他原子轨道只有沿着一定的方向进行,才会有最大的重叠。这就是共价键的方向性。例如形成 HCl 分子时,只有氢原子的 1s 轨道沿着氯原子的 3p 轨道(如 $3p_x$)的方向(x 轴方向)才能达到最大限度重叠(图 6-2)。

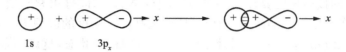

图 6-2　HCl 分子的形成

3. 共价键类型

共价键的形成是由两个原子的原子轨道相互重叠产生的结果,重叠越多,共价键越稳定。但是原子轨道的重叠并非都是有效的,只有原子轨道的有效重叠才能成键。我们知道,原子轨道都有一定的对称性,所以重叠时必须对称性合适。所谓对称性合适就是两原子轨道必须以同号(+与+或-与-)重叠才能有效成键,见图 6-3(a),(b),(c),(d),(e);反之,以不同号(+与-或-与+)重叠无效,难以成键,见图 6-3(f),(g),(h)。有时同号部分和异号部分相互抵消而为零的重叠,也不能成键,见图 6-3(i),(j)。

在原子轨道有效重叠中,按对称性可以划分为不同的类型,最常见的是 σ 键和 π 键。

(1) σ 键:两原子轨道沿键轴(成键原子核连线)方向进行同号重叠,所形成的键叫 σ 键。σ 键原子轨道重叠部分集中在两核间,对称于键轴且通过键轴。如 s—s 轨道重叠、s—p_x 轨道重叠,p_x—p_x 轨道重叠等都是形成 σ 键,见图 6-3(a),(b),(c)。

(2) π 键:两原子轨道沿键轴方向在键轴两侧平行同号重叠,所形成的键叫 π 键。π 键原子轨道重叠部分集中在键轴的两侧。如 p_z—p_z 轨道重叠,d_{xz}—p_z 轨道重叠形成的共价键是 π 键。见图 6-3(d),(e)。

表 6-1 列出 σ 键和 π 键的特征。

表 6-1　σ 键和 π 键的特征比较

键类型	σ 键	π 键
原子轨道重叠方式	沿键轴方向相对重叠"头碰头"	沿键轴方向平行重叠"肩并肩"
原子轨道重叠部位	两原子核之间,在键轴处	键轴两侧,键轴处为零
原子轨道重叠程度	大	小
键的强度	较大	较小
化学活泼性	不活泼	活泼

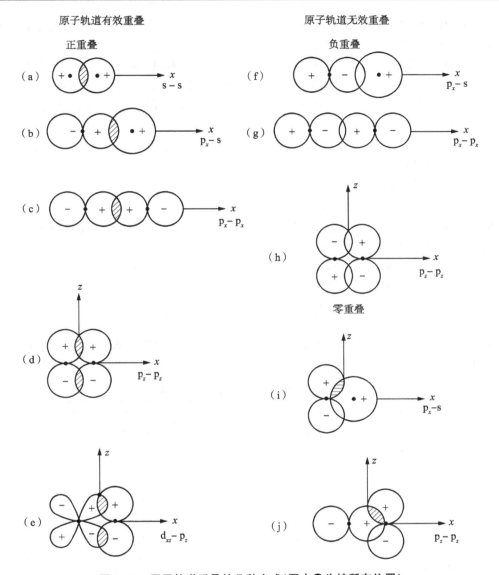

图 6-3　原子轨道重叠的几种方式(图中●为核所在位置)

共价单键一般都是 σ 键,在共价双键和叁键中,除 σ 键外,还有 π 键。例如 N_2 分子中,每个氮原子有 3 个未成对的 p 电子($2p_x^1 2p_y^1 2p_z^1$),两个氮原子之间 $p_x - p_x$ 轨道形成 σ 键,其余的两个 p 轨道重叠,形成 π 键。如图 6-4 所示。

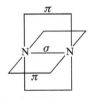

图 6-4　氮分子中的叁键示意图

4. 键参数

化学键的性质可以用一些表征其性质的物理量来描述。这些物理量如键长、键角、键能等统称为键参数。

(1) 键长:分子中成键原子的两核间的距离叫键长。例如氢分子中的两个氢原子的核间距为 74.2 pm,则 H—H 键的键长就是 74.2 pm。键长一般可用电子衍射、X 射线衍射等实验方法测定,也可用量子力学近似方法求算键长。表 6-2 列出了一些化学键的键长数据。

（2）键角：分子中相邻两键间的夹角叫键角。分子的空间构型与分子的键角和键长有关。键角也可通过 X 射线衍射等实验测定以及用量子力学近似计算得到。

（3）键能：以能量标志化学键强弱的物理量叫键能。不同类型的化学键有不同的键能，如离子键的键能是晶格能；金属键的键能是内聚能等。现只讨论共价键的键能。

一般规定，在 298 K，100 kPa 下，断裂 1 mol 键所需要的能量称为键能（E），单位为 $kJ \cdot mol^{-1}$。

对于双原子分子来说，在上述温度压力下，将 1 mol 理想气态分子离解为气态原子所需要的能量称离解能（D），离解能就是键能。例如：

$$H_2(g) \longrightarrow 2H(g) \qquad D_{H-H} = E_{H-H} = 436.00 \ kJ \cdot mol^{-1}$$
$$N_2(g) \longrightarrow 2N(g) \qquad D_{N\equiv N} = E_{N\equiv N} = 941.69 \ kJ \cdot mol^{-1}$$

对于多原子分子，要断裂其中的键成为单个原子，需要多次离解，因此离解能不等于键能，而是多次离解能的平均值作为键能。例如：

$$H_2O(g) \longrightarrow H(g) + OH(g) \qquad D_1 = 498 \ kJ \cdot mol^{-1}$$
$$OH(g) \longrightarrow H(g) + O(g) \qquad D_2 = 428 \ kJ \cdot mol^{-1}$$

则 O—H 键的键能 $E_{O-H} = \dfrac{498 + 428}{2} \ kJ \cdot mol^{-1} = 463 \ kJ \cdot mol^{-1}$

表 6-2 列出了一些共价键键能的数据。一般说来，键能越大，表示键越牢固，由该键构成的分子也越稳定。

表 6-2　一些化学键的键长和键能数据

共价键	键长/pm	键能/$kJ \cdot mol^{-1}$	共价键	键长/pm	键能/$kJ \cdot mol^{-1}$
H—H	74.2	436	Br—Br	228.4	190.16
H—F	91.8	565±4	I—I	266.6	148.95
H—Cl	127.4	431.20	C—H	109	411±7
H—Br	140.8	362.3	N—H	101	386±8
H—I	160.8	294.6	C—C	154	345.6
F—F	141.8	154.8	C=C	134	602±21
Cl—Cl	198.8	239.7	C≡C	120	835.1

应用价键理论可以说明一些简单分子的内部结构，但对于 CH_4 分子来说，根据价键理论，C 原子只有两个未成对电子，只能形成两个共价键，而且键角应该是 90°左右。显然，这个推论与实验事实不符。不仅 CH_4 分子还有许多分子的键角不是 90°，而且能形成比原子轨道简单重叠更稳定的化学键。为了解释多原子分子的价键形成和空间构型，1931 年鲍林提出了杂化轨道理论。

6.2.2　杂化轨道理论

1. 杂化轨道概念及其理论要点

原子在形成分子时，中心原子的若干个能量相近的原子轨道经过混杂，重新分配能量和调整空间方向，成为成键能力更强的新的原子轨道，这种过程称为原子轨道的杂化，所得新的原子轨道称为杂化原子轨道，简称杂化轨道。

例如,一个原子的 1 个 s 原子轨道和 1 个 p 原子轨道经杂化而形成 2 个 sp 杂化轨道,如图 6-5 所示。

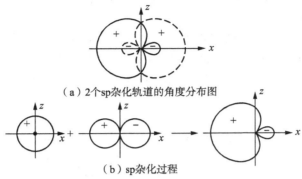

（a）2个sp杂化轨道的角度分布图

（b）sp杂化过程

图 6-5　sp 杂化轨道角度分布和 sp 杂化过程的示意图

由图可知,成键原子轨道杂化后,轨道角度分布图的形状发生了变化（"一头大,一头小"）,杂化轨道在某些方向上的角度分布比未杂化的 p 轨道和 s 轨道的角度分布大得多,成键时从分布比较集中的一方（大的一头）与别的原子成键轨道重叠,重叠程度大,因而形成的化学键比较牢固。所以原子轨道只在成键过程中发生杂化。孤立原子的原子轨道不会发生杂化,因而也不会形成杂化轨道。

杂化轨道的理论要点如下:

(1) 同一原子中能量相近的原子轨道可以混杂,形成成键能力更强的新轨道,即杂化轨道。

(2) 原子轨道杂化时,可以使成对电子激发到空轨道而成单个电子,其所需的能量完全由成键时放出的能量予以补偿。

(3) 一定数目的原子轨道杂化后可得数目相同的能量相等的各杂化轨道。

根据成键原子所具有的价层轨道的种类和数目的不同,以及成键的数目和成键情况的不同,可以组成不同类型的杂化轨道。如 s 和 p 原子轨道杂化,s,p 和 d 原子轨道杂化（参阅 8.2 节）。这里先讨论 s 和 p 原子轨道的杂化方式。

2. s 和 p 原子轨道杂化

s 和 p 原子轨道杂化方式有三种:sp,sp^2,sp^3 杂化。现分别讨论如下:

(1) sp 杂化轨道:sp 杂化轨道是 1 个 s 轨道和 1 个 p 轨道杂化而成。例如 $HgCl_2$ 分子中的 Hg 原子,其价电子层中能量相近的 6s 和 6p 原子轨道取 sp 杂化,形成 2 个 sp 杂化轨道,杂化过程示意如下:

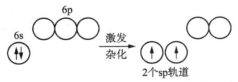

每一个 sp 杂化轨道的形状一头大,一头小,各含有 $\frac{1}{2}$ s 和 $\frac{1}{2}$ p 的成分。这两个杂化轨道在空间呈直线形,如图 6-5(a)所示。两个杂化轨道之间的夹角为 180°[1]。

---

[1]　键角可按公式 $\cos\theta = \frac{\alpha}{1-\alpha}$ 计算,式中 α 为杂化轨道中的 s 成分。

　　Hg 原子的 2 个 sp 杂化轨道与 2 个 Cl 原子的 3p 轨道沿键轴方向重叠形成 2 根等同的 Hg—Cl σ 键，HgCl₂ 分子呈直线形结构，如图 6-6 所示。

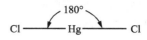

图 6-6　HgCl₂ 分子结构

　　(2) sp² 杂化轨道：sp² 杂化轨道是 1 个 s 轨道和 2 个 p 轨道杂化而成。如 BF₃ 分子中的 B 原子和 3 个 F 原子结合时，B 原子的价电子层中能量相近的 2s 和 2p 轨道中 $2s^2 2p^1$ 经激发成 $2s^1 2p^2$，并杂化为能量等同的 3 个 sp² 杂化轨道，杂化过程示意如下：

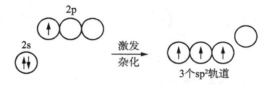

　　每一个杂化轨道形状也是一头大，一头小，含 $\frac{1}{3}$ s 和 $\frac{1}{3}$ p 成分。这 3 个 sp² 杂化轨道，对称分布在 B 原子周围，互成 120°角，见图 6-7(b)。在 BF₃ 分子中，3 个 F 原子的 2p 轨道和 B 原子的 3 个 sp² 杂化轨道形成 3 根等同的 B—F σ 键，整个分子呈平面三角形结构，见图 6-7(a)。

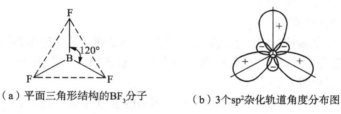

（a）平面三角形结构的 BF₃ 分子　　　（b）3 个 sp² 杂化轨道角度分布图

图 6-7　BF₃ 分子的空间构型和 sp² 杂化轨道角度分布示意图

　　(3) sp³ 杂化轨道：sp³ 杂化轨道是 1 个 s 轨道和 3 个 p 轨道间的杂化。例如，CH₄ 分子中的碳原子就采用这种杂化方式。CH₄ 分子中的 C 原子与 4 个 H 原子结合时，由于 C 原子的 2s 和 2p 轨道能量比较接近，一对 2s 电子中的一个电子被激发到 2p 轨道上，然后 1 个 s 轨道与 3 个 p 轨道杂化而成能量等同的 4 个 sp³ 杂化轨道。杂化过程示意如下：

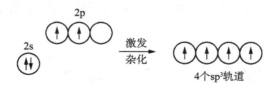

　　每个 sp³ 杂化轨道的形状也是一头大，一头小，含有 $\frac{1}{4}$ s 和 $\frac{3}{4}$ p 成分。这 4 个 sp³ 杂化轨道在空间的分布如图 6-8(b)所示，它们分别指向正四面体的四个顶点，各 sp³ 杂化轨道之间的夹角为 109.5°。

　　4 个氢原子的 1s 轨道分别与 C 原子的 4 个 sp³ 杂化轨道重叠，形成 4 根等同的 C—H σ 键，键角 109.5°，呈正四面体结构。见图 6-8(a)。

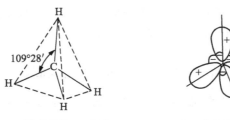

（a）正四面体结构的CH₄分子　　（b）4个sp³杂化轨道角度分布图

图 6-8　CH₄ 分子的空间构型和 sp³ 杂化轨道角度分布示意图

上述关于 s 和 p 原子轨道杂化的情况既能很好地说明一些分子的空间构型,也很好地解释了 B,C 等原子可以形成多于基态时单电子数的共价键的原因。

3. 等性杂化和不等性杂化

以上讨论的 s-p 杂化过程中,每一种杂化轨道所含 s 和 p 的成分相等,这类杂化称为等性杂化。若在 s-p 杂化过程中形成的各新原子轨道所含 s 和 p 的成分不相等,这样的杂化称为不等性杂化。现以 NH_3 分子和 H_2O 分子为例予以说明。

（1）NH_3 分子:NH_3 分子中 N 原子价电子层结构为 $2s^2 2p^3$,成键时先进行 sp³ 杂化形成 4 个 sp³ 杂化轨道。但由于 s 轨道中含 1 对孤对电子,因此杂化后 4 个 sp³ 杂化轨道所含的 s 和 p 成分不完全相同,即其中 1 个含孤对电子的杂化轨道和另外 3 个杂化轨道所含 s 和 p 的成分不同。杂化过程示意如下:

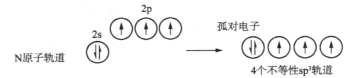

成键时 3 个杂化轨道与氢的原子轨道重叠形成 N—H σ 键,而 1 个含孤对电子的杂化轨道没有参与成键。由于孤对电子对成键电子的排斥作用,∠HNH 不是 109.5°,而是 107°,NH_3 分子呈三角锥形。见图 6-9(a)。

（a）NH₃分子　　　　　　　　（b）H₂O分子

图 6-9　NH₃ 分子和 H₂O 分子的空间构型示意图
（阴影处表示孤对电子所占据的杂化轨道）

（2）H_2O 分子:H_2O 分子中 O 原子的价电子层结构为 $2s^2 2p^4$,已有 2 对孤对电子,成键时氧原子也采用 sp³ 不等性杂化,杂化过程示意如下:

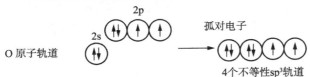

成键时,2个杂化轨道与氢的原子轨道重叠形成 O—H σ 键,而2个含孤对电子的杂化轨道没有参与成键,由于两对孤对电子对成键电子的排斥作用,使 $\angle HOH$ 更小,为 104.5°,所以 H_2O 分子呈 V 形,见图 6-9(b)。

由此可见,NH_3、H_2O 和 CH_4 分子中的中心原子虽都采取 sp^3 杂化类型,但前两者为不等性杂化,后者为等性杂化。成键轨道中等性杂化的 s 成分为 $\frac{1}{4}$,p 成分为 $\frac{3}{4}$;而 NH_3、H_2O 不等性杂化中,由于孤对电子占据的杂化轨道的形状更接近于 s 轨道,故 s 成分相对多一些 $\left(>\frac{1}{4}\right)$,而使成键轨道中的 s 成分减少 $\left(<\frac{1}{4}\right)$,p 成分增加 $\left(>\frac{3}{4}\right)$。随着 p 成分的增多,杂化轨道之间的夹角减小,因此 NH_3 分子中,$\angle HNH$ 小于 109.5°,变成 107°。而 H_2O 分子中,成键轨道中的 p 成分更多,使 $\angle HOH$ 更小,为 104.5°。

以上介绍的 s 和 p 原子轨道的三种杂化形式,简要归纳于表 6-3 中。

表 6-3　一些杂化轨道的类型与分子的空间构型

杂化轨道类型	sp	sp^2	sp^3	sp^3（不等性）	
参加杂化的轨道	1个s、1个p	1个s、2个p	1个s、3个p	1个s、3个p	
杂化轨道数	2	3	4	4	
成键轨道夹角 θ	180°	120°	109.5°	$90°<\theta<109.5°$	
空间构型	直线形	平面三角形	（正）四面体形	三角锥形	"V"字形
实例	$BeCl_2$，$HgCl_2$	BF_3，BCl_3	CH_4，$SiCl_4$	NH_3，PH_3	H_2O，H_2S

6.2.3　分子轨道理论简介

分子轨道理论(简称 MO 法)是目前发展较快的一种共价键理论,它将分子看作一个整体,由分子中各原子间的原子轨道重叠组成若干分子轨道,几个原子轨道组合后可得几个分子轨道,然后将电子逐个填入分子轨道,如同原子中将电子安排在原子轨道一样。填充顺序所遵循的规则与填入原子轨道相同,也根据能量最低、泡利不相容原理和洪特规则,电子属于整个分子。

以双原子分子为例,两个原子轨道可以组合成两个分子轨道,当两个原子轨道(即波函数)以相加的形式组合时,可得成键分子轨道,成键分子轨道两核间电子云密度增大,能量降低;当两个原子轨道(即波函数)以相减的形式组合时,可得反键分子轨道,反键分子轨道中两核间电子云密度减小,能量升高。如 H_2 分子中,2个 H 原子的 1s 轨道经组合后形成两个分子轨

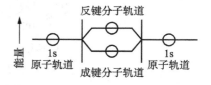

图 6-10　氢原子轨道和分子轨道的能量关系示意图

道,一个为成键分子轨道,另一个为反键分子轨道,见图 6-10。氢分子中的两个电子根据规律应分布在成键分子轨道中,并且自旋状态相反。由于电子进入成键分子轨道后能量低于原子轨道,因而形成能稳定存在的氢分子。

6.3　分子间力和氢键

6.3.1　分子间力

前述的化学键说明了原子结合成分子的情形。此外气态分子在一定条件下凝聚成液体，液体分子在一定条件下又可凝结成固体，这表明分子与分子之间存在着某种相互吸引的作用力，即分子间力。早在 1873 年荷兰物理学家范德华（Van der Waals）注意到了这种作用力的存在，所以通常把这种分子间力也称为范德华力。

分子间力的本质是一种电性吸引力。为了说明这种引力的由来，先介绍分子的极性和变形性。

1. 分子的极性和偶极矩

任何一个分子都是由带正电荷的核和带负电荷的电子所组成，正如物体有重心一样，分子中正负电荷也可以设想各集中于一点，形成"电荷中心"。如果分子中正、负电荷中心不重合，则正电荷集中的点为"＋"极，负电荷集中的点为"－"极，这样分子产生了偶极，具有偶极的分子称为极性分子；如果分子中正负电荷中心重合，不产生偶极，称为非极性分子。

对于同核双原子分子，如 H_2，Cl_2，N_2 等，由于元素的电负性相同，两原子对共用电子对的吸引能力相同，正、负电荷中心必然重合，两原子间形成非极性共价键，因此它们都是非极性分子。如果是异核双原子分子，如 HCl，CO，NO 等，由于两元素的电负性不同，电负性大的元素的原子吸引电子的能力较强，负电荷中心必然靠近电负性大的原子一方，而正电荷中心则靠近电负性小的原子一方，正、负电荷中心不重合，两原子间形成极性共价键，因此它们都是极性分子。由此可见，在双原子分子中，分子的极性是由键的极性决定的。

对于多原子分子，分子是否有极性，主要决定于分子的组成和分子的空间构型。例如 H_2O 分子中，O—H 键显然有极性，但由于水分子具有"V"结构，空间构型不对称，各个键的极性不能抵消，因而正、负电荷中心不重合，所以水分子是极性分子。CO_2 分子中，C＝O 键有极性，但因为 CO_2 分子空间构型对称（直线型），使键的极性互相抵消，分子的正、负电荷中心重合，所以 CO_2 是非极性分子。

分子极性的强弱常用偶极矩来衡量。若分子中正、负电荷中心所带的电量为 q，距离为 l，两者的乘积称为偶极矩，以符号 μ 表示，单位为 C·m（库·米）。

$$\mu = q \cdot l$$

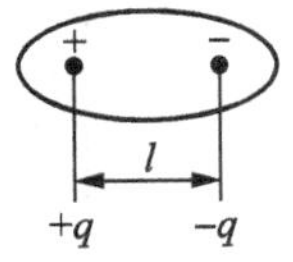

图 6-11　偶极矩示意图

分子偶极矩的大小均可用实验方法直接测定。表 6-4 列出了一些物质分子的偶极矩和分子的空间构型。

表6-4　某些分子的偶极矩和分子的空间构型

分	子	偶极矩/(10^{-30} C·m)	空间构型
双原子分子	HF	6.40	直线形
	HCl	3.61	直线形
	HBr	2.63	直线形
	HI	1.27	直线形
	CO	0.33	直线形
	N_2	0	直线形
	H_2	0	直线形
三原子分子	H_2O	6.23	V字形
	SO_2	5.33	V字形
	H_2S	3.67	V字形
	CS_2	0	直线形
	CO_2	0	直线形
四原子分子	NH_3	5.00	三角锥形
	BF_3	0	平面三角形
五原子分子	CH_4	0	正四面体形
	CCl_4	0	正四面体形

　　由表6-4可见,双原子分子均为直线形结构,偶极矩只与化学键的极性有关,由非极性键结合的分子的偶极矩为0。而多原子分子,若分子空间构型是对称的,偶极矩为0;分子空间构型不对称,其偶极矩不为0。因此,我们可以从分子的偶极矩来判断一个分子的空间构型,反之,也可以从分子的空间构型知道其分子的偶极矩是否为0。偶极矩越大,分子的极性越强。

　　2. 分子的变形性

　　前面讨论分子的极性时,只是考虑孤立分子中电荷的分布情况,如果把分子置于外电场中,则分子内部的电荷分布将发生相应的变化。如图6-12(a)所示,若把一非极性分子置于电容器的两个平板之间,如图6-12(b)所示,分子中带正电荷的原子核被引向负极,而带负电荷的电子云被引向正极,其结果,电子云和核发生相对位移,分子发生变形,称为分子的变形性。这样,非极性分子原来重合的正、负电荷中心在电场作用下彼此分离,产生了偶极,此过程称为分子的变形极化,所形成的偶极称为诱导偶极。电场越强,分子变形越大,诱导偶极越大。当外电场撤除后,诱导偶极自行消失,分子重新复原为非极性分子。

（a）　　　　　　　（b）

图6-12　非极性分子在电场中变形极化

　　对极性分子来说,本身就存在偶极,这种偶极称为固有偶极或永久偶极。极性分子一般都做不规则的热运动,如图6-13(a)所示。若在外电场作用下,其正极转向负电极,负极则转向正电极,即按电场的方向排列,如图 6-13(b)所示。此过程称为取向。同时,电场也使分子正负电荷中心之间的距离拉大,发生变形,产生诱导偶极。因此,这时分子的偶极为固有偶极和诱导偶极之和,分子的极性有所增强,如图 6-13(c)所示。

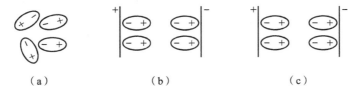

（a）　　　　　　（b）　　　　　　（c）

图 6-13　极性分子在电场中的取向和变形

分子的取向、极化和变形不仅能在电场中发生,而且在相邻分子间也可以发生。这是因为极性分子固有偶极就相当于无数个微电场。因此,极性分子和极性分子之间,极性分子和非极性分子之间,同样也会发生极化、变形和取向作用。这种作用对分子间力的产生有重要影响。

3. 分子间力

共价分子相互接近时可以产生性质不同的结合力。至今人们认识到分子间存在着三种作用力。

(1) 色散力:室温下 Br_2 是液体,I_2 是固体,H_2,O_2,N_2 等非极性分子在低温下也会液化甚至固化。这些物质能维持某种聚集状态,说明在非极性分子之间存在一种相互作用力。那么,非极性分子之间的这种作用力是怎样产生的呢?

我们知道,分子在运动过程中电子云分布不是始终均匀的。某一瞬间,分子内带负电荷的部分(电子云)和带正电荷的部分(核)不时发生相对位移,致使分子发生瞬时变形极化,产生瞬时偶极。因而非极性分子始终处于异极相吸的状态,如图 6-14 所示。这种瞬时偶极之间的相互作用力称为色散力。

(2) 诱导力:当极性分子和非极性分子相互靠近时,非极性分子在极性分子固有偶极作用下会发生变形极化,产生诱导偶极。

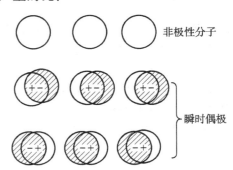

图 6-14　非极性分子产生瞬时偶极示意图

这种固有偶极和诱导偶极之间的相互作用力称为诱导力。

(3) 取向力:当极性分子和极性分子相邻时,极性分子的固有偶极必然发生同极相斥,异极相吸,从而先取向后变形,这种固有偶极和固有偶极之间的相互作用力称为取向力。

综上所述,分子间可以有三种作用力,根据不同情况,存在于各种类型分子之间。当非极性分子与非极性分子相邻时,它们之间只有色散力;当非极性分子与极性分子相邻时,它们之间存在诱导力,同时还存在色散力(因为任何分子内部由于运动,核与电子始终产生瞬息变换的瞬时偶极);当极性分子与极性分子相邻时,它们之间存在取向力,又同时存在着诱导力(因为取向后进一步变形极化)和色散力。这三种作用力的总和称为分子间力。实验表明,对大多数分子来说,色散力是主要的。只有当分子的极性很大(如 H_2O 分子之间)时,才以取向力为主,而诱导力一般都较小,如表 6-5 所示。

表 6 - 5　分子间作用能(kJ·mol^{-1})分配

分　　子	取　　向	诱　　导	色　　散	总能量
H$_2$	0	0	0.17	0.17
Ar	0	0	8.48	8.48
Xe	0	0	18.40	18.40
CO	0.003	0.008	8.79	8.80
HCl	3.34	1.100 3	16.72	21.05
HBr	1.09	0.71	28.42	30.22
HI	0.58	0.295	60.47	61.36
NH$_3$	13.28	1.55	14.72	29.55
H$_2$O	36.32	1.92	8.98	47.22

分子间力是存在于分子间的一种电性引力,没有方向性和饱和性。分子间力的作用范围很小,约在 300~500 pm 之间,并随分子间距离的增大而迅速减弱。分子间作用能也很小(一般为 0.2~50 kJ·mol^{-1}),与共价键的键能(一般为 100~450 kJ·mol^{-1})相比可以差 1~2 个数量级,但对物质的性质如熔点、沸点、溶解性等有很大的影响。例如,结构相似的同系列物质(如稀有气体、卤素等),其熔点和沸点是随着分子量的增大而升高的。这是由于分子量越大,分子变形性就越大,分子间力越强,物质的熔点、沸点就越高。

6.3.2　氢键

除上述三种分子间力之外,在某些化合物的分子之间或分子内还存在着与分子间力大小接近的另一种作用力——氢键。

1. 氢键的形成

当氢原子与电负性很大而半径很小的原子(如 F,O,N)形成共价型氢化物时,由于原子间共用电子对的强烈偏移,氢原子几乎变成带正电荷的核,这个氢原子还可以与另一个半径小、电负性大且含有孤对电子的原子相吸引,这种引力称为氢键。氢键的组成可简单示意如下:

$$X—H\cdots Y$$

X、Y 代表 F、O、N 等电负性大而半径小的原子,X 和 Y 可以是同种原子也可以是不同种原子,H$\cdots$Y 间的键为氢键。

在同种分子间,例如液体 HF 中,一个分子中的氢原子可以与另一分子中的氟原子互相吸引形成氢键:

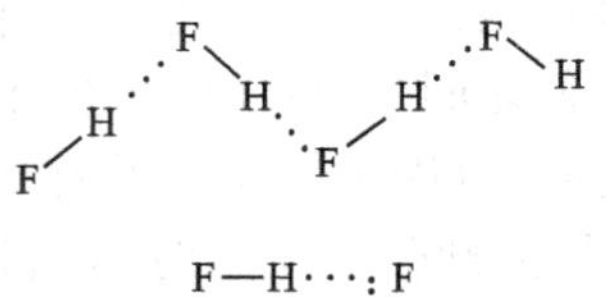

$$F—H\cdots :F$$

图 6 - 15　液态 HF 中的氢键示意图

此外,不同分子间也可以形成氢键,例如 NH$_3$ 分子和 H$_2$O 分子之间:

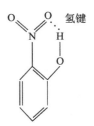

图 6 - 16　邻硝基苯酚分子内氢键示意图

氢键不同于分子间力,有饱和性和方向性。氢键的饱和性是由于氢原子半径比 X 或 Y 的原子半径小得多。当 X—H 分子中 H 与 Y 形成氢键后,已被电子云所包围,这时若有另一个 Y 原子靠近时必被排斥,所以每一个 X—H 只能与另一个 Y 相吸引而形成氢键。氢键方向性是由于 Y 吸引 X—H 形成氢键时,将取 H—X 键轴方向,即 X—H⋯Y 在一直线上(图 6 - 15)。这样的方位使 X 和 Y 电子云之间的斥力最小,可以形成稳定的氢键。

氢键的键能比化学键要弱得多,与分子间力有相同数量级。

氢键除了在分子间形成外,也可以在分子内形成。如邻硝基苯酚分子中羟基 O—H 可与硝基的氧原子形成分子内氢键,如图 6 - 16 所示。分子内氢键由于受环状结构的限制,X—H⋯Y 往往不能在同一直线上。

2. 氢键对物质性质的影响

能够形成氢键的物质很多,如水、水合物、氨合物、无机酸和某些有机化合物。氢键的存在对物质的性质将产生重大影响。

(1)熔、沸点:分子间有氢键的物质在熔化和气化时,除了要克服分子间力外,还需要破坏分子间的氢键,这就需要消耗更多的能量,所以这些物质的熔点、沸点比同系列氢化物的熔点、沸点高。例如,第Ⅶ主族元素的氢化物中,HF 的相对分子质量最小,因此熔点、沸点应该是最低的,但事实却反常的高(如 HF、HCl、HBr、HI 的沸点分别为 20 ℃、−85 ℃、−57 ℃、−36 ℃),这是由于 HF 能形成氢键。第Ⅴ、Ⅵ主族元素的氢化物的情况也类似。

(2)溶解度:如果溶质分子和溶剂分子间能形成氢键,则溶质的溶解度增大。如 NH_3 易溶于 H_2O,就是形成氢键的缘故。

(3)液体密度:液体分子间若能形成氢键,则液体分子有可能发生缔合现象而使液体密度增大。例如 n 个 HF 小分子可以因氢键组合成较大的分子,或称缔合分子:

$$n\mathrm{HF} \xrightleftharpoons{\text{缔合}} (\mathrm{HF})_n \quad n = 2,3,4,\cdots$$

分子的缔合是放热过程,因此降低温度有利于分子的缔合。

6.4　晶体结构

固体是具有一定体积和形状的物质,它可以分为晶体和非晶体两类。内部微粒有规则排列所构成的固体叫做晶体;微粒无规则排列所构成的固体叫非晶体。晶体中微粒按一定方式有规则周期性地排列构成的几何图形叫晶格,如图 6 - 17 所示。在晶格中排有微粒的那些点称为结点。

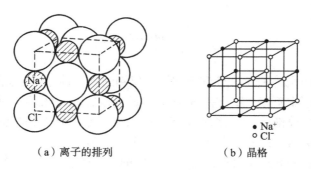

（a）离子的排列　　　　　　（b）晶格

图 6 - 17　NaCl 晶体结构

在晶体和非晶体中,由于内部微粒排列的规整性不同而呈现不同的特征。晶体一般具有一定的几何形状和一定的熔点,并有各向异性的特征。而非晶体则无一定的外形和固定的熔点,是各向同性的。

6.4.1　晶体的基本类型

根据晶格结点上微粒间作用力的不同,可以将晶体分为四种基本类型。

1. 离子晶体

晶格结点上交替排列着正、负离子,其间以离子键结合而构成的晶体叫做离子晶体。典型的离子晶体主要是由活泼金属元素与非金属元素形成的化合物的晶体。由于离子键没有方向性和饱和性,所以在离子晶体中各离子将尽可能多的与异号离子接触以使系统尽可能处于最低能量状态而形成稳定的结构。因此离子晶体配位数(晶体中一个微粒最邻近的其他微粒的数目)一般较高。以典型的氯化钠晶体为例,Na^+ 和 Cl^- 的配位数都为 6 (图 6 - 17),可以把整个晶体看作一个大分子,化学式 NaCl 只代表氯化钠晶体中 Na^+ 和 Cl^- 数目比为 1 : 1,并没有独立的 NaCl 分子存在。

在离子晶体中,由于微粒间以较强的离子键相互作用,所以离子晶体一般具有较高的熔点和硬度,延展性差,较脆,多数离子晶体易溶于水等极性溶剂中。离子晶体的水溶液或熔融液都易导电。

离子晶体的熔点、硬度等特性与晶体的晶格能大小有关。晶格能(E_L)是指在标准状态下,由气态正、负离子形成 1 摩尔离子晶体时所释放的能量[①]。可粗略地认为它与正、负离子的电荷(分别以 Z_+ 和 Z_- 表示)和正、负离子的半径(分别以 r_+ 和 r_- 表示)有关。

$$E_L \propto \frac{|Z_+ \cdot Z_-|}{r_+ + r_-} \tag{6-1}$$

一些常见的正、负离子半径列于表 6 - 6 中。从式(6 - 1)可以看出,离子的电荷数越多,离子的半径越小,离子晶体的晶格能越大,该离子晶体越稳定。因此,当离子的电荷数相同时,晶体的熔点、硬度随着正、负离子间距增大而降低(表 6 - 7)。当正、负离子间距离相近时,则晶体的熔点和硬度取决于离子的电荷数(表 6 - 8)。

---

① 也有以同样条件下,破坏 1 摩尔离子晶体使之变成气态正、负离子所吸收的能量称为晶格能。

表 6-6　常见离子的半径

离子	半径/pm	离子	半径/pm	离子	半径/pm
Li^+	60	Cr^{3+}	64	Hg^{2+}	110
Na^+	95	Mn^{2+}	80	Al^{3+}	50
K^+	133	Fe^{2+}	76	Sn^{2+}	102
Rb^+	148	Fe^{3+}	64	Sn^{4+}	71
Cs^+	169	Co^{2+}	74	Pb^{2+}	120
Be^{2+}	31	Ni^{2+}	72	O^{2-}	140
Mg^{2+}	65	Cu^+	96	S^{2-}	184
Ca^{2+}	99	Cu^{2+}	72	F^-	136
Sr^{2+}	113	Ag^+	126	Cl^-	181
Ba^{2+}	135	Zn^{2+}	74	Br^-	196
Tl^{2+}	68	Cd^{2+}	97	I^-	216

表 6-7　离子半径对一些氧化物熔点的影响

氧化物	MgO	CaO	SrO	BaO
$(r_+ + r_-)$/pm	205	239	253	275
熔点/℃	2 852	2 614	2 430	1 918
莫氏硬度	5.5~6.5	4.5	3.8	3.3

表 6-8　离子的电荷对晶体的熔点和硬度的影响

离子化合物	NaF	CaO
$(r_+ + r_-)$/pm	231	239
$\lvert Z_+ \cdot Z_- \rvert$	1	4
熔点/℃	993	2 614
莫氏硬度	2.2	4.5

2. 原子晶体

在原子晶体中,晶格结点上排列的微粒为原子,原子之间是以强大的共价键相联系,因此原子晶体熔点高硬度大,熔融时导电性很差,在大多数溶剂中都不溶解。属原子晶体的物质,单质中常见的除金刚石外,还有可作为半导体的单晶硅和锗;化合物中如碳化硅(SiC)、方英石(SiO_2)等也属于原子晶体。由于共价键具有饱和性和方向性,所以原子晶体配位数不高。以典型金刚石原子晶体为例,每个碳原子能形成 4 个 sp^3 杂化轨道与周围的另外 4 个碳原子通过 C—C 共价键构成四面体,四面体在空间的重复形成包括整个晶体的大分子(图 6-18)。因此,金刚石晶体中碳原子的配位数为 4。

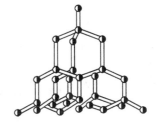

图 6-18　金刚石的结构

原子晶体中没有独立存在的小分子,化学式如 SiC,SiO_2 等只代表晶体中各种元素原子数的比例。

3. 分子晶体

在分子晶体的晶格结点上排列着分子(极性分子或非极性分子)，分子之间通过分子间力(某些还含有氢键)相结合。由于分子间力比化学键要弱得多，因此分子晶体的熔点和硬度都很低，它们在固态和熔融时不易导电。大多数共价型的非金属单质和化合物，如固态的 HCl，NH_3，N_2，CO_2 和 CH_4 等都是分子晶体。

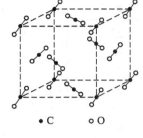

图 6-19　CO_2 的晶体结构

● C　　○ O

分子晶体与原子晶体或离子晶体不同，在晶体中，存在着单个的分子，它们占在晶格的结点上。例如 CO_2 晶体(图 6-19)中，每个结点上都是单个的 CO_2 小分子。

4. 金属晶体

金属都具有金属晶体的结构。在金属晶格的结点上排列中性原子或金属正离子，在结点的间隙处有许多从金属原子上"落下来"的自由电子(图 6-20)。整个晶体中的原子或金属离子靠共用这些自由电子结合起来，这种结合力称为金属键。由于金属键没有方向性和饱和性，因此金属晶体中金属原子尽可

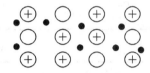

图 6-20　金属的晶体结构

能采取紧密堆积的方式，使每个原子与尽可能多的其他原子相接触，以形成稳定的金属结构，配位数较高，可达 12。

由于金属晶体内拥有自由电子，所以它具有良好的导电性、导热性和延展性。金属的熔沸点一般比较高，但也有部分金属较低。金属晶体也是大分子。

以上四种晶体内部结构及性质特征归纳于表 6-9。

表 6-9　四种晶体的内部结构及性质特征

晶体类型		离子晶体	原子晶体	分子晶体		金属晶体
结点上的粒子		正、负离子	原子	极性分子	非极性分子	原子、正离子(间隙处有自由电子)
结合力		离子键	共价键	分子间力、氢键	分子间力	金属键
性质特征	熔、沸点	高	很高	低	很低	一般较高,部分低
	硬度	硬	很硬	软	很软	一般较大,部分小
	机械性能	脆	不太脆	软	很软	有延展性
	导电、导热性	熔融态及其水溶液能导电	非导体	固态、液态不导电,但水溶液导电	非导体	良导体
	溶解性	易溶于极性溶剂	不溶性	易溶于极性溶剂	易溶于非极性溶剂	不溶性
	实　例	NaCl、MgO	金刚石、SiC	HCl、NH₃	CO₂、I₂	W、Ag、Cu

6.4.2　混合型晶体

晶体内晶格结点间包含两种以上键型的为混合型晶体。石墨是典型的混合型晶体。石墨中,碳原子采用 sp^2 杂化,每个碳原子和相邻三个碳原子以 σ 键相连接,键角为 120°,键长为 142 pm,形成由无数的正六角形构成的网状平面层(图 6 - 21)。每一个碳原子还有一个垂直于六角网状平面的 2p 轨道(其中有一个 2p 电子)。这种相互平行的 p 轨道可形成大 π 键,大 π 键不像一般共价键定域于两个原子之间,而是不定域的,它可以在整个平面作自由运动,层与层之间的距离为 335 pm。大 π 键中的电子与金属中的自由电子有些类似,因此石墨有金属的光泽,沿层面方向有良好的导电性。在石墨晶体中,层与层之间以分子间力联系,作用力较弱,故层与层之间容易滑动和断裂。在石墨晶体中,既有共价键,又有非定域的大 π 键,还有分子间力,所以石墨晶体是一种混合型晶体。

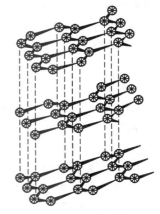

图 6 - 21　石墨的层状结构示意图

石墨因能导电,具有良好的化学稳定性,常做电解槽的阳极材料,又因其层间的作用力弱,工业上常用作润滑剂和铅笔芯的原料等。

有些化合物晶体也具有石墨层状结构,如六方氮化硼(BN),其结构与石墨相似,只是层内和层间、粒子之间的相对距离稍有不同,有"白色石墨"之称,是一种比石墨更耐高温的固体润滑剂。

6.4.3　离子极化

离子晶体中正、负离子间的化学键是离子键,但实际上有离子键向共价键过渡的情况,这与离子的相互极化有关。因此讨论离子极化就是为了从本质上了解晶体中键型的过渡。

1. 离子极化

一切简单离子的电荷分布基本上是球形对称的,没有极性,正、负电荷中心是重合的,见图 6 - 22(a)。在外电场作用下,离子和分子一样,离子中的原子核和电子会发生相对位移,产生诱导偶极,这种过程叫做离子的极化,见图 6 - 22(b)。离子极化的结果使离子发生变形。事实上离子都带电荷,所以离子本身就可以产生电场,使带有异号电荷的相邻离子极化,见图 6 - 22(c)。

（a）不在电场中　　（b）离子在电场中　　（c）两个离子的
　　的离子　　　　　　的极化　　　　　　相互极化

图 6 - 22　离子极化作用示意图

2. 离子的极化力和变形性

离子相互极化时,离子具有双重性质:作为电场,能使周围异号电荷离子极化而变形,即具有极化力;作为被极化的对象,本身被极化而变形。

(1) 离子的极化力:离子的极化力和离子的电荷、半径以及外层电子构型有关。离子的电荷越多、半径越小,离子的极化力越强。如果电荷相等,半径相近,则离子的极化力决定于外层电子构型:具有 18 电子构型的离子(如 Cu^+,Cd^{2+} 等)和 $18+2$ 电子构型的离子(如 Pb^{2+},Sb^{3+} 等)极化力最强,9—17 电子构型的离子(如 Mn^{2+},Fe^{2+},Fe^{3+} 等)的极化力较强,外层具有 8 电子构型的离子(如 Na^+,Mg^{2+} 等)极化力最弱。

(2) 离子的变形性:离子的变形性主要决定于离子半径的大小,离子半径越大,变形性越大。例如 $I^->Br^->Cl^->F^-$。离子的电荷对变形性也有影响,随正电荷数的减少或负电荷数的增加,变形性增大。当半径相近、电荷相等时,离子的外层电子构型对离子的变形性就产生决定性的影响。外层 18,9—17 等电子构型的离子,其变形性比具有稀有气体构型的离子大得多。

根据上述规律,由于负离子的极化力较弱,正离子的变形性较小,所以正、负离子相互作用时,主要考虑正离子对负离子的极化作用,使负离子发生变形。只有在正离子也容易变形(如外层 18 电子构型的正离子 Cu^+,Cd^{2+} 等)的情况下,才必须考虑正离子的变形性。

3. 离子极化对化学键型的影响

在正、负离子结合的离子晶体中,如果正、负离子间完全没有极化作用,则它们之间的化学键纯粹属于离子键。但实际上正、负离子间或多或少存在着极化作用,离子极化使离子的电子云变形并相互重叠,在原有的离子键上附加一些共价键成分。离子相互极化程度愈大,共价键成分愈多,离子键就逐渐向共价键过渡(图 6-23)。

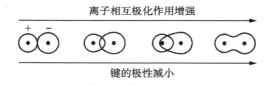

离子相互极化作用增强

键的极性减小

图 6-23　离子键向共价键转变的示意图

例如卤化银(AgX)中,Ag^+ 的极化力较强,X^- 的变形性由 F^- 到 I^- 随离子半径的增大而增大,因而 Ag^+ 与 X^- 间的相互极化作用也按同样顺序依次增强。因此在 AgX 中,只有 AgF 属于离子键,AgI 已过渡为共价键。

AgX	AgF	AgCl	AgBr	AgI
键型	离子键	过渡型	过渡型	共价键

4. 离子极化对化合物性质的影响

离子极化对化学键类型产生了影响,因而对相应化合物的性质也产生一定的影响。

(1) 晶型的转变。由于离子相互极化作用引起键的极性减小,使相应的晶体会从离子型逐渐变成过渡型直至共价型(一般为分子晶体),因而往往会使晶体的熔点等性质发生变化。以第三周期氯化物为例,如表 6-10 所示,由于 Na^+,Mg^{2+},Al^{3+},Si^{4+} 的离子电荷依次增加,而半径减小,极化力依次增强,使 Cl^- 发生变形的程度依次增大,致使离子的电子云重叠程度增大,键的极性减小,相应的晶体由 NaCl 的离子晶体转变为 $MgCl_2$,$AlCl_3$ 层状结构的晶体,最后转变为 $SiCl_4$ 共价型分子晶体,其熔点依次降低。

表 6-10 第三周期一些元素氯化物键型和晶体类型的变化情况

氯化物	NaCl	MgCl$_2$	AlCl$_3$	SiCl$_4$
正离子	Na$^+$	Mg^{2+}	Al^{3+}	Si^{4+}
r_+/pm	95	65	50	42
键型	离子键	过渡型	过渡型	共价键
晶体类型	离子晶体	层状结构晶体	层状结构晶体	分子晶体
熔点/℃	801	714	190	−70

(2) 物质的溶解度。键型的过渡引起晶体在水中溶解度的改变。离子晶体大多溶于水,当离子极化引起键型变化时,晶体的溶解度也相应降低。如在卤化银 AgX 中,典型离子晶体 AgF 易溶,而从 AgCl,AgBr 过渡到 AgI,随着共价键成分的增大,溶解度越来越小。又如 CuCl 在水中的溶解度远小于 NaCl,尽管 Cu$^+$ 的离子半径(96 pm)和 Na$^+$ 的离子半径(95 pm)相近,电荷相同,但 Cu$^+$ 是 18 电子构型,而 Na$^+$ 是 8 电子构型,因此 Cu$^+$ 的极化力和变形性较 Na$^+$ 强。结果是 CuCl 以共价键结合,难溶于水,而 NaCl 以离子键结合,易溶于水。

(3) 化合物的颜色。离子极化还会导致离子晶体颜色的加深。如在 AgX 中,AgCl,AgBr,AgI 的颜色由白色、淡黄色至黄色。又如 Pb^{2+},Hg^{2+} 和 I$^-$ 均为无色离子,但形成 PbI$_2$ 和 HgI$_2$ 后,由于离子极化明显,使 PbI$_2$ 呈金黄色,HgI$_2$ 呈橙红色。

复习思考题六

1. 试解释下列名词。

(1) 共价键的方向性和饱和性;

(2) σ 键和 π 键;

(3) 等性杂化和不等性杂化;

(4) 固有偶极、诱导偶极和瞬时偶极;

(5) 极性分子和非极性分子;

(6) 晶体和非晶体。

2. 下列说法是否正确,并说明理由。

(1) 多原子分子中,键的极性越强,分子的极性越强;

(2) sp^2 杂化轨道是 1s 轨道和 2p 轨道混合后形成的;

(3) 极性键组成极性分子,非极性键组成非极性分子;

(4) 色散力只存在于非极性分子间;

(5) 所有含氢化合物的分子之间都存在氢键;

(6) 离子所带的电荷越多,离子的半径就越大;

(7) 离子的极化,可造成化学键型的转化;

(8) 由于 F$^-$ 离子和 Br$^-$ 离子相比,变形性小,所以 AgF 易溶于水,AgBr 难溶于水。

3. 比较下列各对物质沸点的高低,并简单说明之。

(1) HCl 和 HF; (2) SiH$_4$ 和 CH$_4$; (3) Br$_2$ 和 F$_2$。

4. BF$_3$ 分子具有平面三角形构型,而 NF$_3$ 分子却是三角锥形,试用杂化轨道理论加以解释。

5. 什么叫氢键？哪些分子间易形成氢键？形成氢键对物质性质有哪些影响？

6. 晶体有几种类型？确定晶体类型的主要因素是什么？各种类型晶体的性质有何不同？

7. 什么叫离子极化？离子极化会引起晶体性质的哪些变化？

8. 试从离子极化的观点解释。

(1) KCl、$CaCl_2$ 的熔沸点高于 $GeCl_4$；

(2) $ZnCl_2$ 的熔沸点低于 $CaCl_2$；

(3) $FeCl_3$ 熔沸点低于 $FeCl_2$。

习题六

1. 指出下列分子的中心原子可能采用的杂化轨道类型，并写出它们的空间构型。

① SiH_4；　② BBr_3；　③ BeH_2；　④ PH_3；　⑤ H_2S。

2. 解释 H_2O 和 $BeCl_2$ 都是三原子分子，为何前者为 V 形，后者为直线形？

3. 试判断下列分子的空间构型和分子的极性，并说明理由。

　　Cl_2；HI；NO；CO_2；PCl_3；SiH_4；OF_2；NH_3；BF_3。

4. 下列哪些分子的偶极矩为零？

　　PH_3；CS_2；BCl_3；$SiCl_4$；H_2S。

5. 指出下列各分子之间存在哪几种分子间作用力(包括氢键)。

(1) H_2 分子间；(2) H_2O 分子间；(3) H_2O-O_2 分子间；(4) $HCl-H_2O$ 分子间；(5) CH_3Cl 分子间。

6. 写出下列各离子的外层电子构型，并说明各离子分别属于哪一类电子构型(8 电子，18 电子，18+2 电子，9—17 电子构型)。

(1) Mg^{2+}；(2) Fe^{2+}；(3) Ag^+；(4) Cu^{2+}；(5) Zn^{2+}；(6) Sn^{2+}。

7. 判断下列各组中两种物质的熔点高低。

(1) $NaCl$ 和 MgO；(2) BaO 和 CaO；(3) SiC 和 SiH_4；(4) NH_3 和 PH_3。

8. 根据下列物质的熔点，判断它们是属于何种类型的晶体。

物质	B	LiCl	BCl_3
熔点(℃)	2 300	605	−107.3

9. 为什么① 室温下 CH_4 为气体，CCl_4 为液体，而 CI_4 为固体？

　　　　　② H_2O 的沸点高于 H_2S，而 CH_4 的沸点却低于 SiH_4？

10. 试判断下列各种物质各属何种晶体类型以及晶格结点上微粒间作用力，并写出熔点从高到低的顺序。

① KCl；　② SiO_2；　③ HCl；　④ CaO。

11. 乙醇和二甲醚(CH_3OCH_3)的组成相同，但前者的沸点为 78.5 ℃，而后者的沸点为 −23 ℃。为什么？

阅读材料六

一、晶体缺陷

在讨论晶体结构时,把晶体看成是由构成晶体的结点(离子、原子、或分子)在三维空间按照一定方式有规则、周期性地排布而成的。这样得到的晶体是完美无缺的理想晶体。但实际上,无论是自然界存在的晶体或由人工合成的晶体都不可能完美无缺,而是或多或少存在这样那样的缺陷。晶体中一切偏离理想晶体的点阵结构称为晶体缺陷。

根据晶体中缺陷的大小、形状和作用范围,晶体缺陷一般分为点缺陷、线缺陷和面缺陷等多种。其中以点缺陷最普遍也最重要。

(一) 点缺陷

点缺陷是由晶体中有些离子(或原子)从晶格结点上位移,产生空位,或者由外来的杂质离子(或原子)发生取代,或者晶格间隙位置上存在间隙离子(或原子)等因素造成的。它包括本征缺陷和杂质缺陷。

(1) 本征缺陷

本征缺陷是指无外来杂质,是晶体本身结构不完善所产生的缺陷。有两种基本类型:弗伦克尔(Frenkel)缺陷和肖特基(Schottky)缺陷。

一个完整晶体在温度高于 0 K 时,某些具有较高能量的离子(或原子),由于热振动而脱离了原来的平衡位置移向晶格间隙,成为间隙离子(或原子),并在原来的位置上留下空位,这种缺陷称为弗伦克尔缺陷。如图 1(a)所示。

它的特点是空位和间隙离子(或原子)总是成对出现的,因而能维持电荷平衡,这种缺陷的存在也不影响整个固体的化学计量关系。在离子晶体中,当阳离子比阴离子小很多,或者晶体结构间隙较大就容易产生此类缺陷。例如,在 AgBr 晶体中,Ag^+ 半径比 Br^- 半径小得多,Ag^+ 离子移到晶格间隙处而产生空位,如图 1(b)所示。又如,CaF_2 晶体中,间隙大,Ca^{2+} 离子就易进入间隙形成弗伦克尔缺陷。

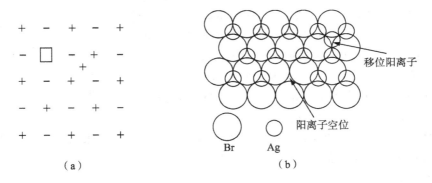

移位阳离子

阳离子空位

Br　Ag

（a）　　　　　　　　　（b）

图 1　Frenkel 缺陷

如果晶体表面的离子(或原子)受热激发脱离平衡位置,但所获得的能量又不足以使它完全蒸发出去,只是移到表面外稍远一些的新位置上,原来位置则形成空位。晶体内部的离子(或原子)就可移到该空位,重又产生新的空位。就好像是晶体内部的离子(或原子)移到晶体表面生成新的晶面,而空位则从晶体表面移到晶体内部,这种缺陷称为肖特基缺陷。如图2(a)所示。对离子晶体来说,阳离子空位和阴离子空位必定成对产生。因此肖特基缺陷的存在不影响整个固体的化学计量关系。阴阳离子半径相差不大的晶体,容易形成肖特基缺陷。如 KCl、NaCl 晶体。见图2(b)。

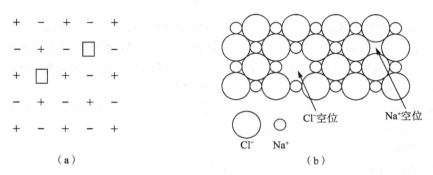

（a）　　　　　　　　　　　　　　（b）

图 2　Schottky 缺陷缺陷

这两种缺陷是普遍存在的,只要温度高于 0 K,缺陷就会形成,而且温度升高有利于缺陷的形成。

（2）杂质缺陷

杂质缺陷是指杂质原子进入晶体后所引起的缺陷。杂质原子进入晶体有两种方式:间隙式和取代式。

间隙式是杂质原子进入晶体的晶格间隙位置,这种掺杂发生于杂质原子半径比较小的情况。例如:H 原子加入 ZnO 中可形成间隙式杂质缺陷,钢就是 C 原子进入 Fe 的晶格间隙位置而形成的。

取代式是杂质原子进入晶体中,取代了原晶格中的某个原子。通常在一些共价化合物中,电负性接近、半径相差不大的元素可以相互取代。例如:GaAs(砷化镓)晶体中,加入杂质原子 Si,Si 既可以取代 Ga 的位置也可取代 As 的位置。

若外来的杂质以离子的形式存在,则杂质离子进入晶体中的情况就比较复杂,重要的是取代前后晶体仍应保持电中性。如高价杂质离子的掺入,会造成低价基质离子的空缺。例如:AgCl 晶体中掺入少量 $CdCl_2$,因为一个 Cd^{2+} 取代 2 个 Ag^+ 的位置,因而必形成等数量的 Ag^+ 离子空位(因为只有这样才能维持晶体的电中性)。见图3。

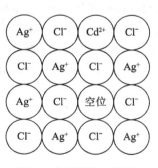

图 3　杂质取代点缺陷

杂质原子有的是有意掺入到晶体中去的,例如,为了改善半导体的导电性,在硅单晶中掺入硼或磷原子可分别形成 p 型和 n 型半导体。

（二）线缺陷

线缺陷也叫位错,是以一条线为中心发生的结构错乱。从位错的几何结构来看,可分为两种基本类型:刃型位错和螺型位错。它们都是由于这种或那种原因在晶体中引起部分滑移而产生的。这里所谓的滑移是指一部分晶体相对于另一部分晶体,在平行于平面的某一方向发生位移。这种位移的方向和大小可用一矢量 b(常称为 Burger 矢量)来表示。所谓部分滑移是指一部分晶体发生了滑移,而另一部分晶体没有发生滑移,在滑移面 $ABCD$ 与未滑移部分交界线 AB(也移位错线)周围结构发生错乱。当矢量 b 与位错线垂直时称为刃型位错,如图 4(a)所示;当矢量 b 与位错线平行时称为螺型位错,如图 4(b)所示。

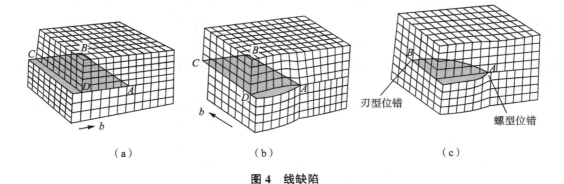

（a） （b） （c）

图 4 线缺陷

除了上面两种基本型位错外,还有一种形式更为普遍的位错,称为混合位错,如图 4(c) 所示,即 A 附近出现螺型位错,B 附近出现刃型位错,而在 A、B 之间,则界于螺型和刃型之间,因矢量(b)与位错线既不平行也不垂直,故称为混合位错。

(三) 面缺陷

面缺陷是原子(或离子)在一个交界面的两侧出现不同排列的缺陷。

由许多小的晶粒组成的固体叫多晶体,每一个晶粒是一个单晶体。多晶体中不同取向的晶粒之间的界面称为晶粒间界,各晶粒间界附近的原子(或离子)排列比较紊乱,构成了面缺陷。多晶体中晶粒的成分和结构可以是同一种类。也可以是不同种类的,见图 5。实际上在很多场合形成的晶体不是单晶,而是多晶体,在其内部存在着众多的面缺陷。

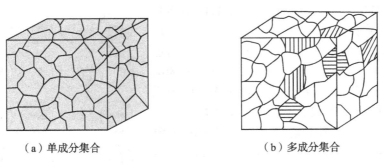

（a）单成分集合 （b）多成分集合

图 5 面缺陷

晶体缺陷的存在并非都是坏事,晶体缺陷对晶体的很多性能,如光、电、力学性质以及化学活泼性等均会产生重要影响,从而使一些固体成为重要的技术材料。例如,红宝石是在刚玉(α-Al_2O_3)中掺入少量 Cr_2O_3,形成杂质缺陷的单晶体,具有良好的光学性能,是 60 年代最早振荡出激光的固体材料,可输出激光波长为 694.3 nm 的红光。又如,高温陶瓷材料 ZrO_2 是内部具有众多面缺陷的晶体,熔点为 2 983 K,耐高温,可以制成火箭、宇宙飞船的前锥体。若在 ZrO_2 中加入 Cr_2O_3 形成复合陶瓷,其耐热性就可比 ZrO_2 高出 4 倍。

二、非化学计量化合物

晶体尽管普遍存在着缺陷，但它们多数仍具有固定的组成，即符合定比定律，其中各元素原子数呈简单的整数比，这类化合物是化学计量化合物。但是，现代晶体结构理论和实验都证明了在晶体化合物中各元素原子数有不成简单整数比的情况，其组成可以在一定范围内变动。如方铁矿，其组成是 $Fe_{1-x}O$，$0.09<x<0.19(900\ ℃)$。又如黄铁矿 FeS 的组成也是 $Fe_{1-x}S$。这样的化合物称为非化学计量化合物。常见的有氢化物、氧化物、硫化物等，很多是过渡金属化合物。

非化学计量化合物也叫非整比化合物，其形成是由于晶体中某种元素呈现多余或不足，所以非化学计量化合物总是伴有晶体缺陷的。非化学计量也是固体的一种性质。

当金属具有多种氧化值时，由于晶格结点上低氧化值的阳离子被高氧化值的阳离子所代替，为了保持化合物的电中性，而造成阳离子空位。例如，FeS 中部分 Fe^{2+} 被 Fe^{3+} 代替，为保持电中性，3 个 Fe^{2+} 只需要 2 个 Fe^{3+} 代替，因而有了 1 个阳离子（Fe^{2+}）空位，由此造成了晶体缺陷。如图 6 所示。可见，此时 Fe 和 S 原子数之比不再是 1∶1，而是 Fe 原子数要小于 1，化学式为：$Fe_{1-x}S$。

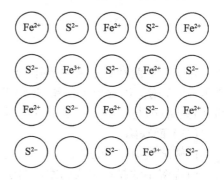

图 6　FeS 中的缺陷

有些金属没有两种或多种氧化值，也可形成非化学计量化合物。把碱金属卤化物晶体在高温下置于碱金属气氛中处理，如 NaCl 晶体在 Na 蒸气中加热，即生成 $NaCl_{1-x}$。这是由于电子占据了阴离子的空位而产生的。

NaCl 晶体在 Na 蒸气中加热，先在晶体表面吸收 Na 原子，接着在表面上发生电离，产生的 Na^+ 离子留在晶体表面，而电子可以扩散进入晶体内部，遇到并占据了阴离子（Cl^-）空位，如图 7。空穴上的电子，有些可达到激发态，若激发能在可见光区的范围内，则可使晶体显色，也就是束缚一个电子的阴离子空位形成发色中心，称为 F 心（F 是德文 Farbe 的第一个字母，意为颜色），即色心。因而 NaCl 晶体的颜色由原来的无色透明变成了浅黄绿色。若 KCl 晶体在 K 蒸气中加热，则可形成 KCl 特征紫色的 F 心，晶体变成紫色。

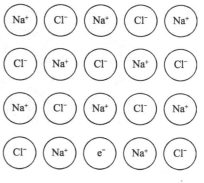

图 7　NaCl 中的缺陷

某些杂质离子的掺入，为了保持固体的电中性，有时可能会引起原来离子氧化值的改变，结果也会形成非化学计量化合物。例如，NiO 是绝缘体，在其中掺入少量 Li_2O，Li^+ 占据部分 Ni^{2+} 的位置，每一个 Li^+ 就必须迫使一个 Ni^{2+} 转化为 Ni^{3+} 才能保持电中性。其组成可用 $Li_{\delta}^+ Ni_{1-2\delta}^{2+} Ni_{\delta}^{3+}$ 来表示。由于 Ni^{3+} 的位置并不固定，通过氧桥与邻近的 Ni^{2+} 进行电子转移，因而具有半导体的性质。

非化学计量化合物在导电性、磁性、光学性质、催化性能等方面与化学计量化合物相比有一定的差异,并表现出一些特殊的性质。所以研究非化学计量化合物的组成与性能,对开发无机功能材料具有特别重要的意义。如超导体就是一个具有特殊性质的非化学计量化合物。

超导现象是荷兰物理学家 K. Onnes 1911 年研究低温下汞的电阻时发现的。随着温度的下降,在 4.2 K 时汞的电阻突然降到零,这一特性被称为超导性,将这种材料称为超导体。发生电阻跃变时的温度称为临界温度,用 T_c 表示。

自发现超导性以来,经过大量的研究,已经发现有几十种金属元素和上千种合金和化合物具有超导性,临界温度的范围在 $0.01 \sim 23.2$ K。直到 1986 年发现镧钡铜氧化物 $La_{2-x}Ba_xCuO_4$ 临界温度突变至 30 K。继而在 1987 年美国休斯敦朱经武等发现钇钡铜氧化物 $YBa_2Cu_3O_{7-x}$(YBCO),其临界温度高达 90 K,超过液氮温度(液氮的沸点为 77 K),即用液氮冷冻就可实现超导,使超导材料向实用化迈进了一大步。

钇钡铜氧化物 $YBa_2Cu_3O_{7-x}$ 俗称"1-2-3"化合物,YBCO 的合成很容易,只需将适量的干燥氧化钇(Y_2O_3)、氧化铜(CuO)和碳酸钡($BaCO_3$)在一起磨细,彻底混合,加热到 950 ℃,使成为黑色固体。冷却后压成小料饼,在 950 ℃下烧结,最后在 $500 \sim 600$ ℃温度下用纯氧气处理,便生成非化学计量的 YBCO 超导材料。

超导材料的潜在应用主要基于它非凡的电学和磁学性质。超导体在低于 T_c 温度下电阻为零,即表现零电阻效应,因此超导体常用于远距离输电,可实现无电阻损耗输电,从而大大提高供电业的效率。

超导体的另一重要特性是"完美逆磁",即超导体不让磁力线穿过它或者说能把外加磁场完全排除在外。若把一块磁铁放在超导体上方,超导体中将产生感生电流并由此形成了与外磁场相同的磁场,因而产生排斥作用,从而使磁铁神奇地悬浮于上方,这就是磁悬浮现象。利用这种磁悬浮现象可以制造磁悬浮列车,以大大降低运行摩擦,提高运行速度。目前德国、日本已有金属或合金材料的低温超导磁悬浮列车,运行速度高达 55 km/h 左右。我国已于 2000 年底研制成第一辆小型高温磁悬浮列车,净悬浮高度大于 20 mm。在不久的将来,高速安全、无污染的磁悬浮列车将运行在我国大地上。

第7章 非金属元素及其化合物

已经发现的非金属元素有 22 种,除氢①外,它们都位于长式周期表的右上方,B—Si—As—Te—At 是这部分的边缘元素,构成了一条同金属元素的分界线。

7.1 非金属单质的结构和性质

ⅢA	ⅣA	ⅤA	ⅥA	ⅦA	ⅧA
				H	He
B	C	N	O	F	Ne
Al	Si	P	S	Cl	Ar
Ga	Ge	As	Se	Br	Kr
In	Sn	Sb	Te	I	Xe
Ti	Pb	Bi	Po	At	Rn

7.1.1 非金属单质的结构

从ⅢA 到ⅦA 族非金属元素的外层电子构型为 $ns^2np^{1\sim5}$,外层上有 $3\sim7$ 个电子,它们倾向于获得电子而呈负氧化值,但是在一定条件下,它们也可以部分或全部发生外层电子的偏移而呈正氧化值,因此非金属元素一般都有两种或多种氧化值。

通常条件下,除了稀有气体以单原子分子存在外,所有其他非金属单质都由两个或两个以上的原子以共价键结合在一起。例如,H_2、卤素、O_2、N_2 都是共价键结合而成的双原子分子,属分子晶体。ⅥA 族氧分子是由一根 σ 键和两根三电子 π 键组成的双原子分子,而硫、硒、碲分别位于 3,4,5 周期,因内层电子较多,外层 p 电子轨道难于重叠形成 π 键,而倾向于形成尽可能多的 σ 单键,见图 7-1(a)、(b)。ⅤA 族的氮分子由一根 σ 键和两根 π 键组

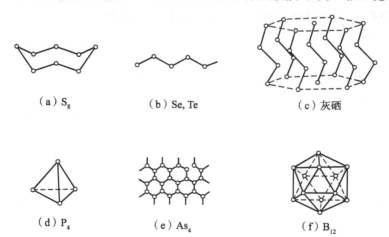

(a) S_8 (b) Se, Te   (c) 灰硒

(d) P_4 (e) As_4 (f) B_{12}

图 7-1 某些非金属单质的结构

① 氢在周期表中,一般位于左上角,为ⅠA 族元素,也可放在ⅦA 的第一个元素。

成双原子分子,磷、砷同样位于 3,4 周期而以 σ 单键形成多原子分子,见图 7-1(d),(e),这种多原子分子可以形成分子晶体,如灰硒的晶体,见图 7-1(c)。ⅣA 族碳、硅的单体基本上属于原子晶体,这些晶体中原子间以共价单键(每个原子均以 4 个 sp^3 杂化轨道参与成键)结合成巨大的分子。ⅢA 族的硼的单质结构复杂,由正二十面体为基础组成的晶体属原子晶体,见图 7-1(f)。

7.1.2 非金属单质的性质

1. 非金属单质的结构与物理性质

由非金属单质的结构可知,绝大多数非金属单质不是分子晶体,就是原子晶体,这两类晶体在物理性质如熔点、沸点、硬度上有很大的差别。

非金属元素按其单质的结构和物理性质可以分为三类。

(1) 小分子物质。如 X_2(卤素),O_2,N_2,H_2 等,通常情况下,它们都是气体,固体时为分子晶体,熔点、沸点都很低。

(2) 多原子分子物质。如 S_8,P_4,As_4,通常情况下,它们都是固体,为分子晶体,熔点、沸点也不高,但比上一类高,易挥发,硬度小。

(3) 大分子物质。如金刚石、晶体硅和硼等,为原子晶体,熔点、沸点都很高,不易挥发,硬度大。

2. 非金属单质的化学性质

非金属元素容易形成单原子负离子和多原子负离子,它们在化学性质上也有较大的差别,在常见的非金属元素中,F,Cl,O,S,P,H 较活泼,容易与金属元素形成卤化物、氧化物、硫化物、氢化物或含氧酸盐等。与其他非金属元素亦可形成卤化物、氧化物、无氧酸或含氧酸。而 N,B,C,Si 在常温下不活泼。非金属单质发生的化学反应涉及范围较广,下面主要介绍它们与水、碱和酸的反应。

(1) 大部分非金属单质不与水作用,只有 B,C 在高温下与水蒸气反应。

$$2B + 6H_2O(g) \!=\!\!= 2H_3BO_3 + 3H_2$$

$$C + H_2O(g) \!=\!\!= CO + H_2$$

(2) 卤素仅部分与水作用,且从 Cl_2 到 I_2 反应的趋势不同。卤素与水的反应为

$$X_2 + H_2O \!=\!\!= HX + HXO(X \text{ 代表 } Cl, Br, I)$$

反应的趋势依氯、溴、碘的顺序依次减小。这与卤素的标准电极电势 $\varphi^{\ominus}$ 的数值由 Cl_2/Cl^- 到 I_2/I^- 依次减小相吻合。

值得注意,上述氧化还原反应中 X_2 既是氧化剂,又是还原剂,这类反应叫歧化反应。

(3) 绝大部分非金属单质能与强碱作用(或发生歧化反应)。

例如:
$$3S + 6NaOH \!=\!\!= 2Na_2S + Na_2SO_3 + 3H_2O$$

$$Si + 2NaOH + H_2O \!=\!\!= Na_2SiO_3 + 2H_2$$

而碳、氧、氟等单质无此类反应。

氯与碱性溶液发生的反应:
$$Cl_2 + 2NaOH(\text{冷}) \!=\!\!= NaCl + NaClO + H_2O$$

这也是氯的歧化反应。

当氯通入热的碱溶液时,主要产物将是氯酸盐。

$$3Cl_2 + 6NaOH(热) \Longrightarrow 5NaCl + NaClO_3 + 3H_2O$$

溴和碘也能发生上述类似反应。溴和碘与冷的碱液作用也能生成次溴酸盐和次碘酸盐,但它们比次氯酸盐更易歧化。BrO^- 在常温下歧化速度相当快,只有在 0 ℃ 左右才能得到次溴酸盐,在 50~80 ℃ 得到的产物几乎全部是溴酸盐。

$$3Br_2 + 6OH^- \Longrightarrow 5Br^- + BrO_3^- + 3H_2O$$

而 IO^- 在任何温度下歧化速度都很快,所以 I_2 与碱溶液反应为:

$$3I_2 + 6OH^- \Longrightarrow 5I^- + IO_3^- + 3H_2O$$

(4) 许多非金属单质一般不和盐酸或稀硫酸反应,但硫、磷、碳、硼等可以与浓硝酸或浓硫酸反应,生成相应的氧化物或含氧酸。

例如:

$$S + 2HNO_3(浓) \Longrightarrow H_2SO_4 + 2NO$$
$$C + 2H_2SO_4(浓) \Longrightarrow CO_2 + 2SO_2 + 2H_2O$$

硅不与任何单一的酸作用,但能溶于 HF 和 HNO_3 的混合酸中:

$$3Si + 18HF + 4HNO_3 \Longrightarrow 3H_2[SiF_6] + 4NO + 8H_2O$$

7.2　非金属元素的化合物

非金属元素大多以各种化合物的形式存在。其中包括由非金属元素与各种金属元素生成的化合物如金属卤化物、金属氧化物等,以及各种金属的氢氧化物和含氧酸盐。还包括由非金属元素间形成的化合物。本节主要介绍一些有一定代表性的非金属元素的化合物。

7.2.1　卤化物

卤素与电负性比卤素小的元素组成的二元化合物,称为卤化物。除少数稀有气体外,几乎所有的元素都能生成卤化物。

1. 卤化物的结构和物理性质

按卤化物的结构,可分为离子型卤化物和共价型卤化物。非金属元素的卤化物大都是共价型的,固态时是分子晶体,因而它们的熔点、沸点低。而金属卤化物中,只有碱金属、碱土金属的卤化物是离子型的,固态时是离子晶体,因而熔点、沸点较高。其他金属卤化物在结晶状态时,表现出或多或少的共价性,并随着金属离子极化力的增强,其卤化物逐渐地由离子型向共价型过渡,相应地,卤化物的晶体结构亦由典型的离子晶体向分子晶体转化,因而其熔点、沸点亦随之降低,即低于离子晶体,但高于分子晶体。

卤化物的这些性质在生产上已得到一定的应用。例如离子型卤化物中 NaCl,KCl,$BaCl_2$ 熔点、沸点较高,稳定性较好,受热不易分解,常用它们的熔融液作高温时的加热介质,称为"盐熔剂"。SF_6 是典型的共价型卤化物,沸点低,稳定性好,不着火,能耐受高电压而不被击穿,是优异的气体绝缘材料,常用于变压器及高压电装置中。位于周期表中部元素的卤化物中 $AlCl_3$、$SiCl_4$ 易挥发,高温时能分解出具有活性的铝原子或硅原子。常使其在钢铁工件表面热分解,进行"渗铝""渗硅"工艺。易气化的 $SiCl_4$、$SiHCl_3$ 可被还原为硅而用于半导体材料的制取。

2. 氯化物与水作用

卤化物中,应用较广泛的是氯化物,所以这里只讨论氯化物与水的作用。很多氯化物与水作用会使溶液呈酸性。根据酸碱质子理论,其反应的实质是正离子酸与水的质子的传递过程。氯化物按其与水作用的情况,主要可分为三类。

(1) 活泼金属如钠、钾、钡的氯化物在水中解离并水合,但不与水发生反应。

(2) 大多数不太活泼金属如镁、锌等的氯化物会不同程度地与水发生反应,反应是分级进行和可逆的。它们与水反应的产物一般为碱式盐和盐酸。例如:

$$MgCl_2 + H_2O \Longrightarrow Mg(OH)Cl + HCl$$

又如,在焊接金属时常用氯化锌浓溶液清除钢铁表面的氧化物,就是利用 $ZnCl_2$ 和水作用而产生的酸[①]。

较高价态金属的氯化物(如 $FeCl_3$、$AlCl_3$、$CrCl_3$)与水作用的过程比较复杂,但一般仍简化表示为以第一步与水反应为主。例如:

$$Fe^{3+} + H_2O \Longrightarrow Fe(OH)^{2+} + H^+$$

值得注意,p 区三个相邻元素形成的氯化物,氯化亚锡($SnCl_2$),三氯化锑($SbCl_3$),三氯化铋($BiCl_3$)与水反应后生成的碱式盐在水或酸性不强的溶液中溶解度很小,分别以碱式氯化亚锡($Sn(OH)Cl$)、氯氧化锑($SbOCl$)、氯氧化铋($BiOCl$)的形式析出白色沉淀。

$$SnCl_2 + H_2O \Longrightarrow Sn(OH)Cl + HCl$$
$$SbCl_3 + 2H_2O \Longrightarrow Sb(OH)_2Cl + 2HCl$$
$$\xrightarrow[\quad]{-H_2O} SbOCl \downarrow$$
$$BiCl_3 + 2H_2O \Longrightarrow Bi(OH)_2Cl + 2HCL$$
$$\xrightarrow[\quad]{-H_2O} BiOCl \downarrow$$

它们的硫酸盐、硝酸盐也有相似特性。在配制这些溶液时,为了抑制它们与水作用,一般都先将固体溶于相应的浓酸,再加适量的水而成。

(3) 多数非金属氯化物和某些高价态的金属氯化物与水发生完全反应。例如:BCl_3,$SiCl_4$,PCl_5 等与水能迅速发生不可逆的完全反应,生成两种酸。

$$BCl_3 + 3H_2O \Longrightarrow H_3BO_3 + 3HCl$$
$$SiCl_4 + 3H_2O \Longrightarrow H_2SiO_3 + 4HCl$$
$$PCl_5 + 4H_2O \Longrightarrow H_3PO_4 + 5HCl$$

这类氯化物在潮湿空气中成雾的现象就是由于强烈与水作用而引起的。在军事上可作"烟雾剂"。生产上可用沾有氨水的玻璃棒来检查 $SiCl_4$ 系统是否漏气。

四氯化锗与水作用,生成胶状的二氧化锗的水合物。

---

① 更确切地说,是形成了配位酸 $H[ZnCl_2(OH)]$,能溶解金属氧化物。

$$GeCl_4 + 4H_2O = GeO_2 \cdot 2H_2O + 4HCl$$

所得胶状水合物逐渐凝聚，脱水后得到二氧化锗晶体。工业上从含锗的原料中，先使锗形成四氯化锗而挥发出来，将经精馏提纯的 $GeCl_4$ 和水作用得到二氧化锗，再用纯氢还原，可以制得锗。

7.2.2 氧化物

氧化物是指氧与电负性比氧要小的元素所形成的二元化合物。除大部分稀有气体外（到目前为止仅氙已制得氧化物），几乎所有元素都能生成氧化物。

1. 氧化物结构及物理性质

表7-1列出一些氧化物的熔点。氧化物沸点的变化规律基本和熔点一致，数据不再列表。

表7-1 氧化物的熔点(℃)

	IA	IIA	IIIB	IVB	VB	VIB	VIIB	VIII	VIII	VIII	IB	IIB	IIIA	IVA	VA	VIA	VIIA	0
1	H_2O 0.00																(H_2O) 0.00	
2	Li_2O >1700	BeO 2530											B_2O_3 450	CO_2 -56.6*	N_2O_3 -102	O_2 -218	OF_2 -223.8	
3	Na_2O 127.5s; Na_2O_2 460d	MgO 2852											Al_2O_3 2072	SiO_2 1610	P_2O_5 583; P_2O_5 23.8	SO_3 16.83; SO_2 -72.7	Cl_2O_7 -91.5; Cl_2O -20	
4	KO_2 380; K_2O 350d	CaO 2614		TiO_2 1840	V_2O_5 690	CrO_3 196; Cr_2O_3 2266	Mn_2O_7 5.9; MnO_2 535d	Fe_2O_3 1565; FeO 1369	CoO 1795	NiO 1984	CuO 1326; Cu_2O 1235	ZnO 1975	Ga_2O_3 1795	GeO_2 1115	As_2O_5 315d; As_2O_3 312.3	SeO_3 118; SeO_2 345	Br_2O -17.5	
5	RbO_2 432; Rb_2O_2 400d	SrO 2430	Y_2O_3 2410	ZrO_2 2715	Nb_2O_5 1520	MoO_3 795		RuO_4 25.5	Rh_2O_3 1125d	PdO 870	Ag_2O 230d	CdO >1500		SnO_2 1630; SnO 1080d	Sb_2O_5 656	TeO_3 395d; TeO_2 733	I_2O_5 325d	
6	Cs_2O 400; Cs_2O 400d	BaO 1918; BaO_2 450	La_2O_3 2307	HfO_2 2758	Ta_2O_5 1872	WO_3 1473	Re_2O_7 约297	OsO_4 40.6	IrO_2 1100d	PtO 550d	Au_2O_3 160d	HgO 500d; Hg_2O 100d	Tl_2O_3 717; Tl_2O 300	PbO_2 90d; PbO 886	Bi_2O_3 825			

* 系在加压下。表中 d 表示分解。s 表示升华。

总的来说，金属活泼性强的元素的氧化物如 Na_2O，BaO，CaO，MgO 等是离子型氧化物，为离子晶体，熔点、沸点大都较高。大多数非金属元素的氧化物如 SO_2，N_2O_5，CO_2 等是共价型氧化物，固态时是分子晶体，熔点、沸点低；少数形成原子晶体，如 SiO_2，则熔点、沸点较高。至于金属活泼性不太强的金属元素的氧化物是介于离子型和共价型之间的过渡型化合物，其中一些较低价态金属的氧化物，如 Cr_2O_3，Al_2O_3，Fe_2O_3，NiO，TiO_2 等可以认为是离子晶体向原子晶体的过渡，或者说介于离子晶体和原子晶体之间，熔点较高。而高价态金属的氧化物如 V_2O_5，CrO_3，Mn_2O_7 等由于"金属离子"和"氧离子"相互极化作用，偏向于共价型分子晶体，可以认为是离子晶体向分子晶体的过渡，熔点、沸点较低。

氧化物的晶体结构的特征也反映在硬度上，离子型或偏离子型的金属氧化物一般硬度较大。表7—2列出了一些氧化物的硬度。

表 7 - 2　一些金属氧化物的硬度

氧化物	BaO	SrO	CaO	MgO	TiO$_2$	Fe$_2$O$_3$	SiO$_2$	Al$_2$O$_3$	Cr$_2$O$_3$
莫氏硬度	3.3	3.8	4.5	5.5～6.5	5.5～6	5～6	6～7	7～9	9

由上可见,原子型、离子型或某些过渡型的氧化物晶体,由于具有熔点高、硬度大、对热稳定性高的共性,工程中常可用作磨料、耐火材料、绝热材料及耐高温无机涂层材料等。例如,氧化铝、三氧化二铬、氧化镁、氧化铁等常用作磨料。氧化铍、氧化镁、氧化钙、氧化铝、二氧化硅等熔点在 1 500～3 000 ℃之间,常用于制造耐高温材料。很多保温材料的主要成分就是氧化镁、氧化铝、二氧化硅等氧化物。如石棉(主要成分为 CaO・3MgO・4SiO$_2$)等。这些材料密度小,小气孔很多,易吸附空气,是很好的绝缘体。在火箭、导弹的外壳,燃烧室和喷气管等处温度高达几千度,如以 MgO,Al$_2$O$_3$,BeO,ZrO$_2$ 涂在金属表面上作为涂层,具有很高的绝热能力,能保护金属表面免受高温烧蚀。

2. 氧化物及其水合物的酸碱性

根据氧化物对酸、碱的反应不同,可将氧化物分为酸性、碱性、两性和不成盐等四类。不成盐类氧化物与水、酸、碱都不起反应,例如 CO,NO,N$_2$O 等。与酸性、碱性、两性氧化物相对应,它们的水合物也有酸性、碱性和两性。周期系中元素的氧化物及其水合物的酸碱性的递变有什么规律呢?

(1) 氧化物及其水合物的酸碱性强弱的一般规律。同周期中主族元素最高价态的氧化物及其水合物,从左到右酸性增强碱性减弱。例如第三周期各元素最高价态的氧化物及其水合物的酸碱性的递变顺序:

碱性递增 ←

Na$_2$O	MgO	Al$_2$O$_3$	SiO$_2$	P$_2$O$_5$	SO$_3$	Cl$_2$O$_7$
NaOH	Mg(OH)$_2$	Al(OH)$_3$	H$_2$SiO$_3$	H$_3$PO$_4$	H$_2$SO$_4$	HClO$_4$
强碱	中强碱	两性	弱酸	中强酸	强酸	极强酸

→ 酸性递增

副族情况大致与主族有相同的变化趋势,但要缓慢些。以第四周期中Ⅲ～Ⅶ副族最高价态的氧化物及其水合物为例,它们的酸碱性递变规律如下:

碱性递增 ←

Sc$_2$O$_3$	TiO$_2$	V$_2$O$_5$	CrO$_3$		Mn$_2$O$_7$
Sc(OH)$_3$	Ti(OH)$_4$	HVO$_3$	H$_2$CrO$_4$ 和 H$_2$Cr$_2$O$_7$		HMnO$_4$
氢氧化钪	氢氧化钛	偏钒酸	铬酸　　　　重铬酸		高锰酸
碱	两性	弱酸	中强酸		强酸

→ 酸性递增

同一族从上到下,其相同氧化值的氧化物及其水合物的酸性逐渐减弱,碱性逐渐增强。例如,第Ⅴ主族元素＋3 价态的氧化物中,N$_2$O$_3$、P$_2$O$_3$ 呈酸性,As$_2$O$_3$ 和 Sb$_2$O$_3$ 呈两性,而Bi$_2$O$_3$ 则呈碱性,与这些氧化物相对应的水合物的酸碱性也相应递变。第Ⅵ副族元素最高价态的氧化物的水合物中,铬酸 H$_2$CrO$_4$ 酸性比钼酸 H$_2$MoO$_4$ 强,而钼酸的酸性比钨酸

H_2WO_4 强。

同一元素形成不同价态的氧化物及其水合物时,一般高价态的酸性比低价态的要强。例如:

$$\begin{array}{cccc}
\text{HClO} & \text{HClO}_2 & \text{HClO}_3 & \text{HClO}_4 \\
\text{弱酸} & \text{中强酸} & \text{强酸} & \text{极强酸}
\end{array}$$

$$\xrightarrow{\qquad\qquad \text{酸性增强} \qquad\qquad}$$

$$\begin{array}{ccc}
\text{CrO} & \text{Cr}_2\text{O}_3 & \text{CrO}_3
\end{array}$$

$$\xrightarrow{\qquad \text{酸性增强} \qquad}$$

(2) 对酸碱性递变规律的解释。氧化物的水合物形成的酸或碱,都可以用通式 ROH 表示。从结构上分析,它们在水溶液中可以有 Ⅰ 和 Ⅱ 两种解离方式。如按 Ⅰ 式解离(即 R—O 键断裂)该物质显碱性;如以 Ⅱ 式解离(即 O—H 键断裂),该物质显酸性;如 Ⅰ 和 Ⅱ 式解离的可能性差不多,则该物质显两性。

$$\overset{\text{I} \qquad\quad \text{II}}{R \ | \ O \ | \ H}$$

ROH 型物质以何种形式解离,按照离子键概念,可把 ROH 看成是由 R^{n+}、O^{2-} 和 H^+ 离子组成,当 R^{n+} 和 O^{2-} 间的作用强于 H^+ 和 O^{2-} 间的作用时,ROH 采取酸式解离;反之,ROH 采取碱式解离。据此有人提出用 R^{n+} 离子的"离子势"来判断 ROH 的酸碱性。离子势用符号 ϕ 表示,它等于 R^{n+} 离子的电荷和其半径之比。

$$\phi = \frac{\text{阳离子电荷}}{\text{阳离子半径}} = \frac{Z}{r}$$

当 R^{n+} 离子的电荷数小,半径大,ϕ 值小时,R—O 键比 O—H 键弱,ROH 呈碱性;当 R^{n+} 离子的电荷数大,半径小,ϕ 值大时,R—O 键比 O—H 键强,ROH 呈酸性。用离子势判断 ROH 酸碱性的半定量规则为(R 的半径以 pm 为单位):

$$\sqrt{\phi} < 0.22, \qquad \text{ROH 呈碱性;}$$
$$0.22 < \sqrt{\phi} < 0.32, \qquad \text{ROH 呈两性;}$$
$$\sqrt{\phi} > 0.32, \qquad \text{ROH 呈酸性。}$$

此规则俗称 ROH 规则。表 7-3 为第三周期元素氧化物水合物的离子势值及酸碱性。

表 7-3

ROH	NaOH	Mg(OH)$_2$	Al(OH)$_3$	H$_2$SiO$_3$	H$_3$PO$_4$	H$_2$SO$_4$	HClO$_4$
R^{n+}	Na$^+$	Mg^{2+}	Al^{3+}	Si^{4+}	P^{5+}	S^{6+}	Cl^{7+}
半径/pm	95	65	50	42	35	29	26
$\sqrt{\phi}$	0.10	0.17	0.24	0.31	0.38	0.45	0.52
酸碱性	强碱	中强碱	两性	弱酸	中强酸	强酸	强酸

从表 7-3 有关数据可知,第三周期元素 R^{n+} 离子的电荷数从左到右逐渐增大,半径逐渐变小,ϕ 值逐渐增大,所以从左到右,它们的氧化物水合物酸性逐渐增强。此外也可用

ROH 规则说明ⅦA 中 HClO,HBrO,HIO 的酸性及 HClO$_4$,HClO$_3$,HClO$_2$,HClO 的酸性依次减弱。

氧化物及其水合物的酸碱性是工程实际中广泛利用的性质之一。例如,耐火材料的选用,耐火材料是一些高熔点氧化物。按酸碱性的不同,可分为酸性、碱性和中性三类。酸性耐火材料的主要成分是 SiO$_2$ 等酸性氧化物,如硅砖;碱性耐火材料主要成分是 MgO,CaO 等碱性氧化物,如镁砖;中性耐火材料的主要成分是 Al$_2$O$_3$,Cr$_2$O$_3$ 等两性物质,如高铝砖。在高温下,酸性耐火材料会受碱性物质的侵蚀,碱性耐火材料会受酸性物质的侵蚀,而中性耐火材料抗酸、抗碱性能较好。应根据不同用途选择不同性质的耐火材料。此外,炼铁时的成渣反应,三废处理,金属材料表面处理等都需要考虑和利用物质的酸碱性。

7.2.3　非金属含氧酸盐

非金属含氧酸盐中,氯化物、硫酸盐、亚硝酸盐、硝酸盐、碳酸盐及硅酸盐等都是熟悉的盐类。这里主要介绍碳酸盐、硅酸盐、硝酸盐及亚硝酸盐的性质。

1. 碳酸盐

碳酸盐有正盐、酸式盐、碱式盐三类。通常所说的碳酸盐则是指正盐。碳酸盐的重要性质之一是它们的热稳定性。

（1）碳酸盐热稳定性规律。

① 碳酸盐的正盐比相应的酸式盐稳定,酸式盐比碳酸要稳定。以碱金属的碳酸盐为例：

$$M_2CO_3 > MHCO_3 > H_2CO_3$$

碳酸稍加热即会分解,NaHCO$_3$ 须加热到 270 ℃开始分解,而 Na$_2$CO$_3$ 分解温度在 850 ℃以上。

$$2NaHCO_3 \xrightarrow{>270\ ℃} Na_2CO_3 + H_2O + CO_2 \uparrow$$

$$Na_2CO_3 \xrightarrow{>850\ ℃} Na_2O + CO_2 \uparrow$$

② 不同金属离子的碳酸盐的热稳定性不同。

表 7-4 列出了一些碳酸盐的热分解温度(注意：表中所列温度不是碳酸盐开始分解的温度,而是分解产物 CO$_2$ 的分压达到 101.325 kPa 时的温度)。由表可知,碱金属碳酸盐比碱土金属碳酸盐的分解温度高得多,而过渡元素的碳酸盐分解温度则比主族元素碳酸盐的分解温度低得多。例如,CaCO$_3$>FeCO$_3$;同族元素的碳酸盐自上而下分解温度逐渐提高,例如ⅡA 的碳酸盐热稳定性的顺序为：MgCO$_3$<CaCO$_3$<SrCO$_3$<BaCO$_3$。

表 7-4　一些碳酸盐的热分解温度[p_{CO_2} =101.325 kPa]

碳酸盐	Li$_2$CO$_3$	Na$_2$CO$_3$	BeCO$_3$	MgCO$_3$	CaCO$_3$	SrCO$_3$	BaCO$_3$
热分解温度/℃	~1 100	~1 800	25	540	910	1 289	1 360
碳酸盐	NaHCO$_3$	(NH$_4$)$_2$CO$_3$	FeCO$_3$	Ag$_2$CO$_3$	ZnCO$_3$	CdCO$_3$	PbCO$_3$
热分解温度/℃	270	5	282	170	350	360	300

（2）热稳定性和吉布斯函数变。碳酸盐的热稳定性可以用化学热力学进行分析。

从热力学观点看,在一定条件下,热分解反应的推动力是反应的摩尔吉布斯函数变

$\Delta_r G_m$，而 $\Delta_r G_m = \Delta_r H_m - T\Delta_r S_m$，热分解反应的 $\Delta_r G_m$ 越小，分解的趋势则越大。热分解反应一般为吸热反应，且伴随有气体产生的熵值增大过程。因此，升高温度有利于反应的自发进行。标准状态下，自发分解的最低温度可利用 $\Delta_r H_m^\ominus$、$\Delta_r S_m^\ominus$ 值从理论上加以估算。例如，ⅡA族金属碳酸盐从 $MgCO_3$ 到 $BaCO_3$，热稳定性依次增大。这个变化顺序可以用热力学数据及理论上估算的热分解温度进行说明（表 7-5）。

表7-5　ⅡA族金属碳酸盐分解温度的估算*

碳酸盐	$\dfrac{\Delta_r H_m^\ominus}{kJ \cdot mol^{-1}}$	$\dfrac{\Delta_r S_m^\ominus}{kJ \cdot mol^{-1} \cdot K^{-1}}$	$\dfrac{T\Delta_r S_m^\ominus}{kJ \cdot mol^{-1}}$	$\dfrac{\Delta_r G_m^\ominus}{kJ \cdot mol^{-1}}$	$\Delta_r G_m^\ominus(T)=0$（平衡态）时 T（分解温度）$=$ $(\Delta_r H_m^\ominus/\Delta_r S_m^\ominus)/K$
$MgCO_3$	101	0.175	52.2	48.8	577
$CaCO_3$	178	0.163	48.6	129.4	1 092
$SrCO_3$	234	0.172	51.2	182.8	1 360
$BaCO_3$	274	0.174	51.8	222.2	1 575

* 计算时忽略了温度对 $\Delta_r H_m^\ominus$、$\Delta_r S_m^\ominus$ 的影响。

由表 7-5 可知，从热力学数据计算得到ⅡA族金属碳酸盐热分解反应的标准摩尔吉布斯函数变的数值依次增大，分解趋势依次变小，表示它们的热稳定性顺序增大。从计算得到的热分解温度依次增大，亦可以得到相同的结论。

2. 硝酸盐和亚硝酸盐

（1）硝酸盐和亚硝酸盐的热稳定性。硝酸盐和亚硝酸盐的热稳定性都很差，容易受热分解。除钾、钠等少数活泼金属外，其他金属的硝酸盐和亚硝酸盐在受热时，大多未到熔点就分解了。这点和碳酸盐相似。但有两点是和碳酸盐不同的。其一，硝酸盐、亚硝酸盐的热分解反应是氧化还原反应；其二，它们的热分解反应的产物比较复杂，但几乎都能放出氧气。如

$$2NaNO_3(s) \xrightarrow{\triangle} 2NaNO_2 + O_2(g)$$

$$4NaNO_2(s) \xrightarrow{\triangle} 2Na_2O + 4NO(g) + O_2(g)$$

（2）硝酸盐和亚硝酸盐氧化还原性。固体硝酸盐热分解都能放出 O_2，所以高温时它们是氧化剂。它们与可燃物混合，受热则急剧燃烧甚至爆炸。因此硝酸盐常用于烟火制造中。

硝酸盐的水溶液经酸化后即具有氧化性。亚硝酸盐中的氮的氧化值为 +3，处于中间价态，它既有氧化性，又有还原性。在酸性溶液中它们的电极电势为

$$NO_3^- + 2H^+ + e^- = NO_2 + H_2O \qquad \varphi_{NO_3^-/NO_2}^\ominus = 0.80 \ V$$

$$NO_3^- + 3H^+ + 2e^- = HNO_2 + H_2O \qquad \varphi_{NO_3^-/HNO_2}^\ominus = 0.934 \ V$$

$$NO_3^- + 4H^+ + 3e^- = NO + 2H_2O \qquad \varphi_{NO_3^-/NO}^\ominus = 0.957 \ V$$

$$HNO_2 + H^+ + e^- = NO + H_2O \qquad \varphi_{HNO_2/NO}^\ominus = 0.983 \ V$$

亚硝酸盐在酸性介质中主要表现为氧化性。例如能将 KI 氧化为单质碘：

$$2NO_2^- + 2I^- + 4H^+ \xlongequal{\quad\quad} 2NO + I_2 + 2H_2O$$

亚硝酸盐遇强氧化剂如 $KMnO_4$、$K_2Cr_2O_7$、Cl_2 时，即表现出还原性，可被氧化为硝酸盐：

$$Cr_2O_7^{2-} + 3NO_2^- + 8H^+ \xlongequal{\quad\quad} 2Cr^{3+} + 3NO_3^- + 4H_2O$$

3. 硅酸盐

硅酸盐是硅酸或多硅酸的盐，绝大多数难溶于水，也不与水作用。硅酸钠、硅酸钾是常见的可溶性硅酸盐。将 SiO_2 与 $NaOH$ 或 Na_2CO_3 共熔，可制得硅酸钠。

$$SiO_2 + 2NaOH \xlongequal{熔融} Na_2SiO_3 + H_2O(g)$$
$$SiO_2 + Na_2CO_3 \xlongequal{熔融} Na_2SiO_3 + CO_2(g)$$

硅酸钠的熔体呈玻璃状，溶于水所得黏稠溶液称为"水玻璃"，俗称"泡花碱"。市售水玻璃因含有铁盐等杂质而呈蓝绿色或浅黄色。硅酸钠写成 Na_2SiO_3（或 $Na_2O \cdot SiO_2$），是一种简化的表示方法。硅酸钠实际上是多硅酸盐，可表示为 $Na_2O \cdot mSiO_2$，m 通常叫做水玻璃的"模数"。市售的水玻璃 m 一般在 3 左右。

由于硅酸的酸性很弱（$K_{a_1}^{\ominus} = 1.7 \times 10^{-10}$，比碳酸的酸性还弱），所以硅酸钠（或硅酸钾）能与水强烈作用而使溶液呈碱性，其反应式可简化表示为：

$$SiO_3^{2-} + 2H_2O \xlongequal{\quad\quad} H_2SiO_3 + 2OH^-$$

水玻璃是纺织、造纸、制皂、铸造等工业的重要原料，由于它有相当强的黏结能力，所以亦是工业上重要的无机黏结剂。

除碱金属硅酸盐外，其他的硅酸盐均不溶于水，不溶于水的硅酸盐分布十分广泛，地表主要就是由各种硅酸盐组成的。很多矿物如长石、云母、石棉、滑石等都是硅酸盐。这些硅酸盐成分都比较复杂，通常写成氧化物的形式。几种天然硅酸盐的化学式如下：

正长石　　$K_2O \cdot Al_2O_3 \cdot 6SiO_2$ 或 $K_2Al_2Si_6O_{16}$；
白云母　　$K_2O \cdot 3Al_2O_3 \cdot 6SiO_2 \cdot 2H_2O$ 或 $K_2H_4Al_6(SiO_4)_6$；
高岭土　　$Al_2O_3 \cdot 2SiO_2 \cdot 2H_2O$ 或 $Al_2H_4Si_2O_9$；
石棉　　　$CaO \cdot 3MgO \cdot 4SiO_2$ 或 $Mg_3Ca(SiO_3)_4$；
滑石　　　$3MgO \cdot 4SiO_2 \cdot H_2O$ 或 $Mg_3H_2(SiO_3)_4$；
泡沸石　　$Na_2O \cdot Al_2O_3 \cdot 2SiO_2 \cdot nH_2O$ 或 $Na_2Al_2(SiO_4)_2 \cdot nH_2O$。

天然硅酸盐不论组成多么复杂，也不论是哪种金属正离子，就其晶体内部结构来说，基本结构单元都是 SiO_4 四面体。硅占据四面体的中心，4 个氧则占据 4 个顶角，如图 7-2 所示。

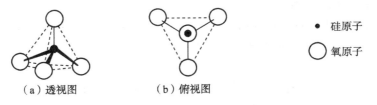

（a）透视图　　　　　（b）俯视图　　　　　● 硅原子　　○ 氧原子

图 7-2　SiO_4^{4-} 负离子的四面体结构示意图

在硅酸盐中，由于硅氧四面体互相公用顶点方式不同，可连接成多种结构形式，如链状

（图 7 - 3）、层状（图 7 - 4）或三维空间骨架的大型结构等。

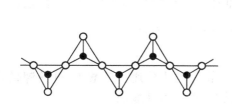

图 7 - 3 链状结构的硅酸盐阴离子　　　图 7 - 4 层状结构的硅酸盐阴离子

值得注意的是这些结构特征和它们的特性间存在着联系。如链状的石棉具有纤维性质，层状的云母具有片状的性质等。

硅酸盐是重要的建筑材料，如水泥、玻璃等，下面作简单介绍。

（1）水泥：水泥是一种水硬性胶凝材料，加入适量水后成为塑性浆体，可将砂石、纤维等材料黏结起来硬化成为有较高强度的整体。水泥的品种较多，通常的水泥是指硅酸盐水泥。硅酸盐水泥是由黏土和石灰石调匀，放入旋转窑中于 1 500 ℃以上温度煅烧成熔块，再混入少量石膏，磨粉后制成。其中主要成分是 CaO（总重量的 62%～67%）、SiO_2（20%～24%）、Al_2O_3（4%～7%）、Fe_2O_3（2%～5%）。这些氧化物组成了硅酸盐水泥中的四种基本矿物组分。硅酸盐水泥熟料中的矿物组分及其大致含量见表 7 - 6。

表 7 - 6 硅酸盐水泥熟料的矿物组分及大致含量

组　　　分	化 学 式	符　　号	质量分数
硅酸三钙	$3CaO \cdot SiO_2$	C_3S	37%～60%
硅酸二钙	$2CaO \cdot SiO_2$	C_2S	15%～37%
铝酸三钙	$3CaO \cdot Al_2O_3$	C_3A	7%～15%
铁铝酸四钙	$4CaO \cdot Al_2O_3 \cdot Fe_2O_3$	C_4AF	10%～18%

水泥的凝结硬化是很复杂的物理化学过程，大致可分为三个阶段：①溶解期：加水后水泥颗粒与水反应溶解，水化生成硅酸盐、铝酸盐的水化物及 $Ca(OH)_2$ 等。②凝化期：水化产物在水中溶解达到饱和后，逐渐形成凝胶体，水泥凝结但还不具有强度。③结晶期：凝胶体脱水，氢氧化钙及水化铝酸钙等析出针状晶体，深入硅酸钙凝胶体内，水泥硬化并具有强度。

将水泥、砂、碎石按一定配比混合得到混凝土，以钢筋为骨架的混凝土结构称为钢筋混凝土结构，它们广泛用于建筑工程中。

某些工业"废渣"中含有大量硅酸盐，可加以利用。例如，将炼铁炉渣在出炉时淬冷，得到质轻多孔的粒状物，其主要成分为 CaO，SiO_2，Al_2O_3 等，与石灰石及石膏共磨可制成矿渣水泥，变"废"为宝。

除硅酸盐水泥外，还有适应各种不同用途的特种水泥。例如耐热性好的矾土水泥（以铝矾土 $Al_2O_3 \cdot nH_2O$ 和石灰石为原料），能耐 1 250 ℃高温的耐火水泥，防裂、防渗的低温水泥以及用于化工生产和特殊场合的耐酸水泥等。

（2）玻璃：广义上说，凡熔融体通过一定方式冷却，因黏度增加而具有固体性质和结构特征的非晶体物质,都称为玻璃。通常的玻璃是指硅酸盐玻璃。

硅酸盐玻璃的主要成分是 SiO_2、Na_2O 和 CaO。将石英砂与 Na_2CO_3、$CaCO_3$ 混合共熔,后两者分解出 CO_2 而形成极黏稠的熔体,冷却固化就得到玻璃。

$$Na_2CO_3 + CaCO_3 + 6SiO_2 \xrightarrow{\text{熔融}} Na_2O \cdot CaO \cdot 6SiO_2 + 2CO_2$$

改变硅酸盐玻璃的成分或对玻璃进行特殊处理,可制得各种有特殊性能的新型玻璃。例如,减少硅酸盐玻璃中 Na_2O 的量而增加 B_2O_3(使其含量达 13%～20%)即可得到质硬而耐热的硼硅酸玻璃,最高使用温度可达 1 600 ℃,故又称硬质玻璃或耐热玻璃,是制造实验仪器、化工设备的重要材料。

含卤化银的玻璃是研究最为广泛的光色玻璃。由于其优良的光色特性因而获得了广泛的应用。光色玻璃作为眼镜镜片早已被实用并商品化。这类玻璃的特征是在基础玻璃中形成胶状卤化银的微晶,即加入的银组分在基础玻璃(如钠铝硼硅酸盐)中必须以卤化银形式析出,而不是以银胶体形式析出。

为此,通常将含有银离子和卤素离子的均匀玻璃在 400～800 ℃保温 15 min～4 h,以析出卤化银微晶,从而使玻璃获得光色性。当玻璃经紫外线或短波长可见光辐照后会变暗,移去光源后回复到原来状态。这一过程可由下式表示:

$$nAgX \underset{\text{暗处}}{\overset{\text{光明}}{\rightleftharpoons}} nAg + nX$$

由卤化银分解得到的银原子或几个银原子聚集形成银胶体是玻璃着色的原因。

显然这一过程与照相胶片曝光时光解反应相似,所不同的是照相胶片光解后,Br 和 Ag 分离形成稳定的银胶体;而在玻璃中,由于其致密性,卤素原子不能扩散离开银原子而仍处于它的周围。因此,当辐照停止后,反应重新向左边进行,回复到原来的无色状态。

微晶玻璃是近20～30 年发展起来的新型玻璃,它称为玻璃陶瓷。在玻璃中加入晶核形成剂如 Au,Ag,Cu 盐类,在一定温度范围内加热处理,即可制得各种微晶玻璃。它的结构非常致密,基本上没有气孔,其中晶粒的大小为 20～1 000 nm 左右,在玻璃基体内有很多非常细小而弥散的结晶,这些微晶的体积可达总体积的 55%～98%。微晶玻璃与普通玻璃相比,有很多宝贵性能:机械强度高,电绝缘性优良,耐磨,耐腐蚀,热稳定性好和使用温度高。因而它作为结构材料、光学和电子材料、建筑装饰材料等广泛用于国防尖端技术工业、建筑及生活等各个领域。

光导纤维(简称光纤)是能够以光信号而不是以电信号的形式传递信息的具有特殊光学性能的玻璃纤维。它是近 20 年来迅速发展起来的一种光波传导介质,由光波载荷信息,通过光纤传输,可以像电波载荷信息通过铜线传输一样达到远距离通信的目的。当前光纤的最大应用是激光通信,可以远距离传输巨量信息,是一种极为理想的通信材料。我国从 20 世纪 70 年代初期就积极进行研究,现在已有许多条光纤通信线路。

7.2.4　碳化物、氮化物和硼化物

通常所说的碳化物、氮化物和硼化物是指碳、氮、硼元素与比它们电负性较小的元素所形成的二元化合物。

1. 碳化物

碳化物从结构上可分为离子型、共价型和金属型三种类型。离子型碳化物通常是指活泼金属的碳化物，如碳化钙（CaC_2），熔点较高（2 300 ℃），它的工业产品叫电石。共价型碳化物是指非金属硅或硼的碳化物，如碳化硅（SiC）、碳化硼（B_4C），熔点高（分别为 2 827 ℃、2 350 ℃），硬度大（与金刚石相近），为原子晶体。特别值得一提的是碳化硅，它是一种非氧化物高温结构的陶瓷。将石英砂和过量的焦炭的混合物放在电炉中加热，可制得粉状碳化硅晶体。

$$SiO_2 + 3C \xrightarrow[\triangle]{\text{电炉}} SiC + 2CO$$

碳化硅又称金刚砂。它耐高温、抗氧化、耐磨损、耐腐蚀，高温下又不易变形，在空气中可在 1 700 ℃高温下稳定使用，可作为高温燃气轮机的涡轮叶片、高温热交换器、火箭的喷嘴及轻质防弹用品等。SiC 还可作为电阻发热体、变阻器、半导体材料（单晶）。

金属型碳化物是由碳与钛、锆、铌、钽、钼、钨、锰、铁等 d 区金属作用而形成的，例如 WC，Fe_3C 等。这类碳化物的共同特点是具有金属光泽、能导电导热、熔点高、硬度大，但脆性也大。金属型碳化物，可以认为是由于原子半径较小的碳原子进入金属晶格的空隙中所形成的一种"间隙化合物"，这实际上是一种固溶体。因而金属型碳化物中碳和金属的量的比是可变的，其化学式不符合正常氧化值规则。例如碳化钛的组分可在 $TiC_{0.5} \sim TiC$ 之间变动。当碳含量超过溶解度极限时，金属晶格会由一种结点排列方式变为另一种排列方式。由于 d 区金属原子中价电子较多，所以形成金属键后还有多余的价电子与进入晶格间隙中的碳原子形成共价键，这可能就是这类碳化物熔点和硬度特别高甚至超过原金属的原因。

2. 氮化物和硼化物

氮化物、硼化物在其组成、结构和性质等很多方面与碳化物类似。

d 区金属元素形成的氮化物和硼化物一般具有与相应碳化物相似的性质，即具有高的熔点和硬度。如 TiN、TiB_2 和相应的 TiC，VN、VB_2 和相应的 VC 等，它们熔点都在 3 000 ℃左右，硬度（莫氏硬度）在 9 左右。另外，共价型的氮化物、硼化物如 Si_3N_4、BN 等与 SiC 相似，为新型无机非金属材料。

氮化硅是一类极为重要的非金属氧化物高温结构的陶瓷，是"像钢铁一样强，像金刚石一样轻"的新型无机材料。可用 SiO_2 还原制备：

$$3SiO_2 + 6C + 2N_2 \xrightarrow[24\ h]{1\ 330\ ℃} Si_3N_4 + 6CO$$

反应得 Si_3N_4 为细粒，需在 202.6 kPa 的 N_2 气氛下添加 La_2O_3 或 CeO_2 烧结而成氮化硅陶瓷。它耐热震性好，抗氧化性强，在空气中使用温度可达 1 400 ℃，可作为转子发动机的缸体，金属切削工具，高温轴承等。

氮化硼是白色耐高温的物质，也是一种新型无机材料。以 B_2O_3 和 NH_4Cl 或单质硼和 NH_3 为原料，利用加热烧结方法可制得 BN。通常制得的氮化硼具有石墨型的六方层状结构，俗称白色石墨，是一种白色，润滑性很好，耐高温的固体润滑剂。与石墨转变为金刚石的原理相似，六方层状结构氮化硼在高温（1 800 ℃）、高压（8 000 MPa）下可转变为金刚石型的立方晶体氮化硼,其硬度超过金刚石,耐热性要比金刚石好(熔点约为 3 000 ℃,可承受 1 500～1 800 ℃高温),是新型的耐高温超硬材料。用立方氮化硼制作的刀具适用于切削既硬又韧的钢材,其工作效率是金刚石的 5～10 倍。氮化硼和金刚石、石墨等一样实质上都是一种无机高分子物质。

复习思考题七

1. 概述非金属元素在周期表中的独特位置以及非金属单质的分类。

2. 写出常温下 Cl_2、Br_2、I_2 与水反应的方程式。

3. 根据 ROH 离子键理论,解释氧化物及其水合物的酸碱性递变的主要规律(同周期、同族以及同一元素不同氧化态)。

4. 氯化物与水的作用情况大致可分为哪些类型? 试举例说明之。

5. 举例说明具有中间价态的 $NaNO_2$ 的氧化还原性。

6. 在酸性溶液中,下列哪组分子或离子能共存于同一溶液中?

(1) SO_4^{2-},Cl^-; 　(2) ClO_3^-,Cl^-; 　(3) NO_2^-,I^-; 　(4) H_2S,SO_3^{2-}。

7. 碳酸盐热分解的一般规律如何? 如何利用热力学函数估算碳酸盐的热分解温度。并解释碱土金属热稳定性递变规律。

8. 可溶性硅酸盐水溶液的酸碱性如何? 试用化学方程式说明之。

9. 天然硅酸盐、普通水泥和普通玻璃在化学组成上有何共同之处?

10. SiC、BN、Si_3N_4 作为新型无机材料在性能上有什么共同特点?

习题七

1. 下列反应都可以产生氢气(1) 非金属单质与水蒸气;(2) 非金属单质与碱。试各举一例,并写出相应的化学方程式。

2. 写出下列氯化物与水作用的化学方程式。

(1) $MgCl_2$;(2) $ZnCl_2$(浓);(3) PCl_5;(4) $SnCl_2$;(5) $GeCl_4$。

3. 下列各氧化物的水合物中,哪些能与强酸溶液作用? 哪些能与强碱溶液作用? 写出反应的化学方程式。

(1) $Mg(OH)_2$;(2) $Sn(OH)_2$;(3) $SiO_2 \cdot H_2O$;(4) $Cr(OH)_3$;(5) $Fe(OH)_3$。

4. 要把 $SnCl_2$ 晶体配制成溶液,如何配制才能得到澄清的溶液?

5. 比较下列化合物的酸性,并指出你所依据的规律。

(1) $HClO_4$,HNO_3,HNO_2;

(2) $HMnO_4$,H_2MnO_4,$Mn(OH)_2$。

6. 举例说明碱金属碳酸盐的热分解产物。

7. 试估算 $CaCO_3(s)$ 在标准状态下的热分解温度。已知热分解反应

$$CaCO_3(s) \!=\!\!=\!\! CaO(s) + CO_2(g)$$

的 $\Delta_r H_m^{\ominus} = 177.86$ kJ $\cdot$ mol^{-1},$\Delta_r S_m^{\ominus} = 160.59$ J $\cdot$ mol$^{-1} \cdot$ K^{-1}。

8. 以 NaCl 为基本原料制备下列化合物,写出各步主要的反应方程式。

(1) $NaOH$；(2) $NaClO$；(3) $Ca(ClO)_2$；(4) $KClO_3$。

9. 解释下列问题。

(1) 氯水中加入苛性钠,氯气的味道消失;

(2) $HClO$—$HBrO$—HIO 的酸性逐渐减弱,而 $HClO$—$HClO_2$ — $HClO_3$—$HClO_4$ 的酸性逐渐增强;

(3) $CaCO_3$ 的热分解温度不是 $CaCO_3$ 刚刚开始分解的温度。

10. 写出下列反应产物并配平方程式。

(1) 氯气通入热的氢氧化钠溶液中;

(2) 次氯酸钠水溶液中通入 CO_2;

(3) CO_2 通入泡花碱溶液中。

11. 完成下列方程式。

(1) $Si + NaOH + H_2O \longrightarrow$

(2) $Si + HF + HNO_3 \longrightarrow$

(3) $S + HNO_3(浓) \longrightarrow$

(4) $S + NaOH \longrightarrow$

(5) $NO_2^- + I^- + H^+ \longrightarrow$

(6) $NO_2^- + MnO_4^- + H^+ \longrightarrow$

(7) $BiCl_3(s) + H_2O(l) \longrightarrow$

(8) $NaHCO_3 \xrightarrow{\triangle}$

(9) $SiO_2 + Na_2CO_3 \xrightarrow{熔融}$

(10) $SiO_2 + NaOH \xrightarrow{熔融}$

阅读材料七

稀有气体

(一) 稀有气体的发现

一种化学元素的发现与它在自然界中存在的数量、状态、分布情况以及化学性质有密切的关系。稀有气体在自然界存在量很少,又不易和其他元素化合,所以第八主族稀有气体元素的发现整整经历了一个多世纪。

在稀有气体中,氦是第一个在地球以外的宇宙中发现的元素。1868 年 8 月 18 日法国天文学家简森(P. C. Janssen)在印度用分光镜观察日全食时,在太阳光谱中发现了一新的黄色谱线。同时,英国天文学家洛克耶(J. N. Lockyer)也用分光镜在太阳光谱中观察到同样的谱线。经过研究发现这条新谱线并不属于当时已知的元素,因而认定这是一种未发现的新元素产生的谱线。

由于它是太阳上发现的,因此把这个新元素命名为 Helium(来自希腊文 helios,太阳),中译名为氦。在此后的二十多年中,人们都认为只有在太阳上才有氦,而地球上没有。直到 1888—1890 年间,美国地质学家赫列布莱德(W. F. Hillebrand)发现沥青铀矿和钇铀矿经硫酸处理后,放出一种不活泼气体,他误认为是氮气。这促使了英国化学家莱姆赛(W. Ramsay)对钇铀矿中所放出的这种气体的研究,1895 年他用同样的方法从钇铀矿中获得这种气体,并用光谱实验证实了这种气体就是二十七年前在太阳上发现的氦,从而证实了地球上也有氦。以后又陆续从矿石、大气、天然气中发现了氦。

氩的发现则经历了约一个世纪的时间。早在 1785 年,英国化学家卡文迪什(H. V. Cavendish)在空气中通入过量的氧,用放电法使空气中的氮和氧化合生成二氧化氮气体,然后用碱液吸收,最后用硫化钾和多硫化物的混合溶液吸收多余的氧后,仍残留下少量气体。当时他认为是由于某种原因没有与氧化合而剩下的氮,但不是一般的氮,但此发现当时并未引起化学家的注意。一百多年后,英国物理学家瑞利(J. M. S. Rayleigh)在测定大气中各气体的密度后发现,由空气中获得氮气的密度为 $1.256\ 5\ \mathrm{g} \cdot \mathrm{L}^{-1}$,而由氨分解制得氮气的密度却为 $1.250\ 7\ \mathrm{g} \cdot \mathrm{L}^{-1}$。于是他又分别从其他的含氮化合物中提取氮,所测密度也为 $1.250\ 7\ \mathrm{g} \cdot \mathrm{L}^{-1}$,由此得出结论:空气中的氮比各种氮化合物中的氮重 5.8 mg,对此现象,他无法解释,于是便将此事实公布于众,征求答案。此后,英国化学家莱姆赛和瑞利经过反复实验后,得到一些空气中的残余气体(约占原空气体积的 1%),经过光谱分析,才被认定是一种新元素。1894 年正式宣布这一新元素的发现,并命名为 Argon(在希腊文中有懒惰的意思),中译名为氩。

由于氦和氩的性质极其相似,而与周期系中已被发现的其他元素在性质上有很大差别,故莱姆赛根据周期系的规律性推测氦和氩可能是另一族元素,并预言除了氦和氩以外,还应有其他尚未被发现的元素。为此,莱姆赛开始寻找所推测的元素,在 1896—1897 年间,他试图用找到氦的方法去寻找新元素,结果对地球上所能得到的矿物都试验后均未找到。后来受氩存在于空气中的启发,开始在空气中寻找氩的同族气体。在 1898 年 5 月 30 日,莱姆赛和助手特莱弗斯(M. W. Travers)从大量液态空气蒸发后的残余物中首先发现了氪,Krypton(来自希腊文 Krptos,意为隐藏)。

就在发现氪后的同年 6 月 12 日又从液态空气的前馏分中找到了氖,Neon(来自希腊文 neos,意为新)。

1898 年 7 月 12 日,莱姆赛和特莱弗斯利用新式制备工业空气液化机从空气中又成功分馏得到了氙,Xenon(来自希腊文 Xenos,意为陌生人)。

1900 年德国物理学家道恩(F. E. Dorn)从镭的蜕变产物中,发现了一种放射性气体,起初他把这种气体叫做镭射气(Radium emanation),1923 年正式把镭射气命名为氡 Radon,这即为氦族元素的第六个成员。

(二)稀有气体原子的电子层结构特征

周期表中ⅧA 族元素,由氦 He,氖 Ne,氩 Ar,氪 Kr,氙 Xe,氡 Rn 六个元素组成。由于它们在自然界存在量很少,故总称为稀有气体。

除氦是 $1s^2$ 的 2 电子构型外,其余稀有气体原子的最外层电子都具有 ns^2np^6 的 8 电子构型,因为 2 和 8 电子结构都是稳定结构,所以稀有气体原子都具有极高的电离能(见表 1)。故此,在一般条件下,其化学性质极不活泼,不能发生电子转移形成离子键或者共用电子对形成共价键的化合物,而是以单原子分子的形式存在,因此被称为惰性气体。1962 年 6 月巴特列特(N Bartlett)首先制出了氙的化合物 $Xe[PtF_6]$,以后又陆续合成出许多稀有气体的化合物,并研究了它们的成键特性,证明惰性气体并不惰性,因此现已改称为稀有气体。

（三）稀有气体的性质和应用

稀有气体的物理性质见表1。

表1　稀有气体的某些物理性质

性　质 ＼ 元　素	He	Ne	Ar	Kr	Xe	Rn
原子序数	2	10	18	36	54	86
价电子层结构	$1s^2$	$2s^2 2p^6$	$3s^2 3p^6$	$4s^2 4p^6$	$5s^2 5p^6$	$6s^2 6p^6$
原子半径/pm	93	131	174	189	209	220
封入放电管中放电时光谱的颜色	黄	红	蓝	淡蓝	蓝绿	—
第一电离能/($kJ \cdot mol^{-1}$)	2 372	2 086	1 526	1 356	1 176	1 046
熔点/K	0.9	24.43	83.98	104	133	202
沸点/K	4.22	27.2	87.4	121.3	163.9	211.3
临界温度/K	5.25	44.45	153.15	210.65	289.75	377.65
临界压强$\times 10^{-5}$/Pa	2.29	27.25	48.94	55.01	58.36	63.23
在水中溶解度/($cm^3 \cdot dm^{-3}$)	8.8	10.4	33.6	62.6	123	222
在大气中的丰度(体积百分数)/%	5.2×10^{-3}	1.8×10^{-3}	0.93	1.1×10^{-4}	8.7×10^{-6}	—

由于稀有气体分子间只存在微弱的分子间力,所以稀有气体的熔点、沸点、临界温度都很低,且随着原子序数的增加而呈现出有规律地变化。其中,氦的沸点是所有已知物质中最低的。液态氦是极冷的一种液体,因此常被应用于超低温技术上。

在所有元素中,氦是除氢以外最轻的元素,而且氦不易着火燃烧,故常用它代替易燃的氢气填充气球、飞船;将氦气和氧气混合制成"人造空气"代替空气供潜水员在水下工作时呼吸,可防止产生致命的"潜水病"。这是由于在深水下,压力会增大,空气中的氮在血液中的溶解度也就会增大,当潜水员骤然出水时,压力减小,溶解在血液中的氮气逸出阻塞血管造成"潜水病"。而氦在人体血液中的溶解度要比氮小,因此用"氦和氧"的人造空气就可解决这个问题。氦还可用作焊接的保护气氛和气相色谱的载气等。

将电流通过充有少量氖气或氩气的放电管时,氖会发出红光,氩会发出蓝光。当灯管内壁涂上荧光粉,并有汞蒸气存在时,充入氩或氖,通电后能得到其他颜色的光,这种性质被用于制造霓虹灯。由于氖灯射出的红光能穿过浓雾,所以氖灯可用于航海、航空的信号装置上。氪和氙可用于特殊性能的电光源,例如,在高压电弧放电下,氙有极高的发光强度,产生的光极为明亮,类似于日光的光线,因此氙灯被叫做"小太阳",可用于广场、运动场以及舞台等场合的照明。

氪和氙的同位素,在医学上被用来测量脑血流量,研究肺功能和计算胰岛素的分泌量等,此外在医学上用氙作为麻醉气体,具有副作用小,恢复期短等优点,氡除可用于对恶性肿瘤的放射治疗外,还没有发现其他用途,相反它对人体会产生严重的伤害。

（四）稀有气体的存在和分离

大气中约含有1‰(体积)的稀有气体(氡除外),其中氩的含量最高。在海水和其他水源中也含有极少量的稀有气体。而氦在某些天然气中含量较高,氡是放射性元素镭的衰变产物：

$$_{88}Ra \longrightarrow _{86}Rn + \alpha$$

提取稀有气体的主要原料是空气,天然气及合成氨的尾气。由于空气中氦的含量很微小,所以氦主要靠从含氦的天然气中提取。而氡是镭的裂变产物,因此镭是提取氡的唯一原料。从空气中制取并分离稀有气体主要是用物理方法,即可利用它们物理性质的差异,如根据沸点的不同以及被吸附的难易等差别采用分级蒸馏或选择性吸附的方法,从而达到分离和纯化的要求。将液态空气分级蒸馏,可将稀有气体分成三组：

第一组：沸点低的氦(4.22 K),氖(27.2 K)和氮(77.2 K)；

第二组：沸点较高的氩(87.4 K),氮(77.2 K)和氧(90.2 K)的粗氩气体；

第三组：在余下液氧中含有氪(127.3 K)和氙(163.9 K)。

如果要将稀有气体进一步分离,可再进行分级蒸馏或者在低温下用活性炭或分子筛吸附。将氦、氖和氮的馏分液化除氮后再采取冷凝法或吸附法分离氦和氖。冷凝法利用氖的凝固点较氦的凝固点高,在适当的低温下使氖凝结为固体而同氦分离；吸附法利用吸附剂在不同条件下对不同气体的吸附具有选择性,在低温(48 K)下用活性炭处理氦、氖混合气,氖优先被吸附,而氦则不被吸附,从而使氦、氖分离；将含有氮氧的粗氩混合气通过赤热的铜丝和灼热的镁屑除去氧和氮后,就可得到氩；经分馏得到的氪、氙粗制品中,还含有大量的氧,普通方法难以将氧除尽,需在充有 $Cu-CuO$ 的炉内通入氢气与氧燃烧生成水而除去；除氧后的氪氙混合物通过精馏和活性炭选择性的吸附进行分离。

（五）稀有气体的化合物及其应用

1962 年巴特列特用极强氧化剂 PtF_6 氧化 O_2 制得深红色的 $O_2[PtF_6]$ 固体后,他考虑到氧与氙的第一电离能十分相近,氙还比氧略低些,既然 PtF_6 可氧化 O_2 成为 O_2^+,那么也有可能将 Xe 氧化生成类似的化合物,而且通过热力学的计算已可预计出 $Xe + PtF_6 \Longrightarrow Xe[PtF_6]$ 反应可在 25 ℃,101.3 kPa 下进行。于是他将 PtF_6 蒸气与等摩尔氙在室温下混合,果然制得黄红色的 $Xe[PtF_6]$ 固体。以后人们又将 Xe 和 F_2 导入镍反应器内,在 673 K下反应 1 h,然后再冷冻到 195 K,除去未反应的 F_2,得到了组成确定的无色单斜晶体 XeF_4。这是合成的第一个稳定的二元稀有气体化合物。以后又陆续制得了其他价态的氙的氟化物和氧化物。表 2 列出了氙的某些化合物。

表 2 氙的一些主要化合物

氧化态	II	IV	VI	VIII
化合物	XeF_2	XeF_4	XeF_6	XeO_4
		$XeOF_2$	$XeOF_4$	$NaXeF_6 \cdot 8H_2O$
			XeO_2F_2	$BaXeF_6 \cdot 15H_2O$
			XeO_3	
			$CsXeF_7$	
			Na_2XeF_8	

到目前为止,除 Xe 以外,制得的稀有气体化合物还有 KrF_2 和氡的氟化物,但氦、氖和氩的化合物至今还未曾制得。

稀有气体化合物的合成不仅对化学学科的发展有着重要的意义,而且在实际应用上也有很大的可能性。如有报道指出,空气中的氡气可通过氟化剂处理,使氡转变成氟化氡固体,从而可除掉大气中的氡气,避免了氡对环境的污染;而白炽灯泡内注入氙的氟化物,可延长灯丝的寿命;高氙酸盐的氧化性极强,甚至可氧化 Ag^+ 到 Ag^{2+} 或 Ag^{3+},对各种难以氧化的有机物也能发生反应,因此很有可能成为一种独特的、性质优异的分析试剂。

第 8 章　金属元素通论及配位化合物

在至今已确认的 117 种化学元素中除了位于周期表右上方的 22 种非金属元素外,其余 95 种均为金属元素。根据金属元素原子的电子层构型的特征,这些元素在周期表中从左到右分别位于 s 区、d 区、ds 区、p 区以及 f 区。其中 s 区和 p 区为主族金属元素,d 区、ds 区为副族金属元素,习惯上也称为过渡金属元素,f 区则由镧系元素、锕系元素组成,亦称为内过渡元素。

工业上把金属分为黑色金属和有色金属两大类。铁、铬、锰属黑色金属,除此以外,其余的金属都属于有色金属。在有色金属中,一般将密度小于 5 g·cm⁻³ 的称为轻金属,它们包括 s 区(镭除外)金属,以及钪、钇、钛等金属,密度大于 5 g·cm⁻³ 的其他金属称为重金属。

8.1　金属元素通论

8.1.1　重金属的提取

从含金属的矿石中提炼金属一般需经过矿石的预处理。对矿石进行预处理就是把矿石中大量脉石移去(脉石为矿石中的非有用成分,或称为杂质,主要是石英、石灰石和长石等),以提高矿石中有用成分的含量,达到富集的目的。较常见的是用水选法、浮选法、磁选法等。矿石预处理的另一目的是把矿石中的有效化合物转化成易用化学法处理的形式。例如闪锌矿中的 ZnS 就是在炉子内与氧反应转化为 ZnO,重晶石($BaSO_4$)转化为易溶于水的 BaS 形式等。

$$2ZnS + 3O_2 =\!=\!= 2ZnO + 2SO_2$$
$$BaSO_4 + 4C =\!=\!= BaS + 4CO$$

绝大多数的金属在自然界中都是以它们的化合物形式存在的,化合态的金属在矿石中均呈正氧化值,因此从中提取金属必须用还原的方法。

工业上提取金属的一般方法有以下几种。

1. 热还原法

应用最广泛的一种方法。碳、氢、一氧化碳和活泼金属是常用的还原剂。由于碳资源丰富,便宜易得,一般都用碳作为还原剂。如锡石(SnO_2)或赤铜矿(Cu_2O)制锡和铜:

$$SnO_2 + 2C =\!=\!= Sn + 2CO$$
$$Cu_2O + C =\!=\!= 2Cu + CO$$

由于固体碳在反应时接触面小,对反应不利,也可采用气体 CO 作为还原剂。

$$FeO + CO =\!=\!= Fe + CO_2$$

$$NiO+CO=\!=\!=Ni+CO_2$$

为了得到纯度高的金属,可用氢作为还原剂。由三氧化钨在高温下制备钨就是氢还原法的一个例子:

$$WO_3+3H_2=\!=\!=W+3H_2O$$

也可用活泼金属作为还原剂,铝是最常用的还原剂。由于铝的还原能力强,价廉易得,而且生成氧化铝的反应强烈放热,可不必给还原过程加热,因而常用铝还原其他金属氧化物,以制备相应的金属。如

$$Cr_2O_3+2Al=\!=\!=2Cr+Al_2O_3$$

但铝容易与许多金属生成合金,得到的金属中常含有铝,这是用铝作为还原剂的缺点。所以要得到纯度高的金属,常用钙、镁作为还原剂,它们不和被还原的金属生成合金。

2. 热分解法

有些金属可通过加热分解其氧化物、卤化物的方法制得。例如汞的冶炼就采用朱砂矿(HgS)在空气中加热,在加热炉内 HgS 首先转化为 HgO,HgO 再分解为单质 Hg:

$$2HgS+3O_2=\!=\!=2HgO+2SO_2$$
$$2HgO=\!=\!=2Hg(g)+O_2$$

冷凝得到单质液态的 Hg。Ag_2O 也可用同样方法得到单质 Ag。

3. 电解法

对于活泼金属,难用化学方法制得,可采用电解方法。此方法得到的产品纯度很高。如电解 LiCl 制备 Li 时,可用 KCl 作为助熔剂降低电解温度,电解时电极反应为

$$阴极:2Li^++2e^-=\!=\!=2Li$$
$$阳极:2Cl^-=\!=\!=Cl_2+2e^-$$

8.1.2 主族金属元素

主族金属元素包括 s 区的ⅠA、ⅡA 族的碱金属和碱土金属,p 区的ⅢA 族的 Al、Ga、In、Tl,ⅣA 族的 Ge、Sn、Pb,ⅤA 族的 Sb、Bi 以及ⅥA 族的 Po。其中 s 区的 Fr、Ra,p 区的 Po 为放射性元素。

1. 主族金属元素的物理性质

碱金属、碱土金属以及 p 区的金属大多数熔点、沸点较低,硬度较小。这是因为这些金属都属于金属晶体,排列在晶格结点上的金属原子或金属正离子依靠金属键结合构成晶体。对不同的金属,金属键的强弱有较大的差别,这与金属的原子半径、能参与成键的价电子数以及核对外层电子的作用力等因素有关。每一周期开始的碱金属的原子半径是同周期中最大的,价电子数又最少,因而金属键较弱,所需的熔化热小,熔点低。如钠、钾、铷、铯的熔点都在 100 ℃以下。它们的沸点、硬度都很小。碱土金属元素原子半径比相邻碱金属小,价电子多,因而熔点、沸点比碱金属高,硬度比碱金属大。而 p 区的金属,其晶体类型有从金属晶体向分子晶体过渡的趋向,这些金属的熔点也较低。

2. 主族金属元素的原子结构与化学性质

碱金属和碱土金属元素原子的最外层电子分布分别为 ns^1 和 ns^2,而 p 区的金属元素的最外层电子分布为 ns^2np^{1-3},这些金属原子中的最外层电子离核较远,在化学反应中容易给

出最外层电子而表现出它们的化学活泼性和较强的还原性。

s区金属元素是化学活泼性最大的金属,差不多都能与氢、卤素、水及其他非金属发生反应。如在熔融状态下,大部分 s 区金属和高压氢在高温下直接生成相应的氢化物。如:

$$2Li + H_2 \stackrel{}{=\!=\!=} 2LiH$$

$$Ca + H_2 \stackrel{}{=\!=\!=} CaH_2$$

反应生成氢化锂和氢化钙都是离子型氢化物,其中氢以 H^- 离子状态存在,它们是优良的还原剂,能将一些金属氧化物还原为金属。例如:

$$2LiH + TiO_2 \stackrel{}{=\!=\!=} 2LiOH + Ti$$

离子型氢化物的另一重要特性是能与水迅速反应生成氢气,可用于救生衣、救生筏、军用气球和气象气球的充气。例如:

$$CaH_2 + 2H_2O \stackrel{}{=\!=\!=} 2H_2 + Ca(OH)_2$$

也可利用此反应来测定并排除系统中的痕量湿气,因而氢化钙可用作有效的干燥剂和脱水剂。

s区金属在空气中燃烧除能生成正常氧化物(如 Li_2O、MgO 等)外,还能生成过氧化物(如 Na_2O_2 和 BaO_2),若在熔融钠中通入去除 CO_2 的干燥空气可以制得过氧化钠,反应式为:

$$2Na + O_2 \stackrel{}{=\!=\!=} Na_2O_2$$

过氧化物中存在过氧离子 O_2^{2-},其中含有过氧键——O—O—。过氧化物是强氧化剂,如 Na_2O_2 遇到铝粉、碳粉或棉花等还原性物质时,会发生爆炸,使用时应注意安全。Na_2O_2 能与水或稀酸反应,产生过氧化氢:

$$Na_2O_2 + 2H_2O \stackrel{}{=\!=\!=} 2NaOH + H_2O_2$$

$$Na_2O_2 + H_2SO_4 \stackrel{}{=\!=\!=} Na_2SO_4 + H_2O_2$$

与过氧化钠相似,BaO_2 遇酸亦可产生 H_2O_2,这是实验室中制备 H_2O_2 的方法。

$$BaO_2 + H_2SO_4 \stackrel{}{=\!=\!=} BaSO_4 + H_2O_2$$

另外,Na_2O_2 广泛应用于高空飞行和水下工作时的二氧化碳吸收剂和供氧剂,主要基于以下反应:

$$2Na_2O_2 + 2CO_2 \stackrel{}{=\!=\!=} 2Na_2CO_3 + O_2$$

吸收人呼出的二氧化碳和补充吸入的氧气。

钾、铷、铯以及钙、锶、钡等金属在过量氧气中燃烧还能生成超氧化物(如 KO_2、RbO_2)。超氧化物也是固体储氧物质,与水作用会放出氧气,装在面具中,可供在缺氧环境中工作的人员呼吸。例如超氧化钾能与人呼吸排出气体中的水蒸气发生反应:

$$4KO_2(s) + 2H_2O(g) \stackrel{}{=\!=\!=} 3O_2 + 4KOH(s)$$

呼出气体中的二氧化碳则可被氢氧化钾吸收:

$$KOH(s) + CO_2 \stackrel{}{=\!=\!=} KHCO_3(s)$$

s区金属都能与水剧烈反应。碱金属和钙、锶、钡都能与冷水作用产生氢气,例如:

$$2Na + 2H_2O \stackrel{}{=\!=\!=} 2NaOH + H_2$$

钾、铷、铯遇水就发生燃烧,甚至爆炸。铍、镁虽然能与水反应,但表面形成一层难溶的氢氧化物阻止与水进一步反应,因而实际上与冷水几乎没有作用。

p 区金属的化学性质与 s 区金属相比有较大的差别,p 区金属的活泼性远比 s 区金属要弱。锡、铅、锑、铋等在常温下与空气无显著作用。铝较活泼,容易与氧化合,但在空气中铝能立即生成一层致密的氧化物保护膜,阻止氧化反应的进一步进行,因而在常温下,铝在空气中很稳定。p 区金属一般不与水作用,但能溶于盐酸或稀硫酸等非氧化性酸中产生氢气。例如:

$$Sn + 2HCl \!\!=\!\!=\!\! SnCl_2 + H_2$$

应当指出,p 区的铝、镓、锡、铅还能与碱溶液作用,例如:

$$2Al + 2NaOH + 2H_2O \!\!=\!\!=\!\! 2NaAlO_2 + 3H_2$$

$$Sn + 2NaOH \!\!=\!\!=\!\! Na_2SnO_2 + H_2$$

8.1.3　过渡金属元素

位于周期表 d 区和 ds 区的元素统称为过渡元素。在周期表中位于 s 区元素和 p 区元素之间、从ⅢB 的钪族到ⅡB 的锌族为止,目前共有 37 种元素。

1. 过渡金属元素通性

与主族元素有所不同,同周期的过渡元素具有相似性,为此通常将过渡元素分成三个系列,从钪到锌为第一过渡系,从钇到镉为第二过渡系,从镥到汞为第三过渡系。

过渡元素的外层电子构型特征是次外层的 d 轨道上占有 1～10 个电子,最外层电子数一般为 1～2 个。在化学反应中较易给出电子,因此过渡元素都是金属元素。过渡金属元素的这种外层电子构型,使它们的性质有一些共同的特点。

(1) 过渡金属熔点、沸点一般较高,硬度、密度大。这是由于每一周期从ⅡA 的碱土金属开始向右进入 d 区的副族金属后,原子半径逐渐减小,参与成键的电子数逐渐增加,使这些金属晶体内部的金属键增强,因而表现出熔点、沸点高,硬度、密度大。其中钨的熔点最高(3 407 ℃),铬的硬度最大(莫氏硬度为 9.0)。锌、镉、汞由于 d 亚层已充满电子,其熔点、沸点均低,是显著的例外。此外,过渡金属一般都具有较好的延展性和机械加工性,又是热和电的良导体。如银、铜、金等都是良好导电材料。这些特性也都是由于晶体内部有较强的金属键和较多自由电子的结果。

(2) 过渡金属元素具有多种可变的氧化值。呈现多种氧化值的原因主要是由于$(n-1)d$与 ns 轨道能级相差较小,不仅最外层 s 电子,有时次外层部分或全部 d 电子也可作为价电子,因此过渡金属元素有多种氧化值。虽然过渡金属元素有多种氧化值,但每种元素总有其相对稳定的一种或几种氧化值。

(3) 过渡金属元素的许多离子,在水溶液中常呈现一定的颜色。

(4) 过渡金属元素及其化合物常因其原子或离子具有未成对 d 电子而呈现顺磁性(参阅 8.2.2 节)。

(5) 过渡金属元素的原子或离子具有未完全充满电子的 d 轨道以及最外层的 ns 和 np 空轨道,因而都有很强的形成配合物的倾向(有关内容将在 8.2 节专门介绍)。

(6) 许多过渡金属元素及其化合物具有催化性。例如 Pt—Rh 用于 NH_3 氧化制 NO,铁用于氨的合成,V_2O_5 用于氧化 SO_2 为 SO_3 等。

(7) 过渡金属的化学性质一般不很活泼,第一过渡系金属比第二、第三过渡系的金属活泼。例如第一过渡系的金属除铜外,可以从非氧化性的酸中置换出氢气,第二、第三过渡系金属除ⅢB外,必须用氧化性酸(如硝酸)予以溶解,有的甚至需王水溶解,如金、铂。

$$Au + HNO_3 + 4HCl \Longrightarrow H[AuCl_4] + NO + 2H_2O$$
$$3Pt + 4HNO_3 + 18HCl \Longrightarrow 3H_2[PtCl_6] + 4NO + 8H_2O$$

2. 铬、锰及其化合物

(1) 铬及其化合物。铬(Cr)为第四周期ⅥB族元素,在自然界中铬以铬铁矿$Fe(CrO_2)_2$的形式存在。单质铬的熔沸点高,是最硬的金属。由于表面易生成致密的氧化物保护膜,因而在空气及水中相当稳定。在冶金工业中,铬主要用于制造各种高级合金钢,以提高钢的硬度、耐热性和耐蚀性。此外,很多家庭用具及其他工业制品经镀铬处理,其外表不仅光亮美观,而且防腐蚀、抗磨损。

铬的价电子构型为$3d^5 4s^1$,可形成氧化值+2、+3、+6的化合物,其中最重要也是最常见的是氧化值为+3、+6的化合物。现就$Cr(Ⅲ)$、$Cr(Ⅵ)$的存在形式及酸碱转化,$Cr(Ⅲ)$、$Cr(Ⅵ)$的氧化还原性介绍如下。

$Cr(Ⅲ)$在酸性溶液中以Cr^{3+}离子形式为主,在碱性溶液中以CrO_2^-离子形式为主。但在一定条件下,可以发生酸碱转化反应。

在Cr^{3+}离子溶液中加入适量碱,可析出灰蓝色的$Cr(OH)_3$沉淀:

$$Cr^{3+} + 3OH^- \Longrightarrow Cr(OH)_3 \downarrow$$

$Cr(OH)_3$是难溶于水的两性氢氧化物,它溶于酸时溶液呈绿色或紫色(其水溶液的颜色与水合物中含有水分子多少有关,大多为紫色的六水合离子$[Cr(H_2O)_6]^{3+}$,随着水分子的减少,溶液颜色转为绿色的$[Cr(H_2O)_4Cl]^+$离子)。在$Cr(OH)_3$沉淀中加入碱时,沉淀溶解生成亮绿色的CrO_2^-离子(或写成$[Cr(OH)_4]^-$)。

$$Cr(OH)_3 + 3H^+ \Longrightarrow Cr^{3+} + 3H_2O$$
$$Cr(OH)_3 + OH^- \Longrightarrow CrO_2^- + 2H_2O$$

$Cr(Ⅵ)$在水溶液中通常以CrO_4^{2-}或$Cr_2O_7^{2-}$离子形式存在,它们之间存在着下列的酸碱平衡:

$$2CrO_4^{2-} + 2H^+ \Longrightarrow Cr_2O_7^{2-} + H_2O$$
$$\text{(黄色)} \qquad\qquad \text{(橙红色)}$$

即在黄色的CrO_4^{2-}溶液中加酸,则生成橙红色的$Cr_2O_7^{2-}$,加碱则平衡逆向移动。

根据平衡移动原理,在酸性溶液中$Cr(Ⅵ)$以$Cr_2O_7^{2-}$离子形式为主,在碱性溶液中以CrO_4^{2-}离子形式为主,溶液中$Cr_2O_7^{2-}$和$Cr_2O_4^{2-}$离子的浓度随溶液pH值的变化而变化。

$Cr(Ⅲ)$既有还原性,又具有氧化性,但以还原性为主。在酸性溶液中,Cr^{3+}的还原性较弱,必须用强氧化剂如过硫酸铵$(NH_4)_2S_2O_8$或高锰酸钾$KMnO_4$才能将Cr^{3+}氧化为$Cr_2O_7^{2-}$。

$$2Cr^{3+} + 3S_2O_8^{2-} + 7H_2O \xrightarrow{\text{Ag}^+ \text{催化}} Cr_2O_7^{2-} + 6SO_4^{2-} + 14H^+$$

而在碱性溶液中,CrO_2^-还原性较强,容易被氧化,中等强度的氧化剂H_2O_2、$NaClO$等就可将$Cr(Ⅲ)$氧化为CrO_4^{2-}。

$$2NaCrO_2 + 3H_2O_2 + 2NaOH \Longrightarrow 2Na_2CrO_4 + 4H_2O$$

Cr(Ⅵ)在酸性溶液中的氧化性较强,用 Fe^{2+}、SO_3^{2-}、Cl^- 等还原剂即可把 $Cr_2O_7^{2-}$ 还原为 Cr^{3+},如

$$K_2Cr_2O_7 + 6FeSO_4 + 7H_2SO_4 \Longrightarrow Cr_2(SO_4)_3 + 3Fe_2(SO_4)_3 + K_2SO_4 + 7H_2O$$

$$K_2Cr_2O_7 + 14HCl(浓) \xrightarrow{\triangle} 2CrCl_3 + 3Cl_2 + 2KCl + 7H_2O$$

前一反应在分析化学中常用来测定铁的含量。

(2)锰及其化合物。锰(Mn)是第四周期ⅦB族的元素。金属锰外形似铁,但比铁具有更大的化学活泼性。锰能与 Fe、Co、Ni、Cu 等金属无限混合形成多种合金。纯锰的用途不多,但其合金的用途很广。如含锰量 12%～15% 的锰钢,富有韧性,又具有抗击、耐磨性能,常用于制造钢轨、轮船的甲板等。

锰的价电子构型为 $3d^5 4s^2$,可形成氧化值为 +2、+3、+4、+6、+7 的多种化合物,其中以氧化值为 +2、+4、+6 和 +7 的化合物最常见。

Mn(Ⅱ)的化合物如 $MnSO_4$,固体为淡红色粉末状,其较浓水溶液也显粉红色,而稀溶液则几乎无色。

在 Mn^{2+} 离子溶液中缓慢加入 NaOH 溶液,先生成白色的 $Mn(OH)_2$ 沉淀,

$$Mn^{2+} + 2OH^- \Longrightarrow Mn(OH)_2 \downarrow$$

生成的 $Mn(OH)_2$ 很不稳定,迅速被空气中的氧氧化为褐色的 $MnO(OH)_2$ 沉淀

$$2Mn(OH)_2 + O_2 \Longrightarrow 2MnO(OH)_2 \downarrow$$

$MnO(OH)_2$ 可看作是 MnO_2 的水合物($MnO_2 \cdot xH_2O$)。

由此可见,在碱性介质中 Mn(Ⅱ)很易被氧化,具有较强的还原性。而酸性溶液中 Mn(Ⅱ)相当稳定,只有遇到强氧化剂如偏铋酸钠($NaBiO_3$),二氧化铅(PbO_2)才能被氧化。

$$2Mn^{2+} + 5NaBiO_3 + 14H^+ \xrightarrow{\triangle} 2MnO_4^- + 5Bi^{3+} + 5Na^+ + 7H_2O$$

$$2Mn^{2+} + 5PbO_2 + 4H^+ \xrightarrow{\triangle} 2MnO_4^- + 5Pb^{2+} + 2H_2O$$

常见 Mn(Ⅳ)以氧化物 MnO_2 存在。由于 Mn(Ⅳ)处于锰的中间氧化态,因此既有氧化性,又有还原性。在酸性介质中,MnO_2 以氧化性为主,是一强氧化剂,可把 HCl 溶液中的 Cl^- 离子氧化为 Cl_2:

$$MnO_2(s) + 4HCl(浓) \xrightarrow{\triangle} MnCl_2 + Cl_2 + 2H_2O$$

这是实验室制备氯气的方法。

在碱性介质中,MnO_2 以还原性为主,能被空气中的氧氧化为 MnO_4^{2-}:

$$2MnO_2 + 4KOH(s) + O_2 \xrightarrow[熔融]{\triangle} 2K_2MnO_4 + 2H_2O$$

反应中的氧也可用 $KClO_3$ 代替

$$3MnO_2(s) + 6KOH(s) + KClO_3(s) \xrightarrow[熔融]{\triangle} 3K_2MnO_4 + KCl + 3H_2O$$

Mn(Ⅵ)以 MnO_4^{2-}(绿色)形式存在于强碱性溶液中,在酸性和中性溶液中 MnO_4^{2-} 不稳定,易发生下列歧化反应

$$3MnO_4^{2-} + 2H_2O \Longrightarrow 2MnO_4^- + MnO_2 + 4OH^-$$

根据平衡移动原理,在上述反应中加入酸(包括弱酸),将有利于上述反应向右进行。例如:

$$3K_2MnO_4 + 4HAc \Longrightarrow 2KMnO_4 + MnO_2 + 2H_2O + 4KAc$$

$$3K_2MnO_4 + 2CO_2 \Longrightarrow 2KMnO_4 + MnO_2 + 2K_2CO_3$$

加入碱,则歧化反应向左进行,即 MnO_4^- 和 MnO_2 在碱性介质中能生成绿色的 MnO_4^{2-}

$$2KMnO_4 + MnO_2 + 4KOH \Longrightarrow 3K_2MnO_4 + 2H_2O$$

Mn(Ⅶ)化合物中,最重要的是高锰酸钾。高锰酸钾是紫色固体,其水溶液呈紫红色。MnO_4^- 在中性或微碱性溶液中能稳定存在,在酸性溶液中则不稳定,会缓慢分解。

$$4MnO_4^- + 4H^+ \Longrightarrow 4MnO_2 + 3O_2 + 2H_2O$$

光对 MnO_4^- 分解有催化作用,所以 $KMnO_4$ 被保存在棕色瓶中。

MnO_4^- 在酸性、中性、碱性介质中均具有氧化性。但在不同介质中,其氧化能力是不同的。这可以从下列有关电极电势看出。

$$MnO_4^- + 8H^+ + 5e^- \Longrightarrow Mn^{2+} + 4H_2O \qquad \varphi_{MnO_4^-/Mn^{2+}}^{\ominus} = 1.507 \text{ V}$$

$$MnO_4^- + 2H_2O + 3e^- \Longrightarrow MnO_2 + 4OH^- \qquad \varphi_{MnO_4^-/MnO_2}^{\ominus} = 0.595 \text{ V}$$

$$MnO_4^- + e^- \Longrightarrow MnO_4^{2-} \qquad \varphi_{MnO_4^-/MnO_4^{2-}}^{\ominus} = 0.558 \text{ V}$$

MnO_4^- 氧化性随介质酸性减弱而下降,还原产物也不同。以 MnO_4^- 和 SO_3^{2-} 的反应为例:

酸性介质　　　　$2MnO_4^- + 5SO_3^{2-} + 6H^+ \Longrightarrow 2Mn^{2+} + 5SO_4^{2-} + 3H_2O$

近中性、弱碱性介质　$2MnO_4^- + 3SO_3^{2-} + H_2O \Longrightarrow 2MnO_2 + 3SO_4^{2-} + 2OH^-$

碱性介质　　　　$2MnO_4^- + SO_3^{2-} + 2OH^- \Longrightarrow 2MnO_4^{2-} + SO_4^{2-} + H_2O$

8.1.4　金属和合金材料

金属不溶于一般溶剂(如水、乙醇、乙醚等),但在熔融状态下可以相互溶解,形成合金。两种或两种以上元素组成均匀而具有金属特性的物质称为合金。一般通过各组分元素熔合成液体,再予以凝固而成。合金的结构比纯金属要复杂得多。根据合金的结构不同可以分为三种类型。

(1)低共熔混合物合金:当液体合金凝固时各组分按特定百分比[①]同时析出极细微的晶体,相互紧密混合而成低共熔合金,析出温度(称最低共熔温度)低于任一纯组分。例如焊锡就是锡和铅的低共熔混合物合金,是由63%锡和37%铅在183.3 ℃形成,也即该合金的熔化温度为183.3 ℃低于纯锡231.9 ℃,也低于纯铅327.4 ℃。

(2)固溶体合金:固溶体是一种均匀的组织。合金组成按任意百分比彼此互溶,在特定温度范围凝固形成固态溶液。例如银和金形成的合金就属于固溶体合金。纯银的熔点是960.2 ℃,随着银中加入金的含量的增多,银金固溶体合金的熔点随之升高,直至全部为纯金时熔点为1 063 ℃。因此,银金固溶体合金随组成的不同熔点介于960.2～1 063 ℃之间。

(3)金属互化物合金:它是各组分相互形成化合物的合金。例如镁和铅可组成一种互

---

① 组成百分比均以质量计。

化物 Mg_2Pb(含镁 19％、铅 81％)，该互化物的熔点为 551 ℃。又铜和锌可形成多种互化物合金 $CuZn$，Cu_5Zn_8，$CuZn_3$，由此可得各种规格的黄铜。

合金的性质不同于纯金属，其一，多数合金的熔点低于组成它的任何一种成分金属的熔点，如前述的焊锡。其二，合金的硬度一般比各成分金属的硬度都大，例如，在铜里加入 1％的铍所生成的合金硬度比纯铜大 7 倍。其三，通常合金的导电性和导热性均低于纯金属。

一般说来，随组成元素的不同，相对含量的多少以及形成条件的差异，合金的性质多种多样。在日常生活和工业上常用的合金材料有轻合金、合金钢、低熔合金、硬质合金等。

(1) 轻合金：轻合金主要是由密度较小的镁、铝、钛等金属所形成的合金。镁是工业上常用的金属中最轻的一种，镁合金中的加入元素主要有铝、锌、锰等。锌和铝的加入可使材料强度提高，锰的加入可提高材料的抗蚀能力，一般用于制造仪器、仪表的零部件、飞机的起落架轮等。铝合金是应用最多的轻合金，广泛用于建筑行业，铝合金中的加入元素主要有镁、锰、铜、锌等。另外，铝、钒、铬、锰、铁和钼均能与钛形成钛合金。除了提高钛合金强度外，铝的加入可改善合金的抗氧化能力，钼可提高合金对盐酸的耐蚀性。钛合金用于飞机制造、火箭发动机、人造卫星外壳和宇宙飞船等方面的结构材料。

(2) 合金钢：将 d 区的钛、钒、铬、钨、锰、钴、镍以及 p 区的铝、硅等作为合金元素加入碳钢中可制成合金钢。合金钢和含碳量相同的碳钢相比具有不同的特殊性能。举例列于表 8-1。

表 8-1　某些合金钢的组成和性能

钢　　种	组　　成（钢中含量）	性　　　能
铬　　钢	Cr 0.5％～1.0％, Si 0.75％, Mn 0.5％～1.25％	极硬且富韧性
不锈钢	Cr 14％～18％, Ni 8％	耐腐蚀
钨　　钢	W 15％～18％, Cu 2％～5％	高温坚硬(1 200 ℃不失硬度)
磁性钢	Si 4％	具有磁性
锰　　钢	Mn 12％～15％	硬而耐磨，且能抗冲击

(3) 低熔合金：以 p 区的铋、铅、锡、铟以及 ds 区的镉为成分的一类合金，它们的熔点都比较低，为低熔合金[①]。例如，由 50％铋、25％铅、13％锡和 12％镉组成的伍德(Wood)合金，熔点为 71 ℃，在其中添加铟 19.1％，熔点最低可降至 46.7 ℃，应用于自动灭火设备、锅炉安全装置以及信号仪表等。又如镓、锡、锌低熔合金，熔点只有 11 ℃，是一种常温下就可以焊接的合金。

(4) 硬质合金：不仅金属间可以组成合金，金属与非金属也能组成合金。Ⅳ、Ⅴ、Ⅵ副族金属与 C，N，B 等非金属形成间隙化合物，具有特别高的熔点和硬度，因而统称为硬质合金，如 WC，TiC，FeB，Fe_2N 等。硬质合金是制造高速切削和钻探工具的优良材料。

8.1.5　金属的表面处理

对金属表面进行各种处理，其目的不仅使材料表面美观，更重要的是为了改善材料表面的某种特性，如耐蚀性、耐磨性、各种机械性能和化学性质等，延长材料的使用寿命。

---

① 在实际应用中规定，以锡铅低共熔合金的熔点183 ℃为准，低于此温度且成分中含有锡、铅、铋、镉、铟五种成分之一者统称为低熔合金。

1. 金属表面的预处理

通常金属及其制件经热加工、机械加工、热处理以及在大气储存和运输过程中,在其表面总会有各种脏物,如油污、氧化皮、腐蚀产物、尘砂等,它们的存在改变了金属表面的形状及表面层的组织结构。这些表面缺陷会严重影响到涂、镀层的致密性及与基体的结合强度,甚至造成表面防蚀处理的失败。因此在涂、镀前,首先必须把被污染的金属表面处理成清洁的表面,以获得适宜于涂覆物质和涂覆方法的基体金属表面。这是金属表面预处理的主要目的,也是能否获得优质涂、覆层的关键。

金属表面预处理包括除油、酸洗和机械处理。

(1) 除油:从金属表面除掉油脂的过程,习惯上叫除油。这些油污有属于皂化类的植物性和动物性油脂以及非皂化类的矿物性油脂。根据油污的不同成分,采取各种去除油污的方法。例如,对于皂化类的动、植物油脂,常用碱处理。它们在碱的作用下能分解生成一种溶于水的脂肪酸盐——肥皂和甘油。生成的肥皂和甘油溶于水,即可被水冲掉。为了提高除油能力,常用含表面活性剂的碱液清洗。处理液以碳酸钠为主,添加氢氧化钠、磷酸钠、表面活性剂硅酸钠等。工件经碱液除去油后,为了充分去掉其表面形成的肥皂及乳浊液,应当用 70~90 ℃热水清洗,然后用冷水冲洗。对于非皂化类的油脂,可按油脂分子的极性选择不同的有机溶剂处理。弱极性或非极性的可用汽油、煤油、二氯乙烯作为溶剂,强极性可用丙酮、酒精等。

(2) 酸洗:从金属表面除掉锈蚀产物和氧化皮的过程称为除锈。除锈多用酸,故又称之为酸洗。酸洗液是由无机酸和少量缓蚀剂、促进剂或其他添加剂组成的水溶液。酸常用盐酸、硫酸、磷酸、氢氟酸等。用磷酸处理铁表面的氧化皮比用盐酸或硫酸处理要好。因为磷酸酸性较弱,且酸洗后生成的磷酸一氢盐膜,处理后可直接涂覆,但其价格较贵。氢氟酸不适宜用来清洗铁的氧化物,因为反应生成的氟化铁不易溶于水及氢氟酸溶液,有可能留在工件的表面上。但氢氟酸能溶解含硅的化合物,对铬、铝的氧化物有较好的溶解能力,可用于铸铁件和不锈钢等特殊材料的酸洗。不过,氢氟酸有很大毒性,且挥发性强,使用时应注意安全。

酸洗液中加入浓度为 0.1%~0.2% 的缓蚀剂,用以防止基体金属过度浸蚀和氢脆。目前采用的缓蚀剂,多数是具有不同结构的含氮或含硫的有机合成物,如硫脲、硫胺、乌洛托品(六次甲基四胺)等。

酸洗促进剂是指加入酸洗液中用以加快酸洗速度的物质。这类物质包括无机物和有机物。如用硫酸酸洗时,酸洗液中加入适量 $NaCl$,$NaNO_3$,NaF 等钠盐。因为它们在酸中的溶解度大,解离度也大,所以溶液中存在 Cl^-、NO_3^-、F^- 离子,这些离子与硫酸溶液中的 H^+ 离子结合成为 HCl、HNO_3、HF,对提高酸洗速度起到了促进作用。

(3) 机械处理:用机械处理金属表面的方法很多,常用刷光、磨光和抛光等。

刷光是使用金属丝、动物毛、天然或人造纤维制成的刷光轮对工件表面进行加工的方法;而磨光和抛光是用磨光轮和抛光轮对工件表面进行加工的方法。其目的主要用来除去工件表面的氧化皮、锈蚀、焊渣、砂眼等。抛光还可进一步降低零件的表面粗糙度,获得光滑的外观。

2. 金属的表面处理

金属表面处理的方法很多,这里仅选取其中几种常用的方法作简单介绍。

（1）金属的化学热处理：化学热处理是将工件放在一定介质气氛中加热到一定温度，因金属与介质发生化学反应而使工件表面的化学成分发生变化，以达到表面与工件基体具有不同的组织结构与性能的目的。它包括渗碳、渗氮、渗硼以及渗金属等工艺。经过化学热处理的工件表面的性能有很大的改善，其耐磨性更好，硬度更大，并提高了表面强度及抗疲劳强度。

渗碳是使碳原子渗入金属表面而使其形成金属碳化物的过程。渗碳方法有固体、液体、气体渗碳等数种。气体渗碳是最常用的渗碳方法。作为渗碳的工作介质有碳、甲烷、丙烷等。不论使用哪一种方法，渗碳过程的原理基本相同，它包括三个基本过程：①工作介质（渗碳剂）的分解生成活性碳原子；②活性碳原子被金属表面吸收；③碳原子向金属内层扩散形成渗碳层。

例如，在低碳钢的气体渗碳过程中，渗碳剂甲烷在 1 173～1 203 K 的渗碳炉内进行一系列反应实现渗碳：

$$CH_4 \rightleftharpoons 2H_2 + [C]$$
$$CH_4 + 2O_2 \rightleftharpoons CO_2 + 2H_2O$$
$$CO_2 + [C] \rightleftharpoons 2CO$$
$$CH_4 + H_2O \rightleftharpoons CO + 3H_2$$

式中，[C]表示炉内混合气体中活性碳原子，亦可看作是被吸收于钢表面层中的碳原子。

渗氮是使氮原子渗入金属表面使其形成金属的氮化物（如 Fe_2N、Fe_4N 等）的过程。常用的工作介质是氨。氨在渗氮温度约 753～973 K 下分解出活性氮原子：

$$NH_3 \rightleftharpoons \frac{3}{2}H_2 + [N]$$

金属表面形成氮化物能显著提高表面硬度、耐磨性、耐蚀性及抗疲劳强度，而且渗氮温度比渗碳温度低，热处理变形小，因而广泛用于磨床、汽缸套以及精密机械零件等各个方面。

渗硼主要是为了提高金属表面的硬度、耐磨性和耐蚀性。渗硼就是使金属表面形成金属硼化物（如 FeB、Fe_2B）的过程。常用的渗硼方法有粉末法、盐熔法、气体法等。例如盐熔渗硼，以硼砂为主要成分，常用的盐熔渗硼的催化剂是 SiC。在高温下，供硼剂硼砂（$Na_2B_4O_7$）和介质中的 SiC 发生反应，简单表达如下：

$$Na_2B_4O_7 + 2SiC = Na_2O \cdot 2SiO_2 + 2CO + 4[B]$$

产生活性硼原子，通过吸收和扩散在金属表面形成渗硼层。

渗金属的实质是金属表面层的合金化过程，是使另一种金属原子渗入金属表面层的过程，因而渗金属能使钢工件表面具有某些合金钢或特种钢的特性。例如渗铝可提高抗氧化能力，渗铬可提高抗蚀性和耐磨性。渗铝、渗铬工艺是先分别使铝、铬形成 $AlCl_3$，$CrCl_3$ 气体，并均匀分布在钢体表面，然后在钢表面分解出具有活性的 Al，Cr 原子而渗入钢件表面。

（2）化学气相沉积：化学气相沉积（简称 CVD）是利用气态化合物或化合物的混合物在金属受热面上发生化学反应，而生成固态薄膜或涂层的方法。其过程是将含有涂层材料元素的反应介质置于较低的温度下汽化，然后送入高温反应室与工件表面接触产生高温化学反应；析出固态产物，在工件表面形成涂覆层。化学气相沉积反应室需获得真空并加热到

900～1 100 ℃。如钢件要涂覆 TiC,则将钛以挥发性氯化物(如 TiCl₄)形式与气态或蒸发态的碳氢化合物一道进入反应室内,用氢气作为载体气和稀释剂,即会在反应室内的钢件表面发生下述反应:

$$TiCl_4 + CH_4 \xrightarrow{H_2} TiC + 4HCl$$

此外,存在于钢铁固溶体内的碳也可以进行如下反应:

$$TiCl_4 + 2H_2 + C \longrightarrow TiC + 4HCl$$

生成的 TiC 沉积在工件表面。

也可用同样方法涂覆 TiN,其主要反应为

$$TiCl_4 + 2H_2 + \frac{1}{2}N_2 \longrightarrow TiN + 4HCl$$

近年来,化学气相沉积技术发展十分迅速,主要是由于用化学气相沉积法得到的涂层厚度均匀,结构致密,涂覆层与金属基体结合牢固。

(3) 金属的钝化处理:使金属在某种环境下形成耐腐蚀状态的处理过程,称为金属的钝化处理。金属的钝化处理对金属材料的制造、加工和选用具有重要的意义。

金属的钝化处理中以氧化和磷化处理最为常见。

① 钢铁的发黑处理。钢铁经氧化处理,在其表面可生成一层蓝色直到亮黑色且十分稳定的磁性氧化铁(Fe_3O_4)膜,因此工业上又把钢铁的氧化处理称为"发蓝"或"发黑"。工业上广泛采用的化学氧化法是把钢铁工件浸入含有 NaOH、$NaNO_2$ 或 $NaNO_3$ 溶液中进行处理,是提高金属防腐蚀能力的一种简便又经济的方法。

当钢铁浸入溶液后,在碱和氧化剂作用下,工件表面生成 Fe_3O_4 氧化膜,其成膜过程大致由三个过程组成:

(a) 碱、氧化剂和铁反应,首先生成亚铁酸钠。

$$3Fe + 5NaOH + NaNO_2 \longrightarrow 3Na_2FeO_2 + H_2O + NH_3$$

(b) 由亚铁酸钠氧化成铁酸钠。

$$6Na_2FeO_2 + NaNO_2 + 5H_2O \longrightarrow 3Na_2Fe_2O_4 + 7NaOH + NH_3$$

由于(a)式反应,使金属表面附近的 Na_2FeO_2 浓度不断增加,并向浓度较低的溶液内部扩散,又因为生成亚铁酸钠时,消耗了 $NaNO_2$,故在金属表面附近的亚硝酸钠浓度低于溶液内部浓度,于是向金属附近扩散,同 Na_2FeO_2 相遇,进一步生成铁酸钠。

(c) 亚铁酸钠和铁酸钠相互作用生成 Fe_3O_4,沉积在钢铁工件表面形成氧化膜。

$$Na_2FeO_2 + Na_2Fe_2O_4 + 2H_2O \longrightarrow Fe_3O_4 + 4NaOH$$

钢铁发黑处理不仅使工件表面具有防锈作用,还可以美化工件。枪身、汽车、特别是照相机的快门和光圈叶片就是利用这一处理工艺完成的。

② 金属的磷化处理。把金属投入含有磷酸的溶液中进行化学处理,在金属的表面上形成一种难溶于水、附着性能良好的磷酸盐膜的过程叫作金属的磷化处理。

磷酸是三元酸,对应它的盐有磷酸二氢盐 $Me(H_2PO_4)$、磷酸氢盐 $MeHPO_4$ 和磷酸盐 $Me_3(PO_4)_2$。这里 Me 是指锰、锌和铁等金属。其中只有磷酸二氢盐可溶于水,其他均不溶于水。因此磷化时所采用的是能溶于水的磷酸二氢盐,常用的有磷酸锰铁盐(俗称马日夫

盐)或磷酸锌盐溶液。磷酸二氢盐在一定浓度和温度条件下存在如下解离平衡:

(a) $Me(H_2PO_4)_2 \rightleftharpoons MeHPO_4 + H_3PO_4$

(b) $3MeHPO_4 \rightleftharpoons Me_3(PO_4)_2 + H_3PO_4$

(c) $3Me(HPO_4)_2 \rightleftharpoons Me_3(PO_4)_2 + 4H_3PO_4$

磷化膜的生成机理相当复杂,但它们都是以(a)式的平衡为工艺基础的。所以在磷化液中,存在一定数量的磷酸分子,未解离的 $Me(H_2PO_4)_2$ 以及不溶性的 $MeHPO_4$。将预先经过表面净化的钢铁工件浸入此种状态的溶液中,则发生如下反应:

(d) $Fe + 2H_3PO_4 \rightleftharpoons Fe(H_2PO_4)_2 + H_2$

反应过程中不断产生氢气,同时铁不断溶于溶液中,于是金属和液体界面上溶液的 pH 升高,使(a)式的解离平衡向右移动而生成 $MeHPO_4$,此不溶性结晶不断从溶液中沉淀析出在钢铁表面上,逐渐累积成长形成膜层。在全部成膜过程中,一直进行着(d)式反应而不断生成水溶性的 $Fe(H_2PO_4)_2$,$Fe(H_2PO_4)_2$ 再按(a)式解离生成不溶性的 $FeHPO_4$ 而成为膜层组成成分。

磷化膜主要用于涂料的底层和金属冷加工时润滑剂的吸附层,还具有一定的耐磨性和电绝缘性。许多机械和仪器零件常采用磷化处理。

(4) 金属表面的金属镀覆:在金属表面镀覆其他金属也可达到防止金属腐蚀、改善金属表面性能和美观的目的。这类镀覆有电镀(参阅 4.2.2 节)、热浸镀等。

热浸镀是把被镀件浸入熔融的金属液中,使其表面形成镀层的方法。热浸镀锡钢板,俗称"马口铁",由于其表面光亮、制罐容易,具有良好的耐蚀性、可塑性、无毒性以及能进行精美的印刷与涂饰等,已成为食品包装与轻便耐蚀容器的主要材料。马口铁因铁表面被电极电势值更大的锡所覆盖,而使铁免遭腐蚀,但一旦锡层被破坏,反而会加速铁的腐蚀过程。热浸镀锌是利用锌有适度钝化作用而保护铁免遭腐蚀。热浸镀锌钢材主要制成铁丝、钢管、板带,广泛应用于建筑业、石油化工以及市民的日常生活等各个方面。

热浸镀铝是近年发展起来的一种工艺,由于热浸镀层与铁基体之间是各种铁铝化合物组成的合金层,所以铝在铁表面上的附着力大,镀层牢固,铝的抗氧性强,具有强的光反射性能,主要用于食品工业、石油加工工业以及化学工业中的各种管道、架空通讯电缆、架空地线、钢芯铝线的芯线、大型建筑物的屋顶板和侧壁、通风管道、汽车排气系统材料等。

8.2　配位化合物

在 3.4 节曾提到,某些难溶电解质能利用配位反应形成配离子而溶解,如白色 $AgCl$ 沉淀可溶于氨水而转化为无色透明的溶液,是由于生成了配离子$[Ag(NH_3)_2]^+$;$Cu(OH)_2$ 沉淀溶于氨水转化为深蓝色的溶液也是由于生成了配离子$[Cu(NH_3)_4]^{2+}$。由此可见,配离子实际是由一个简单正离子(称为中心离子)和几个中性分子或离子(称为配位体)以配位键相结合而形成的复杂离子。含有配离子的化合物称为配位化合物,简称配合物。如$[Ag(NH_3)_2]Cl$、$[Cu(NH_3)_4]SO_4$ 等。配位化合物数量很多,对配位化合物的研究已发展成一个主要的化学分支——配位化学,并广泛应用于工业、农业、生物、医药等领域。配位化学的研究成果,促进了分离技术、配位催化、电镀工艺以及原子能、火箭等尖端技术的发展。对配位化合物性质和结构的研究,加深和丰富了人们对元素化学性质、元素周期系的认识,推动了化学键和分子结构等理论的发展。总之,配位化合物在整个化学领域中具有极为重要的理论和实践意义。本节将从配位化合物的基本概念出发,对其有关化学问题作一初步介绍。

8.2.1　配合物的基本概念

1. 配合物的组成

配合物的组成一般分内界和外界两部分:与中心离子(或原子)紧密结合的中性分子或离子组成配合物的内界,常用方括号括起来,在方括号之外的为外界,例如$[Cu(NH_3)_4]SO_4$。配合物在水溶液中,外界组分可解离出来,内界组分较稳定,几乎不解离。有些配合物的内界不带电荷,本身就是一个中性化合物,如$[PtCl_2(NH_3)_2]$,$[CoCl_3(NH_3)_3]$。现以$[Cu(NH_3)_4]SO_4$为例说明配合物(特别是内界)的组成,并就配合物的有关概念分别加以讨论。

(1) 中心离子或原子:中心离子或原子亦称为配合物的形成体,它位于配合物的中心位置,是配合物的核心。通常是金属阳离子或某些金属原子以及高氧化值的非金属元素。如$[Cu(NH_3)_4]^{2+}$中的$Cu(II)$,$Ni(CO)_4$中的Ni原子,$[SiF_6]^{2-}$中的$Si(IV)$。

(2) 配位体:在配合物中,与中心离子(或原子)以配位键结合的离子或分子称为配位体,简称配体。例如$[Cu(NH_3)_4]^{2+}$中的NH_3分子,$[Fe(CN)_6]^{3-}$中的CN^-离子。原则上,任何具有孤对电子并与中心离子形成配位键的分子或离子,都可以作为配体。在配体中给出孤对电子的原子称为配位原子,如NH_3中的N,H_2O和OH^-中的O以及CO,CN^-中的C原子等。常见的配位原子主要是周期表中电负性较大的非金属元素,如N,O,S,C以及F,Cl,Br,I等原子。

根据配体中所含配位原子的多少可分为单齿配体和多齿配体。单齿配体只含有一个配位原子且与中心离子只形成一个配位键,其组成比较简单。多齿配体含有两个或两个以上配位原子,它们与中心离子可以形成多个配位键,其组成常较复杂,多数是有机分子。表8-2列出一些常见的配体。

配合物
内界　　　　外界
$[Cu(NH_3)_4]^{2+}SO_4^{2-}$
中　配配　配
心　位位　离
离　原体　子
子　子　　电
荷

表 8-2　一些常见的配体

配体类型	实例						
单齿配体	$H_2O:$ 水	$:NH_3$ 氨	$:F^-$ 氟	$:Cl^-$ 氯	$:I^-$ 碘	$[:C≡N]^-$ 氰根离子	$[:OH]^-$ 羟基

多齿配体:乙二胺(en)　　草酸根(ox)　　乙二胺四乙酸根离子(EDTA)

（3）配位数：在配体中，直接与中心离子（或原子）结合成键的配位原子的数目称为中心离子配位数。必须特别注意的是：配位数是指配位原子的总数，而不是配体总数。即由单齿配体形成的配合物，中心离子的配位数等于配体个数，而含有多齿配体时，则不能仅从与中心离子结合的配体个数来确定配位数。对某一中心离子来说，常有一个特征配位数，最常见的配位数为 4 和 6，如 Zn^{2+}，Cd^{2+}，Pd^{2+}，Pt^{2+} 等离子的特征配位数为 4，Co^{3+}，Fe^{3+}，Fe^{2+}，Cr^{3+} 等离子的特征配位数为 6。特征配位数是中心离子形成配合物时的代表性配位数，并非是唯一的配位数。如 Ni^{2+} 等离子就既能形成配位数为 4，也能形成配位数为 6 的配合物。

影响配位数的因素很多，也比较复杂。中心离子的实际配位数的多少与中心离子、配体的半径、电荷有关，也和配体的浓度、形成配合物的温度等因素有关。

（4）配离子的电荷：中心离子的电荷与配体的电荷（配体是中性分子，其电荷为零）的代数和即为配离子的电荷。例如在 $[CoCl(NH_3)_5]Cl_2$ 中，配离子 $[CoCl(NH_3)_5]^{2+}$ 的电荷为：$3\times1+(-1)\times1+0\times5=+2$。

在 $K_2[PtCl_4]$ 中，配离子 $[PtCl_4]^{2-}$ 的电荷为：$2\times1+(-1)\times4=-2$。

也可根据配合物呈电中性，配离子电荷可以简便地由外界离子的电荷来确定。例如 $[Cu(NH_3)_4]SO_4$ 的外界 SO_4^{2-}，据此可知配离子的电荷为 +2。

2. 配合物的命名

配合物的命名服从无机化合物命名的一般原则，大体归纳有如下规则[①]。

（1）配合物为配离子化合物，命名时阴离子在前，阳离子在后。若为配位阳离子化合物，则叫"某化某"或"某酸某"；若为配位阴离子化合物，则配阴离子与外界阳离子之间用"酸"字连接。

（2）内界的命名顺序为：配体个数-配体名称-合-中心离子（氧化值），书写时配体前用汉字标明其个数，中心离子后面的括号中用罗马数字标明其氧化值。

（3）当配体不止一种时，不同配体之间用圆点（·）分开，配体顺序为：阴离子配体在前，中性分子配体在后；无机配体在前，有机配体在后；同类配体的名称，按配位原子元素符号的英文字母顺序排列。

下面列出一些配合物的命名实例：

$[Pt(NH_3)_6]Cl_4$	四氯化六氨合铂（Ⅳ）	配位盐
$[CoCl(NH_3)_3(H_2O)_2]Cl_2$	二氯化氯·三氨·二水合钴（Ⅲ）	
$K_4[Fe(CN)_6]$	六氰合铁（Ⅱ）酸钾	
$K[FeCl_2(OX)(en)]$	二氯·草酸根·乙二胺合铁（Ⅲ）酸钾	
$H[AuCl_4]$	四氯合金（Ⅲ）酸	配位酸
$H_2[PtCl_6]$	六氯合铂（Ⅳ）酸	
$[Ag(NH_3)_2]OH$	氢氧化二氨合银（Ⅰ）	配位碱
$[Ni(NH_3)_4](OH)_2$	二氢氧化四氨合镍（Ⅱ）	
$[CoCl_3(NH_3)_3]$	三氯·三氨合钴（Ⅲ）	中性配合物
$[Cr(OH)_3(H_2O)(en)]$	三羟·水·乙二胺合铬（Ⅲ）	

[①]　详细可参阅中国化学会《化学命名原则》，科学出版社，1984 年 12 月第一版。

有些配合物有其习惯沿用的名称,不一定符合命名规则,如 $K_4[Fe(CN)_6]$ 称亚铁氰化钾(黄血盐);$H_2[PtCl_6]$ 称氯铂酸;$H_2[SiF_6]$ 称氟硅酸等。

3. 螯合物和特殊配合物

除了前面已介绍的简单配合物外,通常所说的配合物还包括螯合物和特殊配合物——羰合物等。

(1) 螯合物:螯合物又称内配合物,它是由多齿配体通过两个或两个以上的配位原子与同一中心离子形成的具有环状结构的配合物。其中配体好似螃蟹的螯钳一样钳牢中心离子,而形象地称为螯合物。能与中心离子形成螯合物的配体称为螯合剂,它们多为有机化合物,如乙二胺、乙二胺四乙酸及其盐。乙二胺简写为 en,其中 2 个氨基氮可提供孤对电子(表 8-2),能与中心离子如 Cu^{2+} 形成环状结构的配离子,称为螯合离子。可表示如下:

$$\left[\begin{array}{cc} H_2C-NH_2 & NH_2-CH_2 \\ | & | \\ H_2C-NH_2 & NH_2-CH_2 \end{array}\ Cu\ \right]^{2+}$$

乙二胺四乙酸可简写为 EDTA,是一六齿配体,其中 2 个氨基上的氮原子和 4 个羟基上的氧原子都是配位原子(表 8-2),它能与许多金属离子形成十分稳定的螯合物。螯合物与具有相同配位原子的简单配合物相比,常具有特殊的稳定性。除此之外,还具有特征的颜色、难溶于水而易溶于有机溶剂等特点,因而被广泛用于沉淀分离、溶剂萃取、比色测定、容量分析等分离分析工作。

(2) 特殊配合物——羰合物:20 世纪 50 年代以来,许多新型的特殊配合物相继合成,在理论上和实用上都具有较大意义。这里仅对较早合成的金属羰基配合物(简称羰合物)作一简介。

配合物的形成体是中性原子(或低氧化态),配体是 CO 分子,这类配合物称为羰合物。羰合物往往是由 CO 气体与金属单质直接作用而生成的。例如,在 43 ℃,CO 的分压为 101.325 kPa 时,CO 能与镍生成挥发性的极毒的羰合物 $Ni(CO)_4$ 液体:

$$Ni+4CO \Longrightarrow Ni(CO)_4$$

羰合物在受热时很容易分解出金属和 CO,利用这个特性,可以通过生成羰合物而后分解的方式来制取高纯的金属。此外,羰合物也较多应用于有机合成中作为催化剂。

8.2.2　配合物结构的价键理论

1. 价键理论的要点

1928 年,鲍林把杂化轨道理论应用于配合物中,提出了配合物的价键理论。价键理论的要点是:在配合物中,中心离子(或原子)有空的价电子轨道,可以接受由配位体的配位原子提供的孤对电子而形成配位键;在形成配合物时,中心离子所提供的空轨道必须进行杂化,形成各种类型的杂化轨道,从而使配合物具有一定的空间构型。

2. 杂化轨道和配合物的空间构型

根据价键理论,配合物的不同空间构型是由中心离子采用不同的杂化轨道与配体配位的结果。中心离子的杂化轨道除了前面讲过的 sp,sp^2,sp^3 杂化轨道外,还有 d 轨道参与杂化。现对常见不同配位数的配合物分别讨论如下。

　　(1) 二配位的配离子:配位数为 2 的配离子均为直线型构型,现以[Ag(NH₃)₂]⁺为例讨论。

　　Ag^+的价电子轨道中电子分布为:

　　其中 4d 轨道已全充满,而 5s 和 5p 轨道能量相近,且是空的。当Ag^+和 2 个NH_3分子形成配离子时,将提供 1 个 5s 轨道和 1 个 5p 轨道来接受 2 个NH_3中 N 上的孤对电子。因此在[Ag(NH₃)₂]⁺配离子中的Ag^+采用 sp 杂化轨道与NH_3形成配位键,空间构型为直线型,见表 8 - 3。

　　[Ag(NH₃)₂]⁺的中心离子Ag^+的价电子轨道中的电子分布为:

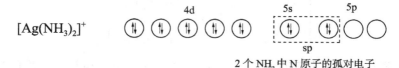

2 个NH_3中 N 原子的孤对电子

　　(2) 四配位的配离子:配位数为 4 的空间构型有两种:正四面体和平面正方形。现以[Ni(NH₃)₄]²⁺和[Ni(CN)₄]²⁻为例来讨论。

　　Ni^{2+}离子的价电子轨道中电子分布为

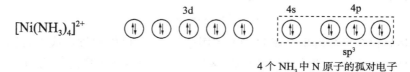

　　Ni^{2+}的外层 d 电子组态为$3d^8$,有空的且能量相近的 4s、4p 轨道,可以进行杂化构成 4 个sp^3杂化轨道,用来接受 4 个NH_3中 N 原子提供的孤对电子。由于 4 个sp^3杂化轨道指向正四面体的四个顶点,所以[Ni(NH₃)₄]²⁺配离子具有正四面体构型,见表 8 - 3。

　　[Ni(NH₃)₄]²⁺的中心离子Ni^{2+}的价电子轨道中的电子分布为

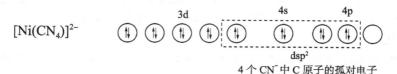

4 个NH_3中 N 原子的孤对电子

　　[Ni(CN)₄]²⁻配离子的形成情况却有所不同,当 4 个CN^-接近Ni^{2+}时,Ni^{2+}中的 2 个未成对电子合并到一个 d 轨道上,空出 1 个 3d 轨道与 1 个 4s 轨道和 2 个 4p 轨道进行杂化,构成 4 个dsp^2杂化轨道用来接受CN^-中 C 原子提供的孤对电子。由于 4 个dsp^2杂化轨道指向平面正方形的四个顶点,所以[Ni(CN)₄]²⁻具有平面正方形构型,见表 8 - 3。

　　[Ni(CN)₄]²⁻的中心离子Ni^{2+}的价电子轨道中的电子分布为

4 个CN^-中 C 原子的孤对电子

在 Ni^{2+} 的外电子层中,有 2 个自旋方向相同的未成对电子,实验表明,它具有顺磁性[1],但当 Ni^{2+} 与 4 个 CN^- 形成 $[Ni(CN)_4]^{2-}$ 配离子后却具有反磁性。由此可见,配合物中未成对电子数越少,其顺磁性就越弱。若配位后没有未成对电子,就变成反磁性物质。物质顺磁性强弱常以磁矩 μ 表示,与未成对电子数(n)之间的关系如下:

$$\mu = \sqrt{n(n+2)}$$

式中 μ 以玻尔磁子(BM)为单位。$n=1 \sim 5$ 时的磁矩估算值为:

n	1	2	3	4	5
μ/BM	1.73	2.83	3.87	4.90	5.92

(3) 六配位的配离子:配位数为 6 的配离子空间构型为正八面体。现以 $[FeF_6]^{3-}$ 和 $[Fe(CN)_6]^{3-}$ 为例来讨论。

实验测得 $[FeF_6]^{3-}$ 与 Fe^{3+} 有相同的磁矩为 5.98 BM,说明配离子中仍保留有 5 个未成对电子,具有顺磁性。这是因为 Fe^{3+} 利用外层的 1 个 4s 轨道、3 个 4p 轨道和 2 个 4d 轨道形成 sp^3d^2 杂化轨道与 6 个配体 F^- 成键。由于 6 个 sp^3d^2 杂化轨道指向八面体的六个顶点,所以 $[FeF_6]^{3-}$ 配离子为正八面体构型,见表 8 - 3。

Fe^{3+} 离子的价电子轨道中电子分布为

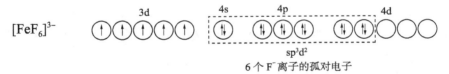

$[FeF_6]^{3-}$ 的中心离子 Fe^{3+} 的价电子轨道中的电子分布为

$[Fe(CN)_6]^{3-}$ 配离子的实验值为 2.0 BM,说明配离子中未成对电子数减少。这是因为在 6 个 CN^- 配体的影响下,Fe^{3+} 3d 轨道的 5 个电子有 4 个电子成对,1 个电子未成对,空出 2 个 3d 轨道,加上外层 1 个 4s 轨道和 3 个 4p 轨道进行杂化,构成 6 个 d^2sp^3 杂化轨道与 6 个配体 CN^- 成键。所以 $[Fe(CN)_6]^{3-}$ 也为正八面体构型,见表 8 - 3。

$[Fe(CN)_6]^{3-}$ 的中心离子 Fe^{3+} 的价电子轨道中的电子分布为

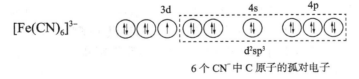

---

[1]　物质的磁性是指它在外磁场中所表现的性质。从经典磁学来看,电子绕核运动相当于电流在一个小线圈上流动会产生磁矩。分子磁矩 μ 等于分子中各电子产生的磁矩的总和。若分子中电子均因自旋相反而两两成对偶合,则所产生的磁矩抵消,这样的物质放在外磁场,将被外磁场所排斥,因而具有反磁性;若分子中有未成对电子,这样的物质将被外磁场吸引,因而具有顺磁性。

3. 外轨型配合物和内轨型配合物

在配离子$[Ni(NH_3)_4]^{2+}$、$[FeF_6]^{3-}$中,中心离子Ni^{2+}、Fe^{3+}是采用外层轨道即ns,np或ns,np,nd轨道进行杂化,配体的孤对电子好像只是简单地"投入"中心离子的外层轨道,这样形成的配合物称为外轨型配合物。外轨型配合物中的配位键的共价性较弱,离子性较强。又由于外轨型配合物的中心离子仍保持原有的电子构型,未成对电子数不变,磁矩较大。

在配离子$[Ni(CN)_4]^{2-}$、$[Fe(CN)_6]^{3-}$中,中心离子Ni^{2+}、Fe^{3+}均采用内层的d轨道即$(n-1)d,ns,np$轨道进行杂化,配体的电子好像"插入"了中心离子的内层轨道,这样形成的配合物称为内轨型配合物。内轨型配合物中的配位键的共价性较强,离子性较弱。同时内轨型配合物因中心离子的电子构型发生改变,未成对电子数减少,甚至电子完全成对,磁矩降低甚至为零,呈反磁性。

由于$(n-1)d$轨道比nd轨道的能量低,所以一般内轨型配合物比外轨型配合物稳定,前者在水溶液中较难解离为简单离子,而后者则相对较容易。

表8-3列出常见配位数的配离子的杂化轨道类型与配离子空间构型的关系。

表 8-3 杂化轨道与配合物空间构型的关系

配位数	杂化轨道	空间构型	实 例	类型	配合物举例
2	sp	直线形	$[Ag(NH_3)_2]^+$	外轨型	$[Ag(CN)_2]^-$
4	sp³	正四面体形	$[Zn(NH_3)_4]^{2+}$	外轨型	$[Co(SCN)_4]^{2-}$ ZN(Ⅱ) Cd(Ⅱ) 配合物
4	dsp²	平面正方形	$[Ni(CN)_4]^{2-}$	内轨型	Pt(Ⅱ) Pd(Ⅱ) 配合物
6	d²sp³	八面体形	$[Fe(CN)_6]^{3-}$	内轨型	$[CoF_6]^{3-}$
	sp³d²	同上	$[FeF_6]^{3-}$	外轨型	$[Co(NH_3)_6]^{2+}$

综上所述,用实验方法测得配合物的磁矩,根据$\mu=\sqrt{n(n+2)}$可以推算未成对的电子数n。由此可进一步推算出中心离子在形成配合物时提供了哪些价电子轨道接受配体的孤对电子,这些轨道又可能采取什么杂化方式。这就为我们判断一个配合物属内轨型还是外轨型提供了一个有效的方法。

【例 8.1】 实验测得$[Fe(H_2O)_6]^{3+}$的磁矩$\mu=5.88\ BM$,试据此数据推测配离子:(1)空间构型;(2)未成对电子数;(3)中心离子杂化轨道类型;(4)属内轨型还是外轨型配合物。

解:(1)由题给出配离子的化学式可知该配离子为六配位、正八面体空间构型。

（2）按 $\mu=\sqrt{n(n+2)}=5.88$ BM，可解得 $n=4.96$，非常接近 5，一般按求得的 n 取其最接近的整数，即为未成对电子数。所以 $[Fe(H_2O)_6]^{3+}$ 中的未成对电子数应为 5。

（3）根据未成对电子数为 5，对 $[Fe(H_2O)_6]^{3+}$ 而言，这 5 个未成对电子必然自旋平行分占 Fe^{3+} 离子的 5 个 d 轨道，所以中心离子只能采取 sp^3d^2 杂化轨道来接受 6 个配体 H_2O 中氧原子提供的孤对电子，其外电子层结构为：

$$[Fe(H_2O)_6]^{3+}$$

6个H₂O分子中O原子的孤对电子

（4）配体的孤对电子进入中心离子的 sp^3d^2 杂化轨道，所以是外轨型配合物。

鲍林的价键理论成功地说明了配合物的结构、磁性和稳定性。但有其局限性，主要表现在价键理论仅着重考虑配合物的中心离子轨道的杂化情况，而没有考虑到配体对中心离子的影响。因此在说明配合物的一系列性质，如一些配离子的特征颜色、内轨型和外轨型配合物产生的原因时，价键理论无法作出合理的解释。因而后来又发展产生了晶体场理论、配位场理论。但配合物的价键理论比较简单，通俗易懂，对初步掌握配合物结构仍是一个较为重要的理论。

8.2.3　配离子在溶液中的稳定性

1. 配离子的解离平衡

在 8.2.1 中介绍配合物的基本概念时，曾提到配合物的内界即配离子较稳定，几乎不解离。然而，稳定性是相对的，实验证明，配离子在水溶液中就像弱电解质，存在着一定程度的解离。例如 $[Ag(NH_3)_2]^+$ 配离子总的解离平衡（配位平衡）可简单表达如下：

$$[Ag(NH_3)_2]^+ \Longrightarrow Ag^+ + 2NH_3$$

其解离平衡常数为

$$K^\ominus \frac{(c_{Ag^+}/c^\ominus)\cdot(c_{NH_3}/c^\ominus)^2}{c_{[Ag(NH_3)_2]^+}/c^\ominus}$$

此解离常数称为配离子的不稳定常数，通常用 $K^\ominus_{不稳}$ 表示。

配离子的解离平衡实际上是分步进行的，相应于配离子的各步解离，在溶液中存在一系列的平衡，仍以 $[Ag(NH_3)_2]^+$ 为例：

$$[Ag(NH_3)_2]^+ \Longrightarrow [Ag(NH_3)]^+ + NH_3$$

$$K^\ominus_1 = \frac{(c_{[Ag(NH_3)]^+}/c^\ominus)\cdot(c_{NH_3}/c^\ominus)}{c_{[Ag(NH_3)_2]^+}/c^\ominus}$$

$$[Ag(NH_3)]^+ \Longrightarrow Ag^+ + NH_3$$

$$K^\ominus_2 = \frac{(c_{Ag^+}/c^\ominus)\cdot(c_{NH_3}/c^\ominus)}{c_{[Ag(NH_3)]^+}/c^\ominus}$$

$K^\ominus_1$、$K^\ominus_2$ 称为配离子的逐级不稳定常数。很显然，总的不稳定常数为

$$K^\ominus_{不稳}=K^\ominus_1\cdot K^\ominus_2$$

有时也可以用配离子的形成即稳定常数来表示配离子在溶液中的稳定性。以

$[Cu(NH_3)_4]^{2+}$ 为例,则有

$$Cu^{2+} + 4NH_3 \rightleftharpoons [Cu(NH_3)_4]^{2+}$$

$$K^{\ominus}_{稳} = \frac{c_{[Cu(NH_3)_4]^{2+}}/c^{\ominus}}{(c_{Cu^{2+}}/c^{\ominus}) \cdot (c_{NH_3}/c^{\ominus})^4}$$

配离子也是分步形成的,因而也有逐级稳定常数,其乘积就是该配离子的总稳定常数。实质上,不稳定常数和稳定常数只是表示同一事物的两个方面,它们互为倒数。不过对逐级常数而言,第一级不稳定常数为最后一级稳定常数的倒数,余类推,反之亦然。配离子的不稳定常数越大,表示配离子在水溶液中越易解离,即越不稳定。例如:配离子$[Ag(NH_3)_2]^+$ 的 $K^{\ominus}_{不稳}$ 为 8.91×10^{-8},配离子$[Ag(CN)_2]^-$ 的 $K^{\ominus}_{不稳}$ 为 7.90×10^{-22},可见水溶液中$[Ag(CN)_2]^-$ 比$[Ag(NH_3)_2]^+$ 稳定。

配合物的不稳定常数是由实验测得的,常见的配离子的不稳定常数和稳定常数参见附录 7。

2. 配离子平衡浓度的计算

计算一定条件下配合物溶液中的离子浓度时,必须考虑各级配离子的存在,即应该用配离子的逐级不稳定常数的数据来进行计算,但这样计算很麻烦。在实际工作中,由于一般总是使用过量的配体,这样中心离子绝大部分处在最高配位数状态,而其他低配位数的各级配离子可忽略不计。因此在比较粗略的计算中,只需用总的 $K^{\ominus}_{不稳}$ 数据,计算便可大为简化。

【例 8.2】 已知$[Ag(NH_3)_2]^+$ 的 $K^{\ominus}_{不稳} = 8.91 \times 10^{-8}$,若在 $1.0\ L\ 6\ mol \cdot L^{-1}$ 氨水溶液中溶解 $0.10\ mol\ AgNO_3$,求溶液中各组分的浓度(假设溶解 $AgNO_3$ 后溶液的体积不变)。

解:$AgNO_3$ 完全解离为 Ag^+ 和 NO_3^- 离子,假定所得 Ag^+ 因有过量的 NH_3 而完全生成 $[Ag(NH_3)_2]^+$,那么溶液中$[Ag(NH_3)_2]^+$ 的浓度为 $0.10\ mol \cdot L^{-1}$,剩余的 NH_3 浓度为: $c_{NH_3} = 6.0\ mol \cdot L^{-1} - (0.1\ mol \cdot L^{-1} \times 2) = 5.80\ mol \cdot L^{-1}$

由于$[Ag(NH_3)_2]^+$ 在溶液中还存在着解离平衡,设平衡时溶液中的 $c_{Ag^+} = x\ mol \cdot L^{-1}$,则

$$[Ag(NH_3)_2]^+ \rightleftharpoons Ag^+ + 2NH_3$$

平衡浓度/mol·L^{-1}　　　$0.10-x$　　　　　x　　　$5.80+2x$

代入不稳定常数表达式,得

$$K^{\ominus}_{不稳} = \frac{(c_{Ag^+}/c^{\ominus}) \cdot (c_{NH_3}/c^{\ominus})^2}{c_{[Ag(NH_3)_2]^+}/c^{\ominus}} = \frac{x(5.80+2x)^2}{0.10-x} = 8.91 \times 10^{-8}$$

由于 $K^{\ominus}_{不稳}$ 较小,$[Ag(NH_3)_2]^+$ 解离出来的离子很少,即 x 很小,可以认为 $0.10-x \approx 0.10$; $5.80+2x \approx 5.80$,于是可得

$$\frac{x \cdot (5.80)^2}{0.10} = 8.91 \times 10^{-8}, \quad x = \frac{0.10 \times 8.91 \times 10^{-8}}{(5.80)^2} = 2.65 \times 10^{-10}。$$

因此,溶液中各组分的浓度为:

$c_{Ag^+} = x\ mol \cdot L^{-1} = 2.65 \times 10^{-10}\ mol \cdot L^{-1}$

$c_{NH_3} = 5.8\ mol \cdot L^{-1} + 2.65 \times 10^{-10} \times 2 \approx 5.80\ mol \cdot L^{-1}$

$c_{[Ag(NH_3)_2]^+} = 0.10\ mol \cdot L^{-1} - 2.65 \times 10^{-10}\ mol \cdot L^{-1} \approx 0.10\ mol \cdot L^{-1}$

$$c_{\text{NO}_3^-} = 0.10 \text{ mol} \cdot \text{L}^{-1}$$

【例 8.3】　在上例溶液中,(1) 加入 1.0 mol·L^{-1} NaCl 溶液 10 mL,有无 AgCl 沉淀析出? (2) 加入 0.10 mol·L^{-1} Na$_2$S 溶液 1.0 mL,有无 Ag$_2$S 沉淀析出? (已知 $K_{\text{sp,AgCl}}^{\ominus} = 1.77 \times 10^{-10}$, $K_{\text{sp,Ag}_2\text{S}}^{\ominus} = 6.3 \times 10^{-50}$)

解:(1) 加入 1.0 mol·L^{-1} NaCl 溶液 10 mL,溶液中的 c_{Cl^-} 为

$$c_{\text{Cl}^-} = \frac{1.0 \text{ mol} \cdot \text{L}^{-1} \times 10 \text{ mL}}{1\,000 \text{ mL} + 10 \text{ mL}} \approx 0.010 \text{ mol} \cdot \text{L}^{-1}$$

则 $(c_{\text{Ag}^+}/c^{\ominus}) \cdot (c_{\text{Cl}^-}/c^{\ominus}) = 2.65 \times 10^{-10} \times 0.010 = 2.65 \times 10^{-12} < K_{\text{sp,AgCl}}^{\ominus}$

所以无 AgCl 沉淀析出。

(2) 加入 0.10 mol·L^{-1} Na$_2$S 溶液 1.0 mL,溶液中 $c_{\text{S}^{2-}}$ 为

$$c_{\text{S}^{2-}} = \frac{0.10 \text{ mol} \cdot \text{L}^{-1} \times 1.0 \text{ mL}}{1\,000 \text{ mL} + 1.0 \text{ mL}} \approx 0.000\,10 \text{ mol} \cdot \text{L}^{-1}$$

则 $(c_{\text{Ag}^+}/c^{\ominus})^2 \cdot (c_{\text{S}^{2-}}/c^{\ominus}) = (2.65 \times 10^{-10})^2 \times 0.000\,10 = 7.02 \times 10^{-24} > K_{\text{sp,Ag}_2\text{S}}^{\ominus}$

所以有 Ag$_2$S 沉淀析出。如果加入足够量的 Na$_2$S,则配离子可完全转化为 Ag$_2$S 沉淀。

3. 配位平衡的移动

与一切平衡系统相同,当外界条件发生变化时,配位平衡将发生移动,在新的条件下建立新的平衡系统。

(1) 配位平衡与酸碱平衡。许多配体如 F$^-$、CN$^-$、SCN$^-$ 和 NH$_3$ 以及有机酸根离子,都能与 H$^+$ 离子结合,形成难解离的弱酸,造成配位平衡与酸碱平衡的相互竞争。例如在深蓝色的[Cu(NH$_3$)$_4$]$^{2+}$ 溶液中加入 HNO$_3$ 时,溶液会从深蓝色转变为浅蓝色,这是由于加入的 H$^+$ 与 NH$_3$ 结合,生成了 NH$_4^+$,促使[Cu(NH$_3$)$_4$]$^{2+}$ 进一步解离:

$$[\text{Cu(NH}_3)_4]^{2+} \Longrightarrow \text{Cu}^{2+} + 4\text{NH}_3$$
$$\text{NH}_3 + \text{H}^+ \Longrightarrow \text{NH}_4^+$$

总反应方程式可表示为:$[\text{Cu(NH}_3)_4]^{2+} + 4\text{H}^+ \Longrightarrow \text{Cu}^{2+} + 4\text{NH}_4^+$

这里反应的实质是 H$^+$ 和 Cu^{2+} 争夺配体 NH$_3$ 的平衡转化。

再如 Fe^{3+} 和 F$^-$ 可以生成配离子[FeF$_6$]$^{3-}$,而 F$^-$ 易与 H$^+$ 结合成弱酸 HF,同样存在 H$^+$ 和 Fe^{3+} 争夺配体 F$^-$ 的平衡转化:

$$[\text{FeF}_6]^{3-} \Longrightarrow \text{Fe}^{3+} + 6\text{F}^-$$
$$\text{F}^- + \text{H}^+ \Longrightarrow \text{HF}$$

总反应方程式:　　　　　　　$[\text{FeF}_6]^{3-} + 6\text{H}^+ \Longrightarrow \text{Fe}^{3+} + 6\text{HF}$

因此在配合物溶液中,如果增大溶液的酸度将导致配离子的稳定性降低以致破坏。这一现象称为配体的酸效应。

(2) 配位平衡和沉淀溶解平衡。利用很多金属离子在水溶液中能生成氢氧化物、硫化物等沉淀,可以破坏溶液中的配离子;反之利用配离子的生成,也可以使沉淀溶解。例如在 AgNO$_3$ 溶液中加入 NaCl 溶液,有 AgCl 沉淀生成,在沉淀中加入氨水,沉淀又可溶解,此时生成无色的[Ag(NH$_3$)$_2$]$^+$ 配离子;向此溶液中加入 KI 溶液,溶液中又会有黄色的 AgI 沉淀生成。下面通过计算说明此实验现象。

【例 8.4】　在 1.0 L 0.1 mol·L^{-1} AgNO$_3$ 溶液中加入 0.10 mol·L^{-1} KCl,生成 AgCl 沉

淀。若要使 AgCl 沉淀恰好溶解，问溶液中 NH_3 的浓度至少为多少？（已知 $K_{sp,AgCl}^{\ominus}=1.77\times10^{-10}$，$K_{不稳,[Ag(NH_3)_2]^+}^{\ominus}=8.91\times10^{-8}$）

解： AgCl 沉淀溶于氨水形成 $[Ag(NH_3)_2]^+$ 达到平衡时，c_{Ag^+} 必须同时满足下列两个平衡关系式：

$$AgCl \Longrightarrow Ag^+ + Cl^-，\quad K_1^{\ominus} = (c_{Ag^+}/c^{\ominus}) \cdot (c_{Cl^-}/c^{\ominus}) = K_{sp,AgCl}^{\ominus}$$

$$Ag^+ + 2NH_3 \Longrightarrow [Ag(NH_3)_2]^+，\quad K_2^{\ominus} = \frac{c_{[Ag(NH_3)_2]^+}/c^{\ominus}}{(c_{Ag^+}/c^{\ominus}) \cdot (c_{NH_3}/c^{\ominus})^2} = \frac{1}{K_{不稳,[Ag(NH_3)_2]^+}^{\ominus}}$$

两式相加，得 AgCl 溶于氨水的反应式

$$AgCl + 2NH_3 \Longrightarrow [Ag(NH_3)_2]^+ + Cl^-$$

$$K^{\ominus} = K_1^{\ominus} \cdot K_2^{\ominus} = \frac{K_{sp,AgCl}^{\ominus}}{K_{不稳,[Ag(NH_3)_2]^+}^{\ominus}}$$

要使 AgCl 完全溶解，则 Ag^+ 应基本完全转化为 $[Ag(NH_3)_2]^+$ 配离子，因此可以假设溶液中 $c_{[Ag(NH_3)_2]^+} = c_{Cl^-} = 0.10 \text{ mol} \cdot L^{-1}$，代入上式得：

$$K^{\ominus} = \frac{(c_{[Ag(NH_3)_2]^+}/c^{\ominus}) \cdot (c_{Cl^-}/c^{\ominus})}{(c_{NH_3}/c^{\ominus})^2} = \frac{K_{sp,AgCl}^{\ominus}}{K_{不稳,[Ag(NH_3)_2]^+}^{\ominus}}$$

$$\frac{0.10\times0.10}{(c_{NH_3}/c^{\ominus})^2} = \frac{1.77\times10^{-10}}{8.91\times10^{-8}}$$

可得：$c_{NH_3} = 2.24 \text{ mol} \cdot L^{-1}$。

考虑到生成 $0.10 \text{ mol} \cdot L^{-1} [Ag(NH_3)_2]^+$，还需 $0.20 \text{ mol} \cdot L^{-1} NH_3$，则开始时溶液中 NH_3 的总浓度至少应在 $2.44(0.20+2.24) \text{ mol} \cdot L^{-1}$ 以上才能使 AgCl 沉淀恰好完全溶解。

【例 8.5】 在例 8.4 已溶解了 AgCl 溶液中，加入 0.10 mol KI，问能否产生 AgI 沉淀？（已知 $K_{sp,AgI}^{\ominus}=8.52\times10^{-17}$）

解： AgCl 溶解后，溶液中 c_{NH_3} 为 $2.24 \text{ mol} \cdot L^{-1}$，则 c_{Ag^+} 应为：

$$\frac{(c_{Ag^+}/c^{\ominus}) \cdot (c_{NH_3}/c^{\ominus})^2}{c_{[Ag(NH_3)_2]^+}/c^{\ominus}} = K_{不稳,[Ag(NH_3)_2]^+}^{\ominus}$$

$$\frac{(c_{Ag^+}/c^{\ominus}) \cdot 2.24^2}{0.10} = 8.91\times10^{-8}，\quad c_{Ag^+} = 1.87\times10^{-9} \text{ mol} \cdot L^{-1}$$

溶液中加入 0.10 mol KI 时，$c_{I^-} = 0.10 \text{ mol} \cdot L^{-1}$

$$(c_{Ag^+}/c^{\ominus}) \cdot (c_{I^-}/c^{\ominus}) = 1.78\times10^{-9}\times0.10 = 1.78\times10^{-10} > K_{sp,AgI}^{\ominus}$$

所以有 AgCl 沉淀生成。

通过上述两则计算，可以知道平衡向哪一个方向转化，主要与沉淀剂（Cl^-、I^-）和配位剂（NH_3）对金属离子的争夺能力及其浓度有关，由配离子的 $K_{不稳}^{\ominus}$ 和难溶物的 $K_{sp}^{\ominus}$ 计算得哪一种能使游离金属离子浓度降得更低，平衡便向哪个方向转化。

（3）配离子之间的平衡。当溶液中存在两种能与同一金属离子配位的配体，或者存在两种能与同一配体配位的金属离子时，会发生相互间的争夺和平衡转化。这种争夺和平衡转化主要取决于配离子稳定性的大小，平衡一般总是向生成更稳定的配离子方向移动，对相同配位数的配离子，两者不稳定常数相差越大，转化越完全。

【例 8.6】　求下列配离子转化反应的平衡常数：

$$[HgCl_4]^{2-} + 4I^- \rightleftharpoons [HgI_4]^{2-} + 4Cl^-$$

解：查附录 7 得：

$$K^{\ominus}_{不稳, [HgCl_4]^{2-}} = 851 \times 10^{-16}, \quad K^{\ominus}_{不稳, [HgI_4]^{2-}} = 1.48 \times 10^{-30}$$

反应的平衡常数表达式为

$$K^{\ominus} = \frac{(c_{[HgI_4]^{2-}}/c^{\ominus}) \cdot (c_{Cl^-}/c^{\ominus})}{(c_{[HgCl_4]^{2-}}/c^{\ominus}) \cdot (c_{I^-}/c^{\ominus})}$$

由它很容易导出下式(试自行推导)：

$$K^{\ominus} = \frac{K^{\ominus}_{不稳, [HgCl_4]^{2-}}}{K^{\ominus}_{不稳, [HgI_4]^{2-}}} = \frac{8.51 \times 10^{-16}}{1.48 \times 10^{-30}} = 5.75 \times 10^{14}$$

由上述计算可知,配离子间转化反应的平衡常数等于转化前和转化后配离子的不稳定常数之比。上例转化反应的平衡常数较大,所以反应向右进行的倾向较大,反之则较小。

8.2.4　配合物的某些应用

配合物的应用很多,除利用配合反应使某些物质溶解外,现再简单地介绍几点。

1. 定性、定量分析中的应用

应用很多配合物具有特征的颜色可定性鉴定某些离子的存在。例如 $[Fe(SCN)_6]^{3-}$ 呈血红色,$[Cu(NH_3)_4]^{2+}$ 为深蓝色,$[Co(SCN)_4]^{2-}$ 在丙酮中呈鲜蓝色等。它们形成时产生特征颜色被认为是该金属离子存在的依据。分析鉴定中,常会因为某种离子的存在而发生干扰,影响鉴定的正常进行。例如 Fe^{3+} 存在对用 SCN^- 鉴定 Co^{2+} 会发生干扰,但只要在溶液中加入 NaF,F^- 与 Fe^{3+} 可以形成更稳定的无色配离子 $[FeF_6]^{3-}$,使 Fe^{3+} 不再与 SCN^- 配合,把 Fe^{3+} "掩蔽"起来避免了对 Co^{2+} 的干扰。在定量分析中,配体可作为分光光度法中的显色剂。测定金属含量的常用方法之一配位滴定法(配合物滴定法)依据的原理就是配合物的形成和相互转化,最常用的分析试剂是 EDTA。

2. 电镀工业中的应用

许多金属制件常用电镀法镀上一层既耐腐蚀又美观的锌、铜、镍、铬、银等金属。要使镀件上析出的镀层厚度均匀、光滑细致、与底层金属附着力强,在电镀时必须控制电镀液中的金属离子以很小的浓度在镀件上放电沉积。要达到这样的要求,只有使用金属离子的配合物。例如,在电镀铜工艺中,电镀液中加入焦磷酸钾($K_4P_2O_7$),使之形成 $[Cu(P_2O_7)_2]^{6-}$ 配离子,游离 Cu^{2+} 离子的浓度降低,使铜在镀件(阴极)上的析出速率得到控制,从而能得到较均匀、光滑、附着力较好的镀层。

3. 湿法冶金中的应用

众所周知,贵金属很难氧化,但当有配位剂存在时可形成配合物而溶解。金、银贵金属的提取就是应用这个原理。其方法是用稀的 NaCN 溶液在空气中处理已粉碎的含金、银的矿石,金、银便可形成配合物而转入溶液：

$$4Au + 8CN^- + O_2 + 2H_2O \longrightarrow 4[Au(CN)_2]^- + 4OH^-$$

$$4Ag + 8CN^- + O_2 + 2H_2O \longrightarrow 4[Ag(CN)_2]^- + 4OH^-$$

然后用锌置换出金或银：

$$2[Au(CN)_2]^- + Zn \longrightarrow 2Au + [Zn(CN)_4]^{2-}$$

上述提取贵金属的过程不同于高温火法冶炼金属,是在溶液中进行的,故称湿法冶金。除金、银外,一些稀有金属的提取也是采用湿法进行的。

复习思考题八

1. 试述金属在周期表中的分布和金属的分类。

2. 什么叫过渡金属、内过渡金属？过渡金属有哪些通性？

3. 工业上提取金属的方法有哪些？试举例说明。

4. 解释下列名词,并举例说明之。

(1) 配体;(2) 配位原子;(3) 配位数;(4) 单齿配体和多齿配体;(5) 内轨型配合物和外轨型配合物;(6) 配合物形成体。

5. 简述杂化轨道类型和配合物的几何构型关系。

6. 说明配合物的 $K^{\ominus}_{不稳}$ 和 $K^{\ominus}_{稳}$ 的意义及相互的关系。

7. 下列说法是否正确？为什么？

(1) 配离子中,中心离子的配位数就是与它结合的配体个数;

(2) 具有 d^8 电子构型的中心离子,在形成八面体配合物时,必定以 sp^3d^2 轨道杂化,属外轨型配合物。

8. 用反应式表示下列实验现象。

(1) AgCl 沉淀不能溶解在 NH_4Cl 中,却能溶解在 $NH_3 \cdot H_2O$ 中;

(2) 用 NH_4SCN 溶液检出 Co^{2+} 离子时,加入 NH_4F 可消除 Fe^{3+} 的干扰;

(3) 在 $[Cu(NH_3)_4]^{2+}$ 溶液中加入 H_2SO_4,溶液由深蓝色变为浅蓝色;

(4) 螯合剂 EDTA 常作为重金属元素的解毒剂。

9. 配离子与难溶电解质之间的互相转化的难易及完全程度与哪些因素有关？

10. 螯合物在结构上有何特征？与一般配合物有何不同？

11. 金属在进行各种加工处理前,为什么需要进行预处理？如何去除金属表面的油污？

12. 简述金属渗碳处理的基本过程,举例说明。

13. 什么叫化学气相沉积？与金属的化学热处理相比有哪些异同点？

14. 简述钢铁化学氧化膜的生成机理。

15. 什么叫磷化膜？磷化膜具有什么特性？

习题八

1. 写出钾与氧气作用分别生成氧化物、过氧化物以及超氧化物的三个反应的化学方程式以及这些生成物与水反应的化学方程式。

2. 完成下列各反应方程式:

(1) $CaH_2 + H_2O \longrightarrow$

(2) $Na_2O_2 + CO_2 \longrightarrow$

(3) $BaO_2 + H_2SO_4 \longrightarrow$

(4) $Zn + NH_4Cl + H_2O \longrightarrow$

(5) $Sn + NaOH \longrightarrow$

(6) $Na + H_2O \longrightarrow$

(7) $Au + HCl(浓) + HNO_3(浓) \longrightarrow$

(8) $Cu + HNO_3(浓) \longrightarrow$

3. 根据下列实验现象,写出相应的反应方程式。

(1) 在 $CrCl_3$ 溶液中逐滴加入 NaOH 溶液,先析出灰蓝色沉淀。后又溶解为亮绿色的溶液;

(2) 将 H_2S 气体通入已用 H_2SO_4 酸化过的 $K_2Cr_2O_7$ 溶液中,溶液的颜色由橙色变为绿色,同时析出乳白色沉淀。

4. 完成下列各反应方程式:

(1) $K_2CrO_4 + H_2SO_4 \longrightarrow$

(2) $K_2Cr_2O_7 + FeSO_4 + H_2SO_4 \longrightarrow$

(3) $CrCl_3 + NaOH + H_2O_2 \longrightarrow$

(4) $MnO_2 + KOH + KClO_3 \overset{\triangle}{\longrightarrow}$

(5) $KMnO_4 + Na_2SO_3 + H_2O \longrightarrow$

(6) $KMnO_4 + KNO_2 + H_2SO_4 \longrightarrow$

5. 解释下列现象,并用方程式表示。

(1) 新沉淀的 $Mn(OH)_2$ 是白色的,但在空气中会慢慢变成棕色;

(2) 在酸性溶液中,Mn^{2+} 能被强氧化剂如 $NaBiO_3$ 氧化。反应时,若 Mn^{2+} 加得少,则可得到 MnO_4^-,溶液为紫红色,若 Mn^{2+} 加得多,得到的是红棕色的浑浊的溶液。

6. 列表表示下列配合物的中心离子(或原子)、配体、配位数、配离子电荷数及名称。

(1) $[Cu(NH_3)_4](OH)_2$; (2) $Na_3[Ag(S_2O_3)_2]$; (3) $[PtCl_2(NH_3)_2]$; (4) $Ni(CO)_4$;

(5) $[CoCl(NH_3)(en)_2]Cl_2$; (6) $Na_2[SiF_6]$; (7) $[CrCl(NH_3)_5]Cl_2$。

7. 写出下列配合物的化学式,并指出其单齿、多齿配体。

(1) 氯化二氯·三氨·水合钴(Ⅲ);　　(2) 六氯合铂(Ⅳ)酸钾;

(3) 四硫氰合钴(Ⅱ)酸钾;　　　　　(4) EDTA 合钙(Ⅱ)酸钠;

(5) 二氨·四水合铬(Ⅲ)配离子;　　(6) 三氯·羟基·二氨合铂(Ⅳ);

(7) 五氰基·一羰基合铁(Ⅱ)酸钾;　(8) 四氯合铂(Ⅱ)酸。

8. 无水 $CrCl_3$ 和 NH_3 化合时,能生成两种含氨铬配合物。它们的组成为 $CrCl_3 \cdot 6NH_3$ 和 $CrCl_3 \cdot 5NH_3$。若用 $AgNO_3$ 溶液沉淀上述配合物的 Cl 离子,所得沉淀的含氯量依次相当于总含氯量的 $\frac{2}{3}$ 和 $\frac{2}{3}$。试根据这一实验事实来确定这两种配合物的化学式。

9. 试用价键理论解释 $[Ni(CN)_4]^{2-}$、$[PdCl_4]^{2-}$ 为平面正方形,而 $[Zn(NH_3)_4]^{2+}$、$[HgI_4]^{2-}$ 为正四面体型。

10. 下面列出一些配离子磁矩的测定值,试按价键理论判断:(1)下列各配离子的价电子轨道电子分布和空间构型;(2)属于内轨型配合物还是属于外轨型配合物(列表表示)。

① $[Co(NH_3)_6]^{3+}$,0 BM; ② $[Co(NH_3)_6]^{2+}$,4.26 BM;

③ $[Co(CN)_6]^{4-}$,4.0 BM; ④ $[Mn(CN)_6]^{4-}$,1.80 BM;

⑤ $[CuCl_2]^-$,0 BM；　　　　⑥ $[Ni(H_2O)_6]^{2+}$,3.20 BM。

11. 在 50.0 mL 0.2 $mol \cdot L^{-1}$ $AgNO_3$ 溶液中加入等体积的 1.00 $mol \cdot L^{-1}$ $NH_3 \cdot H_2O$,计算达到平衡时溶液中的 Ag^+、$[Ag(NH_3)_2]^+$ 及 NH_3 的浓度。

12. 计算在 1 L 6.0 $mol \cdot L^{-1}$ 氨水中能溶解多少摩尔的 AgCl 固体。

13. 欲使 16.53 g AgBr 完全溶于 400 mL $Na_2S_2O_3$ 溶液中,需要的 $Na_2S_2O_3$ 浓度为多少?

14. 10 mL 0.10 $mol \cdot L^{-1}$ $CuSO_4$ 溶液与 10 mL 6 $mol \cdot L^{-1}$ 氨水混合达到平衡后,计算溶液中的 Cu^{2+}、$[Cu(NH_3)_4]^{2+}$ 及 NH_3 的浓度。若在此溶液中加入 1.0 mL 0.2 $mol \cdot L^{-1}$ NaOH 溶液,问是否能产生 $Cu(OH)_2$ 沉淀?

15. 40.0 mL 0.10 $mol \cdot L^{-1}$ $AgNO_3$ 溶液和 20.0 mL 6.0 $mol \cdot L^{-1}$ 氨水混合并稀释至 100 mL,试计算:(1) 在混合稀释后的溶液中加入 0.010 mol KCl 固体,是否有 AgCl 沉淀产生?(2) 若要阻止 AgCl 沉淀产生,则应取 12.0 $mol \cdot L^{-1}$ 氨水多少毫升?

16. (1) 在 0.10 $mol \cdot L^{-1}$ $K[Ag(CN)_2]$ 溶液中分别加入 KCl 或 KI 固体,使 Cl^- 和 I^- 的浓度为 1.0×10^{-3} $mol \cdot L^{-1}$,问能否产生 AgCl 和 AgI 沉淀?

(2) 如果在 0.10 $mol \cdot L^{-1}$ $K[Ag(CN)_2]$ 溶液中加入 KCN 固体,使溶液中自由 CN^- 的浓度为 0.10 $mol \cdot L^{-1}$,然后分别加入 KI 和 Na_2S 固体,使 I^- 和 S^{2-} 浓度为0.10 $mol \cdot L^{-1}$,问能否产生 AgI 和 Ag_2S 沉淀?

17. 计算下列反应的转化常数,判断下列反应在标准状态下的反应方向。

(1) $AgBr + 2NH_3 \rightleftharpoons [Ag(NH_3)_2]^+ + Br^-$；

(2) $[Cu(NH_3)_4]^{2+} + S^{2-} \rightleftharpoons CuS + 4NH_3$；

(3) $[Ag(S_2O_3)_2]^{2-} + Cl^- \rightleftharpoons AgCl + 2S_2O_3^{2-}$。

18. 计算下列反应的平衡常数。

(1) $[Ag(CN)_2]^- + 2NH_3 \rightleftharpoons [Ag(NH_3)_2]^+ + 2CN^-$；

(2) $[FeF_6]^{3-} + 6CN^- \rightleftharpoons [Fe(CN)_6]^{3-} + 6F^-$。

阅读材料八

一、艾林汉姆图及其应用

在自然界中,金属元素绝大多数以化合物的形式存在于各种矿石中,提取金属单质时,用适当的还原剂在一定温度下即可将金属单质从其化合物中还原出来。为了判别某一金属从其化合物中还原出来的难易和还原剂的选择,可借助艾林汉姆(H. J. T. Ellingham)图。1944 年艾林汉姆首次将金属氧化物的 $\Delta_r G_m^{\ominus}$ 对温度 T 作图,所得图像称为艾林汉姆图,如图 1 所示。它是以消耗 1 mol O_2 生成氧化物过程的吉布斯函数变 $\Delta_r G_m^{\ominus}$ 对温度 T 作图。根据吉布斯公式 $\Delta_r G_m^{\ominus} = \Delta_r H_m^{\ominus} - T\Delta_r S_m^{\ominus}$,如果 $\Delta_r H_m^{\ominus}$、$\Delta_r S_m^{\ominus}$ 随温度的变化不大,可近似认为是定值,则 $\Delta_r G_m^{\ominus}$ 和温度 T 呈线性关系。即图中各直线的斜率等于 $-\Delta_r S_m^{\ominus}$,截距为 0 K 时 $\Delta_r G_m^{\ominus}$,其数值等于 $\Delta_r H_m^{\ominus}$。若反应物和生成物不发生相变(熔化、气化、升华等),则 $\Delta_r G_m^{\ominus}$ 对温度 T 作图是一条直线,若有相变发生,则直线斜率会发生变化,出现转折。

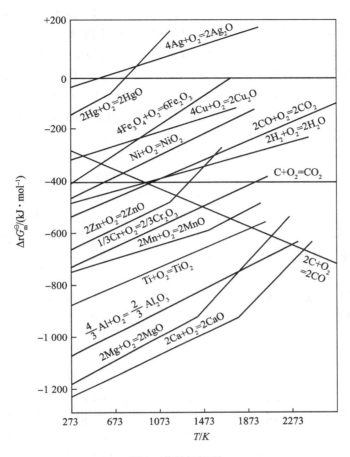

图 1　艾林汉姆图

由艾林汉姆图可知：

(1) 图中处于 $\Delta_r G_m^{\ominus}$ 为负值的区域内的金属都易被氧气氧化，而处于 $\Delta_r G_m^{\ominus}$ 为正值的区域内的金属则难以被氧化，如银。但在这个区域内所生成的氧化物不稳定，加热能自发分解，即可采用热分解法制备金属。如 Ag_2O、HgO 分别加热至 573 K 和 773 K 即可分解得到金属 Ag 和 Hg。

(2) 图中位于上方的氧化物能被位于下方的任一金属所还原，反之则不能。例如，1 073 K 时，由图查得：

$$\frac{4}{3}Al + O_2 = \frac{2}{3}Al_2O_3 \qquad \Delta_r G_m^{\ominus} = -887 \ kJ \cdot mol^{-1}$$

$$\frac{4}{3}Cr + O_2 = \frac{2}{3}Cr_2O_3 \qquad \Delta_r G_m^{\ominus} = -597 \ kJ \cdot mol^{-1}$$

两式相减，得：

$$\frac{2}{3}Cr_2O_3 + \frac{4}{3}Al = \frac{2}{3}Al_2O_3 + \frac{4}{3}Cr$$

因此，在 1 073 K 时，上述反应 $\Delta_r G_m^{\ominus} = -887 \ kJ \cdot mol^{-1} - (-597 \ kJ \cdot mol^{-1}) = -290 \ kJ \cdot mol^{-1}$，$\Delta_r G_m^{\ominus}$ 为负值，正向反应能进行，即 Al 可将 Cr_2O_3 还原为 Cr，而 Al_2O_3 不能被 Cr 还

原。但由图可知，Al_2O_3 可被 Mg 还原。然而当温度超过 1 723 K 时，位置发生颠倒，MgO 可被 Al 还原。总而言之，位于下方的金属可还原上方的金属氧化物。

（3）图中 $C(s)+O_2(g)\!=\!=\!=CO_2(g)$ 的直线斜率为零，即平行于横坐标；$2C(s)+O_2(g)\!=\!=\!=2CO(g)$ 的直线为负斜率，向下倾斜，亦称碳线；$2CO(g)+O_2(g)\!=\!=\!=2CO_2(g)$ 的直线为正斜率，向上倾斜。同样原理，凡 C - CO 线、C - CO_2 线、CO - CO_2 线处于金属氧化物线下方的温度区域内，C、CO 均能还原该金属氧化物。碳线向下倾斜，在高温下几乎与其下方的大多数线相遇，所以许多金属氧化物在高温下能被 C 还原。但是 Al、Mg、Ca 与碳线相交的温度超过 2 000 K，这不仅在经济上不可取，而且如此高温给设备的选择带来困难，同时碳还原时常有碳化物出现，为此这些金属都不用 C 还原。CO 也是常用还原剂，能还原位于 CO - CO_2 线上方的金属，如 973 K 时，能将 NiO 还原为 Ni。

（4）图中位于 $2H_2(g)+O_2(g)\!=\!=\!=H_2O(l)$ 的直线上方的金属氧化物 NiO、Cu_2O 等均可被 H_2 还原，但与 C 相比，H_2 - H_2O 线位置较高，直线向上倾斜，与其他线相交可能性小，又因 H_2 易燃易爆，有使用的安全问题等，所以应用范围较小，只有在制备高纯金属时才用 H_2 作为还原剂。

艾林汉姆图的优点是很容易从图中看出金属氧化物的稳定性、还原时的温度、还原剂的选择等，在金属的冶炼中有着广泛的应用。对金属硫化物、氯化物、氟化物等也可作出类似的图。

二、新型配合物

近 30 年来配位化学发展迅速，之所以能蓬勃发展的原因在于价键理论、配体场理论以及分子轨道理论的发展和应用，使配合物的性能、反应与结构的关系得到科学的说明。这些理论已成为说明和预见配合物的结构和性能的有力工具。在讨论新型配合物之前，先介绍一下新型配合物和经典配合物之间的差别。所谓经典配合物就是本章正文中叙述的普通配合物，如 $[Cu(NH_3)_4]SO_4$、$Na_2[SiF_6]$ 等，其特点是中心离子的氧化值确定，配体是饱和的化合物，配位原子具有明确的孤对电子，可以与中心离子形成配位键。而新型配合物则含有不饱和的配体，例如 20 世纪 50 年代发现的夹心配合物二茂铁 $Fe(C_5H_5)_2$ 等，其环状或链状配体以所有不饱和键的非定域电子与中心离子成键；而后在 20 世纪 60 年代发现的簇状配合物中，中心离子除与配体结合外，中心离子还互相结合成键。有关新型配合物的合成、性能和结构的研究是现代配位化学发展的主要方向。为此，除本章正文中介绍的金属羰合物外，对一些典型的新型配合物如夹心配合物、簇状配合物、冠醚配合物等的性能和应用作一简单介绍。

（一）夹心配合物

Fe(Ⅱ)、Co(Ⅱ) 等过渡金属和具有离域 π 键的平面分子如环茂二烯基 $C_5H_5^-$（简称茂基）、苯 C_6H_6 等形成的配合物称为夹心配合物。在这类配合物中，通常配体的平面与键轴垂直，中心离子对称地夹在两平行的配体之间，具有夹心面包式的结构。在茂夹心配合物中，最典型的是环茂二烯基铁，亦称二茂铁 $Fe(C_5H_5)$，它可形成两种结构，交错型和覆盖型，如图 2(a)、(b) 所示。

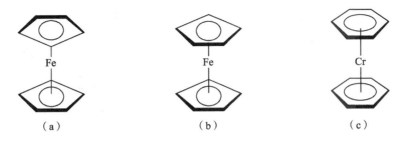

图 2　夹心配合物示意图

二茂铁是第一个制得的夹心配合物,它可由 $FeCl_2$ 与环戊二烯在强碱性条件下(如在二乙基胺中)制得:

$$FeCl_2 + 2C_5H_6 + 2(C_2H_5)_2NH \Longrightarrow Fe(C_5H_5)_2 + 2(C_2H_5)_2NH_2Cl$$

二茂铁为一稳定的橙黄色晶体,熔点 $172.5 \sim 173\ ℃$,沸点 $249\ ℃$,不溶于水,易溶于有机溶剂中,在空气中能稳定存在,加热至 $470\ ℃$ 仍不分解。并具有反磁性。二茂铁及其衍生物可作为火箭燃料的添加剂、汽油的抗震剂、硅树脂和橡胶的熟化剂以及紫外线吸收剂等。

几乎所有的过渡金属都可以形成类似于二茂铁的配合物,如二茂钛、二茂铬、二茂钴等,但都没有二茂铁稳定,受热或遇空气都容易分解。

在苯夹心配合物中,以二苯铬 $Cr(C_6H_6)_2$ 最为稳定。二苯铬虽然在 1919 年就已发现,但直到 1954 年后才确定它也具有类似二茂铁的夹心结构,即也是一夹心配合物。二苯铬的结构如图 2(c)所示。它与二茂铁的结构相似(因为二苯铬和二茂铁是等电子体),因而性质相似。二苯铬是反磁性的棕黑色固体,熔点 $284 \sim 285\ ℃$,物理性质与二茂铁相似,但热稳定性不如二茂铁,二苯铬在空气中会自燃,也易氧化为黄色顺磁性的 $[Cr(C_6H_6)_2]^+$。

$$2Cr(C_6H_6)_2 + O_2 + 2H_2O \longrightarrow 2[Cr(C_6H_6)_2]OH + H_2O_2$$

二苯铬的制备是将金属卤化物、苯、三卤化铝和金属铝反应:

$$3CrCl_3 + 2Al + AlCl_3 + 6C_6H_6 \longrightarrow 3[Cr(C_6H_6)_2][AlCl_4]$$

产物再用 $S_2O_4^{2-}$ 还原为零价的夹心配合物 $Cr(C_6H_6)_2$。

$$2[Cr(C_6H_6)_2]^+ + S_2O_4^{2-} + 4OH^- \longrightarrow 2Cr(C_6H_6)_2 + 2SO_3^{2-} + 2H_2O$$

在 $200 \sim 250\ ℃$ 时,二苯铬可用作乙烯聚合的催化剂。

(二) 金属簇状配合物

金属簇状配合物是指含有金属-金属键(M - M 键),并且金属原子之间直接相连以多面体的形式构成金属原子基团(金属簇)的一类化合物。这类配合物的电子结构以离域的多电子键为特征。在簇状配合物中,一般以金属原子簇为核心,周围再通过多种形式的化学键和配体结合在一起。若按配体类型来分,簇状配合物可分为二类:一类是羰基簇配合物即多核羰基配合物,另一类是非羰基簇配合物,如卤素簇状配合物,配体为卤素离子,如 $[Re_3Cl_{12}]^{3-}$。它们的结构见图 3。

簇状配合物由于它的性质、结构和成键方面的特殊性,为合成化学、材料化学等的进一步发展作出了重要贡献。

金属簇状配合物有广泛的应用,特别在催化领域中有广阔的应用前景,用作催化剂大都是ⅧB族金属簇状配合物。它可直接作为均相催化剂,而作为多相催化剂在使用上可采

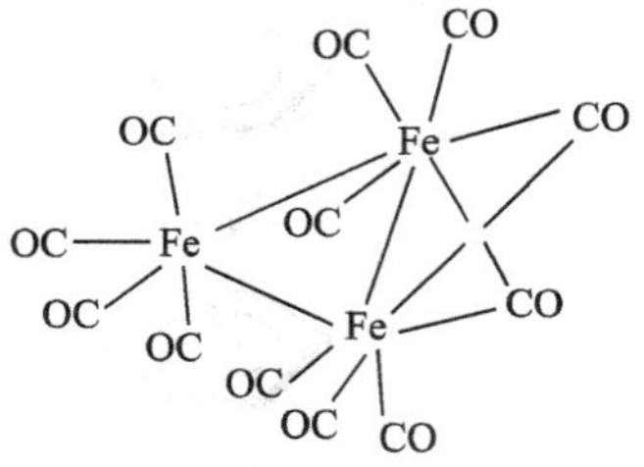

Fe₃(CO)₁₂　　　　　　　　[Re₃Cl₁₂]³⁻

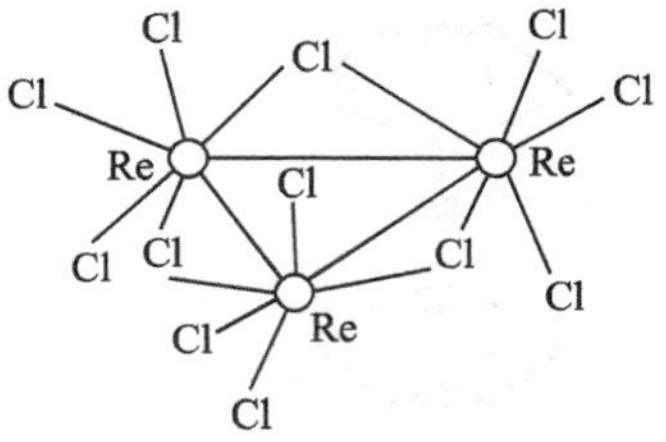

图 3　金属簇状配合物结构示意图

用两种方式。一种是把金属簇配合物负载在高聚物等载体上,形成所谓的均相化的多相催化剂。例如,$Rh_6(CO)_{16}$ 负载在一种以 PPh_2(二苯基膦)基为官能团的聚苯乙烯-二乙烯基苯的膜上,可作为环己烯、乙烯和苯的加氢催化剂。还有以分子筛为载体 Rh 羰基簇催化剂,如同 Rh 均相催化剂,对于烯烃的醛基化及异构化显示高的活性,由于分子筛比高聚物耐高温,所以这种催化剂有着潜在的前景。金属簇状配合物的另一种多相催化方式类似于高分散的负载金属催化剂。即金属簇状配合物作为前驱体负载后进行热分解,使部分或全部除去配体,得到具有特定原子数的高度分散的金属集合体催化剂。例如,将负载在 SiO_2 上的 $Ru_3(CO)_{12}$ 加热到 150 ℃得到 $Ru_3(CO)_5/SiO_2$,它可催化 1-丁烯的异构和加氢反应;若加热到 200 ℃以上,则得到完全失去配体羰基的高分散金属颗粒(<1.5 nm),它对 1-丁烯的异构化反应失去活性,但在 1-丁烯的加氢反应中具有与一般金属 Ru 催化剂类似的性质。即负载的金属簇催化剂与一般的金属催化剂不同,有一定的选择性。虽然目前对金属簇状配合物的催化研究还处于开发阶段,但它的发展将为催化领域的技术革命提供新的源泉。

金属簇状配合物作为粉末材料也是近年来研究的成果。如 Fe 和 Co 金属组分比一定的粉体,是优良的磁性能和电性能的材料。它就是由 $HFeCo(CO)_{12}$ 和 $Fe(CO)_5$ 在惰性气体气氛中反应制得混合簇状配合物,再加热去除 CO 得到的。此外,如固氮酶的活性中心钼铁蛋白是一簇状配合物,MMo_6S_8(M = Pb^{2+}、Cu^{2+} 等)一些金属簇配合物是强磁场中的良好导体,对磁场的衰减电流作用具有很强的抵抗力,因此可用于制造特强磁场的电磁铁中的超导线圈等。

(三)冠醚配合物

冠醚配合物是一类以冠醚为配体的配合物。冠醚是大环多元醚中的一种。1967 年美国的 Pederson 等人首次发现了冠醚二苯井-18-冠-6($C_{20}H_{24}O_6$)大环配体,如图 4 所示。冠醚命名的次序是取代基-大环中成环的原子总数-冠(或用 C)-环中氧原子数。在冠醚分子中参与配位的配位原子数目较多,本身又具有大环结构,所以具有一些不同于常见配合物的特性,如有良好的选择性,与碱金属、碱土金属等金属离子形成的

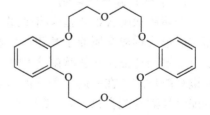

图 4　二苯井-18-冠-6 结构示意

冠醚配合物具有一定的稳定性等。冠醚配合物有很多用途,它们能使无机物如 $KMnO_4$、KOH 溶于有机溶剂如苯或其他芳香烃中,增强了它们在氧化还原反应中的作用。也常用

于有机合成工业及金属离子的分离和提取,如进行稀土元素的分离等。

　　在大环配体中,除了含氧原子的冠醚外,还有以 N、S 为配位原子的大环配体,某些含氮的大环配合物与天然的血红素、叶绿素等十分相似,血红素是亚铁离子的卟啉配合物。如图 5 所示。叶绿素是有卟啉环的镁配合物。因此合成大环配合物并搞清其结构、性能,进而实现人工模拟生命过程的想法一直受到人们的关注。但是多年来大环配合物的合成遇到很大的困难。产率低,副产物多。近年来经过不断研究,发现有金属离子存在时,会有利于大环的合成,可直接合成大环配合物。Busch 首先提出模板效应的概念。模板效应是指配体与金属离子配位后改变了它的电子状态,并取得某种特定空间配置的效应。借助于金属离子的模板效应来促进环化的合成反应叫模板反应,而参与环化的金属离子则称为模板剂。模板反应是合成大环配合物的一种新方法,通过模板反应合成的大环配合物其优点是产率高,选择性强,操作简便等。

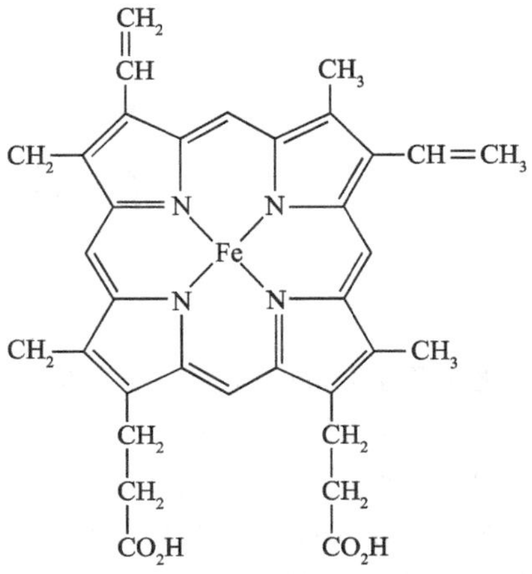

图 5　血红素结构式

　　21 世纪领先的科学是生命科学,而对大环配合物的合成、生理机能以及生物活性物质的模型研究将对生命科学的发展起着重要的作用。

第9章 化学工业简介
——合成氨、氯碱工业及高分子化工

　　化学工业产品为农业、轻工业、重工业和国防工业等提供了生产资料,同时也深入到我们生活的各方面,占有极为重要的地位。

　　如何将原料转化为化学工业的产品,最主要的方法是通过化学反应来实现。本章结合前面叙述的化学原理,简要介绍化学工业产品的生产原理、工艺条件及生产流程,了解一般化工生产过程及其方法。

9.1 合成氨工业

　　氨是生产硫酸铵、硝酸铵、碳酸氢铵、氯化铵、尿素等化学肥料的主要原料,也是生产硝酸、硝酸盐、氰化物等无机物及有机中间体、磺胺药、聚氨酯、聚酰胺纤维和丁腈橡胶等的原料。另外,液氨也用作制冷剂。因此,合成氨工业在国民经济中占有十分重要的地位。

9.1.1 合成氨生产的基本过程

　　氨的合成首先必须制备合成氨的原料气氮和氢。由于原料气制备、净化、合成塔设计等因素的不同,合成氨的生产工艺流程也不同,但都包含以下三个步骤:

　　(1) 造气:即制备含有氮、氢的原料气。

　　(2) 净化:不论用何种原料造气,原料气中均含有对合成氨催化剂有毒的各种杂质,必须采取适当的方法除去这些杂质。

　　(3) 压缩和合成:将合格的氮、氢混合气压缩到高压,在铁催化剂的存在下合成氨。

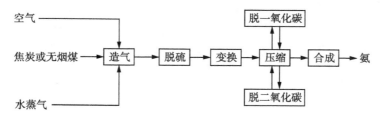

图 9 - 1　以焦炭(或无烟煤)为原料制氨示意流程

　　自然界中最便宜的原料是空气和水,但直接将水电解制氢及空气分离制氮需要消耗大量的电能,所以工业上普遍采用焦炭、无烟煤、天然气、重油等含碳氢化合物的原料与水蒸气、空气作用的汽化方法。由于我国合成氨 67% 利用煤、焦炭为原料,故重点介绍以焦炭或无烟煤为原料制氨的工艺流程。

1. 造气

以焦炭或无烟煤为原料生产合成氨时,先制备半水煤气。将固体燃料汽化以制造半水煤气,简称造气。造气所用的汽化剂一般有空气、水蒸气、氧气等。汽化所得的气体统称为煤气,煤气根据所用汽化剂不同,一般可以分为以下几种:

(1) 空气煤气:以空气为汽化剂而生成的煤气。其中含有 71%~78%(体积比,下同)的氮,16%~18% 的二氧化碳,1%~2% 的氢气和 3%~4% 的一氧化碳。

(2) 水煤气:以水蒸气为汽化剂而生成的煤气。其中含有 38%~40% 的一氧化碳。45%~50% 的氢气,6%~7% 的二氧化碳和 4%~7% 的氮气。

(3) 半水煤气:以水蒸气和适量的空气为汽化剂而生成的煤气。其中含有 18%~22% 的氮,68%~72% 的一氧化碳和氢气,少量的二氧化碳和 H_2S、CH_4。

造气的设备国内使用较多的为间歇式固定层煤气发生炉,如图 9-2。焦炭或无烟煤从炉顶加入,汽化剂自下而上通过燃料层进行汽化反应,灰渣从炉底排出,由炉上出口排出煤气。在稳定的汽化条件下,燃料层大致可分四个区。燃料层最上部,新补充的燃料接受下层温度较高的燃料的热量辐射,或者由于自下而上通过的高温气流传递热量的作用,使燃料中的水分蒸发,这一区域叫干燥区。往下,由于燃料的温度比较高,水分比较少,发生热分解,放出烃类气体,这一区域称为干馏区。再往下,温度更高,能使燃料发生化学反应,这就是燃料气化反应的主要区域——汽化区。最下面,是燃料中的其他成分(主要是灰分),由于它们在一般的情况下基本不参加汽化反应,被遗留下来,这就是燃料汽化后形成的灰渣区。

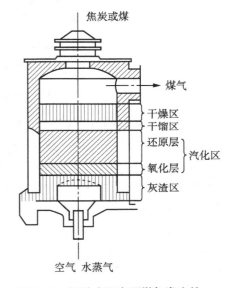

图 9-2 间歇式固定层煤气发生炉

在汽化区里,燃料中的碳与汽化剂中的氧的反应,不外乎两种情况,碳与氧作用生成氧化物或汽化剂中的氧化物失去氧被还原,所以汽化区有时又分为氧化层和还原层。

应该指出:燃料层里不同区层的高度,随着燃料的种类和采用的汽化剂、汽化条件不同而异,而且各区层间没有明显的分界,往往是互相交错的。

水蒸气作为汽化剂通过燃料层,由于高温碳的作用,水蒸气被分解,此时,水蒸气失去氧被还原,碳夺取水蒸气中的氧被氧化,所以就不能再分辨出哪是氧化层,哪是还原层,只能统称为汽化层。

在一般情况下,汽化剂通过燃料层中的干燥区、干馏区和灰渣区时,一般不发生汽化反应,而只发生热量交换,只有汽化区才具备使燃料发生汽化反应的条件。因此,燃料层的分区可以粗分为上预热区(包括干燥区和干馏区)、汽化区、下预热区(灰渣区)三大区域。

固定层的燃料汽化过程中的化学反应主要是:

(1) 碳与氧的反应:空气通过高温燃料层,在汽化区下部,主要进行的是碳和氧的燃烧反应,通常称这一层为氧化层。

$$C(s) + O_2(g) = CO_2(g) \qquad \Delta_r H_m^{\ominus} = -395.51 \text{ kJ} \cdot \text{mol}^{-1}$$

$$C(s) + \frac{1}{2} O_2(g) = CO(g) \qquad \Delta_r H_m^{\ominus} = -110.54 \text{ kJ} \cdot \text{mol}^{-1}$$

$$CO(s) + \frac{1}{2} O_2(g) = CO_2(g) \qquad \Delta_r H_m^{\ominus} = -282.97 \text{ kJ} \cdot \text{mol}^{-1}$$

在汽化区上部进行碳和二氧化碳的反应,通常称这一层为还原层。

$$CO_2(g) + C(s) = 2CO(g) \qquad \Delta_r H_m^{\ominus} = 172.43 \text{ kJ} \cdot \text{mol}^{-1}$$

在固定层煤气炉一般操作温度(1 000~1 200 ℃)条件下,在氧化层发生的碳和氧的反应是非常迅速的。

在还原层里发生的二氧化碳被还原成一氧化碳的反应速率则比较缓慢。

(2) 碳与水蒸气的反应:水蒸气通过高温燃料层,在汽化区主要发生如下反应:

$$C(s) + H_2O(g) = CO(g) + H_2(g) \qquad \Delta_r H_m^{\ominus} = 131.3 \text{ kJ} \cdot \text{mol}^{-1}$$

$$C(s) + 2H_2O(g) = CO_2(g) + 2H_2(g) \qquad \Delta_r H_m^{\ominus} = 90.2 \text{ kJ} \cdot \text{mol}^{-1}$$

生成的一氧化碳有极少量会与过量水蒸气反应。

$$CO(g) + H_2O(g) = CO_2(g) + H_2(g) \qquad \Delta_r H_m^{\ominus} = -41.16 \text{ kJ} \cdot \text{mol}^{-1}$$

碳与水蒸气的各个反应中,主要是吸热反应,因此,提高温度有利于水蒸气转化。

(3) 碳与氧、水蒸气同时进行的反应:空气与水蒸气混合通过高温燃料层,在汽化区,碳与氧反应的同时也与水蒸气进行反应,此时,反应更为复杂,但它们的反应过程、反应式大体与分别论述的情况一致。

在固定层汽化的造气阶段里,碳与水蒸气、空气进行的混合反应,吸热反应与放热反应同时发生,但其中碳与氧反应放出的热量,由于加入空气量的限制,不符合其中碳与水蒸气反应吸收热量的需要。如欲达到两者热量平衡,则需送入较多的空气,由于空气中大量氮的存在,送入空气量的增加,会使生成气体中的氮过剩,以致不能符合合成氨原料气的质量要求(CO+H₂:N₂≈3.2:1)。所以一般不能采取同时送入空气和水蒸气的方法连续生产合成氨原料气,而只能采用固定层间歇式制气方法。

固定层间歇式煤气炉制造半水煤气时,交替地向煤气发生炉通入空气和水蒸气。把自上一次开始送入空气至下一次再送入空气止称为一个工作循环,其过程一般包括五个阶段的工序反复循环进行。

(1) 吹风阶段:从煤气发生炉底部先送入空气,通过碳与氧的化学反应,放出大量的反应热以提高燃料层温度。空气通过燃料层反应生成的吹风气,大部分是氮和二氧化碳。虽然其中的氮是生产合成氨需要的,但它的组成里,氢和一氧化碳的含量极少,不能用来作为合成氨的原料气。因此,吹风气通常从烟囱放出。

(2) 一次上吹制气阶段:吹风以后,燃料层具有很高的温度(约1 000~1 200 ℃)。水蒸气由炉底送入,自下而上通过燃料层,进行汽化反应。由于水蒸气温度较低,加上汽化反应大量吸热,使燃料温度下降。

(3) 下吹制气阶段:一次上吹制气后,燃料层的温度已经下降。按照工艺过程中热量平衡的要求,似乎可以转入吹风以提高温度。但是,如果按照吹风和一次上吹制气交替的简单过程反复循环下去,水蒸气经常自下而上地通过燃料层,不仅造成汽化区的位置逐步向上推移,使汽化区上层温度越来越高,而且会出现汽化区下层的温度逐步降低,使具备汽化温度条件的汽化区越来越小,燃料汽化越来越不够完全。为了避免上述现象发生,在一次制气阶段以后,水蒸气改变进入燃料层方向,自上而下通过燃料层,以保持汽化区的位置和温度稳定在一定的区域和范围内。这一过程称为下吹制气阶段。

(4)二次上吹制气阶段:下吹制气以后,燃料层的温度已经大幅度下降。按照燃料汽化的需要,转入吹风是迫切的。但是由于吹风时空气是自下而上通过燃料层,与下吹阶段之后下行的煤气会在炉底相遇,势必引起爆炸。所以要再作第二次水蒸气上吹,把炉底的煤气排净后再准备吹风。

(5)空气吹净阶段:二次上吹后,发生炉及上部管道中残留的二次上吹制得的煤气,若与吹风气一并从烟囱放掉,不但造成损失,而且煤气排出烟囱时和空气接触,遇到火星,也有可能引起爆炸。因此在开始吹风的短时间内,将此部分煤气及吹风气的混合物加以回收,并作为半水煤气中氮的主要来源。这一阶段称为空气吹净阶段。然后继续吹风,重复循环。

制得半水煤气的大致组成为

$$CO:30\%;H_2:38\%;N_2:22\%;CO_2:8\%。$$

此外还含有少量 H_2S 和 CH_4 等。气体流向图见图 9-3。

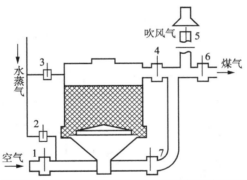

阶　段	阀　门　开　闭　情　况						
	1	2	3	4	5	6	7
吹　　风	○	×	×	○	○	×	×
一次上吹	×	○	×	○	×	○	×
下　　吹	×	×	○	×	×	○	○
二次上吹	×	○	×	○	×	○	×
空气吹净	○	×	×	○	×	○	×

图 9-3　间歇式制半水煤气各阶段气体流向示意图
○—阀门开启;×—阀门关闭

2. 净化

原料气中含有一定的杂质,这将影响合成氨的制备,必须进行净化。净化主要包括脱硫、CO 的变换、脱碳等。

（1）脱硫：由半水煤气法制得的原料气中含有少量硫化氢气体及有机硫杂质，由于硫化物的存在，会使后继过程中的催化剂中毒，因此要求硫化氢含量一般不大于 $0.15 \sim 0.2 \ g \cdot m^{-3}$。

脱硫的方法很多，根据脱硫剂的物理形态可分为干法和湿法两类。干法脱硫这里主要介绍氧化锌脱硫方法。

氧化锌是一种内表面积大、硫容量高的接触反应型脱硫剂，脱硫能力极高。

氧化锌脱硫剂的脱硫反应为：直接吸收硫化氢和硫醇，生成硫化锌。

$$ZnO + H_2S \Longrightarrow ZnS + H_2O$$
$$ZnO + RSH \Longrightarrow ZnS + ROH$$

有氢存在时，用钴、钼催化剂加氢转化，将各种有机硫化物转化为硫化氢，再用氧化锌将生成的硫化氢除去。

$$CS_2 + 4H_2 \Longrightarrow 2H_2S + CH_4$$
$$COS(硫氧化碳) + H_2 \Longrightarrow H_2S + CO$$

湿法脱硫是采用各种溶液脱除硫化物，下面介绍化学吸收法。常用有氨水催化法，改良蒽醌二磺酸钠法（ADA 法）。国内小型合成氨厂采用氨水催化法，此法以氨水作为脱硫剂，对苯二酚作为催化剂，反应如下：

$$NH_3 \cdot H_2O + H_2S \xrightarrow{\text{脱硫}} NH_4HS + H_2O$$

中型厂采用 ADA 法较多，此法是含偏钒酸钠（$NaVO_3$）及蒽醌二磺酸钠的碳酸钠溶液作为脱硫剂吸收气体中的硫化氢，改良的 ADA 法脱硫工艺流程如图 9-4 所示。

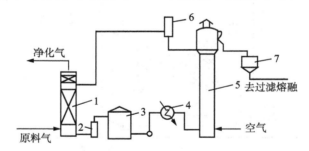

图 9-4　ADA 脱硫工艺流程
1—脱硫塔；2—液封；3—液体循环槽；4—加热器；5—再生塔；6—液位调节器；7—硫泡沫槽

含硫化氢的气体在脱硫塔中与从塔上喷淋下来的脱硫剂接触，则气体中的硫化氢与脱硫剂中的碳酸钠反应而被吸收。

$$Na_2CO_3 + H_2S \Longrightarrow NaHS + NaHCO_3$$

在液相中生成的硫氢化钠被偏钒酸钠迅速氧化成单质硫，而偏钒酸钠被还原成焦钒酸钠。

$$2NaHS + 4NaVO_3 + H_2O \Longrightarrow Na_2V_4O_9 + 4NaOH + 2S$$

焦钒酸钠与液相中氧化态的蒽醌二磺酸钠反应，生成还原态的蒽醌二磺酸钠，而焦钒酸钠被氧化，再生成偏钒酸钠：

$$Na_2V_4O_9 + 2ADA(氧化态) + 2NaOH + H_2O \longrightarrow 4NaVO_3 + 2ADA(还原态)$$

最后,脱硫剂在再生塔中与鼓入的空气反应,还原态的 ADA 被氧化而再生。

$$2ADA(还原态) + O_2 \Longrightarrow 2ADA(氧化态) + H_2O$$

干法脱硫的优点是对无机硫、有机硫具有极强的脱硫能力,气化、净化高,但脱硫剂再生困难或不能再生。而湿法采用的脱硫剂不仅可以再生,并能回收硫黄,生产操作连续,基建投资及生产费用均较低。

(2) 一氧化碳变换:脱硫后的合成氨原料气中含有一氧化碳,一氧化碳不仅不是合成氨生产的有效成分,而且还会使合成氨铁催化剂中毒,为此必须除去。

除去的方法是使一氧化碳与水蒸气在适当温度和催化剂存在下进行反应,将一氧化碳变换为氢:

$$CO(g) + H_2O(g) \Longrightarrow CO_2(g) + H_2(g) \qquad \Delta_r H_m^{\ominus} = -41.16 \text{ kJ} \cdot \text{mol}^{-1}$$

这是可逆放热反应,反应前后无体积变化,降低温度和增大水蒸气比例有利降低 CO 的浓度,而压力大小与平衡无关。

变换反应是在常压或不甚高的压力下进行的,其平衡常数可由下式表示:

$$K_p = \frac{p_{CO_2} \cdot p_{H_2}}{p_{CO} \cdot p_{H_2O}}$$

在不同温度下 K_p 值可由下表查得:

温度/℃	低温变换范围			中温变换范围			
温度/℃	200	240	280	400	450	500	550
K_p	228	103	52.9	11.7	7.31	4.80	3.43

工业上温度是控制一氧化碳变换过程最重要的工艺条件,其与所选用的催化剂有关。由于它是放热反应,随着反应的进行,它有大量的反应热放出,对进一步进行变换反应不利。所以为降低温度和提高变换效率,通常采用两段变换流程,以尽可能降低变换气中 CO 的浓度。两段变换时,段间进行冷却,使大量一氧化碳在第一段较高温度下与水蒸气反应,第二段则在较低温度下进行变换。

为提高平衡转化率,在操作中一般加入适量水蒸气,但也不能过量太多,以免能耗增加,气体体积增加,一氧化碳浓度降低及接触时间减少。实际生产中采用水蒸气和一氧化碳的比例为:$H_2O/CO = 5 \sim 7$。

压力增加对反应平衡几乎无影响,但压力增加可加快反应速率。因为压力增加,分子间碰撞机会增多,可使反应速率加快。所以工业上采用加压下变换,压力在 0.8~3 MPa 范围内。

工业上采用催化剂以加快反应速率,一氧化碳变换催化剂视活性温度不同可分为① 铁铬系:由氧化铁、氧化铬组成,又称为高(中)温变换催化剂。活性组分为四氧化三铁。工作时用氢气将氧化铁还原为四氧化三铁,在此催化剂下,原料气中 CO 可降低到 3%左右。② 铜锌系:由铜、锌的氧化物组成,又称低温变换催化剂。活性组分为铜。开工时先用氢气将氧化铜还原,还原时放出大量反应热,所以此时必须严格控制氢气浓度,以防催化剂烧结。采用此催化剂可以将变换气中CO浓度降低至0.3%以下。图9-5为中温加压变换流程简图。

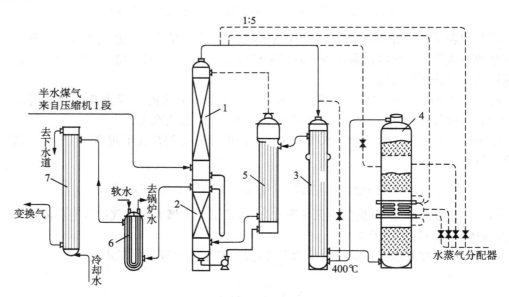

图9-5 半水煤气加压变换流程简图

1—饱和塔;2—热水塔;3—热交换器;4—变换炉;5—水加热器(甲);6—水加热器(乙);7—冷却器

气体流程:半水煤气在进入变换炉进行反应以前,先要混入水蒸气并预热到673 K。为此,由脱硫塔来的半水煤气加压后,首先进入饱和塔1的底部,在塔内自下而上与从塔顶淋洒下来的热水直接逆流接触,使气体温度升高,并被水蒸气所饱和。然后从塔顶引出,在进热交换器3前的管道内再补充部分水蒸气,使半水煤气中的水蒸气含量满足变换反应的要求,即 $CO:H_2O=1:5$。补加了水蒸气的半水煤气,在热交换器3中与管间的变换气进行热交换后,从热交换器3的底部引出,这时半水煤气的温度约为673 K,并从顶部进入变换炉4,依次通过一段、二段、三段催化剂进行变换反应。为了使反应温度符合最适宜温度,可使反应后的气体在一、二段之间直接用水蒸气冷激降温;二、三段之间用盘管换热器,管内通入水蒸气换热降温。为了提高最终的变换率,第三段的温度为最低。温度一般为673~693 K。为了回收反应后的变换气及未反应的水蒸气所带出的热量,将变换气从变换炉的下部引出,进入热交换器3的管间,自下而上与半水煤气进行逆流交换;变换气从热交换器3上部引出,进入水加热器(甲)5的管间,与管内热水逆流换热,并把热量传给热水;变换气从水加热器(甲)5下部引出,并引入热水塔2和水加热器(乙)6中,进一步回收热量及提高热水温度。将变换气引入冷却器7,使温度降至308 K以下,变换气从冷却器下部引出。

热水流程:在变换流程中对余热的回收利用和节约水蒸气消耗的措施具有典型性。变换工段热水塔与饱和塔所用的热水是循环使用的。从饱和塔1流出的热水至热水塔2,与自下而上的变换气直接接触,热水吸收了变换气中的热量后,温度升高,然后从塔底流出。用热水泵打入水加热器5(甲)与管间的变换气进行间接热交换,进一步提高温度。再从水加热器的上部进入饱和塔的上部,均匀往下淋洒。在塔内与半水煤气直接接触,将热量传递给半水煤气,同时热水蒸发,产生水蒸气,提高了半水煤气的水蒸气含量。然后由饱和塔下部流入热水塔,如此循环往复。

经一氧化碳变换后的煤气称为变换气,其大体组成为 H_2:51%～53%,CO:2.5%～4.0%,CO_2:28%～30%,N_2:16%～18%,CH_4:0.4%以下,H_2S 及 O_2:0.1%以下。

(3) 脱碳:原料气经一氧化碳变换后,就要进行脱除二氧化碳,其过程一般简称为脱碳。脱碳的方法很多,最早采用加压水洗法脱除 CO_2,经减压再将水再生。其原理是二氧化碳在水中的溶解度较氮和氢大得多,而且其溶解度随压力增加而迅速增加。此法设备简单,但 CO_2 净化度差,氢气损失较多,动力消耗也高。因此,现在合成氨厂已不再采用此法。国内小型合成氨厂均采用氨水吸收法脱碳,用氨水溶液在常温下吸收 CO_2,可使 CO_2 的含量低达 0.2%以下。这样既脱除了原料气中的 CO_2,同时又生成了碳酸氢铵氮肥。其反应为:

$$2NH_3 + H_2O + CO_2 = (NH_4)_2CO_3$$
$$(NH_4)_2CO_3 + CO_2 + H_2O = 2NH_4HCO_3$$

许多中型氨厂应用最广泛的脱碳方法是在加压时用热的碳酸钾水溶液吸收 CO_2,碳酸钾在吸收时生成碳酸氢钾,在减压或受热时又放出 CO_2 重新生成碳酸钾,因而可以循环使用。为了提高化学吸收的反应速率,吸收在较高温度(90～110 ℃)下进行,因而称为热钾碱法。采用热钾碱法不仅使吸收和再生温度基本相同,使系统流程简化,同时提高了碳酸钾的浓度,增加了吸收能力,降低了再生能耗。为了加快 CO_2 的吸收和解析速率,在溶液中加入活化剂如硼酸或磷酸、有机胺类等物质,同时加入缓蚀剂降低溶液对设备的腐蚀。目前应用最多的是以二乙醇胺为活化剂,五氧化二钒为缓蚀剂的苯菲尔热钾碱法。此法可使二氧化碳净化度达 200～1 000 $\mu g/g$。

碳酸钾水溶液与二氧化碳的反应如下:

$$CO_2 + K_2CO_3 + H_2O = 2KHCO_3$$

(4) 少量一氧化碳和二氧化碳的脱除:原料气经一氧化碳变换和二氧化碳脱除后,尚含有少量一氧化碳和二氧化碳,还不能达到氨合成催化剂所要求的指标。因此还需要进一步净化,以除去 CO_2+CO。国内一些中小型合成氨厂采用铜氨液吸收法,工业上通常把铜氨吸收 CO 的操作称为铜洗。此法是在高压和低温下用亚铜盐的氨溶液吸收一氧化碳,并生成新的配合物,然后溶液在减压和加热条件下再生。以醋酸铜氨液为例,其吸收一氧化碳的反应如下:

$$[Cu(NH_3)_2]Ac + CO + NH_3 = [Cu(NH_3)_3CO]Ac \qquad \Delta_r H_m^{\ominus} < 0$$

这是一个配合的化学吸收过程,有效组分是亚铜氨配离子,在游离氨存在下才能顺利进行。铜洗中除吸收 CO 外,还由于吸收液中有游离氨,故可将气体中的 CO_2 脱除。

$$NH_3 \cdot H_2O + CO_2 = NH_4HCO_3$$

铜洗时压力为 12～15 MPa,温度为 8～12 ℃,原料气经过铜洗后,$CO + CO_2 < 20$ $\mu g/g$,而氧几乎全部被吸收。铜洗液在常压、温度为 76～80 ℃进行再生,释放出 CO、CO_2 等气体后循环使用。

3. 合成

(1) 氨合成时最佳工艺条件的选择。氮和氢合成氨的反应如下:

$$\frac{3}{2}H_2 + \frac{1}{2}N_2 \Longleftrightarrow NH_3 \qquad \Delta_r H_m^{\ominus} = -45.96 \text{ kJ} \cdot \text{mol}^{-1}$$

此反应的特点是:可逆、放热、反应前后气体摩尔数减小。根据这些特点,增加压力和降低温度可使平衡向合成氨的方向移动。

现在具体分析压力、温度等几个因素对合成氨反应平衡和速率的影响,确定最佳生产条件。

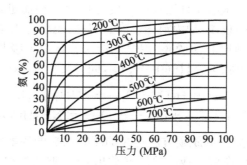

图 9－6 温度、压力对平衡氨含量的影响

① 压力的影响:由图 9－6 可见,定温下压力越高,平衡氨含量也越高,但是压力对平衡氨含量的影响程度不同,压力低于 30 MPa 时,平衡氨含量随压力增高增加很快,曲线比较陡;压力高于 30 MPa 后,压力增大平衡氨含量增加得越来越不明显,曲线趋于平坦。因此,从平衡移动的角度看,压力增加平衡氨含量并非成正比增大。从反应速率来看,增大压力等于提高各组分的浓度,反应速率自然会加快。

但是,压力越高,对设备的耐压能力和操作管理技术会提出更高的要求,使设备制造费用和生产费用增加。因此,反应压力条件的选择,应该综合分析它对反应平衡、反应速率、设备费用和生产费用等几个方面的影响,力求做到技术上可行,经济上收到更大效益。工业合成氨反应,根据采用的压力不同,可分为低、中、高三种压力:

低压法:10 MPa 左右;

中压法:20～30 MPa;

高压法:70～100 MPa。

国内中型合成氨厂一般采用中压法进行氨的合成。

② 温度的影响:由图 9－6 能清楚地看出温度对平衡的影响情况,在一定的压力下,温度越低,平衡氨含量越高。

但从反应速率来看,温度低,反应速率就会减慢,达到平衡需较长的时间。工业上为了有较快的反应速率,使用铁催化剂。由于催化剂只有在一定的温度条件下才具有较高的活性,所以必须在铁催化剂的活性温度范围内进行反应(673～923 K)。温度过高,会使催化剂过早失去活性;温度过低,催化剂达不到活性温度,起不到加速反应的作用。氨合成反应温度一般控制在 673～773 K 之间。在合成塔催化床层进口处,温度较低,一般大于或等于催化剂使用温度的下限,而在床层中温度最高点(热点)处,温度不应超过催化剂的使用温度。

③ 空间速度:所谓空间速度是气体的体积流量除以催化剂的体积,亦即单位体积催化剂上每小时通过气体的体积量(在标准状况下)。

$$空间速度 = \frac{气体的体积流量(m^3 \cdot h^{-1})}{催化剂的体积(m^3)}$$

空间速度的大小意味着处理气量的大小。在一定温度、压力下,增大气体空速,就加快了气体通过催化剂的流速,气体与催化剂接触时间缩短。在确定的条件下,出塔气体中氨含量要降低。但空速增加,通过合成塔的气体量增加,从而提高了催化剂的生产强度,合成氨的产量也增加。表 9-1 表示空速与氨含量及氨产率的关系。

表 9-1　475 ℃、30 MPa 下空速与氨含量及氨产率的关系

空速/h^{-1}	10 000	20 000	30 000
氨含量/%	25	21.5	16.2
氨产量(m^3 NH$_3 \cdot$ m^{-3} cat $\cdot$ h^{-1})	2 500	4 300	6 480

压力为 30 MPa 中压法合成氨,空速选择在 20 000~30 000 h^{-1}。因为合成氨生产是循环流程,所以空速可以提高。但空速过大,氨分离不完全,增大设备负荷,增大动力消耗,因此空速也有一个适宜范围。

综上所述,合成氨的最佳工艺条件(中压法合成氨):

(a) 压力:比较适宜的操作压力为 30 MPa;

(b) 温度:一般控制在 673~773 K 之间(根据催化剂的活性温度而定);

(c) 空间速度:中压法合成氨空速一般为 20 000~30 000 h^{-1};

(d) 合成塔进口气体的组成:进合成塔的气体 H$_2$:N$_2$=3:1 为最佳。根据研究,N$_2$ 稍过量,有利于提高氨合成的化学反应速率,从而提高了收率。所以实际生产中 H$_2$:N$_2$=2.8~2.9。

(2) 工艺流程:图 9-7 为中型合成氨厂的流程简图。

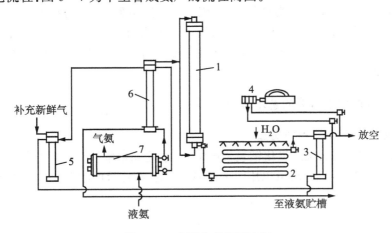

图 9-7　中型合成氨厂流程

1—合成塔;2—水冷却器;3—氨分离器;4—循环压缩机;5—油分离器;
6—冷交换及氨分离器;7—液氨蒸发冷却器(又称氨冷器)

在这类流程中,新鲜气体和循环气均由往复式压缩机加压,并设置水冷却器和氨冷器,两次分离液氨产品。

该流程压力为 30 MPa,空速为 20 000～30 000 h^{-1},从合成塔 1 塔底出来的混合气体中含有 NH_3 约 10％,温度在 393 K 以下。为了从混合气体中把氨分离出来,将混合气体通过淋洒式或套管式水冷却器 2,使混合气冷却至室温。从水冷却器 2 出来的混合气中,已经有部分氨冷凝成液氨。然后进入第一分离器 3,把其中的液氨分离出来。为了降低惰性气体含量,在氨分离器后,可以将少部分循环气放空。由于分离出一部分氨,再加上设备、管道的阻力,从第一氨分离器出来的气体压力有所降低,故将从第一氨分离器出来的混合气引入循环压缩机 4,提高压力后,进入油分离器 5 分离出油雾,以除去气体中夹带的来自循环压缩机的润滑油。新鲜原料气也在此补充,进入冷交换器 6 管内,与自氨冷器 7 上来的冷气(283～293 K)进行交换,降低温度后去氨冷器 7。氨冷器内装有盘管,浸入液氨中,气体走盘管内。由于管外液氨气化吸热,气体被冷却到 273～281 K,其中大部分氨冷凝下来。气体由氨冷器导出,重新回到冷交换器,交换器下部氨分离器中液氨被分出。分离出液氨后的低温循环气上升到冷交换器的上部走管外;与管内来自经油分离器的热气体进行交换,使气体温度升至 283～313 K 进合成塔,完成循环过程。

9.1.2　设备材料

氨合成在高温高压下操作,因此有设备材料的强度降低和氢脆的问题。同时氨与氮会和金属生成氮化物使金属材料产生裂纹。为此在合成氨生产过程中应考虑材质的耐热、耐腐蚀的问题。例如脱硫、脱碳的设备可用耐热、耐腐蚀(硫化物、CO_2)的不锈钢制成,高温变换炉可用耐氢脆的铬钼钢制成,等等。

9.2　氯碱工业

电解食盐水生产烧碱又称为氯碱工业,因为既生产得到 NaOH,还可得到氢气和氯气。

烧碱又称苛性钠,是国民经济中重要的基本化工原料之一,广泛用于制皂、造纸、印染、纺织、玻璃、搪瓷、医药、染料、石油炼制、有机合成工业等。氯气主要用来制取液氯、漂白粉、聚氯乙烯、盐酸等。

9.2.1　电解食盐水溶液的基本理论

1. 电解过程的主反应和副反应

(1)电解过程的主反应。氯化钠是强电解质,水是弱电解质。在食盐的水溶液中,氯化钠完全解离,水只是微弱解离,可以用下面的解离方程式表示食盐水中的解离情况:

$$NaCl \longrightarrow Na^+ + Cl^-$$
$$H_2O \Longleftrightarrow H^+ + OH^-$$

因此食盐水中存在 Na^+ 离子、H^+ 离子、Cl^- 离子和 OH^- 离子。接通直流电以后,Na^+ 离子和 H^+ 离子向阴极移动,Cl^- 离子和 OH^- 离子向阳极移动。结果,Cl^- 离子在阳极(石墨或金属阳极)上放电,发生氧化反应:

$$2Cl^- \Longrightarrow Cl_2 + 2e^-$$

在阴极室中的阴极(如铁阴极)是 H^+ 离子放电,发生还原反应,首先变为氢原子,然后变成氢分子：

$$2H^+ + 2e^- == 2[H] == H_2$$

由于 H^+ 离子放电，阴极室中原来的水的解离平衡受到破坏，使 OH^- 离子积聚起来，形成 NaOH。

食盐水溶液的电解反应为：

$$2NaCl + 2H_2O \xrightarrow{电解} 2NaOH + H_2 + Cl_2$$

（2）电解过程的副反应。电解过程中，由于阳极产物的溶解，阴阳极产物的混合以及副产物在电极上的放电均会引起副反应的发生。

① 阳极室中的副反应。在阳极产生的氯气与水作用，生成次氯酸和盐酸：

$$Cl_2 + H_2O == HCl + HClO$$

由于渗透、扩散和迁移作用，有少量碱液（或 OH^-）从阴极室进入阳极室与 HCl 和 HClO 反应：

$$NaOH + HCl == NaCl + H_2O$$
$$NaOH + HClO == NaClO + H_2O$$

生成的 ClO^- 离子能在阳极上放电，生成氯酸、盐酸和氧气：

$$12ClO^- + 6H_2O == 4HClO_3 + 8HCl + 3O_2 + 12e^-$$

生成的酸与渗透到阳极室的 NaOH 生成相应的盐。

另外，当 OH^- 离子向阳极迁移，使阳极附近的 OH^- 离子浓度增大时，也能在阳极上放电。首先生成新生态的氧原子[①]，然后再变成氧分子逸出：

$$4OH^- == 2[O] + 2H_2O + 4e^- == O_2 + 2H_2O + 4e^-$$

如果采用石墨作为阳极，则由于阳极室中的副反应，石墨将与在阳极上析出的新生态的氧作用：

$$C + 2[O] == CO_2$$

使氯气纯度下降，石墨阳极被腐蚀。

② 阴极室中的副反应。由于阳极液中的次氯酸钠、氯酸钠也同样会渗透扩散到阴极室，则在阴极上与新生态的氢原子作用而被还原成氯化钠：

$$NaClO + 2[H] == NaCl + H_2O$$
$$NaClO_3 + 6[H] == NaCl + 3H_2O$$

从上述副反应中看出，电解过程中副反应消耗掉电解生成的产物氯和碱，增加了电能消耗，降低产品的纯度和质量，所以副反应在生产中应设法避免。

为保证电解过程按主反应进行，减少副反应的发生，应严格控制盐的质量，提高在电解槽中盐水的浓度和温度，以减少氯气在盐水中的溶解度。

---

① 处于刚刚诞生状态的氢原子或氧原子叫新生态氢原子或新生态氧原子。新生态的氢原子或氧原子的活性很大，它能进行普通氢分子或氧分子所不能进行的反应。

2. 离子的放电顺序

以铁作为阴极,石墨作为阳极的隔膜法电解食盐水溶液时,为什么在阴极上放电的是氢离子而不是钠离子? 在阳极上放电的为什么是氯离子而不是氢氧根离子? 这涉及析出电势的大小即离子的放电顺序。

电解食盐水溶液所用 NaCl 的浓度一般不小于 315 $g \cdot L^{-1}$,溶液的 pH 调节至 8,用石墨作为阳极。设此时氯气在石墨上的超电势为 0.25 V,氧气的超电势为 1.06 V。用铁做阴极,设此时氢气在铁上的超电势为 0.39 V(电流密度 1 000 A/m²)。

(1) 阴极的放电顺序。当氯化钠水溶液通电后,氢离子、钠离子移向阴极。在阴极上哪一种离子放电,可计算如下:

NaCl 水溶液的 pH=8 时,$c_{H^+}=10^{-8}$ $mol \cdot L^{-1}$,H^+ 离子放电的电极反应为:

$$2H^+ + 2e^- \Longrightarrow H_2$$

放电时的理论电极电势:

$$\varphi_{H^+/H_2} = \varphi^{\ominus}_{H^+/H_2} + \frac{0.059\ 17\ V}{2} \lg(c_{H^+}/c^{\ominus})^2$$

$$= 0.00\ V + \frac{0.059\ 17\ V}{2} \lg(10^{-8})^2 = -0.473\ V$$

氢离子在铁电极上的超电势为 0.39 V,因此氢离子在阴极上的析出电势为:

$$\varphi_{H^+/H_2,析} = \varphi_{H^+/H_2} - \eta_{阴} = -0.473\ V - 0.39\ V = -0.863\ V$$

而钠离子的析出电势,因其在铁网上超电势很小,故

$$\varphi_{Na^+/Na,析} = \varphi_{Na^+/Na} = \varphi^{\ominus}_{Na^+/Na} + 0.059\ 17 \lg(c_{Na^+}/c^{\ominus})$$

$$= -2.71\ V + 0.059\ 17\ V \lg\frac{315}{58.5} = -2.13\ V$$

计算结果表明,在阴极上应当是氢离子放电。

随着电解的进行,氢气在阴极析出,同时使阴极附近溶液中 OH^- 离子浓度增大。设阴极所得 NaOH 的百分浓度为 10%,可以根据其密度(1.11 $g \cdot mL^{-1}$)求得该 NaOH 溶液浓度为:

$$c_{NaOH} = \frac{1\ 000\ mL \times 0.10 \times 1.11\ g \cdot mL^{-1}}{40\ g \cdot mol^{-1}} = 2.80\ mol \cdot L^{-1}$$

即 $c_{OH^-} = 2.80$ $mol \cdot L^{-1}$,所以 $c_{H^+} = \frac{10^{-14}}{2.80} = 3.60 \times 10^{-15}$ $mol \cdot L^{-1}$

此时 H^+ 离子放电的理论电极电势:

$$\varphi_{H^+/H_2} = \varphi^{\ominus}_{H^+/H_2} + \frac{0.059\ 17\ V}{2} \lg(c_{H^+}/c^{\ominus})^2$$

$$= 0.00\ V + \frac{0.059\ 17\ V}{2} \lg(3.60 \times 10^{-15})^2$$

$$= -0.854\ V$$

其析出电势为:

$$\varphi_{H^+/H_2,析} = \varphi_{H^+/H_2} - \eta_{阴} = -0.854\ V - 0.39\ V = -1.244\ V$$

虽然在电解过程中,由于氢气析出使阴极的 H^+ 离子浓度降低,而使阴极 H^+/H_2 的析出电势等于 -1.244 V,但在 NaCl 饱和溶液中 Na^+ 离子浓度对 Na^+/Na 的析出电势影响不大,所以在阴极是 H^+ 离子放电产生氢气。

(2)阳极的放电顺序。

同理可知: $c_{OH^-} = \dfrac{10^{-14}}{10^{-8}} = 10^{-6}$ mol·L^{-1}

OH^- 离子放电时的电极反应为:

$$4OH^- = O_2 + 2H_2O + 4e^-$$

放电时的理论电极电势:

$$\varphi_{O_2/OH^-} = \varphi^{\ominus}_{O_2/OH^-} + \frac{0.059\ 17\ V}{4} \lg \frac{1}{(c_{OH^-}/c^{\ominus})^4}$$

$$= 0.401\ V + \frac{0.059\ 17\ V}{4} \lg \frac{1}{(10^{-6})^4} = 0.756\ V$$

氧气在石墨上的超电势为 1.06 V,所以 OH^- 离子在阳极上的析出电势:

$$\varphi_{O_2/OH^-,\text{析}} = \varphi_{O_2/OH^-} + \eta_{\text{阳}} = 0.756\ V + 1.06\ V = 1.816\ V$$

Cl^- 离子放电的电极反应: $2Cl^- = Cl_2 + 2e^-$

放电时的理论电极电势:

$$\varphi_{Cl_2/Cl^-} = \varphi^{\ominus}_{Cl_2/Cl^-} + \frac{0.059\ 17\ V}{2} \lg \frac{1}{(c_{Cl^-}/c^{\ominus})^2}$$

$$= 1.358\ V + \frac{0.059\ 17\ V}{2} \ln \frac{1}{\left(\frac{315}{58.5}\right)^2} = 1.315\ V$$

氯气在石墨上的超电势为 0.25 V,故氯离子的析出电势:

$$\varphi_{Cl_2/Cl^-,\text{析}} = \varphi_{Cl_2/Cl^-} + \eta_{\text{阳}} = 1.315\ V + 0.25\ V = 1.565\ V$$

计算结果表明,OH^- 离子析出电势比 Cl^- 离子析出电势高,所以在阳极上先放电的是氯离子,而不是氢氧根离子。

3. 理论分解电压和槽电压

理论分解电压与电解产物组成的原电池的电动势大小相等,方向相反。隔膜法电解食盐水溶液的理论分解电压由前计算得:

$$E_{\text{理}} = 1.315\ V - (-0.854\ V) = 2.169\ V$$

而电解过程的外加电压即槽电压为 3.7~4.2 V,比理论分解电压要大。电解槽的槽电压 V 是由理论的分解电压 $E_{\text{理}}$,阴阳极的超电势(或称过电位)$\eta_{\text{阴}}$、$\eta_{\text{阳}}$,溶液的电压降及金属导体电压降 V_{IR} 所组成。

即 $$V = E_{\text{理}} + \eta_{\text{阴}} + \eta_{\text{阳}} + V_{IR}$$

可见电解槽槽电压比理论分解电压要大。主要是由于超电势的存在,所以在电解生产中要尽量想办法减小超电压。减小超电压的办法首先是选择适当的电极材料,其次是考虑适宜的电解条件。

表 9-2 列出了饱和 NaCl 溶液中氯在铂、石墨上析出的超电势数据。

表 9-2　NaCl 溶液中氯在铂、石墨上析出的超电势(单位为 V)

电极材料 ＼ 电流密度(A/m²)	400	1 000	2 000	5 000
镀铂黑的铂	0.021	0.026	0.035	
平滑的铂片	0.045	0.054	0.087	0.161
石　　墨	0.186	0.251	0.298	0.417

由表 9-2 可以看出,在镀铂黑的铂电极上氯的超电势最小,但因铂太贵重,故不宜用于工业生产。氯在石墨上的超电势也不算很大,而且随电流密度的增加,超电势的增加比较缓慢,同时人造石墨也很容易获得,因此它被广泛用于氯碱工厂作为阳极材料。我国 1973 年开始使用金属阳极,这是因为氯在金属阳极上的超电势远远小于氯在石墨阳极上的超电势,能使槽电压降低,例如当电流密度为 1 200 A/m² 时,金属阳极的槽电压比石墨阳极下降 9.3%。

氯碱工厂中的阴极材料广泛采用铁,因为碱溶液中氢在铁电极上析出的超电势较小,这可从表 9-3 数据可以看出。

表 9-3　氢在铁、镍电极上的超电势比较

电极材料	电流密度(A/m²)		
	500	1 000	2 000
铁	0.35	0.39	0.45
镍	0.46	0.51	0.55

由于升高温度可使超电势降低,因此在氯碱工厂中用预热食盐水的办法升高槽温,以利于在一定程度上降低超电势。

当电流密度增大时,超电势也随之增大。但工业上不能采用小电流进行电解,因为这样会降低设备的生产能力,不利于生产。因此工业上采用在一定电流强度的条件下尽量加大电极面积的办法来适当降低超电势。

适当提高食盐水温度、增大电极面积及调整极间距离可增大溶液的导电性能,以降低溶液电压损失。另外,电解时电流通过导电板进入电解槽中也要造成一定的电压损失,所以选用电阻率小的金属材料,例如铜、铝作为导电板,以减小这类电压损失。

在隔膜电解槽中,当通入的电流密度为 1 200 A/m² 时,槽电压分布情况大致如表 9-4 所示。

表 9-4　电流密度为 1 200 A/m² 时槽电压分布情况

项　目	分 布 电 压/V	分 布 比 例/%
理论分解电压	2.17	60.44
阳极超电势	0.26	7.24
阴极超电势	0.40	11.14
溶液电压降	0.26	7.24
金属导体电压降	0.23	6.41
隔膜电压降	0.27	7.53
槽电压	3.59	100

9.2.2 食盐水电解制取烧碱的工艺流程和电解槽

食盐水电解制烧碱主要有隔膜法、水银法和离子交换膜法。目前国内主要采用隔膜法。近年来开发了离子交换膜电解法制烧碱,是继隔膜法、水银法以后氯碱工业的第三代。

食盐水溶液电解反应方程式为:

$$2NaCl + 2H_2O \xrightarrow{\text{电解}} 2NaOH + H_2 + Cl_2$$

1. 工艺流程

生产工艺流程图见图9-8:

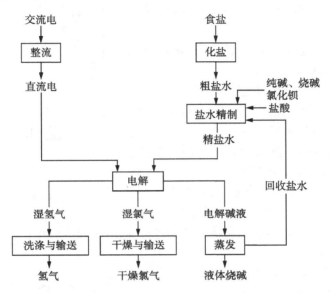

图 9-8 电解制烧碱工艺流程图

隔膜法生产工艺流程包括食盐水的制备、精制、食盐水的电解、电解碱液的蒸发、氯气和氢气的干燥等,分别简介如下:

(1) 食盐水的精制。

① 精制的原理。普通工业食盐中含有一定数量的氯化镁、硫酸镁、硫酸钙、氯化钙、硫酸钠等化学杂质以及一些泥沙和不溶性杂质。这些杂质的存在对于电解过程的进行有很大危害。如果让盐水中的钙盐、镁盐随氯化钠溶液一起进入电解槽,就会与电解过程中产生的氢氧化钠发生化学反应:

$$Ca^{2+} + 2NaOH =\!=\!= Ca(OH)_2 \downarrow + 2Na^+$$
$$Mg^{2+} + 2NaOH =\!=\!= Mg(OH)_2 \downarrow + 2Na^+$$

生成的 $Ca(OH)_2$、$Mg(OH)_2$ 的细小沉淀都会堵塞隔膜孔隙,影响隔膜的渗透性,使电解槽性能破坏。盐水中的硫酸根含量高于 $5\ kg \cdot m^{-3}$,将在阳极上放电产生氧气。如果用石墨阳极将会使石墨阳极消耗,若用金属阳极会导致氯气中含氧量增加。除去的方法是在精制槽中加入纯碱、烧碱和氯化钡。

$$Ca^{2+} + Na_2CO_3 =\!=\!= CaCO_3 \downarrow + 2Na^+$$

$$Mg^{2+} + 2NaOH \Longrightarrow Mg(OH)_2 \downarrow + 2Na^+$$

$$SO_4^{2-} + BaCl_2 \Longrightarrow BaSO_4 \downarrow + 2Cl^-$$

使用氯化钡不宜过量,因为过量氯化钡会与电解槽中的氢氧化钠反应生成氢氧化钡沉淀,同样会堵塞隔膜孔隙,破坏电解槽的正常操作。因此生产中一般控制精盐水中的硫酸根含量为 $3\sim5\ kg \cdot m^{-3}$。

② 精制流程。盐水精制流程如图 9-9 所示:

工业食盐由皮带运输机送入化盐桶,用 55 ℃ 以上的洗泥水和电解液蒸发的回收盐水溶化。该水从底部加入,经 $2\sim3\ m$ 高的盐层制成饱和粗盐水,从上部溢流进入精制反应器。

在精制反应器中连续加入氢氧化钠、碳酸钠、氯化钡溶液与盐水中的 $Ca^{2+}, Mg^{2+}, SO_4^{2-}$ 等离子进行反应,生成氢氧化镁、碳酸钙、硫酸钡悬浮物。

反应后带有悬浮物的盐水送入澄清桶,同时放入助沉剂(苛化淀粉、高分子凝聚剂),使盐水中的杂质微粒凝聚变大以利沉降。澄清后的盐水还含有微小悬浮液再流入砂滤器,除去残存的悬浮液。

过滤盐水进入连续中和反应罐,用盐酸中和过量碱,使盐水 pH 值达 7.5~8 即满足电解要求。

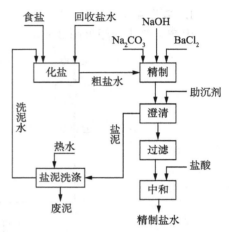

图 9-9　盐水精制流程

从澄清桶底排出的盐泥,送盐泥洗涤桶用热水洗涤,洗泥水送化盐工序,废泥排弃。

经过精制后的盐水指标为:

氯化钠含量为 $>315\ kg \cdot m^{-3}$;

Ca^{2+} 含量 $3\sim5\times10^{-3}\ kg \cdot m^{-3}$ 以下;

Mg^{2+} 含量 $1\times10^{-3}\ kg \cdot m^{-3}$ 以下;

SO_4^{2-} 含量 $5\ kg \cdot m^{-3}$ 以下;

pH 值 7.5~8;

温度 50 ℃。

(2) 食盐水的电解。隔膜法电解生产流程如图 9-10:

从盐水工段来的精盐水由泵打入高位槽 1 中,由高位槽流入预热器 2,加热到约 353 K,然后流入电解槽 3,电解槽的液位由精盐水高位槽保持恒定,槽内温度为 95 ℃ 左右。电解槽是多台串联(40~60 台),槽

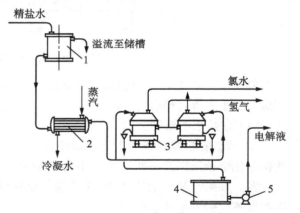

图 9-10　隔膜法电解生产流程
1—盐水高位槽;2—盐水预热器;3—电解槽;
4—电解碱液集中槽;5—碱液泵

电压为 3.7~4.2 V 之间,电解生成的氯气引入氯化总管,送往氯处理工段。为防止氯的泄漏,阳极室保持 20~30 Pa 负压。阴极室引出的氢气纯度一般可达 99%,为防止空气混入氢气中,氢气输送管保持正压。

电解液含 NaOH 约 10%~12%($120\sim145\ kg \cdot m^{-3}$),此外还含有 NaCl 约 190~210 $kg \cdot m^{-3}$,少量的 Na_2SO_4 和 $NaClO_3$ 送去蒸发浓缩。

（3）碱液蒸发。蒸发过程是将碱液中的水分蒸掉,以提高氢氧化钠浓度,碱液浓度提高的同时,氯化钠在氢氧化钠溶液中的溶解度急剧下降,变成固体盐,从碱液中结晶析出,图 9-11 说明了这一事实。

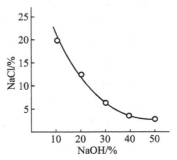

图 9-11 NaCl 在 NaOH 溶液中的溶解度(60 ℃)

图 9-11 还表明,当烧碱的浓度提高到 40％以上时,氯化钠的含量已经很少,这样的烧碱能满足于一般工业的需要。

蒸发碱液主要设备为蒸发器。工厂中采用多效蒸发办法,第一个蒸发器用加热蒸汽蒸发,第二个蒸发器就用从第一个蒸发器出来的蒸汽(叫做二次蒸汽)蒸发,第一个叫一效,第二个叫二效,同理可用二效的二次蒸汽蒸发三效以此类推。

碱液三效蒸发流程主要有顺流蒸发流程和逆流蒸发流程两大类。顺流蒸发流程见图 9-12:

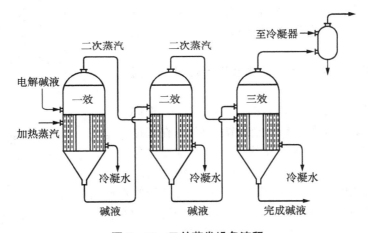

图 9-12 三效蒸发设备流程

所谓顺流就是蒸汽在各效间的流向和蒸发液在各效中的流向是一致的。溶液先到第一效,然后到第二效,再到第三效。

最后一效导出蒸汽用水喷射泵冷凝和抽真空,以维持一定的真空度。

顺流操作时,从碱液的浓度来看,一效最低,二效次之,三效最高。从压力和温度来看,一效最高,二效次之,三效最低。另外,由于蒸汽压力一效大于二效,二效大于三效,所以碱液靠蒸发器内的压力,由一效送到二效,二效送到三效,不需要另加输送设备。

所谓逆流,就是溶液在各效间的输送方向和各效间的流向相反。电解碱液不是首先进入一效,而是先进入最后一效,然后依次向前输送,最后由第一效导出。因此,碱液的浓度是末效最低,一效最高;又因蒸发的压力由前向后依次降低,所以碱液由后向前输送时需要用泵。

目前国内一般采用顺流操作。

经过蒸发后的碱液其含量约 40％,此时食盐已几乎全部析出,冷却后,用离心机进行分离,析出的盐经过洗涤后,再化成盐水送到盐水精制工段使用,浓碱液也可以作为成品,也可以再进一步加工成为固碱。

(4) 氯气和氢气的处理。电解槽产生的氯气和氢气,前者是主要产品。后者是副产品。从电解槽直接获得的氯气温度比较高,含有较多的水蒸气。由于湿氯气的腐蚀性极强,所以必须进行冷却、干燥等处理。先通过冷却器将出槽氯气温度约 90 ℃降低为 12～15 ℃,使氯气所含的大部分水蒸气冷凝下来,而后导入干燥塔,用 95～96 ℃的浓硫酸干燥。干燥后的氯气可制成液氯装入钢瓶,作为成品。

至于电解槽出来的氢气温度达 80 ℃左右,亦需冷却、洗涤,以除去氢气中大部分水蒸气和洗去含有的碱雾,再经压缩装入钢瓶,供用户使用。

2. 电解槽

我国绝大多数隔膜法氯碱厂采用虎克型电解槽或其改进型(MDC 改良隔膜槽)。虎克槽的电极和隔膜都是直立排列的,图 9 - 13 为立式隔膜电解槽示意图。电解时在阳极上析出氯气,在阴极上析出氢气,水解离生成的 OH^- 离子在阴极室积累,与阳极区渗透扩散的 Na^+ 离子形成 NaOH。

电解槽由阴极箱体、阳极座、槽盖和槽底四部分组成。

电解槽阳极以往主要采用石墨,因极易损耗,现都已改用金属阳极。金属阳极是以金属钛为基体,在基体上涂上活化层构成的。一般活化涂层分为钌金属涂层和非钌金属涂层,最常用的是钌-钛涂层和钌-铱涂层。

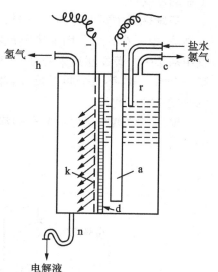

图 9 - 13　立式隔膜电解槽示意图

a—石墨阳极;d—隔膜;k—铁阴极

阴极材料常用的是铁,用铁丝编成阴极网袋或用铁板冲孔焊成。

电解槽隔膜有石棉、改性石棉隔膜、陶瓷、纤维织物和多孔塑料等。目前较多采用改性石棉隔膜及合成材料隔膜(主要是氟塑料隔膜)。

3. 离子交换膜电解

离子交换膜电解槽被称为第三代电解槽。其原理与隔膜法有不同之处,图 9 - 14 是离子交换膜电解与普通隔膜电解示意图。

石棉隔膜液体透过性大,在隔膜法电解中,阳极液压力大于阴极液压力,使盐水从阳极侧透过隔膜到达阴极侧,以此阻止在阴极室生成的 NaOH 泄漏到阳极室,从而提高产量。所得到的阴极液是 NaOH 和 NaCl 的混合物,碱液中含 NaOH 较低。

阳离子交换膜只允许 Na^+ 离子通过流向阴极室,而不允许带负电荷的 OH^- 离子通过流向阳极室。所以用阳离子交换膜进行电解后的碱液浓度不经蒸发即可达 20%～40%,同时又因为膜的排斥,阳极液中 Cl^- 离子很难通过膜,这样混入阴极室的食盐极微量,因而能制得高质量的碱。

9.2.3　氯碱工业中的三废治理——盐泥的综合利用

氯碱工厂和其他工厂一样也存在“三废”问题,如何综合利用,变废为宝,是一很重要的

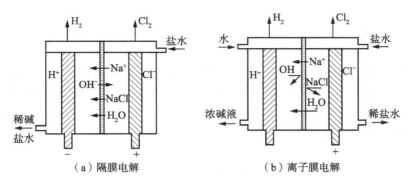

图 9-14　离子交换膜电解与普通隔膜电解示意图

环节。例如精制盐水时排除的盐泥,以年产一万吨烧碱计,盐泥就有 250 吨之多(以全干料计算)。如果综合利用,就可以从中提炼出很有用的产品来。

下面简单介绍盐泥的综合利用。

盐泥中含有 $CaCO_3$,$Mg(OH)_2$ 等,其中 $Mg(OH)_2$ 达 18%～19%(以全干料计算)。所以从中可以提取出碱式碳酸镁。其方法是利用烟道气(其中含有 CO_2 约 7%～8%)作为使 $Mg(OH)_2$ 碳化的部分原料,主要反应如下:

$$Mg(OH)_2 + 2CO_2 \xrightarrow{\text{碳化}} Mg(HCO_3)_2$$

生成的 $Mg(HCO_3)_2$ 水解后转化为碱式碳酸镁。

$$5Mg(HCO_3)_2 + H_2O \xrightarrow{95\ ℃} 4MgCO_3 \cdot Mg(OH)_2 \cdot 5H_2O + 6CO_2$$

先将烟道气加以纯化,除去其中灰尘和二氧化硫气体,然后冷却,使其温度由 120～130 ℃降低至 30 ℃左右。将盐泥和水加入碳化器中,两者配比以固液体积比计约为 8∶2。物料盐泥应予冷到 18～20 ℃,然后在其中通入经纯化和冷却的烟道气进行碳化,碳化温度控制在 23 ℃以下,终点应控制在澄清液中含碳酸氢镁达 10～16 $g \cdot L^{-1}$,而不再升高的时候,此后再用钢瓶二氧化碳进行二次碳化,一直到溶液中含碳酸氢镁达到 30 $g \cdot L^{-1}$ 为止。澄清后,清溶液用泵打入水解塔,在 95～98 ℃进行水解。水解时可用废气加热,水解后进行真空吸滤,固体即为碱式碳酸镁产品。

碱式碳酸镁工业上称为轻质碳酸镁,一般用于制造高级耐火制品、绝缘体、高级玻璃制品、镁盐、颜料等,医药上也可作解酸剂用。

也可从盐泥中回收 MgO,方法与上述相似,先在物料盐泥中通 CO_2 进行碳化,待生成碳酸氢镁后,将溶液加热使它转变为碳酸镁。经过滤后进行煅烧,即可制得 MgO。主要反应为

$$Mg(OH)_2 + 2CO_2 \xrightarrow{\text{碳化}} Mg(HCO_3)_2$$

$$Mg(HCO_3)_2 \xrightarrow{\text{加热}} MgCO_3 + CO_2 + H_2O$$

$$MgCO_3 \xrightarrow{\text{煅烧}} MgO + CO_2$$

氧化镁可用作橡胶的填充剂,也可用以制造高级耐火保温材料。

盐泥的综合利用大有潜力可挖,例如还可以从盐泥中回收钙化合物新品种等。

9.3　高分子化工

高分子化合物有天然高分子材料和合成材料两类。天然高分子化合物有天然存在的纤维素及天然橡胶。合成材料主要为合成塑料、合成纤维和合成橡胶,通称为三大合成材料,其产量占合成材料总量的 90%,其余还有涂料、胶黏剂、离子交换树脂等产品。三大合成材料主要品种如图 9-15 所示。

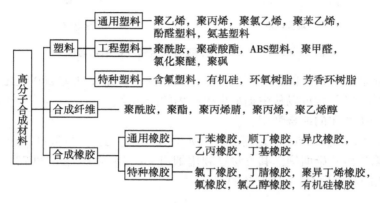

图 9-15　三大合成材料的主要品种

9.3.1　高分子化合物的基本概念

高分子化合物是一类相对分子质量很大的化合物。其相对分子质量可以到几万、几十万、几百万不等,习惯上把相对分子质量大于一万的分子称为高分子。高分子化合物一般是指有机高分子化合物亦称有机聚合物或高聚物。

虽然高分子化合物的相对分子质量很大,但是其基本化学结构并不复杂,它们的分子往往都是由特定的结构单元通过共价键多次重复连接而成的。例如,聚氯乙烯的分子为:

$$\sim—CH_2—CH—CH_2—CH—CH_2—\sim$$
$$\quad\quad\quad\ \ Cl\quad\quad\quad\ \ Cl\quad\ Cl$$

此结构式常可简写为 $\left[CH_2—CH\right]_n$,式中 $\left[CH_2—CH\right]$ 即为聚氯乙烯分子的特
$$\quad\quad\quad\quad\quad\quad\quad\quad\ |\quad\quad\quad\quad\quad\quad\quad\quad |$$
$$\quad\quad\quad\quad\quad\quad\quad\quad Cl\quad\quad\quad\quad\quad\quad\quad\ Cl$$
定结构单元,又称为链节。n 为高分子链所含链节的数目,又称为聚合度。高分子化合物的聚合度可以用来衡量其分子的大小。不过,同一种高分子化合物的分子链所含的链节数量并不相同,所以高分子化合物实质上是由许多链节结构相同而聚合度不同的化合物所组成的混合物。因此,实验测得的高分子化合物的相对分子质量和聚合度实际上都是平均值。

不同的高分子化合物常具有不同的结构单元,通常能提供结构单元的原低分子化合物称为单体。如聚氯乙烯单体为氯乙烯 $CH_2=CH—Cl$。

9.3.2　高分子化合物的命名和分类

高分子化合物的命名,习惯上只需在相应的单体名称前面加上"聚"字。例如,由氯乙

烯作单体聚合而成的高聚物,称聚氯乙烯。如由不同的单体缩聚而成的聚合物则在缩聚后的单体名称前加"聚"字。例如由己二酸和己二胺合成的高聚物称为聚己二酰己二胺。此外,也可在单体名称后面加"树脂"、"橡胶"或"共聚物"。例如由苯酚和甲醛合成的树脂简称酚醛树脂,由丁二烯与苯乙烯合成的橡胶简称丁苯橡胶。亦可以依照商品名表示。例如,将聚己二酰己二胺命名为尼龙-66,尼龙代表聚酰胺,尼龙后的数字中,前一个数字表示单体二元胺的碳原子数,后一个数字表示单体二元羧酸的碳原子数。

为解决聚合物名称冗长,读写不便,也可对常见的一些聚合物采用国际通用的英文缩写符号。例如,聚氯乙烯可用 PVC 表示等(表 9-5)。

表 9-5 有机聚合物结构与分类

类别	化学名称（习惯名称）	结构式	链 节	单 体		缩写符号
				结构式	名 称	
塑料	聚乙烯	$\dashv CH_2CH_2 \models_n$	$—CH_2—CH_2—$	$CH_2{=}CH_2$	乙烯	PE
	聚丙烯	$\dashv CH_2CH \models_n$ $\quad CH_3$	$—CH_2CH—$ $\qquad CH_3$	$CH_2{=}CH$ $\qquad CH_3$	丙烯	PP
	聚氯乙烯	$\dashv CH_2CH \models_n$ $\qquad Cl$	$—CH_2CH—$ $\qquad Cl$	$CH_2{=}CH$ $\qquad Cl$	氯乙烯	PVC
	聚苯乙烯	$\dashv CH_2CH \models_n$	$—CH_2CH—$	$CH_2{=}CH$	苯乙烯	PS
	丙烯腈—丁二烯—苯乙烯共聚物（腈丁苯共聚物）	$\dashv (CH_2CH)_x—(CH_2—$ $\quad CN$ $—CH{=}CH—CH_2)_y$ $—(CH_2—CH)_z \models_n$	$—CH_2—CH—CH_2—$ $\qquad CN$ $—CH{=}CH—CH_2—$ $—CH_2—CH—$	$CH_2{=}CHCN$ $CH_2{=}CHCH{=}CH_2$ $CH_2{=}CH$	丙烯腈 丁二烯 苯乙烯	ABS
合成纤维	聚对苯二甲酸乙二酯（涤纶）	$\dashv OCH_2CH_2OOC—$ $—CO \models_n$	$—OCH_2CH_2OOC—$ $—CO—$	$HO—CH_2CH_2OH$ $HOOC—\!\!—COOH$	乙二醇 对苯二甲酸	PETP
	聚丙烯腈（腈纶）	$\dashv CH_2CH \models_n$ $\qquad CN$	$—CH_2CH—$ $\qquad CN$	$CH_2{=}CH$ $\qquad CN$	丙烯腈	PAN
	聚己二酰己二胺（尼龙66）	$\dashv NH(CH_2)_6—$ $—NHC(CH_2)_4—C \models_n$ $\quad\quad\quad O\quad\quad O$	$—NH(CH_2)_6—$ $—NHC(CH_2)_4—C—$ $\quad\quad\quad O\quad\quad O$	$NH_2(CH_2)_6NH_2$ $HOOC(CH_2)_4COOH$	己二胺 己二酸	PA-66
合成橡胶	顺聚丁二烯（顺丁橡胶）	$\dashv CH_2—CH{=}CH—CH_2 \models_n$	$—CH_2—CH{=}CH—CH_2—$	$CH_2{=}CH—CH{=}CH_2$	丁二烯	BR
	顺聚异戊二烯（异戊橡胶）	$\dashv CH_2—CH{=}C—CH_2 \models_n$ $\qquad\qquad\qquad CH_3$	$—CH_2—CH{=}C—CH_2—$ $\qquad\qquad\qquad CH_3$	$CH_2{=}CH—C{=}CH_2$ $\qquad\qquad\quad CH_3$	异戊二烯	IR

高分子化合物种类很多,且仍在不断增加,为便于了解和研究已建立了多种分类法。常见的两种分类法:(1)按主链结构分类,可分为碳链类、杂原子链类以及元素有机聚合物三大类。(2)按性能和用途可分为塑料、纤维和橡胶三大类。常见的高分子化合物结构与分类见表 9-5。

9.3.3 高分子化合物的合成

高分子化合物的合成,就是由低分子化合物(单体)变成高分子化合物的过程,这个过程称为聚合反应。

根据聚合反应的方式可分为加成聚合(简称加聚)、缩合聚合(简称缩聚)。

1. 加聚反应

具有不饱和键的单体经加成反应形成高分子化合物,这类反应称为加聚反应。加聚反应不产生低分子化合物,且聚合物的元素组成与单体相同,聚合物的相对分子质量正好为单体的整数倍。根据参与加聚反应的单体数目,加聚反应又可以分为均聚反应和共聚反应。

如果只有一种单体参与聚合反应,称为均聚反应,得到的聚合物称为均聚物。如果有两种或两种以上的单体参与聚合,则称为共聚反应,得到的聚合物称为共聚物。例如聚氯乙烯是由一种单体氯乙烯聚合而成,属均聚物;丁苯橡胶是由丁二烯、苯乙烯两种单体聚合而成,属共聚物。

$$n CH_2=CH \xrightarrow{\text{均聚反应}} +CH_2-CH\frac{}{n}$$
$$\quad\ | \qquad\qquad\qquad\qquad |$$
$$\quad\ Cl \qquad\qquad\qquad\qquad Cl$$

氯乙烯　　　　　　　　　聚氯乙烯

$$n CH_2=CH-CH=CH_2 + n \bigcirc\!\!\!-CH=CH_2 \xrightarrow{\text{共聚反应}} +CH_2-CH=CH-CH_2-CH-CH_2\frac{}{n}$$

丁二烯　　　　苯乙烯　　　　　　　　　　　　丁苯橡胶

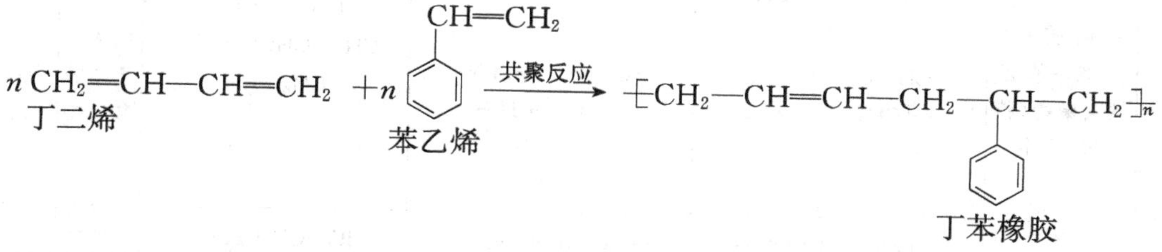

加聚反应的历程有自由基(型)加聚反应和离子(型)加聚反应两类。在生产上应用较多的加聚反应是按自由基反应历程进行的,如乙烯类单体和共轭双烯的聚合。自由基聚合反应是借光、热、辐射或引发剂的作用下,使单体分子活化为活化自由基,并按自由基型聚合机理进行的聚合。自由基型聚合反应主要分为链引发、链增长、链终止等类型的化学反应。

(1)链引发:链引发是在引发剂等作用下使单体分子活化成单体自由基的过程。引发剂是一种易于分解成自由基的物质。通常链引发由引发剂分解为初级自由基及单体自由基两步组成。即

$$I \longrightarrow 2R\cdot$$
$$R\cdot + M \longrightarrow RM\cdot$$

第一步为引发剂(Ⅰ)分解为初级自由基(R·);第二步为具有很高反应活性的初级自由基与单体(M)发生反应而生成单体自由基(RM·)。

工业上常用的引发剂有:

热引发剂引发体系:这类引发剂在加热时分解为初级自由基。常用的有过氧化物和偶氮双腈类引发剂,如过氢异丙苯、偶氮二异丁腈等。

氧化还原引发体系:一般引发剂需在较高温度下才能分解为初级自由基,若在过氧化物引发剂中加入二价铁盐、铬盐或硫代硫酸盐等还原剂,构成氧化还原引发体系,就能在较低温度下产生初级自由基。还原剂的作用主要是降低了引发剂的分解活化能。近年来,氧化还原体系已广泛应用于工业生产,使聚合反应能在低温($0 \sim 5 \ ℃$)下进行,如丁苯橡胶。

(2) 链增长:链增长是自由基与单体分子相互作用反复进行的聚合反应,形成长链自由基的过程。

$$RM \cdot + M \longrightarrow RM_2 \cdot$$
$$RM_2 \cdot + M \longrightarrow RM_3 \cdot$$
$$\cdots\cdots$$
$$RM_{n-1} \cdot + M \longrightarrow RM_n \cdot （长链自由基）$$

(3) 链终止:链增长过程中形成的长链自由基失去活性,成为稳定的大分子,这一过程称为链终止。链终止的方式主要有:

双基偶合终止　　两个长链自由基相互作用生成稳定的大分子。

$$RM_n \cdot RM_m \cdot \longrightarrow RM_{m+n}R$$

双基歧化终止　　两个长链自由基相互作用,通过氢原子转移,一个失去一个氢原子变为端基不饱和链而失去活性,另一个则得到氢原子变为端基饱和链而失去活性,彼此皆失去活性的链终止。

下面以 $R \cdot$ 表示引发剂产生的自由基,简单表达氯乙烯聚合的三个阶段。

① 链引发:自由基 $R \cdot$ 与单体氯乙烯分子结合开始链的引发

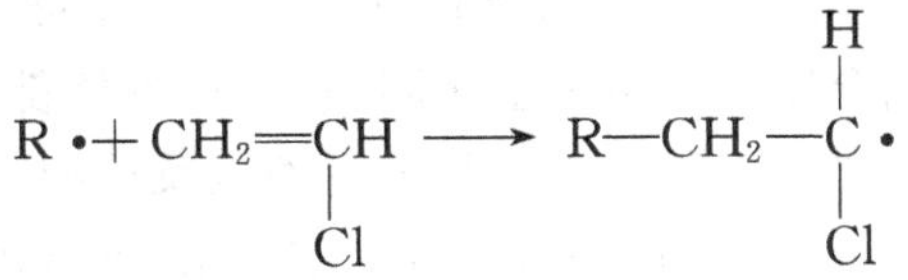

② 链的增长:单体引发后,即开始链的增长形成长链自由基

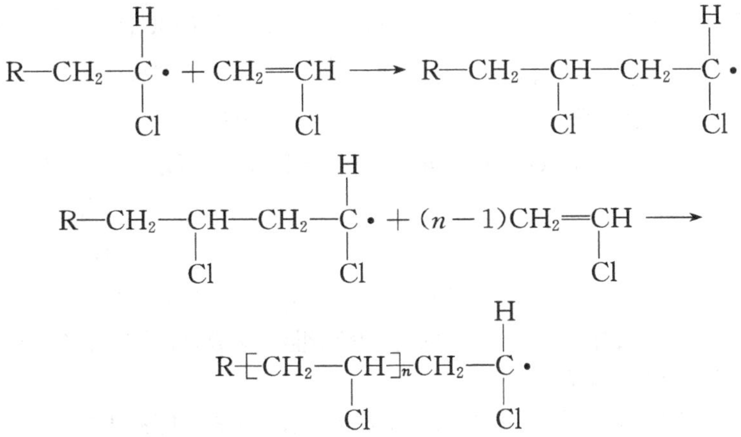

③ 链的终止：链增长到一定程度失去活性而终止。

双基偶合终止

$$R\text{-}[CH_2\text{-}CH]_n\text{-}CH_2\text{-}\overset{\overset{H}{|}}{C}\cdot \; + \; \cdot\overset{\overset{H}{|}}{C}\text{-}CH_2\text{-}[CH_2\text{-}CH]_m\text{-}R \longrightarrow$$

$$R\text{-}[CH_2\text{-}CH]_n\text{-}CH_2\text{-}\overset{\overset{H}{|}}{C}\text{-}\overset{\overset{H}{|}}{C}\text{-}CH_2\text{-}[CH_2\text{-}CH]_m\text{-}R$$

双基歧化终止

$$R\text{-}[CH_2\text{-}CH]_n\text{-}CH_2\text{-}\overset{\overset{H}{|}}{C}\cdot \; + \; \cdot\overset{\overset{H}{|}}{C}\text{-}CH_2\text{-}[CH_2\text{-}CH]_m\text{-}R \longrightarrow$$

$$R\text{-}[CH_2\text{-}CH]_n\text{-}CH=CH \; + \; CH_2\text{-}CH_2\text{-}[CH_2\text{-}CH]_m\text{-}R$$

一般情况下，链的终止以双基偶合为主，双基歧化是次要的。

自由基聚合的方式有多种，应用较广泛的是悬浮聚合和乳液聚合。悬浮聚合方式大量用于自由基烯烃聚合，如聚氯乙烯、聚苯乙烯等工业生产中；乳液聚合方式用于生产合成橡胶、乳液状聚合物油漆等。

　2. 缩聚反应

缩聚反应是由相同或不同的单体聚合成为高聚物，同时析出某些低分子化合物（如 H_2O、NH_3、HX 等）的过程。所得到的高聚物的元素组成与单体不同。

缩聚反应与低分子的缩合反应又不完全相同，它要求单体都必须具有两个或两个以上能参加反应的官能团。例如当己二酸与己二胺进行缩聚反应时，己二酸分子的羧基与己二胺分子的氨基相互在各自分子的两端发生缩合，生成聚酰胺-66（尼龙-66），聚酰胺-66 的每个链节都是由己二酸和己二胺分子间脱水缩合而成。

$$H_2N\text{—}(CH_2)_6\text{—}\underset{\underset{H}{|}}{N}\text{—}H \; + \; HO\text{—}\underset{\underset{O}{\|}}{C}\text{—}(CH_2)_4COOH \xrightarrow{\text{缩聚反应}}$$

己二胺　　　　　　　　己二酸

$$H_2N\text{—}(CH_2)_6\text{—}\underset{\underset{H}{|}}{N}\underset{\underset{O}{\|}}{C}\text{—}(CH_2)_4COOH \longrightarrow [HN\text{—}(CH_2)_6\text{—}\underset{\underset{H}{|}}{N}\underset{\underset{O}{\|}}{C}\text{—}(CH_2)_4\underset{\underset{O}{\|}}{C}]_n$$

尼龙-66

所以缩聚的含义，就是两种官能团的单体之间通过逐步反应（即反应初期，大部分单体很快消失聚合成二至四聚体等中间体产物，低聚物继续反应，使产物的分子量增大）不断缩掉一部分低分子物质而聚合成高分子。

尼龙、涤纶、腈纶等合成纤维，酚醛树脂等都是通过缩聚反应制取的。

9. 3. 4 高分子化合物的特性

高分子化合物的物理性质与其相对分子质量大小、链的形状等因素密切相关。按照分子的几何形状,高分子化合物可分为线型和体型两种(图9-16)。线型结构聚合物是由很多链节连成的长链或带有支链的长链所构成。这些长链分子具有柔顺性,可卷曲成不规则的线团状,例如未硫化的天然橡胶、聚乙烯、聚丙烯等就属于这类化合物。线型聚合物的特点是可熔融、软化或溶解。

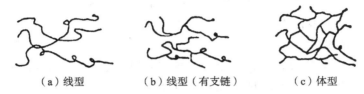

（a）线型　　　　　（b）线型（有支链）　　　　（c）体型

图9-16 聚合物分子结构示意图

体型聚合物是线型或支链型分子通过化学键交联而成,具有空间网状结构。如环氧树脂、酚醛树脂、硫化橡胶等都是体型高分子化合物。体型聚合物的网状结构十分牢固,具有不熔也不溶的特性。所以这类聚合物的成型加工只能在其形成网状结构之前进行,一经形成网状结构,就不能再改变形状。

高分子化合物按其结构形态可分为晶体和非晶体两种,前者分子排列规整有序,而后者的分子排列是没有规则的。同一高分子化合物可以兼具晶形和非晶形两种结构。合成纤维的分子排列,一部分是结晶区,一部分是非结晶区。大多数的合成树脂以及合成橡胶属体型聚合物,因而是非晶体结构形态。

具有非晶体结构的高分子化合物没有一定的熔点,但是,在不同的温度范围内,同一种高分子化合物可以呈现出三种不同的物理形态:玻璃态、高弹态和黏流态。这是由于高分子的热运动有两种,一是分子链的整体运动,另一种为高分子个别链段(一个包含几个或几十个链节的区段)的运动。

当温度较低时,高分子化合物不仅整个分子链不能运动,而且链段也处于被"冻结"状态,质感坚硬如同玻璃,故称玻璃态。随着温度的上升,分子的热运动加剧,当达到某一温度时,虽然分子链还不能移动,但链段可以自由转动了。处在这种状态的高分子化合物具有可逆形变性质。即在外力作用下,能发生形变;当外力除去后又恢复成原状,表现出很高的弹性,因此称为高弹态。如果温度继续升高,分子的热运动更加剧烈,不仅链段能够运动,而且整个分子链都能移动,这时高分子化合物就变成了具有一定黏度的可以流动的液体,高聚物所处的这种状态称为黏流态。

在不同温度范围内,同一非晶体结构的高分子化合物的这三种聚集状态可以相互转化。如图9-17所示。图中T_g表示高弹态和玻璃态之间的转变温度,称为玻璃化温度;T_f表示高弹态和黏流态之间的转变温度,称为黏流化温度。

由图可见,两态之间的转变过程是一个渐变过程。因此,T_g和T_f不是一个点,而是一个温度区间。不同的高分子化合物,这三种物态呈现的温度范围也不相同。如果T_g高于室温,那就意味着这种聚合物在室温下呈玻璃态。显而易见,塑料的T_g必定高于室温,其

T_g 值表示出它的最高使用温度。如果使用温度超过 T_g，塑料就会由玻璃态向高弹态转化，变软而发生形变。橡胶在室温下呈现高弹态，故其 T_g 低于室温。橡胶的 T_g 值则表示其正常使用的低温极限。当温度低于 T_g，橡胶就会因玻璃化而变硬变脆，失去弹性。橡胶的 T_f 值表示橡胶由高弹态向黏流态转化的温度。显然，橡胶的 $T_g \sim T_f$ 范围越宽，橡胶的耐候性就越好。

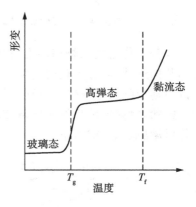

图 9 - 17　链型非晶态聚合物的物理形态与温度的关系

体型高聚物的分子呈网状结构，很难变形。因此，当温度改变时不会出现黏流态，交联程度大时甚至不出现高弹态，而只呈玻璃态。

高分子化合物由于其很高的相对分子质量与长链结构，因而在物理、化学等方面表现出很多有别于低分子化合物的特殊性能。

1. 弹性和塑性

在常温下，线型的高分子化合物的线型分子呈卷曲状态，以保持能量最低状态。当有外力作用时，卷曲的分子链可以被拉直，分子链的势能也随分子链的伸展而增高，一旦撤去外力，伸展的分子链又会恢复到卷曲状。因此这类高分子化合物呈现出弹性。例如，具有线型结构的橡胶在室温下就具有很好的弹性。体型的高分子化合物，由于交联成网状结构，失去分子链的柔顺性，变成较硬的物质，失去弹性。

线型高分子化合物当加热到一定程度后，就逐渐软化，若把它放在模子里压成一定形状，冷却去压后仍可保持所压的形状，这种性质叫可塑性。塑料就是具有可塑性的一种高分子材料，常用的有聚乙烯、聚苯乙烯等。

2. 机械性能

高分子化合物由于具有线型和网状结构，因而表现出一定的机械性能，如抗压、抗拉、抗弯等。高分子化合物的机械性能优异与否，主要取决于它的平均聚合度、分子间力以及结晶度等因素。一般聚合度和结晶度越大，分子排列就越紧密，分子间作用力也愈大，机械性能也就越强。但在聚合度增加到一定程度后，这种正比关系就不明显了，这是因为此时的机械性能在更大程度上受其他因素的影响。

3. 电绝缘性

高分子化合物的电绝缘性与其结构有关。如果高分子化合物中含有极性基团，例如聚氯乙烯、聚酰胺等，在交流电场作用下，极性基团或极性链节的取向会随电场方向变化呈周期性移动，因而具有一定的导电性，即电绝缘性较差。电绝缘性随分子极性的增加而减弱。对不含极性基团的高分子化合物，由于分子结构中不存在自由电子和离子，因而不具备导电能力，例如聚乙烯、聚苯乙烯、聚四氟乙烯等分子都无极性，偶极矩为零。所以都是优良的电绝缘体。

4. 溶解性

高分子化合物分子虽然较大，但在适当的溶剂中也会溶解。其溶解过程与一般的低分子化合物的溶解过程大不相同，高分子化合物的溶解需经历两个阶段：

（1）溶胀：溶剂分子渗入高聚物的内部，使高分子链间产生松动，并通过溶剂化，使高聚物膨胀成凝胶状。这个过程称为溶胀。

（2）溶解：高分子链从凝胶表面分散进入溶剂中，形成均一的溶液。

高分子化合物在完全溶解之前所以要经过这样一个溶胀阶段，主要由于溶质分子与溶剂分子大小差异太悬殊。高聚物的分子一般比溶剂分子大几千倍，运动速度慢，而溶剂分子小巧灵活，运动速度快，当高聚物与溶剂接触时，溶剂分子会十分便捷地钻入到高聚物分子链的间隙之中，因而发生溶胀。当越来越多的溶剂分子侵入到高聚物分子链中，聚合物的大分子链同时也会逐渐溶入溶剂中，最终形成溶液。例如聚苯乙烯在苯中的溶解就是经过了溶胀、溶解的过程。

高聚物的溶解性能的一般规律是极性的高聚物易溶于极性溶剂，非极性的高聚物易溶于非极性的溶剂中。例如聚苯乙烯是弱极性的，可溶于苯、乙苯等非极性或弱极性的溶剂中；聚甲基丙烯酸甲酯（俗称有机玻璃）是极性的，可溶于极性的丙酮中。此外高聚物的溶解性还与自身的结构有关。一般线型高聚物比体型高聚物的溶解性要好。当链间产生交联而成为体型高聚物时，由于链间形成化学键而增强了作用，通常只发生溶胀，而不能溶解。有的高聚物交联程度高，甚至不发生溶胀。例如含有 30％硫黄的硬橡胶就是这类高聚物，由于具有刚性的网状体型结构，它既不发生溶胀，也不发生溶解。

5. 化学稳定性和老化

高分子化合物是以 C—C，C—H，C—O 等牢固共价键为骨架所构成的线型或网状体型结构，化学性质比较稳定，因而广泛地被用作耐酸、耐碱、耐化学试剂的优异材料。例如被称作"塑料王"的聚四氟乙烯，耐酸碱，还能经受煮沸王水的侵蚀。

高聚物虽有较好的化学稳定性，但不同的高聚物的化学稳定性还是有差异的。有不少的高聚物处在酸、碱、氧、水、热、光等条件下，经过一段时间后其性能逐渐劣化，如变硬、变脆或者变软、变黏，高聚物的这种变化称为老化。

高聚物的老化可归结成链的交联或链的裂解。分子链的交联可以使线型结构转化为体型结构，从而使高聚物变硬、变脆，失去弹性；分子链的裂解会使大分子链发生降解（大分子断链变为小分子的过程），聚合度下降，分子量减小，从而使高聚物变软、变黏，失去原有的机械强度。

在引起高聚物老化的诸因素中，氧化、受热是最常见的影响因素。

含有不饱和基团的高聚物容易受到氧化作用而发生链的裂解或交联。例如天然橡胶在空气中会缓慢发生氧化反应，其反应可简单表示如下：

$$\sim\!\!-CH_2-\underset{\underset{CH_3}{|}}{C}\!=\!CH-CH_2-\!\sim \;+\;O_2 \longrightarrow \;\sim\!\!-CH_2-\underset{\underset{CH_3}{|}}{C}\!=\!O \;+\; O\!=\!\underset{\underset{H}{|}}{C}-CH_2-\!\sim$$

高聚物的氧化还因紫外光的辐照而被加速，因紫外光的能量高。例如长期置于室外作为遮盖用的聚乙烯薄膜，其韧性和强度会因光照而急剧下降，以致最终完全脆化碎裂，这就是紫外光促进氧化的结果。高聚物受热会加剧分子链的运动，使其物态由玻璃态转变成高弹态或黏流态，这仅属物理变化，但若受热导致分子链的断裂，就会发生降解反应。且高聚物的降解程度随温度升高而加大。例如，聚甲基丙烯酸甲酯受热降解时，基本上都转化为单体：

$$\sim—CH_2—\underset{COOCH_3}{\overset{CH_3}{\underset{|}{\overset{|}{C}}}}—CH_2—\underset{COOCH_3}{\overset{CH_3}{\underset{|}{\overset{|}{C}}}}—CH_2—\underset{COOCH_3}{\overset{CH_3}{\underset{|}{\overset{|}{C}}}}—\sim \longrightarrow n\, CH_2=\underset{COOCH_3}{\overset{CH_3}{\underset{|}{\overset{|}{C}}}}$$

高聚物在光、热、氧等条件下,虽然会发生交联或裂解而引起老化,但是这个过程是十分缓慢的,因而很多高聚物在一定的条件下仍可以用作耐热、耐腐蚀材料。

9.3.5　重要的高分子化合物的合成

1. 高分子化合物的生产过程

高分子化合物的生产过程大致包括如下过程。

(1) 原材料的精制:聚合物所用的单体和溶剂都要求有很高的纯度,一般单体纯度要求在99%以上,杂质的存在将会使聚合物相对分子质量降低,有时也会影响聚合物的色泽。为了防止单体在聚合前自聚,通常加入阻聚剂;典型的阻聚剂有叔丁基邻苯二酚和羟基苯醌,使用浓度范围为 0.001%～0.1%。

(2) 引发剂的配制:在自由基聚合反应中使用引发剂,常用的引发剂有过氧化物,偶氮化合物和过硫酸盐等。引发剂易爆易燃,使用时要按规定严格操作。

(3) 聚合过程:为了生产合格的高分子合成材料,对聚合反应的工艺条件和设备材料有严格的要求,以防止相对分子质量降低或聚合物受到设备材料的污染。

高分子化合物相对分子质量大小的控制可以采用以下方法:

① 应用相对分子质量调节剂;

② 改变聚合反应的温度或压力;

③ 改变稳定剂,防老剂等添加剂的种类。

工业生产中聚合过程有间歇聚合和连续聚合两种。

聚合反应是放热反应,所以在聚合过程中,为了控制产品的平均相对分子质量,要求反应体系的温度波动不能太大。

(4) 分离过程:聚合后的物料中,大多数情况都含有未反应的单体、反应介质,因此需要分离以提纯聚合物。

分离方法与聚合反应所得物料状态有关。如悬浮聚合和乳液聚合,所得聚合物要通过热水洗涤等方法进行分离。

(5) 聚合物的后处理:后处理主要脱除分离过程中聚合物的水分或有机溶剂,一般采用干燥方法,得到干燥合成树脂或合成橡胶。

(6) 回收过程:若聚合过程中使用到有机溶剂,则需进行回收,以能循环使用。

2. 合成塑料

塑料是合成树脂经成型加工而制得的产品。根据合成树脂的热性能,可分为热塑性树脂和热固性树脂两类。

热塑性树脂主要是长链的有机聚合物,很少交联或无交联的直链型和支链型。加热时软化,加压下模压成型,这个过程可以反复进行多次。

热固性树脂是交联的长链分子形成的网络,在加热或加压下聚合成坚硬物体,因此成型后的塑料不能再次模塑。

热塑性塑料的典型品种有聚乙烯、聚氯乙烯、聚苯乙烯、ABS 树脂等,热固性塑料的典型品种有酚醛、不饱和聚酯、聚硅醚等。

塑料的品种很多,其中用途最广的是聚氯乙烯、聚乙烯、聚苯乙烯等。

聚氯乙烯是仅次于聚乙烯的第二大品种,1988 年我国生产能力为 638 千吨。聚氯乙烯大量应用于硬管、硬板、高压绝缘层等。

目前工业上采用的氯乙烯聚合方法是悬浮聚合。悬浮聚合的成本低、产品质量好、用途广,适于大规模生产,是目前生产聚氯乙烯的主要方法。

以下以悬浮聚合为例,说明聚氯乙烯的生产过程。

氯乙烯在引发剂和悬浮剂存在下,其聚合反应为:

$$n\ CH_2{=}CH\ \longrightarrow\ {+}CH_2{-}CH{\frac{}{}}_n$$
$$\quad\ \ \ |\qquad\qquad\qquad\ \ \ |$$
$$\quad\ \ Cl\qquad\qquad\qquad\ Cl$$

(1) 原料配比:氯乙烯悬浮聚合的典型配方(质量)如下:

水(去离子水)　100　　　引发剂(过氧化二碳酸二异丙酯)　0.02~0.3
氯乙烯　　　　　50~70　　缓冲剂(磷酸氢二钠)　　　　　　　6~0.1
消泡剂　　　　　0~0.002　悬浮剂(明胶或聚乙烯醇)　　　　　0.05~0.5

悬浮聚合常用的介质是水,水和单体之比称为水油比,工业上一般采用 1.1∶1~2∶1。

(2) 聚合条件:为了使氯乙烯保持液态,聚合温度一般在 40~70 ℃之间,温度波动范围应不大于 0.2 ℃。与此温度相应的氯乙烯的饱和蒸气压为 0.6~1.2 MPa,所以聚合时的操作压力为 1.8 MPa 左右,转化率达约 88%。

(3) 聚合流程:氯乙烯悬浮聚合的工艺流程如图 9-18 所示。

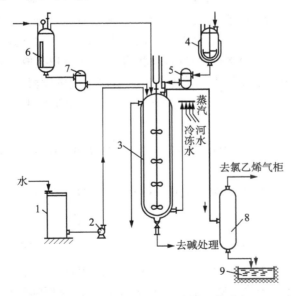

图 9-18　氯乙烯悬浮聚合的工艺流程

1—过滤器;2—多级泵;3—聚合釜;4—配制槽;5—过滤器;
6—计量泵;7—过滤器;8—泡沫捕集器;9—沉降池

　　将经过过滤器 1 的去离子水用泵 2 打入聚合釜 3 中,再将配制槽 4 中的明胶溶液经过过滤器 5 加入聚合釜 3 中,同时将引发剂及其他助剂加入釜内。向聚合釜内充入氮气把空气赶走,再将纯度为 99.9％以上的氯乙烯由计量槽 6 经过滤器 7 加入釜内。在 0.7～1 MPa下加热至 50～60 ℃时进行搅拌、聚合反应。聚合反应的温度可在反应釜夹套中通冷却水加以控制。大约经过 7～8 h 后,当釜内压力降低时,即完成聚合反应。未反应的氯乙烯气体经泡沫捕集器 8 排入气柜。被氯乙烯气体带出的少量树脂在泡沫捕集器中捕集下来,树脂流至沉降池 9 中,作为次品定期进行处理。反应釜中生成的聚氯乙烯树脂悬浮液从釜底的出料阀排出,经碱处理、过滤、洗涤、干燥即为聚氯乙烯树脂。

　　3. 合成纤维

　　纤维一般分为天然纤维和合成纤维两大类。天然纤维有棉、麻、蚕丝和羊毛等。化学纤维则又分为两类:人造纤维和合成纤维。人造纤维以自然界的纤维(如木材、棉短绒等)或蛋白质(大豆、花生等)为原料经化学处理和机械加工而制成的纤维。合成纤维则是以煤、石油和天然气为原料,经过化学合成和机械加工而制得的纤维。

　　合成纤维的品种很多,其中用量较大的有聚酰胺类(锦纶或尼龙)、聚酯类(涤纶)和聚丙烯腈类(腈纶)。

　　聚酰胺纤维分子结构中都有相同的酰胺基 $\left[\begin{smallmatrix}C-NH\\\|\\O\end{smallmatrix}\right]$,聚酰胺纤维有聚酰胺‒6、聚酰胺‒66、聚酰胺‒1010 等。

　　聚酰胺‒66 生产方式有:由己二胺和己二酸进行熔融缩聚和由己二胺和己二酸反应得66 盐后再熔融缩聚。

　　第一种方法要求己二胺、己二酸纯度很高,配料比要严格控制。第二种方法先生成 66盐,经过精制然后进行缩聚,这能保证官能团的平衡。所以工业上一般采用第二种方法。其制造过程如下:将己二胺和己二酸分别溶于乙醇中,并在 60 ℃下搅拌。将己二胺醇溶液滴加在己二酸的醇溶液中(两者物质的量必须相等),使其中和生成盐,再从溶液中析出,经离心过滤即得 66 盐。用醇洗,干燥后配制成 60％的水溶液供缩聚用。

$$H_2N(CH_2)_6NH_2 + HOOC(CH_2)_4COOH$$

$$\longrightarrow {}^+H_3N(CH_2)_6NH_3^+ - O^- \overset{O}{\underset{\|}{-}}C - (CH_2)_4 - \overset{O}{\underset{\|}{C}} - O^-$$

66 盐缩聚反应为

$$n\,{}^+H_3N(CH_2)_6NH_3^+ \cdot O^-OC(CH_2)_4COO^-$$

$$\longrightarrow \left[HN(CN_2)_6NH - \overset{O}{\underset{\|}{C}} - (CH_2)_4 \overset{O}{\underset{\|}{C}} \right]_n + 2nH_2O$$

66 盐缩聚需在较高温度下进行,反应初期为防止二己胺挥发损失,影响原料配比,需在密闭的加压条件下先生成低分子聚合物。在己二胺被稳定后再根据缩聚反应的可逆特点,不断地把反应生成的水排除,使缩聚反应向生成高聚物的方向进行。

　　工业上生产聚酰胺 66 有间歇法和连续法。间歇法工艺比较成熟,连续法适用于大规模生产。下面主要介绍间歇法。

先用高纯度的氮气排除系统中的空气,然后在 60% 的 66 盐水中加入 0.2%～0.3%(按 66 盐计)的醋酸或 0.9%～0.95% 的己二酸作为相对分子质量调节剂,混合均匀后再将混合物加入高压聚合釜中,2 h 内将温度升至 220 ℃ 左右,釜内压力升到 1.81 MPa,保持 2 h 的初步缩聚,然后逐步排气,使压力在 2～4 h 内从 1.8 MPa 下降到 50 kPa(绝),温度则逐步升到 270～275 ℃。接着由真空泵减压,为避免引起泡沫带出反应物,真空度逐渐提高。当真空度达到 6.6～1.3 kPa 时,保持 45 min,使温度升至 277 ℃,以除去最后的少量水分,完成缩聚反应。缩聚反应结束后 CO_2 气体将熔融高聚物压出,经冷却铸带、切粒、干燥就可以得到供纺丝用的聚酰胺-66。

聚酰胺-6 又称尼龙-6,它是由 6 个碳原子的己内酰胺开环聚合制取的。

己内酰胺在高温及有水、醇、胺或硼金属存在下开环聚合,例如用水作为引发剂:

第一步反应:高温水解环被打开,生成氨基己酸

$$HN(CH_2)_5CO + H_2O \Longrightarrow H_2N(CH_2)_5COOH$$

第二步反应:氨基己酸同时发生缩聚反应和加成反应

$$H_2N(CH_2)_5COOH + (n-1)HN(CH_2)_5CO \Longrightarrow H\text{-}NH(CH_2)_5CO\text{-}_nOH$$

己内酰胺的聚合反应是可逆反应,聚合转化率一般为 85%～90%。未聚合的单体混在高聚物中,在高聚物成粒后,可用水萃取除去。

工业上生产的聚酰胺-6 通常用水作为引发剂进行连续聚合,根据产品要求,可采用常压法、高压法、常压减压法等。聚合中引发剂用量为己内酰胺的 0.5%～5% 左右,为控制产品相对分子质量,加入相对分子质量调节剂醋酸(0.07%～0.14%)或己二酸(0.2%～0.3%),使相对分子质量控制在 15 000～23 000 范围内。

图 9-19 为常压法聚合工艺流程,其中 Ⅰ 和 Ⅱ 分别表示采用直形管与 U 形管。

直形连续聚合管(称 VK 管)高约 9 m;用联苯-联苯醚为热载体分别加热。第一段加热至 230～240 ℃;第二段为(265±2) ℃;第三段为(240±2) ℃。投料前先用氮气排除聚合管内的空气,再将熔融(90～100 ℃)的己内酰胺经过滤后,用计量泵送入直形管反应器顶端,同时加入引发剂和分子量调节剂,物料由上而下在管内多孔挡板间曲折流下。在第一段,己内酰胺引发开环并初步聚合,经过第二、第三段时,完成聚合反应。反应过程中的水分不断从反应器的顶部排出,物料在管内平均停留时间约 20～24 h,熔融高聚物可直接纺丝,得到聚酰胺-6 纤维。

聚酰胺纤维具有耐磨、耐腐蚀、强度高等特性,所以可以作为针织品的原料,制成袜子和内衣,也可制成轮胎帘子线、鱼网、降落伞、滤布等。

4. 合成橡胶

橡胶制品因为具有高度的弹性、耐水性、对化学药品的稳定性、电绝缘性等特殊性能,所以在工业、农业、国防和人民生活等方面都具有重要作用。

最初人们把橡胶树流出的乳白色胶汁经过凝聚、脱水等处理,得到天然橡胶(聚异戊二烯)。天然橡胶自 19 世纪初期就大量应用于商业,并逐步完善加工技术。由于资源有限,在研究天然橡胶成分及结构的基础上开始了合成橡胶的探索。1931 年,研究成功了第一种合成橡胶,命名为聚氯丁二烯,其后研制并生产了最重要的通用橡胶——丁苯橡胶。至今已

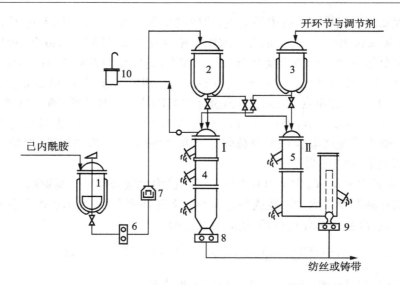

图 9 - 19　常压连续生产聚酰胺 - 6 的工艺流程

1—己内酰胺熔融釜；2—己内酰胺熔体贮罐；3—助剂计量槽；4—直形 VK 管；
5—U 形管；6、8、9—齿轮泵；7—烛筒形过滤器；10—水封管

能生产多种合成橡胶，如丁腈橡胶、顺丁橡胶、乙丙橡胶等，其中应用较广的通用橡胶为丁苯橡胶和顺丁橡胶。

　　下面以丁苯橡胶为例，说明合成橡胶的生产过程。

　　苯乙烯-丁二烯共聚物通常称为丁苯橡胶，是目前产量最大的合成橡胶，主要用于汽车轮胎和各种工业橡胶制品。丁苯橡胶的聚合反应如下：

$$nCH_2=CH-CH=CH_2 + nCH=CH_2 \longrightarrow \left[CH_2-CH=CH-CH_2-CH-CH_2\right]_n$$

　　通用型丁苯橡胶的苯乙烯含量 23%～25%，工业生产要求为 (23.5±1)%，国内都是采用乳液聚合方式进行生产，根据聚合温度的不同，可分为高温聚合（50 ℃）和低温聚合（5 ℃），低温聚合所得的丁苯橡胶性能优良，目前国内全部采用低温聚合法生产丁苯橡胶。

　　低温聚合的生产流程如图 9 - 20 所示：

　　生产过程大致可分为以下四个阶段：

　　(1) 单体相和水相的配制：苯乙烯和丁二烯的混合物称为单体相。苯乙烯和丁二烯分别按比例在单体配合槽 1 中充分混合后再加入聚合釜 3 中。水相是在水相配合槽 2 中先加入软水，再依次加入乳化剂（如脂肪酸皂、松香皂）、稳定剂（如干酪素、淀粉）等配成乳化液。

　　(2) 聚合：聚合在不锈钢制的聚合釜 3 中进行。釜内有蛇形管，釜外有夹套，供通入盐水用。将混合均匀的单体相及水相分别加入釜中，开动搅拌器，并依次加入引发剂（过氧化氢异丙苯）、调节剂（如叔十二烷硫醇）、活化剂（促进引发剂在较低温度下发挥作用。如硫酸亚铁，乙二胺四乙酸二钠盐）等，聚合温度控制在 5 ℃左右，聚合时间 8～12 h，当胶乳转化率达到 60%～65% 时，加入终止剂（如二甲基二硫代氨基甲酸钠）终止聚合反应。

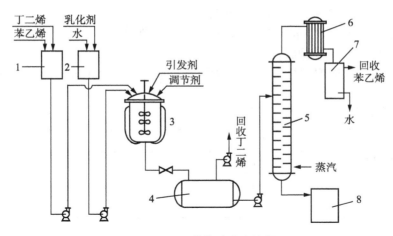

图 9 - 20 丁苯橡胶生产流程

1—单体配合槽；2—水相配合槽；3—聚合釜；4—蒸发槽；
5—苯乙烯蒸馏塔；6—冷凝塔；7—分离器；8—胶乳贮槽

（3）脱气：反应终止后的胶乳，经过过滤进入丁二烯蒸发槽 4，以蒸出没有反应的丁二烯。胶乳再进入苯乙烯蒸馏塔 5，用水蒸气蒸馏法脱出苯乙烯，经冷却回收，循环使用。

（4）凝聚后处理：精制后的橡胶乳流入胶乳贮槽 8 中，加入防老剂，以防止橡胶在长时间的贮存及使用中与空气、日光、酸碱接触发生变黏、变脆等老化现象。然后再加入 24%～26% 食盐水和 0.5% 稀硫酸进行凝聚。凝固成大颗粒的橡胶还要经洗涤、脱水、干燥、成型等处理。

复习思考题九

1．合成氨生产工艺流程包括哪几个步骤？原料气净化主要包括哪些过程？

2．氨的合成反应如下：$N_2 + 3H_2 \rightleftharpoons 2NH_3$　　$\Delta_r H_m < 0$
应用化学平衡原理，讨论什么条件下有利于提高氨的产量。

3．电解食盐时为什么要精制盐水？如何精制？

4．试说明隔膜法电解食盐水溶液为什么要用隔膜？如果不用隔膜将产生怎样的结果？

5．槽电压由哪几部分组成？各个组成部分的含义又是怎样的？

6．试解释下列名词

① 单体、链节、聚合度；② 加聚、缩聚、共聚；③ 玻璃态、高弹态、黏流态；（4）热塑料、热固性。

7．高聚物合成方法主要有几种类型？各有何特点？

8．影响高聚物机械性能和电绝缘性的主要因素有哪些？

9．举例说明 T_g 和 T_f 的含义。它们的数值与高聚物的哪些性质有关。

习题九

1．写出下列高聚物的结构简式及合成它的单体的结构简式：

① 聚苯乙烯；② 聚丙烯腈；③ ABS 树脂。

2. 写出下列合成高聚物的反应式,并指出反应类型。

① 聚氯乙烯；② 丁苯橡胶；③ 尼龙 66。

3. 指出下表中各链型非晶态高聚物在室温下处于什么物理形态? 可作为什么材料使用?

高 聚 物	$T_g/℃$	$T_f/℃$	$(T_f-T_g)/℃$
聚苯乙烯	100	135	35
聚甲基丙烯酸甲酯	105	150	45
聚异丁烯	−74	200	274
聚氯乙烯	75	160	85

第 10 章　环境·材料·化学

10.1　环境与化学

人和环境是密不可分的。人类生活在自然环境中,这自然环境是指由大气圈、水圈、生物圈、岩石-土圈共同组成的物质世界,这些都是人类赖以生存和发展的物质基础。人类从自然环境中摄取生存所必需的物质,相应在生产和生活中不断排放废料,造成对大气、水体、土壤的污染,而这些污染物又通过大气、水、土壤扩散并影响到动物、植物和人体。因此环境污染的日益扩展不仅危害人类的生命健康,而且阻碍了生产的发展。为此人类保护环境充分了解环境被污染的原因,并制定防止环境被继续污染的对策是非常重要的,而这些都与化学密切相关。这里将重点介绍环境的化学污染及其防治。

10.1.1　大气污染及其防治

某物质进入大气,对人类或人类环境产生了可观察出的各种急、慢性不良影响,该物质就被称之为大气污染物。大气污染物为数甚多,其中人为因素造成的大气污染物主要有硫氧化物、氮氧化物、碳氧化物等。

1. 硫氧化物的污染及其防治

硫氧化物是指 SO_2 和 SO_3。SO_2 是含硫化合物中典型的大气污染物,主要来自于燃料(煤炭、石油等)燃烧和硫化物矿石的焙烧。它具有强烈的刺激性,能刺激人的眼睛,损伤呼吸系统等,危害很大。SO_2 对环境污染的特性是它在大气中可被氧化为 SO_3,与水蒸气结合就成为硫酸烟雾,化学反应过程可简示如下:

$$SO_2 + \frac{1}{2}O_2 \xrightarrow{\text{催化剂,光等}} SO_3 \xrightarrow{H_2O} H_2SO_4$$

因此 SO_2 是形成酸雨的原因之一。所谓酸雨是指 pH 值小于 5.6 的雨、雪或其他形式的降水。酸雨可对人体健康产生直接影响,硫酸的毒性比二氧化硫大 10 倍,它会刺激人的皮肤并引起哮喘和各种呼吸道疾病。酸雨可使河流湖泊中水的 pH 值急速下降,影响鱼类繁殖,最后导致某些鱼类死亡。另外,酸雨还会造成森林死亡、农作物减产,并能腐蚀金属、建筑材料等。我国是一个燃煤大国,是世界上大气硫污染比较严重的国家之一。因此,为了控制酸雨,对硫氧化物的防治是很重要的。首先,应尽量选用优质煤、低硫煤或燃料脱硫,尽量减少二氧化硫排放。其次利用二氧化硫的酸性及还原性可采用多种方法治理烟气中所含二氧化硫,如用石灰乳吸收,吸收过程中进行酸碱反应生成 $CaSO_3 \cdot \frac{1}{2}H_2O$,然后进一步被氧化为 $CaSO_4 \cdot 2H_2O$。

$$Ca(OH)_2 + SO_2 = CaSO_3 \cdot \frac{1}{2}H_2O + \frac{1}{2}H_2O$$

$$2CaSO_3 \cdot \frac{1}{2}H_2O + 3H_2O = 2CaSO_4 \cdot 2H_2O$$

生成的石膏是一种很有用的化工原料,用它可制成难燃的石膏板建筑材料。

也可用氨作为二氧化硫的吸收剂:

$$SO_2 + 2NH_3 + H_2O = (NH_4)_2SO_3$$

将空气直接通入生成的$(NH_4)_2SO_3$中,使之生成$(NH_4)_2SO_4$,可作为氮肥使用。

2. 氮氧化物的污染及其防治

氮氧化物主要指 NO 和 NO_2,也是造成大气污染的主要污染源之一,其主要来源于矿物、燃料的燃烧过程(包括汽车及一切内燃机)。除可产生一次污染外,还会导致光化学反应,造成二次污染;有时由于气象因素,在人口稠密的地区不易扩散,故危害很大。氮氧化物的排放,给自然环境和人类生产、生活带来严重的危害,主要包括:①对人体的致毒作用。氮氧化物对人体大致安全浓度为 $5\ cm^3 \cdot m^{-3}$。氮氧化物能刺激呼吸系统,还能与血色素结合成亚硝基血色素而引起中毒。②对植物的损害作用,空气中几个 $cm^3 \cdot m^{-3}$ 浓度的 NO_2 就能引起叶子斑点,组织受到破坏。③是形成酸雨的原因之一。NO 与 O_2 反应生成 NO_2,再与大气中的水蒸气、尘埃作用生成 HNO_3 沉降至地面。④与碳氢化合物形成光化学烟雾。光化学烟雾是由氮氧化物与碳氢化合物在太阳光照射下,经过一系列光化学反应后的产物。它的形成首先是从 NO_2 的光分解开始的,产生的原子氧和大气中的氧反应生成臭氧,再与碳氢化合物生成醛、过氧化乙酰硝酸酯(PAN)等强氧化剂,并形成浅蓝色烟雾,即光化学烟雾。

$$NO_2 \xrightarrow{日光} NO + O(g)$$
$$O(g) + O_2(g) \longrightarrow O_3(g)$$
$$O(O_3) + C_xH_y \longrightarrow RCHO$$
$$RCHO + NO + NO_2 \longrightarrow PAN$$

由此可看出,光化学烟雾中含有大量氧化剂,并有强烈刺激性,会引起人流泪、眼红、喉痛、呼吸困难等。它还能直接危害树木、庄稼、腐蚀金属、损坏各种器物和材料。因此世界各国都十分重视研究 NO_x 的治理方法。根据氮氧化物的化学性质,治理的方法主要有催化还原法和碱液吸收法等。

催化还原法是利用 NO_2 的氧化还原性加以处理。在催化剂作用下,将氮氧化物还原为氮气,常用的还原剂有 NH_3、CH_4、CO 等。如以 NH_3 为还原剂,CuO - CrO 作为催化剂,主要反应为:

$$4NH_3 + 6NO \xrightarrow{催化剂} 5N_2 + 6H_2O$$
$$8NH_3 + 6NO_2 \xrightarrow{催化剂} 7N_2 + 12H_2O$$

碱液吸收法是根据 NO_2 的酸性,用碱液如 Na_2CO_3、NaOH、$Ca(OH)_2$ 或 $NH_3 \cdot H_2O$ 来吸收氮氧化物废气。为提高 NO_x 的吸收率,又可采用氧化吸收法,即先将 NO 氧化为

NO_2，再用碱液吸收。常用的氧化剂有 O_2，$KMnO_4$ 等。

$$2NO_2 + 2NaOH \longrightarrow NaNO_3 + NaNO_2 + H_2O$$

碱液吸收法工艺过程简单，投资较少，可供应用的吸收剂很多，又能以硝酸盐的形式回收利用 NO_x，但去除效率低，能耗高，对含 NO_x 浓度大的废气不宜采用。因此目前又出现了钼硅酸化学吸收法，利用 Mo 的高度可还原性将 NO_x 还原为 N_2，达到去除 NO_x 的目的，其反应如下：

$$8H_5SiMo_{11}(Ⅵ)Mo(Ⅴ)O_{40} + 2NO_2 \Longrightarrow 8H_4SiMo_{12}O_{40} + N_2 + 4H_2O$$
$$8H_5SiMo_{11}(Ⅵ)Mo(Ⅴ)O_{40} + 2NO + O_2 \Longrightarrow 8H_4SiMo_{12}O_{40} + N_2 + 4H_2O$$

由于钼元素是我国的丰产元素，含量丰富，价格低，所以具有一定的实践意义。

此外，生化法净化 NO_x 废气在近几年也开始得到应用。其实质是利用微生物的生命活动将废气中的有害物质转化为无害、简单的无机物和微生物细胞质。生化法净化 NO_x 废气的基本原理是脱氮菌在外加碳源的情况下，利用 NO_x 作为氮源，将 NO_x 还原为无害的 N_2，而脱氮菌本身获得生长繁殖的过程。其中 NO_x 先溶于水形成 NO_3^- 及 NO_2^-，再被生物还原为 N_2，而 NO 则被吸附在微生物表面后直接被还原为 N_2。此法具有设备简单，运用费用低，较少形成二次污染等特点，具有一定的经济性，因此该技术越来越受到重视。

3. 碳氧化物的污染及其防治

大气中的碳氧化物包括 CO 和 CO_2。CO 是城市空气中数量最大的一种污染物，是燃料的不完全燃烧产生的。其中 80% 由汽车排放。汽车在常速行驶时，排放废气中 CO 占 3%，而空挡行驶则占 12%。随着我国交通事业日益发达，车辆剧增，汽车尾气污染逐年加重，已成为主要的空气污染源之一。CO 是无色、有毒的气体，对人的危害很大，这是因为 CO 极易与血红蛋白(Hb)结合，生成羰基血红蛋白(COHb)。它们之间的亲和力比血红蛋白与 O_2 亲和力大 200～300 倍，使血红蛋白丧失了运载氧气的能力，导致组织低氧症。当质量分数为 10% 的血红蛋白结合 CO 时就有中毒现象，50% 的血红蛋白结合 CO 时可导致死亡。

一般可通过改变燃料和能源来减少 CO 或消除 CO 的排放量。例如燃烧天然气产生的 CO 比燃煤或油要少；原子能发电则可消除 CO 的排放；促进燃料完全燃烧使之产生 CO_2 等。此外，对汽车尾气的治理也是减少 CO 排放量的有效途径之一。汽车尾气中有害成分除了 CO 外，还有氮氧化物、碳氢化合物等。目前汽车尾气的净化主要是排气管加装废气催化转化器，使汽车尾气经催化剂的催化活性将其中未燃烧及燃烧不充分产生的有害气体转化为无害物质。现在较为先进的技术是应用贵金属三元催化法，所用的三元催化剂是在陶瓷载体上负载活性氧化铝和氧化铈后再浸渍钯(Pd)、铂(Pt)、铑(Rh)三种贵金属而成的。它不需要外加还原剂，利用尾气中的 CO 和碳氢化合物将 NO_x 还原成氮，使三种成分大幅度降低。由于我国贵金属资源缺乏，近几年已开始对用非贵金属、稀土金属及复合材料作为催化剂进行了大量的研究。

汽车尾气治理还表现在开发"以气代油"的环保型汽车，以天然气为燃料，能将汽车尾气中的 CO 和碳氢化合物降低 87% 和 83%；以液化石油气为燃料，能将两种有害物质降低 80% 和 30%，但 NO_x 的降低相对较少。

CO_2 是一种无毒的气体,之所以引起人们的普遍的关注,原因在于它能引起全球气候的变暖,即温室效应。

4. 其他的大气污染及其防治

(1) 温室效应:人们发现全球的气候正在变暖,据统计 1981 年～1990 年全球平均气温比百年以前的 1861 年～1880 年上升了 0.48 ℃。20 世纪 80 年代是有记录以来最暖的 10 年,20 世纪 90 年代,热浪以极迅猛的势头又横扫全球。那么为什么全球会变暖呢? 我们知道太阳辐射为短波辐射,而地球向太空的辐射则为长波辐射。大气中的某些痕量气体对来自太阳的短波辐射有高度的透过性,而对地面反射的长波辐射却有高度的吸收性,把地面反射的红外辐射大量截留在大气层中,导致大气温度升高,气候变暖。这就是温室效应。这些痕量气体称温室气体,主要有 CO_2,CH_4,N_2O,O_3,$CFCl_3$ 等,其中 CO_2 是最主要的温室气体,它对温室效应的作用达 55%。

全球变暖将是一种灾难,会使极地冰川和雪山融化,继而使海平面上升。据专家保守预测,在以后的 100 多年中,全球海平面将进一步升高 9～88 cm,沿海的大城市将被淹没,给人类生活和经济建设带来不可估量的危害。因此避免和减缓全球变暖是全人类共同的责任。由于气候变暖主要是大气中温室气体增加造成的,因此避免或减缓全球变暖首先要改变能源。目前全球 CO_2 排放量平均约为每人每年一吨,主要来源于使用矿物燃料作为能源,其排放的 CO_2 占大气中 CO_2 含量的 70%。因此必须要控制矿物燃料的消耗规模,大力发展不产生 CO_2 等温室气体的太阳能、核能等。其次应用各种先进的科学技术对温室气体进行回收。如日本和美国已经成功开发了一种冷凝固定、深海储存 CO_2 的尖端技术。它利用冷凝固化法固定烟气中的 CO_2,将这些 CO_2 用储存罐运至海上,最后放入 3 000～5000 m 的深海。用这种方法可以固定大量的 CO_2,使它不进入大气。又如美国科学家提出向深海投放一定量的微球状铁以促进海洋浮游植物的生长。因为这些海洋浮游植物在海面上能吸收大气中的 CO_2,进行光合作用,由此来降低大气中的 CO_2 的浓度,达到减缓和控制温室效应的目的。再者要保护森林资源。据统计,全球平均每年以 900～200 万公顷的速度在砍伐森林,森林的大量减少不可避免地使大气中的 CO_2 的量增加。这是因为绿色的森林就如同"地球的巨大肺叶",通过光合作用,吸收大量的 CO_2,放出 O_2,能有效降低大气中 CO_2 的浓度,对全球气候起着重要的调节作用。

(2) 臭氧层破坏:臭氧是由氧在获得适当能量如闪电或电火花时形成的。它是一种有刺激性气味的气体,是大气中的微量气体之一。臭氧在不同的大气高度分布不一样,在地面附近的对流层(地面至 15 km 高空)中含量极微,在离地面 20～25 km 的平流层中则存在着一个臭氧层。臭氧层能强烈吸收太阳放射的紫外线,为地球提供了一个防止紫外线辐射的屏障,这一屏障一旦被破坏,将产生臭氧层"空洞"。1985 年英国南极考察队在南极上空发现了一个臭氧层空洞,面积有美国那么大。1987 年德国专家又在北极地区发现了一个类似南极上空的臭氧层空洞,面积稍小,仅为南极臭氧层空洞的 1/5。这引起了世界的广泛关注。经研究,臭氧层遭到破坏主要是由卤代烃类引起的,如氯氟烃 $CFCl_3$(氟利昂- 11)、CF_2Cl_2(氟利昂- 12)等。这类物质在对流层中不易被分解,随大气运动进入平流层后,在紫外线照射下分解放出氯原子,氯原子遇到臭氧分子,会迅速发生链式反应。据统计,一个氯原子就可以破坏掉 10 万个臭氧分子,最终导致平流层中臭氧含量降低,形成臭氧层空洞。按目前臭氧层被破坏的速度推算,到 2075 年,臭氧将比 1985 年减少 40%,紫外线辐射将增强,这将会对人类健康和地球生态系统产生复杂的影响。紫外线辐射特别能破坏人体的抗病机能,从而诱发各种疾病,如皮肤癌、眼病等。有关研究表明,大气层中臭氧每减少 1%,到达地面的有害紫外线约增加 2%,皮肤癌发病率将增加 4%,白内障患者将增加 0.2%～0.6%。紫外线的增加还将影响植物的生长和光合作用,造成农作物减产,并破坏水域的生态平衡,导致水产资源的减损。

大气层中臭氧的减少引起了世界的广泛关注。为此,1987 年联合国在加拿大蒙特利尔制定了氯氟烃生产的协定书,1990 年进一步规定于 2010 年全球完全停止生产和排放氯氟烃,以减少臭氧层的破坏。近年来氯氟烃的破坏技术已成为发达国家研究的热点问题。氯氟烃的破坏技术是指采用物理、化学或生物技术对氯氟烃进行脱氯和脱氟,生成对环境无害的物质或 HF、HCl 等其他危害性较小的物质。目前氯氟烃破坏技术应用最多的是高温热破坏技术,即使氯氟烃在高温下分解。其破坏率可达 99.9%,但分解的主要产物 HF、HCl 必须进行处理,否则排放出去将是另一人为的污染源。以后又出现一些改良方法,力图减少反应中排放出的有毒、有害物质。我国在氯氟烃破坏技术领域的研究还很少,而氯氟烃的生产量和使用量却很大,其中 55% 用于作为空调和冰箱的制冷剂。因此研究开发氯氟烃的替代品及其应用技术已成为当务之急。

10.1.2　水污染及其防治

水是人类生存的重要条件,人类生活、工农业生产都离不开它。地球上的水约为 $1.36 \times 10^{18} m^3$,覆盖着近 70% 的地球表面。其中绝大部分是海水,占总水量的 97.3%,淡水仅占总水量的 2.53%,而目前能供人类直接取用的淡水资源不到 1%。

自然界中的水不是静止不动的,而是通过蒸发变成水蒸气形成云雾或通过凝结变成雨、雪下降到地面。水在自然界中处于自然循环之中。水与大气不同,不同的环境,水中所含的成分也不相同。水有一定的自然净化能力,当水体受到污染后,由于其自身物理、化学性质和生物的作用,可使水体在一定时间和一定条件下逐渐恢复到原来的状态。其自净能力包括稀释扩散、沉淀堆积、氧化还原以及水中微生物对有机物的分解等。但当排入水体的污染物质超过了水体的自净能力,则会使水的性质发生变化,从而降低了水体的使用价值和使用功能,这种现象被称为水体污染。水体污染将给工农业、渔业生产、人类健康带来很大的危害。

1. 水体污染物

引起水体污染的原因有两类:一类是自然污染,另一类是人为污染,而后者是主要的。人为污染是人类生活和生产活动中排放到水源中的污染,它包括生活污水、工业废水、农田排水、固体废物废渣中有害物质经水溶解随水流进入水体等。这些污染物质成分相当复杂,按污染物的化学组分划分,主要是无机污染物、有机污染物和生物体污染物等。

(1) 无机污染物

无机污染物主要是指酸、碱、盐、氰化物、重金属等污染物。冶金、金属加工的酸洗工序、人造纤维、酸法造纸等工业废水是水体酸污染的主要来源。而碱法造纸、印染、制碱、制革、炼油等工业废水则是碱污染的主要来源。水体遭到酸碱污染后,水的酸碱度发生变化。水正常的 pH 值范围是 6.5～8.5,pH 值过低或过高均能抑制水中微生物的生长,妨碍水体的自净作用,并使水体内一切水生生物死亡,整个水生生态系统遭到破坏。各种溶于水的氯化物及其他无机盐会造成水体含盐量增加,硬度变大,用这种水进行灌溉会使农作物受到损害而减产。

氰化物是一种毒性很强的污染物。氰化物的毒性主要是由于它对人体细胞中的氧化酶造成损害,人中毒后,呼吸困难,全身细胞缺氧而窒息死亡,口腔黏膜吸进约 50 mg 的氢氰酸,一瞬间即可死亡。我国工业废水中氰化物(以 CN^- 计)的最大允许排放浓度为 0.5 mg·L^{-1}。饮用水含氰(以 CN^- 计)不得超过 0.05 mg·L^{-1}。

污染水体的重金属主要有汞、铬、镉等。重金属污染物之所以具有潜在的危害性是因为:①不能被微生物降解,相反在微生物的作用下会转化为毒性更大的化合物。如无机汞在微生物的作用下会转化为更毒的甲基汞。②能被生物富集于体内,既危害生物又能通过食物链在人体的某些部位积累,且不易排除,使人慢性中毒。1953 年发生在日本的"水俣病"就是因为汞污染造成的,中毒者主要是受甲基汞的侵害。镉类化合物具有较大的脂溶性,生物富集性和毒性。镉在人体内积累将引起贫血,肾脏损害,并使大量钙质从尿液中流失,造成骨质疏松。在日本富山县发生的骇人听闻的"骨痛病"就是镉中毒引起的。铬是有机体不可缺少的微量元素,但环境中高浓度的铬对人类和动物均有毒害作用,尤其是六价铬,其毒性比三价铬大 100 倍,是致癌物质之一。此外,还有砷,虽不是重金属,但毒性并不亚于重金属。

(2) 有机污染物

① 耗氧有机物:耗氧有机物包括碳水化合物、蛋白质、脂肪等有机物质。一般在城市生活污水、食品、造纸等工业废水中含有较多的耗氧有机物。耗氧有机物一般不具毒性,也比较容易被微生物分解,由于分解时要消耗水中的溶解氧,故称耗氧有机物。当水中含有大量耗氧有机物时,水中溶解氧的浓度将大大降低,若低于 4 μg·L^{-1},鱼类就会窒息死亡。当水中的溶解氧被逐渐耗尽,水体处于缺氧或无氧状态时,水中的有机物在缺氧条件下,由厌氧微生物作不完全分解,释放出 H_2S,CH_4,NH_3 等有毒并有臭味的气体,造成水体出现"黑臭"现象,恶化水质,破坏水体功能。

② 有毒有机污染物:有毒有机污染物主要包括酚类化合物、有机农药、多氯联苯、多环芳烃等。大多数为难降解的有机污染物,它们在水中的含量虽不高,但在水体中残留时间长有蓄积性,对人类及其生物危害极大。

酚类化合物中,苯酚毒性最大,含酚废水中又以苯酚和甲酚的含量最高。酚类化合物对人类的毒性表现在能与细胞中的蛋白质发生化学反应,形成不溶性蛋白质,从而使细胞失去活性。水体中的酚浓度达到 0.1～1 μg·L^{-1}时可使鱼肉含有酚味,浓度高时可使鱼类大量死亡,饮用水源中含有微量酚时,将引起头晕、贫血等各种神经系统症状。有机农药及其降解产物对水体污染是十分严重的。有机氯农药在氧化环境中相当稳定,残留时间长;有机磷农药相对有机氯农药较易分解,在环境中残留时间相对较短,其毒性主要是影响中枢神经系统,对肝脏、肾脏有明显的损害。多氯联苯作为绝缘油、润滑油、添加剂被广泛应用于变压器以及塑料、橡胶工业中,同样也存在于这些工业废水中而被排入水体中。多环芳烃则存在于焦化厂、炼油厂排放的废水中。它们是不易降解且稳定的环境污染物,不溶于水,多氯联苯一旦侵入肌体就不易排泄,易聚集于脂肪内,引起皮肤过敏、肌肉疼痛、肝脏受损。而多环芳烃则是环境中重要的致癌物质。

（3）生物体污染物

生活污水，医院污水及生物制品、屠宰等工业废水中含有各种病菌、病毒病虫卵等；流入水体后，会引起病源微生物污染。病源微生物污染的特点是数量大、分布广，存活时间长，繁殖速度快，易产生抗药性，难于消灭。即使经生化污水处理及加氯消毒，某些细菌和病毒仍能存活。以水为媒介的传染病可以引起细菌性和病毒性肠道传染病，如伤寒、痢疾、霍乱、肝炎等，对人类造成极大的威胁。

2．水污染的防治

对污染严重经自净不能达到要求的水体必须进行废水处理。对不同的水污染物有不同的废水处理方法。按其原理可分为物理法、生物法、物理化学法和化学法。物理法主要是分离废水中的悬浮物质。水的物理处理法有隔滤法、沉淀法等。生物法主要是使废水中的有机污染物通过微生物的代谢活动予以转化、稳定，使之无害化。生物处理法有好氧生物处理法和厌氧生物处理法。物理化学法是通过吸附、萃取等过程除去废水中的污染物，使水得以净化。化学法是用化学反应的作用来分离、回收污染物或改变污染物的性质，使其从有害变为无害。这里重点介绍与化学有关的水的化学处理的几个方法。

（1）化学混凝法：废水中大颗粒的悬浮物由于受重力作用而下沉，可以用沉淀等方法除去。但废水中微小悬浮物及细小带电颗粒形成的胶体能在水中长期保持分散悬浮状态，不易沉淀。此时必须向废水中加入混凝剂，混凝剂水解产生水合配离子中和原来杂质粒子的电荷而使之聚沉。常用的混凝剂有无机盐类和高分子混凝剂两类，目前应用最广的无机盐类混凝剂是铝盐和铁盐，如硫酸铝、硫酸铁等；高分子混凝剂有无机和有机的，如聚合氯化铝、聚合硫酸铁、聚丙烯酰胺等。

（2）中和法：很多工业废水中含酸或含碱，而且含酸碱的量往往差别很大。对酸含量处于 5％～10％，碱含量处于 3％～5％ 的高浓度含酸含碱废水，应尽量加以回收利用；对低浓度的含酸、含碱废水，由于回收价值不大，可采用中和法处理。中和处理发生的主要反应是酸和碱的中和反应，其目的是调节废水的 pH 值，使其达到排放要求。酸性废水可直接用碱性废水中和，也可加入石灰、电石渣、石灰石等，有时也采用苛性钠和碳酸钠。碱性废水可由废酸或酸性废气如烟道气（含 CO_2 和少量的 SO_2、H_2S）来中和。

（3）化学沉淀法：该法是向废水中投加某些化学试剂（沉淀剂），使之与废水中的污染物发生化学反应，形成难溶的沉淀物，从而除去水中污染物的一种处理方法。废水中含有的有害、有毒的重金属（如 Hg，Cd，Cr 等）和某些非金属（如 As、F 等）都可以应用化学沉淀法去除。如废水中的无机汞化合物可用 Na_2S 或 $NaHS$，$(NH_4)_2S$，FeS 等处理，使之形成 HgS 沉淀，此法的除汞率很高。对有机汞，则必须先用氧化剂（如氯）将其氧化为无机汞，再用此法处理。

（4）氧化还原法：溶解于水中的有害的污染物，可以通过化学反应将其氧化或还原，转化为无害的物质，从而达到处理要求。

① 氧化法：常用的氧化剂有空气、臭氧、氯气、次氯酸钠、漂白粉、高锰酸钾等。如空气氧化目前主要应用于含硫（HS^-，S^{2-} 等）废水的处理。在碱性溶液中，HS^-，S^{2-} 的还原性较强，且不会形成易挥发的硫化氢，能被空气氧化为无害的硫代酸盐和硫酸盐。其主要反应为：

$$2HS^- + 2O_2 \!=\!\!=\!\!= S_2O_3^{2-} + H_2O$$

$$2S^{2-} + 2O_2 + H_2O \!=\!\!=\!\!= S_2O_3^{2-} + 2OH^-$$

$$S_2O_3^{2-} + 2O_2 + 2OH^- \!=\!\!=\!\!= 2SO_4^{2-} + H_2O$$

又如含氰废水的处理,利用 CN^- 的还原性,可用 Cl_2、$Ca(ClO)_2$ 等氧化剂将 CN^- 氧化为 CO_2 和 N_2,从而使其失去毒性。在碱性条件下,用 Cl_2 处理 CN^- 的方程式为

$$CN^- + 2OH^- + Cl_2 \!=\!\!=\!\!= \underset{\text{(氰酸根)}}{CNO^-} + 2Cl^- + H_2O$$

$$2CNO^- + 4OH^- + 3Cl_2 \!=\!\!=\!\!= 2CO_2 + N_2 + 6Cl^- + 2H_2O$$

臭氧具有很强的氧化性,可分解一般氧化剂难以氧化的有机物,处理后的废水不产生二次污染,是一种很有发展前途的废水处理方法。以后,人们又提出了光催化氧化法,即在水中加入臭氧的同时,对废水溶液进行紫外线照射。此法比单独使用臭氧的效果更好,一些难以被臭氧单独氧化的有机物如酚、醛等都可被完全氧化分解为 CO_2 和 H_2O,而且氧化速率也大大提高。

② 还原法:常用还原剂有 $FeSO_4$,$NaHSO_3$ 或铁屑等。目前采用化学还原法进行处理的主要污染物是重金属离子,还原剂将重金属离子还原为单质而分离。如用金属铁屑除汞,就是将含汞废水通过金属铁屑滤床或与金属铁粉混合反应,置换出金属汞:

$$Fe + Hg^{2+} \!=\!\!=\!\!= Hg\!\downarrow + Fe^{2+}$$

从而达到从废水中分离重金属的目的。

又如含铬废水处理,废水中剧毒的六价铬可用还原剂 $FeSO_4$ 还原为毒性极微的三价铬:

$$Cr_2O_7^{2-} + 6Fe^{2+} + 14H^+ \!=\!\!=\!\!= 2Cr^{3+} + 6Fe^{3+} + 7H_2O$$

还原产物 Cr^{3+} 可加入碱(如石灰)使之生成 $Cr(OH)_3$ 而除去。通过控制 Cr^{3+} 含量和 $FeSO_4$ 用量的比例,在加热的条件下,在废水中通入空气使 Fe^{2+} 部分氧化成 Fe^{3+},当 Fe^{2+} 和 Fe^{3+} 的物质的量之比为 $1:2$ 左右时,就生成 $Fe_3O_4 \cdot xH_2O$ 沉淀,由于 Cr^{3+} 和 Fe^{3+} 电荷相同,半径相近,因此在沉淀过程中,Cr^{3+} 离子替代了 $Fe_3O_4 \cdot xH_2O$ 沉淀中部分 Fe^{3+} 离子生成共沉淀。此沉淀物的特点是具有磁性,可采用磁力分离的方法将沉淀物从废水中分离出来。

由此可见,实际处理某种废水时,往往是多种方法联合运用,而不论采用何种方法进行废水处理,其目的是把废水中的有害物质以某种形式分离出去,或转化为无害物质。

人类的存在需要水,地球上存在大量的水,然而能被人类所用的淡水资源却少得可怜,淡水资源的紧缺及随着淡水资源日益受到污染,其净化成本的不断提高,使全世界的目光都盯着海洋。

对人类来说,海洋是一巨大天然宝库。海洋中的浮游植物通过光合作用,吸收地球上多余的 CO_2,生成我们所必需的 O_2,是地球的天然"肺脏";海洋供给人类食物的能力相当于世界所有耕地总和的 1 000 倍;海底石油已勘明的储量有 1 350 亿吨,天然气 140 万亿立方米,正等待我们去开掘。在某种意义上,海洋是取之不尽、用之不竭的水资源,全球已有 105 个国家建立了各自的海水淡化装置来解决淡水资源日益匮乏的问题。海水淡化可通过蒸发蒸馏、反渗透和冷冻技术途径来达到。目前把一吨海水淡化的成本已降低至 1 美元以下,并随着技术的提高还会越来越低。直接利用海水代替淡水作为工业冷却水,以节约淡水资

源等。由此可见,海洋资源的有效利用对未来社会和经济发展有巨大的影响。但是长期以来,人们似乎认为海洋是一个"垃圾桶",各种废水、废渣、垃圾都向海洋排放,使近海海域重金属、多环芳烃等有毒有害物质不断富集,对生态环境构成了直接和潜在的威胁。由于海洋的严重污染,使近海海域的鱼、贝类濒于绝迹。如上海长江口海域原来是传统的银鱼渔场,20 世纪 60 年代这片海域年产银鱼 300 多吨。1971 年西区石洞口排污口建成以后,银鱼产量急剧下降,1980—1987 年平均年产仅为 29 吨,1988 年年产 10 吨,到 1989 年这个渔场基本消失。为此,专家们呼吁,应加大应用基础科学研究的投入和支持力度,对沿海海域生态系统的物资循环、资源利用、物种组成、污染动力学、生物多样性等展开系统的研究和监测,在开发利用海洋资源、发展海洋经济的同时应保护海洋环境不受污染,也为子孙后代留下一片碧海蓝天。保护海洋是全人类共同的责任。

10.2　材料与化学

材料科学是现代科技的重要领域。实践证明,材料和人类同在,材料技术与社会发展同步,每一项重大的新技术的产生和发展都有赖于新材料的研制与发明。因此,材料、信息和能源已被并列为现代科技的三大支柱。现代科学技术和工业中应用的材料极为广泛,品种繁多,主要可分为高性能金属材料、新型有机高分子材料、无机非金属材料及复合材料等。

10.2.1　高性能金属材料

金属材料是材料王国中的一个大家族,是人类发现和应用最古老的传统材料,是工农业生产、人民生活和科学技术发展的重要物质基础,在材料工业中占有主导地位。但是,近半个世纪以来,由于无机非金属材料和有机高分子材料的迅速发展,金属材料的部分市场已被这些材料所取代。目前,金属材料正处于推陈出新的阶段,高性能的金属材料就是在传统金属材料的基础上发展起来的。其种类较多,如非晶态合金、储氢合金、稀土材料、形状记忆合金、减振合金、超塑性合金、超高温合金和超导合金等。这些高性能的金属材料性能优异、用途广泛,具有极大的发展前景。

1. 非晶态合金

非晶态合金是 20 世纪 70 年代出现的一种新型的金属材料。这是一种不具有传统金属晶体结构的无定形的金属材料,又称为金属玻璃,其强度高、硬度大、变形小、耐腐蚀性能强,性能大大优于传统的金属材料。如非晶态合金的强度为当今超强金属的 1.4 倍以上,是一般结构钢的 7 倍,硬度大于高硬度合金钢。因此可用于制造高压容器和火箭壳体。又如非晶态合金磁性材料电磁性能优良,极易磁化,又很快去磁,磁导率高。这类合金材料主要有铁、钴、镍与锆、铌、铪等合金系列,铁、钴、镍与钇、镝、钛等合金系列以及铁、钴、镍与硼、碳、硅等合金系列。以上各种非晶态合金磁性材料应用范围极广。如用作磁屏蔽、磁头、磁分离超滤器及永久磁体,如用它来作为变压器铁芯,还可降低能耗 65%～75%。此外还可作为原子反应堆用元件、催化剂等特殊条件下的磁性材料。总之,非晶态合金材料所特有的高电阻、高耐腐蚀性以及垂直磁性各向异性等性质在高强、耐蚀结构材料领域中已显示出巨大的应用前景。

2. 形状记忆合金

形状记忆合金是一种具有形状自动恢复功能的智能型材料。加工制造这种合金材料的工艺过程是:先将合金材料加工成形,然后在 573～1 273 K 的高温下进行热处理,这种合金就具备了记忆能力。若将其冷却至某一温度,很容易把它变为另一种形状,然而一加热,就能自动恢复原形,它似乎能记住在高温下被加工后的形状。这种"记忆"特性可反复使用500 万次,而它恢复的原形和原来的一模一样,并具有耐腐蚀性。现已研制成功并有实用价值的形状记忆合金有 Ni—Ti、Ni—Ti—Co、Cu—Zn—Al 等合金。基于这种奇特的"记忆"功能,形状记忆合金在电子仪器仪表、医疗工业及航空航天等领域都有广泛的应用。如用于温度自动调节装置、记录仪表的驱动部件及血液运输箱的控制器;利用其良好的生物相容性,就可制作颈椎间的人工关节,固定断骨的插销或接骨板以及人造心脏;也可用于飞机上的紧固铆钉、宇航飞行器及人造卫星的天线。

3. 储氢合金

储氢合金是一种新型的储能材料。氢是理想的清洁能源,因为氢燃烧后的产物是水,不会污染环境。但是氢气密度小,体积大,氢气和空气接触极易发生爆炸,这样就不易储备、运输和使用。传统的高压氢气瓶既笨重又危险。为此,科学家研制出一大批金属单体或合金的储氢材料。目前已形成以 Ti-Fe 为代表的钛系、以 La-Ni 为代表的稀土系和以Mg-Ni 为代表的镁系等系列的储氢合金。这类储氢材料在一定温度、压力下与氢气形成金属氢化物(如 $LaNi_5H_6$),并放出热量。由于氢与这些金属的结合力很弱,加热时即可完全放出氢气。该可逆反应可反复进行,而合金本身不会改变性能。因此,基于储氢合金的特性,使其具备了广泛的应用潜力。如:利用储氢合金大量吸氢的特点,就可用于解决氢气的储存和运输问题,使得氢气有望成为本世纪中理想的清洁能源;利用储氢合金还可将工业纯的氢气精制成 99.999 9% 以上的超纯氢,用于电子行业以提高半导体器件的质量;利用储氢合金-氢气系统制成氢能燃料电池和加氢发动机,可应用于氢能源汽车和飞机等。1994 年德国已开发成功利用储氢合金的氢能源汽车。我国也已制得可应用于镍氢电池的新型混合稀土储氢合金,这种镍氢电池性能优异,在宇航、移动电话、电动汽车等方面得到了广泛的应用。

4. 稀土材料

稀土功能材料的种类很多,它们具有独特的光学、磁学和结构等特性,是冶金、石化、玻璃、尖端科学和高新技术产品不可缺少的材料。在冶金工业中,含有稀土的合金钢可以提高钢的强度和硬度,使金属性能得到极大的改善。如球墨铸铁中加入少量稀土元素,不仅能除去其中的非金属杂质,而且能改变铸铁中的石墨形态,提高致密度,使其机械性能显著提高,可达到或超过钢的性能,可用于柴油机曲轴、连杆等机械零件。在石油化工中,由稀土制成的分子筛催化剂对石油裂化有良好的催化性能。这种分子筛催化剂与一般的催化剂相比具有活性高、处理能力强、汽油产率高等特性。在玻璃中加入稀土金属就可以改变玻璃的颜色,改善玻璃的性能,从而制得特种玻璃。镨、钕、铕和铒是玻璃的着色剂。如含有氧化铒的玻璃可呈现出美丽的粉红色。在玻璃中加入 0.1% 的氧化铈,就能得到透明度高,膨胀系数低的优良玻璃,当氧化铈的加入量为 1% 时,就可以得到性能优良的防辐射玻璃。稀土材料还可以用于电光源工业。如用稀土三基色荧光粉制成的荧光灯,亮度高,显色好,比一般的白炽灯节电 80%;因此,稀土三基色荧光灯被称为稀土节能灯,是"绿色照明工程"中重点发展的照明灯具。而硫氧钇铕(Y_2O_2S-Eu)是彩色电视机显像管的理想荧光材料。在尖端科技方面稀土也有重要的应用。如加入 Nb^{3+} 的钇铝石榴石($Y_3Al_3O_{12}$)是一种良好的激光材料,可用它制造激光测距、激光通讯、激光雷达等激光器,还能制造击毁飞机、导弹和卫星的激光武器。而稀土-钴合金、钕-铁-硼合金都是优良的永磁材料,可应用于微型电机、计算机、医疗器械和音响设备等诸多方面。

10.2.2　新型无机非金属材料

新型无机材料的主体是先进陶瓷,除此之外,还有人工晶体材料,特种玻璃及无机涂层材料等,近年来,这些材料发展迅速,应用广泛。

1. 先进陶瓷

先进陶瓷又称精密陶瓷,它在原材料、制备工艺、产品显微结构等方面完全不同于传统陶瓷,是选用人工合成的高纯度、超细粉末为原料(粉体尺寸必须达到微米级),精确选定化学组成,在严格控制条件下,经加压成型,先进的烧结或其他处理方法制得的高性能材料。因而是具有优异的光、电、热、磁和力学等性能的材料。

先进陶瓷按其化学组成可分为:氧化物陶瓷、氮化物陶瓷、碳化物陶瓷、硼化物陶瓷等由一种化合物为主体的单相陶瓷。此外,还有两种或两种以上化合物构成的复合陶瓷。先进陶瓷按其使用和和性能分类,可分为结构陶瓷和功能陶瓷。

(1)结构陶瓷:结构陶瓷是以利用力学和热学性能为主的材料,具有耐高温、高强度、抗腐蚀、耐磨损等性能,因此在冶金、机械、能源、金属切削、宇航等方面都有重要应用。下面介绍几种典型的结构陶瓷。

① 耐高温、高强度、耐磨损陶瓷:这类陶瓷包括氧化铝、碳化钛、氮化硅、碳化硅等。如氮化硅陶瓷,氮与硅之间以共价键联结,粒子间的结合力很强,所以在高温下也具有很高的强度,是性能胜过钢铁的新型结构陶瓷材料。而热压氮化硅陶瓷在 1 673 K 时强度仍能达到 1 000 MPa,并具有耐酸、绝缘性能好等优良性能,这是任何其他材料所不能比拟的。因此可应用于发动机、火箭喷嘴及切割刀具等,其优点是显而易见的。例如陶瓷刀具,以其超硬、耐热及对金属的不粘合性成为高速切削和精密切削的极好工具,能加工传统高速度钢刀具和硬质合金所无法应付的各种高强度、高硬度工件和材料,且使用寿命长。

② 耐高温、高强度、高韧性陶瓷:高韧性陶瓷克服了陶瓷材料抗机械性能差的缺点。如氧化锆相变增韧陶瓷性能优良,是由于陶瓷材料中的氧化锆在不同的温度范围内有不同的晶体结构,氧化锆相变增韧陶瓷正是利用氧化锆结构转变时的膨胀效应来增加材料的韧性。为防止氧化锆陶瓷在烧结时因体积变化引起开裂,还必须加入一定量的氧化物作为稳定剂,如氧化钙、氧化镁、氧化钇等。迄今为止,它仍是结构陶瓷中室温强度和断裂韧性最高的材料(与铁及硬质合金相当),已发展为氧化锆增韧陶瓷系列。氧化锆增韧陶瓷已被广泛应用于机械、冶金及军事等领域。如制作陶瓷刀具、轴承、密封件、坩埚、耐火材料及火箭隔热层、防弹装甲板等。

③ 耐高温、耐腐蚀的透光陶瓷:传统的陶瓷材料由于存在着与基体折射率不同的异相,如气泡等,破坏了陶瓷体的光学均匀性,对光线产生散射,致使光线强度减弱,是一种不透明的材料。为此,科学家们选用颗粒均匀、高纯度(99.99%)、超细(0.3 μm)的氧化铝粉末为原料,在烧制过程中,采用加入适量添加剂、调节气氛(如往炉中通入氢气)、热压烧结等

方法来防止气孔的产生和抑制晶粒的异常长大,终于制得透明氧化铝陶瓷。氧化铝陶瓷是高压钠灯极为理想的灯管材料,它在高温下与钠蒸气不发生作用,又能把95％以上的可见光传递出去,其发光效率是普通电灯的11～12倍,而且高压钠灯发出的灯光不刺眼,并能透过浓雾而不被散射,很适合作为车灯。高压钠灯平均寿命长到1～2万小时,是目前寿命最长的灯。新型氧化铝陶瓷的出现,引起了电光源发展的一次重大飞跃,带来了巨大的社会经济效益,大大节约了能源及人力、物力的消耗,这是普通的玻璃灯管无法比拟的。

目前,透明陶瓷发展很快,它们的队伍正在不断扩大。如在氧化物陶瓷方面还有氧化镁、氧化钇、氧化铍等;还有一些由几种氧化物组成的透明陶瓷,如铝镁尖晶石,外观类似玻璃,硬度大、强度高,化学稳定性好,可用于飞机的挡风材料,高级轿车的防弹窗以及氟化镁、氟化钙等非氧化物透明陶瓷。

④ 生物陶瓷:生物陶瓷是指应用于生物医学及生物化学工程的各种陶瓷材料。此类陶瓷以氧化铝为主,目前又开发出羟基磷灰石陶瓷等。生物陶瓷作为生物植入材料,可用于人体硬组织的修复。过去,人工关节、骨钉等外科修复件,所用材料为不锈钢,钛合金和高分子塑料等。经对比试验和临床实践证明,先进陶瓷的性能要优于其他材料。如它和骨组织的化学组成比较接近,生物相容性好,又无毒性和致癌性,不会腐蚀也不会引起免疫反应,因此稳定性好。目前,以磷酸盐为基体的人工骨,植入生物体内后逐渐被酶降解而转变为与自然骨一样的组织,即为可降解的生物材料。显然,这种生物陶瓷是现有任何别的材料难以替代的。

(2) 功能陶瓷:功能陶瓷是以利用电、磁、光、热和力学等性能及其相互转换为主的材料,在通讯电子、自动控制、集成电路、计算机、信息处理等方面得到了广泛的应用。这类功能陶瓷包括氧化物、铁氧体、钛酸钡基和锆钛酸铅基等。

① 敏感陶瓷:随着信息处理、自动控制、电子计算机等近代科学技术的发展,传感技术显得尤其重要。而敏感陶瓷在敏感元件及传感器中占有重要地位。敏感陶瓷的种类很多,主要有湿敏、气敏、热敏、压敏、光敏等。

湿敏陶瓷材料主要有 $MgCrO_4$ - TiO_2、Zn - Cr_2O_3、TiO_2 - V_2O_5 等系列,为多孔结构,因此对大气中的水分子有吸附作用,吸附水分子后的陶瓷表面导电性和电容性将发生变化,从而指示出周围环境的湿度。据此可制成半导体湿敏元件。由于其测量范围宽、工作温度高、响应速度快、耐污能力强等特点,被广泛用于食品生产制造过程、家用电器、医疗、仓库及纺织等方面。

气敏陶瓷主要用于对各类气体的组成、浓度及种类进行检测与报警。由于化工、煤矿、汽车、电子等工业的发展及煤气、液化石油燃料在工业、民用方面得到日益广泛的应用,由此对有毒有害气体的检测和报警提出了极高的要求,气敏陶瓷也就迅速发展起来。半导体陶瓷气敏元件大部分是 n 型半导体,如 SnO_2、ZnO、α - Fe_2O_3 等。如添加了 α - Fe_2O_3 的陶瓷,在吸附还原性气体后,会发生化学反应,从而引起电导率的变化,达到检测报警的目的。通过添加物质的改变,可以制成各类气体的探测器及气体泄露报警器,避免中毒事故的发生,造福于人类。

② 压电陶瓷:压电陶瓷结构上没有对称中心,因而具有压电效应,即当在某个方向施加压力时,此表面会产生电压差,称为正压电效应;反之在电压作用下,则会发生变形,称为逆电压效应。这就是压电陶瓷所具有的机械能与电能之间的转换和逆转换功能,常用的压电

陶瓷有钛酸钡（$BaTiO_3$）、钛酸铅（$PbTiO_3$）和锆钛酸铅（简记为 PZT）等。压电陶瓷材料具有成本低、换能率高、加工成型方便等特点，在现代科学技术中有着广泛的应用。主要用于换能、传感、驱动和频率控制。如水下探测用的水声换能器，遥测用的超声换能器，扬声器及压电点火器、压电引信等。

2. 纳米陶瓷

为了使高性能先进陶瓷向更高层次发展，我国在 20 世纪 90 年代初开始研制纳米陶瓷。即选用的原料和制成的陶瓷晶粒达到纳米尺度。纳米陶瓷在性能上已远远不同于原有的材料。例如，氧化锆纳米陶瓷不同于微米级的氧化锆陶瓷，其强度和韧性大幅度增加，其硬度和塑性也有所改善，可以像金属一样弯曲变形。从先进陶瓷到纳米陶瓷是陶瓷发展过程中的重大飞跃。我国已研究成功的纳米陶瓷粉体材料有氧化锆、碳化硅、氧化钛等。纳米陶瓷材料的研究虽然是近几年才开始兴起，但我国科技工作者已取得一定的成果。制备纳米陶瓷，首先要研制纳米尺寸水平的粉体，纳米级粉体用机械粉碎的方法是不能得到的，必须要用其他的方法来制备。目前已有用物理方法，蒸发-凝聚；化学方法，气相或液相反应等来制备纳米级粉体。纳米陶瓷的坚硬、耐磨、永不生锈的性能比金属材料优越得多。纳米陶瓷是当前和今后若干年的发展趋向，并有望在本世纪获得更大的突破，从而开拓陶瓷材料更为广泛的用途。

3. 人工晶体和特种玻璃

人工晶体是一种单晶材料，由于它具有压电、热电、磁光转换和红外遥感等多种方面的功能，因此是发展激光、电子、红外和光信息处理等高新技术所必需的材料。如人造金刚石，可以是块状形态，也可制成薄膜形态，利用其超硬性能，除可制作为工具、磨具外，还可制作手术刀，由于刀刃极薄，因而比一般的手术刀锋利得多。利用其高导热和高电阻率特性，可应用于超高速集成电路、超大规模集成电路和用作耐腐蚀材料。人造水晶即氧化硅晶体可作为压电材料应用于石英表，还可应用于传感器等。目前这类晶体应用较多的有：超硬金刚石晶体、激光晶体和红外晶体等。

特种玻璃则是一类非晶态材料，它具有高强度、耐高温、耐腐蚀、可切削等特点，并具有光、电、磁、热等功能，是发展光学、光电技术、生物工程、宇航事业、汽车及新能源等领域中的基础材料。如含氧硝酸盐玻璃具有化学性能稳定，是电的不良导体，因此可用于核燃料、废料的固化处理，还可用作绝缘体。

10.2.3　复合材料

复合材料是由两种或两种以上的单一材料组合而成，即以一种材料为基体，另外的材料为增强剂，增强相分布在整个基体相中，利用优势互补和优势叠加而制得性能比其他组分材料更优越的新型材料。因此，复合材料具有比模量（指模量与质量密度的比值）高、比强度（指强度与质量密度的比值）高、耐高温、耐腐蚀、耐磨损以及抗疲劳性能好等优点。

根据基体材料的类型，复合材料一般可分为树脂基复合材料，金属基复合材料和陶瓷基复合材料。

1. 树脂基复合材料

树脂基复合材料是开发应用较为成熟的一种复合材料。用于复合材料基体的树脂有热固性树脂如环氧树脂、酚醛树脂和不饱和聚酯等，热塑性树脂如聚乙烯、聚丙烯和聚酰胺等,增强剂有玻璃纤维、石墨、硼纤维等。

玻璃钢就是树脂基复合材料中的一员,它的增强材料是玻璃纤维。玻璃原来既硬又脆,但是将熔融的玻璃拉成纤维后就会变得柔软如丝。玻璃纤维越细,强度越高。如直径为 10 μm 的玻璃纤维抗拉强度可达到 3 600 MPa,比高强度的钢还高出 2 倍。玻璃钢中的基体材料有酚醛树脂、聚酯树脂等,它起到联结玻璃纤维的作用,使玻璃纤维受力均匀。玻璃钢的特点是质轻、高强度、耐腐蚀、绝缘性能好等。被广泛应用于航空、军事工业和民用等各行各业。20 世纪 60 年代以后,又开始研制出碳纤维、硼纤维、碳化硅纤维等多种高性能复合材料。其中碳纤维增强树脂是这类材料中发展最迅速、应用范围最广的一种。它是以聚丙烯腈人造丝或木质丝为原丝,在高温分解和碳化后所得的碳纤维作为增强材料。碳纤维复合材料的性能优于玻璃纤维复合材料。如比强度是钢的 3～5 倍,比模量是钢的 3～4 倍。因此已大量使用在航空航天工业等方面,如用于制造飞机的机翼、人造卫星的支撑架及喷气发动机的喷口等。此外,碳纤维复合材料还广泛应用于机械、化工、汽车和体育运动器具方面。如用碳纤维复合材料制成的轴承,摩擦因数小、抗磨蚀性好;用碳纤维与聚四氟乙烯合成的复合材料制成的密封圈,适用于高压化工泵和液压系统的密封;用碳纤维复合材料制成的汽车车体与钢车体相比,不仅抗冲击性能和抗疲劳性能好,而且质量轻,是节约能源的一种措施;从 20 世纪 70 年代起,碳纤维复合材料被用于制造体育运动器具,如弓箭、高尔夫球杆、钓鱼竿、网球拍等。

2. 金属基复合材料

与树脂基复合材料相比,金属基复合材料不仅具有更高的比强度、比刚度、耐高温性能(工作范围在 623～1 273 K 之间),还具有高的导热、导电、抗辐射、耐老化等优点。

用于金属基复合材料基体的金属有铝、镁、铅、锌、铜、钛和金属间化合物等,增强材料主要有纤维(如硼纤维、碳纤维、碳化硅纤维等)、晶须(如碳化硅晶须、氧化铝晶须、氮化钛晶须等)、颗粒(如碳化硅颗粒、碳化硼颗粒等)等。在各种金属基复合材料中以铝和钛基复合材料发展较快。如硼纤维增强铝基复合材料用作航天飞机中的机身构架,可减轻质量 80 千克,因此可节省燃油;又如石墨纤维增强铝基复合材料也具有很高的比强度和比模量,被广泛应用于坦克、导弹等军事武器方面。在人造卫星中,金属基复合材料被用来制作抛物面天线、光学望远镜的扇形反射面等。由于金属基复合材料的制备方法和工艺过程比较复杂,成本高,因此目前主要用于航空、航天和军事工业部门。

3. 陶瓷基复合材料

陶瓷材料具有硬度大、耐高温、耐磨损等特点,但它的弱点是韧性差,而陶瓷基复合材料是正在兴起的一种具有优良性能,可克服单一陶瓷脆性的新材料,它的研制和发展正得到人们的高度重视。

陶瓷基复合材料是在陶瓷基体中加入增强相(碳纤维、碳化硅纤维或晶须及各种金属晶须、颗粒等)而构成的多相复合陶瓷。近期又研制出一种高性能纳米复合陶瓷材料,其主要区别是增强相为纳米级颗粒或晶须。陶瓷基复合材料具有优良的韧性、耐磨蚀、导热系数低及耐高温性(适用于 873～1 773 K 高温)等特点。因而被广泛应用。如碳纤维补强石英复相陶瓷的强度是纯石英陶瓷的 12 倍,并具有很高的韧性、极好的抗烧蚀性能,已应用于空间技术;氮化硅复相陶瓷具有很高的强度、断裂韧性和硬度,可用来制作刀具。

总之,复合材料所具有的优异性能,使其具备了旺盛的生命力,随着高科技的发展,复合材料的应用前景将会更广阔。

复习思考题十

1. 大气中的主要污染物有哪些？对大气污染中氮氧化物的防治可采用哪些方法？

2. 臭氧层破坏会给人类带来什么威胁？采取什么措施能减少臭氧层的破坏？

3. 温室效应是如何产生的？会造成什么危害？如何防治？

4. 废水中的主要无机污染物有哪些？列举几种毒性强、对人体危害大的重金属的主要存在形态和毒害作用。

5. 废水处理的方法有哪些？对废水中的重金属离子能否用化学沉淀反应和氧化还原反应进行处理？举例说明。

6. 何谓非晶态合金？与一般金属材料相比较在性能上有何优点？

7. 结构陶瓷材料与功能陶瓷材料有何区别？各举例说明在现代高科技领域中的应用。

8. 何谓复合材料？根据基体材料的类型，复合材料可分为几种？

部分习题参考答案

第 1 章

1. -2.85 kJ
2. -16.73 kJ $\cdot$ mol^{-1}
3. (1) -418.66 kJ $\cdot$ mol^{-1}
   (2) $-3\ 267.65$ kJ $\cdot$ mol^{-1}
   (3) -847.59 kJ $\cdot$ mol^{-1}
4. -394.99 kJ $\cdot$ mol^{-1}
5. -157.5 kJ
6. (1) 正值
   (2) 正值
   (3) 正值
   (4) 负值
7. (1) 159.0 kJ $\cdot$ mol^{-1},不能自发进行
   (2) -28.49 kJ $\cdot$ mol^{-1},能自发进行

   (3) -30.24 kJ $\cdot$ mol^{-1},能自发进行
8. (1) -32.83 kJ $\cdot$ mol^{-1}
   (2) 117.07 kJ $\cdot$ mol^{-1}
   (3) -817.96 kJ $\cdot$ mol^{-1}
9. ①能自发进行,②不能自发进行,
   用 $H_2(g)$ 还原 MnO_2 方法比较好
10. -101.02 kJ $\cdot$ mol^{-1},能自发进行
11. (1) 345.56 kJ $\cdot$ mol^{-1},不能自发进行
    (2) 升高温度对反应有利
    (3) $2\ 125$ K
12. (1) 15.85 kJ $\cdot$ mol^{-1}, 28.33 kJ $\cdot$ mol^{-1}
    (2) -13.65 kJ $\cdot$ mol^{-1}
13. $T<381$ K, $T>381$ K

第 2 章

2. 增加到原来的 2 倍
3. 0.698 mol^{-1} $\cdot$ L $\cdot$ s^{-1}
4.

$T/$K	$K^{\ominus}$
973	0.618
1 073	0.905
1 173	1.29
1 273	1.66

此反应为吸热反应
5. (1) 1.28×10^{-7}
   (2) 1.14×10^{50}
6. -61.5 kJ $\cdot$ mol^{-1}
7. 摩尔比 $1:4$
8. 573.7 kPa
9. 4.34
10. 0.354, 7.74 kPa
11. (1) 14.5%
    (2) 38.7%
12. 1.76
13. (1) 20.97%
    (2) 0.3
    (3) 36.0%
    (4) 34.0%
    (5) 57.0%
    (6) 吸热反应
14. (1) 66.7%
    (2) 55.0%
15. 7.35×10^{-3}

第 3 章

2. 2.00×10^{-4}

3. 3.79×10^{-5}，0.075%

4. 2.95×10^{-3} mol·L^{-1}，11.47

5. (1) 1.87×10^{-3} mol·L^{-1}，11.27

   (2) 1.74×10^{-5} mol·L^{-1}，9.24

   说明了同离子效应

6. 9.24

7. 2.09×10^{-4} mol·L^{-1}，3.68

8. (1) 11.27

   (2) 8.88

   (3) 2.88

   (4) 5.12

9. 3.75×10^{-6} mol·L^{-1}

10. (1) 9.24

    (2) 5.27

    (3) 1.70

11. (1) 5.46

    (2) 9.24

    (3) 2.53

12. (1) 8.94

    (2) 8.85

13. 11.92 mL，17.0 g

14. 12.73 mL

15. (1) 1.12×10^{-4} mol·L^{-1}

    (2) 1.12×10^{-4} mol·L^{-1}，

    　　2.24×10^{-4} mol·L^{-1}

    (3) 5.61×10^{-8} mol·L^{-1}

    (4) 1.18×10^{-5} mol·L^{-1}

16. 1.04×10^{-6} mol，1.08×10^{-9} mol

    用稀 H_2SO_4 洗涤较合适

17. (1) 1.25×10^{-7}，有沉淀

    (2) 6.00×10^{-3}，有沉淀

    (3) 1.00×10^{-3}，有沉淀

18. (1) 2.21×10^{-4} mol·L^{-1}

    (2) 2.72×10^{-6} mol·L^{-1}

19. (1) 8.70×10^{-7} mol·L^{-1}

    (2) 7.94

    (3) 6.43×10^{-5} mol·L^{-1}

    (4) 4.24×10^{-21} mol·L^{-1}

20. (1) 2.54×10^{25}

    (2) 2.00×10^{3}

    (3) 6.07×10^{7}

21. 有沉淀，19.7 g

22. 1.78 g

第 4 章

6. (1) 0.333 0 V

   (2) 0.699 5 V

8. (1) 0.620 V

   (2) −119.64 kJ·mol^{-1}

   (3) （−）Pt│Sn^{2+}，Sn^{4+}‖Fe^{3+}，Fe^{2+}│

   　　Pt（＋）

   (4) 0.501 6 V

9. −0.279 8 V

10. 0.186 mol·L^{-1}

11. 0.690 mol·L^{-1}

12. (1) 0.446 0 V

    (2) −0.545 1 V

14. (1) $\varphi_{Cr_2O_7^{2-}/Cr^{3+}}$（0.817 V）$< \varphi^{\ominus}_{Br_2/Br^-}$，

    　　不能自发进行

    (2) $\varphi_{MnO_4^-/Mn^{2+}}$（1.223 V）$< \varphi^{\ominus}_{Cl_2/Cl^-}$，

    　　不能自发进行

15. (2) 0.461 V

    (3) 0.599 V

16. (1) 1.48×10^{41}

    (2) 9.63×10^{3}

    (3) 2.36×10^{62}

17. (1) 0.817 8 V，氧化性降低；

    (2) −0.183 V，还原性增强

18. (1) −0.358 6 V

    (3) 1.32×10^{12}

19. 8.14×10^{-17}

20. (2) 0.726 6 V

    (3) 5.25×10^{-13}

21. (1) ③0.448 8 V　④$3.60 \times 10^{15}$

(2) ②1.481 V

23. pH≥1.30

第5章

1. 486.3 nm

第7章

7. 1 108 K

第8章

11. $9.90×10^{-8}$ mol • L^{-1}, 0.10 mol • L^{-1},
0.30 mol • L^{-1}

12. 0.246 mol

13. 0.496 mol • L^{-1}

14. $3.89×10^{-17}$ mol • L^{-1},
0.050 mol • L^{-1}
2.80 mol • L^{-1}, 无 $Cu(OH)_2$ 沉淀

15. (1) 有 AgCl 沉淀

(2) 12.5 mL

16. (1) 无 AgCl 沉淀,有 AgI 沉淀
(2) 无 AgI 沉淀,有 Ag_2S

17. (1) $6.00×10^{-6}$,逆向进行
(2) $7.60×10^{21}$,正向进行
(3) $1.96×10^{-4}$,逆向进行

18. (1) $8.87×10^{-15}$
(2) $1.00×10^{26}$

附　录

附录 1　一些物质的标准摩尔生成焓、标准摩尔生成吉布斯函数和标准摩尔熵的数据

物　　质	$\dfrac{\Delta_f H_m^{\ominus}(298\ K)}{kJ \cdot mol^{-1}}$	$\dfrac{\Delta_f G_m^{\ominus}(298\ K)}{kJ \cdot mol^{-1}}$	$\dfrac{S_m^{\ominus}(298\ K)}{J \cdot mol^{-1} \cdot K^{-1}}$
Ag(s)	0	0	42.72
AgCl(s)	−127.03	−109.68	96.11
AgI(s)	−62.38	−66.32	114.2
Al(s)	0	0	28.3
AlCl$_3$(s)	−695.38	−636.75	167.36
Al$_2$O$_3$(s. α. 刚玉)	−1 669.79	−1 576.36	51.00
Br$_2$(l)	0	0	152.23
(g)	30.71	3.14	245.46
C(s,金刚石)	1.88	2.89	2.43
(s,石墨)	0		5.69
CCl$_4$(l)	−132.84	−62.56	216.19
CO(g)	−110.54	−137.30	198.01
CO$_2$(g)	−393.51	−394.38	213.79
Ca(s)	0	0	41.6
CaCO$_3$(s,方解石)	−1 206.87	−1 128.71	92.9
CaO(s)	−635.5	−604.2	39.7
Ca(OH)$_2$(s)	−986.59	−896.69	76.1
CaSO$_4$(s)	−1 432.68	−1 320.23	106.7
CaSO$_4 \cdot 2H_2O$(s)	−2 021.12	−1 795.66	193.97
Cl$_2$(g)	0	0	223.07
Cu(s)	0	0	33.30
CuCl$_2$(s)	−206	−162	108.10
CuO(s)	−155.2	−127.2	43.5
Cu$_2$O(s)	−166.7	−146.3	100.8
CuS(s)	−48.5	−48.9	66.5
F$_2$(g)	0	0	202.81
Fe(s,α)	0	0	27.1
Fe$_2$O$_3$(s,赤铁矿)	−822.2	−741.0	90.0
Fe$_3$O$_4$(s,磁铁矿)	−1 117.1	−1 014.1	146.4
H$_2$(g)	0	0	130.70
HCl(g)	−92.30	−95.27	186.80
HF(g)	−271.12	−273.22	173.79
HNO$_3$(l)	−173.23	−79.83	155.60
H$_2$O(g)	−241.84	−228.59	188.85
(l)	−285.85	−237.14	69.96
H$_2$O$_2$(l)	−187.61	−118.04	102.26
H$_2$S(g)	−20.17	−33.05	205.88
Hg(g)	60.83	31.76	175.0
(l)	0	0	77.4
HgO(s,红)	−90.71	−58.51	72.0
I$_2$(g)	62.26	19.37	260.69
(s)	0	0	116.14

续表

物　质	$\Delta_f H_m^{\ominus}$ (298 K) $kJ \cdot mol^{-1}$	$\Delta_f G_m^{\ominus}$ (298 K) $kJ \cdot mol^{-1}$	$S_m^{\ominus}$ (298 K) $J \cdot mol^{-1} \cdot K^{-1}$
K(s)	0	0	63.6
KCl(s)	−435.89	−408.28	82.68
Mg(s)	0	0	32.51
$MgCl_2$(s)	−641.82	−592.83	89.54
MgO(s)	−601.83	−569.55	26.8
$Mg(OH)_2$(s)	−924.66	−833.68	63.14
Mn(s,α)	0	0	31.76
MnO_2(s)	−520.9	−466.1	53.1
N_2(g)	0	0	191.60
NH_3(g)	−45.96	−16.12	192.70
NH_4Cl(s)	−315.39	−203.79	94.56
NO(g)	90.37	86.69	210.77
NO_2(g)	33.85	51.99	240.06
Na(s)	0	0	51.0
NaCl(s)	−410.99	−384.03	72.38
NaOH(s)	−426.8	−380.7	64.18
O_2(g)	0	0	205.14
O_3(g)	142.26	162.82	238.81
Pb(s)	0	0	64.89
$PbCl_2$(s)	−359.20	−313.94	136.4
PbO(s,黄)	−217.86	−188.47	69.4
S(s,斜方)	0	0	31.93
SO_2(g)	−296.85	−300.16	248.22
SO_3(g)	−395.26	−370.35	256.13
Si(s)	0	0	17.70
$SiCl_4$(g)	−609.6	−569.9	331.5
SiO_2(s,α,石英)	−859.4	−805.0	41.84
Sn(s,白)	0	0	51.5
SnO_2(S)	−580.7	−519.6	52.3
Ti(s)	0	0	30.30
TiO_2(s,金刚石)	−912.1	−852.7	50.20
Zn(s)	0	0	41.6
ZnO(s)	−347.98	−318.17	43.93
CH_4(g)	−74.85	−50.81	186.38
C_2H_2(g)	226.73	209.20	200.94
C_2H_4(g)	52.30	68.15	219.56
C_2H_6(g)	−84.68	−32.86	229.60
C_6H_6(g)	82.93	129.73	269.31
(l)	49.04	124.45	173.26
CH_3OH(l)	−238.57	−166.15	126.8
C_2H_5OH(l)	−276.98	−174.03	160.67

附录 2　一些弱电解质的解离常数(298 K)

弱电解质	解 离 常 数		
$CO_2 + H_2O$	$K_{a_1}^{\ominus} = 4.36 \times 10^{-7}$	$K_{a_2}^{\ominus} = 4.68 \times 10^{-11}$	
HCN	$K_a^{\ominus} = 6.17 \times 10^{-10}$		
HF	$K_a^{\ominus} = 6.61 \times 10^{-4}$		
H_2S	$K_{a_1}^{\ominus} = 1.07 \times 10^{-7}$	$K_{a_2}^{\ominus} = 1.26 \times 10^{-13}$	
HBrO	$K_a^{\ominus} = 2.51 \times 10^{-9}$		
HClO	$K_a^{\ominus} = 2.88 \times 10^{-8}$		
HIO	$K_a^{\ominus} = 2.29 \times 10^{-11}$		
HNO_2	$K_a^{\ominus} = 7.24 \times 10^{-4}$		
H_3PO_4	$K_{a_1}^{\ominus} = 7.08 \times 10^{-3}$	$K_{a_2}^{\ominus} = 6.31 \times 10^{-8}$	$K_{a_3}^{\ominus} = 4.17 \times 10^{-3}$
H_2SiO_3	$K_{a_1}^{\ominus} = 1.70 \times 10^{-10}$	$K_{a_2}^{\ominus} = 1.58 \times 10^{-12}$	
$SO_2 + H_2O$	$K_{a_1}^{\ominus} = 1.29 \times 10^{-2}$	$K_{a_2}^{\ominus} = 6.16 \times 10^{-8}$	
HCOOH	$K_a^{\ominus} = 1.77 \times 10^{-4}$		
CH_3COOH	$K_a^{\ominus} = 1.75 \times 10^{-5}$		
H_3BO_3	$K_a^{\ominus} = 5.75 \times 10^{-10}$		
$NH_3 + H_2O$	$K_b^{\ominus} = 1.74 \times 10^{-5}$		

附录 3　一些共轭酸碱的解离常数

酸	K_a	碱	K_b
HNO_2	7.24×10^{-4}	NO_2^-	1.38×10^{-11}
HF	6.61×10^{-4}	F^-	1.52×10^{-11}
HAc	1.75×10^{-5}	Ac^-	5.72×10^{-10}
H_2CO_3	4.36×10^{-7}	HCO_3^-	2.3×10^{-8}
H_2S	1.07×10^{-7}	HS^-	1.0×10^{-7}
$H_2PO_4^-$	6.31×10^{-8}	HPO_4^{2-}	1.60×10^{-7}
NH_4^+	5.75×10^{-10}	NH_3	1.74×10^{-5}
HCN	6.17×10^{-10}	CN^-	1.63×10^{-5}
HCO_3^-	4.68×10^{-11}	CO_3^{2-}	2.14×10^{-4}
HS^-	1.26×10^{-13}	S^{2-}	7.94×10^{-2}
HPO_4^{2-}	4.17×10^{-13}	PO_4^{3-}	2.40×10^{-2}

附录4 一些物质的溶度积（298 K）

化合物	$K_{sp}^{\ominus}$	化合物	$K_{sp}^{\ominus}$
$AgBr$	5.35×10^{-13}	$Fe(OH)_3$	2.79×10^{-39}
$AgCl$	1.77×10^{-10}	FeS	6.3×10^{-18}
Ag_2CrO_4	1.12×10^{-12}	HgS（黑）	1.6×10^{-52}
AgI	8.52×10^{-17}	（红）	4.0×10^{-53}
Ag_2S	6.3×10^{-50}	$MgCO_3$	6.82×10^{-6}
Ag_2SO_4	1.20×10^{-5}	$Mg(OH)_2$	5.61×10^{-12}
$BaCO_3$	2.58×10^{-9}	$Mn(OH)_2$	1.9×10^{-13}
$BaCrO_4$	1.17×10^{-10}	MnS（无定形）	2.5×10^{-10}
$BaSO_4$	1.08×10^{-10}	$PbCl_2$	1.70×10^{-5}
$CaCO_3$	3.36×10^{-9}	$PbCO_3$	7.4×10^{-14}
CaF_2	3.45×10^{-11}	PbI_2	9.8×10^{-9}
$Ca(OH)_2$	5.02×10^{-6}	$PbCrO_4$	2.8×10^{-13}
$Ca_3(PO_4)_2$	2.07×10^{-33}	PbS	8.0×10^{-28}
$CaSO_4$	4.93×10^{-5}	$PbSO_4$	2.53×10^{-8}
CdS	8.0×10^{-27}	$ZnCO_3$	1.46×10^{-10}
$Cd(OH)_2$（新析出）	2.5×10^{-14}	$Zn(OH)_2$	3.0×10^{-17}
$Cu(OH)_2$	2.2×10^{-20}	$\alpha-ZnS$	1.6×10^{-24}
CuS	6.3×10^{-36}	$\beta-ZnS$	2.5×10^{-22}
$Fe(OH)_2$	4.87×10^{-17}		

附录5 标准电极电势（298 K）

电　对 （氧化态/还原态）	电　极　反　应 （氧化态＋ne^- ⇌ 还原态）	标准电极电势 $\varphi^{\ominus}/V$
Li^+/Li	$Li^+ + e^- \rightleftharpoons Li$	-3.0401
K^+/K	$K^+ + e^- \rightleftharpoons K$	-2.931
Ca^{2+}/Ca	$Ca^{2+} + 2e^- \rightleftharpoons Ca$	-2.868
Na^+/Na	$Na^+ + e^- \rightleftharpoons Na$	-2.71
Mg^{2+}/Mg	$Mg^{2+} + 2e^- \rightleftharpoons Mg$	-2.372
Al^{3+}/Al	$Al^{3+} + 3e^- \rightleftharpoons Al$	-1.662
Mn^{2+}/Mn	$Mn^{2+} + 2e^- \rightleftharpoons Mn$	-1.185
Zn^{2+}/Zn	$Zn^{2+} + 2e^- \rightleftharpoons Zn$	-0.7618
Fe^{2+}/Fe	$Fe^{2+} + 2e^- \rightleftharpoons Fe$	-0.447
Cd^{2+}/Cd	$Cd^{2+} + 2e^- \rightleftharpoons Cd$	-0.4030
Co^{2+}/Co	$Co^{2+} + 2e^- \rightleftharpoons Co$	-0.28
Ni^{2+}/Ni	$Ni^{2+} + 2e^- \rightleftharpoons Ni$	-0.257
Sn^{2+}/Sn	$Sn^{2+} + 2e^- \rightleftharpoons Sn$	-0.1375
Pb^{2+}/Pb	$Pb^{2+} + 2e^- \rightleftharpoons Pb$	-0.1262
H^+/H_2	$2H^+ + 2e^- \rightleftharpoons H_2$	0.0000
$S_4O_6^{2-}/S_2O_3^{2-}$	$S_4O_6^{2-} + 2e^- \rightleftharpoons 2S_2O_3^{2-}$	0.08
S/H_2S	$S + 2H^+ + 2e^- \rightleftharpoons H_2S$（水溶液）	0.142
Sn^{4+}/Sn^{2+}	$Sn^{4+} + 2e^- \rightleftharpoons Sn^{2+}$	0.151

电　对 (氧化态/还原态)	电　极　反　应 (氧化态$+ne^- \rightleftharpoons$还原态)	标准电极电势 $\varphi^{\ominus}$/V
SO_4^{2-}/H_2SO_3	$SO_4^{2-}+4H^++2e^- \rightleftharpoons H_2SO_3+H_2O$	0.172
Hg_2Cl_2/Hg	$Hg_2Cl_2+2e^- \rightleftharpoons 2Hg+2Cl^-$	0.268 08
Cu^{2+}/Cu	$Cu^{2+}+2e^- \rightleftharpoons Cu$	0.341 9
Cu^+/Cu	$Cu^++e^- \rightleftharpoons Cu$	0.521
I_2/I^-	$I_2+2e^- \rightleftharpoons 2I^-$	0.535 3
MnO_4^-/MnO_4^{2-}	$MnO_4^-+e^- \rightleftharpoons MnO_4^{2-}$	0.558
O_2/H_2O_2	$O_2+2H^++2e^- \rightleftharpoons H_2O_2$	0.695
Fe^{3+}/Fe^{2+}	$Fe^{3+}+e^- \rightleftharpoons Fe^{2+}$	0.771
Hg_2^{2+}/Hg	$Hg_2^{2+}+2e^- \rightleftharpoons 2Hg$	0.797 3
Ag^+/Ag	$Ag^++e^- \rightleftharpoons Ag$	0.799 6
Hg^{2+}/Hg	$Hg^{2+}+2e^- \rightleftharpoons Hg$	0.851
NO_3^-/NO	$NO_3^-+4H^++3e^- \rightleftharpoons NO+2H_2O$	0.957
HNO_2/NO	$HNO_2+H^++e^- \rightleftharpoons NO+H_2O$	0.983
Br_2/Br^-	$Br_2+2e^- \rightleftharpoons 2Br^-$	1.066
MnO_2/Mn^{2+}	$MnO_2+4H^++2e^- \rightleftharpoons Mn^{2+}+2H_2O$	1.224
O_2/H_2O	$O_2+4H^++4e^- \rightleftharpoons 2H_2O$	1.229
$Cr_2O_7^{2-}/Cr^{3+}$	$Cr_2O_7^{2-}+14H^++6e^- \rightleftharpoons 2Cr^{3+}+7H_2O$	1.232
Cl_2/Cl^-	$Cl_2+2e^- \rightleftharpoons 2Cl^-$	1.358 27
ClO_3^-/Cl^-	$ClO_3^-+6H^++6e^- \rightleftharpoons Cl^-+3H_2O$	1.451
MnO_4^-/Mn^{2+}	$MnO_4^-+8H^++5e^- \rightleftharpoons Mn^{2+}+4H_2O$	1.507
H_2O_2/H_2O	$H_2O_2+2H^++2e^- \rightleftharpoons 2H_2O$	1.776
$S_2O_8^{2-}/SO_4^-$	$S_2O_8^{2-}+2e^- \rightleftharpoons 2SO_4^-$	2.010
F_2/F^-	$F_2+2e^- \rightleftharpoons 2F^-$	2.866

附录6　标准电极电势(碱性介质)

电　对 (氧化态/还原态)	电　极　反　应 (氧化态$+ne^- \rightleftharpoons$还原态)	标准电极电势 $\varphi^{\ominus}$/V
$Ba(OH)_2/Ba$	$Ba(OH)_2+2e^- \rightleftharpoons Ba+2OH^-$	-2.99
$Sr(OH)_2/Sr$	$Sr(OH)_2+2e^- \rightleftharpoons Sr+2OH^-$	-2.88
$Mg(OH)_2/Mg$	$Mg(OH)_2+2e^- \rightleftharpoons Mg+2OH^-$	-2.690
$Mn(OH)_2/Mn$	$Mg(OH)_2+2e^- \rightleftharpoons Mn+2OH^-$	-1.56
$Cr(OH)_3/Cr$	$Cr(OH)_3+3e^- \rightleftharpoons Cr+3OH^-$	-1.48
CrO_2^-/Cr	$CrO_2^-+2H_2O+3e^- \rightleftharpoons Cr+4OH^-$	-1.2
H_2O/H_2	$2H_2O+2e^- \rightleftharpoons H_2+2OH^-$	$-0.827 7$
$Ni(OH)_2/Ni$	$Ni(OH)_2+2e^- \rightleftharpoons Ni+2OH^-$	-0.72
$Cu(OH)_2/Cu$	$Cu(OH)_2+2e^- \rightleftharpoons Cu+2OH^-$	-0.222
O_2/H_2O_2	$O_2+2H_2O+2e^- \rightleftharpoons H_2O_2+2OH^-$	-0.146
O_2/OH^-	$1/2O_2+H_2O+2e^- \rightleftharpoons 2OH^-$	0.401

附录7　一些配离子的稳定常数和不稳定常数

配离子解离式	$K_{不稳}^{\ominus}$	$K_{稳}^{\ominus}$
$[AgBr_2]^- \Longrightarrow Ag^+ + 2Br^-$	4.68×10^{-8}	2.14×10^7
$[Ag(CN)_2]^- \Longrightarrow Ag^+ + 2CN^-$	7.90×10^{-22}	1.26×10^{21}
$[Ag(SCN)_2]^- \Longrightarrow Ag^+ + 2SCN^-$	2.69×10^{-8}	3.72×10^7
$[Ag(NH_3)_2]^+ \Longrightarrow Ag^+ + 2NH_3$	8.91×10^{-8}	1.12×10^7
$[Ag(S_2O_3)_2]^{3-} \Longrightarrow Ag^+ + 2S_2O_3^{2-}$	3.47×10^{-14}	2.88×10^{13}
$[CaEDTA]^{2-} \Longrightarrow Ca^{2+} + EDTA^{4-}$	1.00×10^{-11}	1.00×10^{11}
$[Co(SCN)_4]^{2-} \Longrightarrow Co^{2+} + 4SCN^-$	1.00×10^{-5}	1.00×10^5
$[Co(NH_3)_6]^{2+} \Longrightarrow Co^{2+} + 6NH_3$	7.76×10^{-6}	1.29×10^5
$[Co(NH_3)_6]^{3+} \Longrightarrow Co^{3+} + 6NH_3$	6.31×10^{-36}	1.58×10^{35}
$[CuCl_2]^- \Longrightarrow Cu^+ + 2Cl^-$	3.2×10^{-6}	3.12×10^5
$[Cu(CN)_2]^- \Longrightarrow Cu^+ + 2CN^-$	1.0×10^{-24}	1.0×10^{24}
$[Cu(NH_3)_4]^{2+} \Longrightarrow Cu^{2+} + 4NH_3$	4.79×10^{-14}	2.09×10^{13}
$[Cu(en)_2]^+ \Longrightarrow Cu^+ + 2en$	1.58×10^{-11}	6.33×10^{10}
$[CuI_2]^- \Longrightarrow Cu^+ + 2I^-$	1.41×10^{-9}	7.09×10^8
$[Cu(P_2O_7)_2]^{6-} \Longrightarrow Cu^{2+} + 2P_2O_7^{4-}$	1.0×10^{-9}	1.0×10^9
$[Cu(SCN)_2]^- \Longrightarrow Cu^+ + 2SCN^-$	6.61×10^{-6}	1.51×10^5
$[Fe(CN)_6]^{4-} \Longrightarrow Fe^{2+} + 6CN^-$	1.00×10^{-35}	1.00×10^{35}
$[Fe(CN)_6]^{3-} \Longrightarrow Fe^{3+} + 6CN^-$	1.00×10^{-42}	1.00×10^{42}
$[FeF_6]^{3-} \Longrightarrow Fe^{3+} + 6F^-$	1.00×10^{-16}	1.00×10^{16}
$[HgBr_4]^{2-} \Longrightarrow Hg^{2+} + 4Br^-$	1.00×10^{-21}	1.00×10^{21}
$[HgCl_4]^{2-} \Longrightarrow Hg^{2+} + 4Cl^-$	8.51×10^{-16}	1.17×10^{15}
$[Hg(CN)_4]^{2-} \Longrightarrow Hg^{2+} + 4CN^-$	4.0×10^{-42}	2.50×10^{41}
$[HgI_4]^{2-} \Longrightarrow Hg^{2+} + 4I^-$	1.48×10^{-30}	6.76×10^{29}
$[PbCl_4]^{2-} \Longrightarrow Pb^{2+} + 4Cl^-$	2.51×10^{-2}	39.8
$[PbI_4]^{2-} \Longrightarrow Pb^{2+} + 4I^-$	3.39×10^{-5}	2.95×10^4
$[Ni(CN)_4]^{2-} \Longrightarrow Ni^{2+} + 4CN^-$	5.0×10^{-32}	2.00×10^{31}
$[Ni(NH_3)_6]^{2+} \Longrightarrow Ni^{2+} + 6NH_3$	1.82×10^{-9}	5.50×10^8
$[Ni(NH_3)_4]^{2+} \Longrightarrow Ni^{2+} + 4NH_3$	1.10×10^{-8}	9.09×10^7
$[Ni(en)_3]^{2+} \Longrightarrow Ni^{2+} + 3en$	4.68×10^{-19}	2.14×10^{18}
$[ZnCl_4]^{2-} \Longrightarrow Zn^{2+} + 4Cl^-$	6.31×10^{-1}	1.58
$[Zn(CN)_4]^{2-} \Longrightarrow Zn^{2+} + 4CN^-$	2.0×10^{-17}	5.00×10^{16}
$[ZnEDTA]^{2-} \Longrightarrow Zn^{2+} + EDTA^{4-}$	4.0×10^{-17}	2.50×10^{16}
$[Zn(en)_3]^{2+} \Longrightarrow Zn^{2+} + 3en$	7.76×10^{-15}	1.29×10^{14}
$[Zn(NH_3)_4]^{2+} \Longrightarrow Zn^{2+} + 4NH_3$	3.47×10^{-10}	2.88×10^9
$[Zn(OH)_4]^{2-} \Longrightarrow Zn^{2+} + 4OH^-$	2.19×10^{-18}	4.57×10^{17}

附录 8　我国法定计量单位

国际单位制(简称 SI)的基本单位

量的名称	单位名称	单位符号
长度	米	m
质量	千克(公斤)	kg
时间	秒	s
电流	安(培)	A
热力学温度	开(尔文)	K
物质的量	摩(尔)	mol
发光强度	坎(德拉)	ed

国际单位制中具有专门名称的导出单位(摘录)

量 的 名 称	单位名称	单位符号	定义式
频率	赫[兹]	Hz	s^{-1}
力;重力	牛[顿]	N	$kg \cdot m \cdot s^{-2} = J \cdot m^{-1}$
压力,压强;应力	帕[斯卡]	Pa	$kg \cdot m^{-1} \cdot s^{-2} = N \cdot m^{-2}$
能量;功;热	焦[耳]	J	$kg \cdot m^{2} \cdot s^{-2} = N \cdot m$
功率;辐射通量	瓦[特]	W	$kg \cdot m^{2} \cdot s^{-2} = J \cdot s^{-1}$
电荷量	库[仑]	C	$A \cdot s$
电位;电压;电动势	伏[特]	V	$kg \cdot m^{2} \cdot s^{-3} \cdot A^{-1} = W \cdot A^{-1}$
电容	法[拉]	F	$A^{2} \cdot s^{4} \cdot kg^{-1} \cdot m^{-2} = C \cdot V^{-1}$
电阻	欧[姆]	Ω	$kg \cdot m^{2} \cdot s^{-3} \cdot A^{-2} = V \cdot A^{-1}$
电导	西[门子]	S	$kg^{-1} \cdot m^{-1} \cdot s^{3} \cdot A^{2} = \Omega^{-1}$
摄氏温度	摄氏度	℃	

用于构成十进倍数和分数单位的词头

表示的因数	词头名称	词头符号	表示的因数	词头名称	词头符号
10^{24}	尧[它]	Y	10^{-1}	分	d
10^{21}	泽[它]	Z	10^{-2}	厘	c
10^{18}	艾[可萨]	E	10^{-3}	毫	m
10^{15}	拍[它]	P	10^{-6}	微	μ
10^{12}	太[拉]	T	10^{-9}	纳[诺]	n
10^{9}	吉[咖]	G	10^{-12}	皮[可]	p
10^{6}	兆	M	10^{-15}	飞[母托]	f
10^{3}	千	k	10^{-18}	阿[托]	a
10^{2}	百	h	10^{-21}	仄[昔托]	z
10^{1}	十	da	10^{-24}	幺[科托]	y

参考文献

[1] 朱裕贞,苏小云,路琼华,等. 工科无机化学. 2 版. 上海:华东理工大学出版社,1993.

[2] 朱裕贞,顾达,黑恩成,等. 现代基础化学. 北京:化学工业出版社,1998.

[3] 浙江大学普通化学教研组. 普通化学. 4 版. 北京:高等教育出版社,1995.

[4] 江元生. 结构化学. 北京:高等教育出版社,1997.

[5] 张祥麟. 配位化学. 北京:高等教育出版社,1991.

[6] 闻洪. 金属表面处理新技术. 北京:冶金工业出版社,1996.

[7] 卢燕平,等. 金属表面防蚀处理. 北京:冶金工业出版社,1995.

[8] 潘守芹,等. 新型玻璃. 上海:同济大学出版社,1992.

[9] 吴志泉,涂晋林. 工业化学. 上海:华东理工大学出版社,1991.

[10] 胡明娟,等. 钢铁化学热处理原理. 修订版. 上海:上海交通大学出版社,1996.

[11] 王直华. 未来的生态环境. 南宁:广西科学技术出版社,1997.

[12] 高延耀. 水污染控制工程(下册). 北京:高等教育出版社,1989.

[13] 刘光华. 现代材料化学. 上海:上海科学技术出版社,2000.

[14] 李天任. 迈向二十一世纪的中国科技. 南昌:江西人民出版社,1999.

[15] 杨福家. 现代科技与上海. 上海:上海科学技术出版社,1996.

[16] 朱文祥. 中级无机化学. 北京:高等教育出版社,2004.

[17] 岳红. 高等无机化学. 北京:机械工业出版社,2002.

[18] 陈慧兰. 高等无机化学. 北京:高等教育出版社,2005.

[19] 关鲁雄. 高等无机化学. 北京:化学工业出版社,2004.

[20] 张克立. 固体无机化学. 武汉:武汉大学出版社,2005.

[21] 李铭岫,李炳焕. 无机化学选论. 北京:北京理工大学出版社,2004.

[22] 洪广言. 无机固体化学. 北京:科学出版社,2002.

[23] 金若水,王韵华,芮承国. 现代化学原理(上册). 北京:高等教育出版社,2003.

[24] 杨宏秀,傅希贤,宋宽秀. 大学化学. 2 版. 天津:天津大学出版社,2004.

[25] 邓勃,何华焜. 原子吸收光谱分析. 北京:化学工业出版社,2004.

[26] 陈新坤. 原子发射光谱分析. 天津:天津科学出版社,1991.

[27] 苏小云,臧祥生. 工科无机化学. 3 版. 上海:华东理工大学出版社,2004.

[28] 冯光熙,黄祥玉,等. 无机化学丛书(第一卷). 北京:科学出版社,1998.